JN437906

2

군사학 총서 제2권

HISTORY OF WAR AND THEORY OF THE WEAPONS SYSTEM

전쟁사와 무기체계론

김 성 진

백산서당

History of War and Theory of the Weapons System for Military Studies

Kim Sung Jin

2020

BAIKSAN Publishing House

프롤로그

『전쟁사와 무기체계론』은 군사대학교와 민간대학교의 군사학과와 부사관학과, 군장학생, 초급 연구자, 각 軍 사관학교 생도 등을 대상으로 작성한 군사학 총서(叢書) 제2호이다.

강의를 시작하기 전에 군사학도와 초급 연구자들에게 가장 먼저 하는 질문이 "무기체계란 무엇인가?"이다. 처음 해당 수업을 준비하는 과정에서 느꼈던 소소한 충격 두 가지를 언급하고 싶다. 이 강의를 진행하던 교수님 왈(曰), "수업 준비는 단순해요. 학생들은 관련 영상물만 보여주면 재미있어하고, 군종(軍種)·무기의 종류별로 일반적인 제원만 알려주면 됩니다."라는 언급이 필자에게는 의외로 다가왔다. 일부 학생들마저 "교수님, 무기체계는 무기를 얘기하는 게 아닌가요. 어렵게 전쟁 얘기는 왜! 나오고, 영상물만 보면 되는 부담 없는 수업으로 들었는데, 기본 개념과 원리는 왜! 알아야 하는 건가요?"라는 불평들을 듣게 되면서 TV 광고에 나왔던 "난감하네~"라는 문장이 생각났다.

많은 강의 진행자와 군사학도, 초급 연구자들이 무기 및 무기체계의 정의와 기본 개념은 엄연히 다르다는 점을 당연히 이해하고 있을 것이다. '무기(武器, weapon)'는 '전투에서 적을 죽이거나, 물리치거나, 유형적인 상처를 입히기 위해 사용하는 모든 도구'를 지칭한다. 직접 타격을 가하는 충격 무기와 근육의 힘이나 장치를 이용하여 발사하는 미사일 무기 등으로 구분하고 있다. '무기체계(武器體系, weapons system)'는 '특정한 운용 목적을 달성하기 위하여 무기를 중심으로 구성하며, 주요 기재(器材)와 인원, 장비, 시설, 기술 등으로 이루어진 유기적인 조직체'를 뜻하고 있다.

강의자와 학습자가 무기 관련 지식을 단순하게 아는 것으로 국한하여 입력시키거나, 접근할 경우 학습 준비에 많이 고민할 필요는 없을 것이다. 그러나 국가와 軍의 전문가로 성장해야 할 군사학도와 초급 연구자들을 군사학 입문 단계부터 흥미와 재미 위주로만 접근케 하거나, 전문요원이 아님에도 불구하고 어려운 전문용어를 주입하거나, 흥미 위주의 지식으로 이해시키는 방식은 걱정스러움이 앞서게 된다. 어떠한 학습을 진행하던, 군사학도들에게 기본적인 개념과 기초 지식을 먼저 이해시킬 필요가 있기 때문이다. 이때 가장 중요한 키-워드가 학습해 나갈 군사학 과목과 종합적으로 얽히고설킨 관계를 이해할 수 있도록 기초 군사 지식의 기반(基盤)을 형성시켜야 한다. 따라서 전문용어로 인하여 지적 욕구를 반감시키기보다 용어의 의미, 기본 개념과 원리의 이해를 유도하는 학습이 필요하지 않을까 싶다.

이러한 관점에서 출간된 관련 도서들을 살펴본 결과 질적 수준과 전문성이 상당히 높았다. 특징적인 점은 대다수 강의나 업무를 진행하는 분들의 경험적 요소와 특정한 전문영역을 중심으로 기술되어 있다는 점이다. 그러다 보니 저자를 포함하여 이를 처음 접하게 되는 군사학도와 초급 연구자들은 전문적인 지식을 갖추고 나서야 학습이 가능할 것으로 생각하였다. 이는 강의를 준비하는 저자에게도 상당한 고민과 어려움으로 다가왔다. 어느 교수님의 한심하게 느껴졌던 그 말씀이 현실과의 타협이 아니라 교육 현장의 정답일 수도 있겠다는 느낌도 들었다. 그러나 현실과 타협하는 순간 군사학도와 초급 연구자들을 위한 학습은 흥미 위주로 전락하게 됨도 사실이다. 저자를 비롯한 대다수의 군사학・안보학 교수들은 먼저 軍을 거쳐온 선배군인이다. 軍 선배로서 초급간부부터 시작하여야 하는 군사학도와 초급 연구자들에게 무책임・무성의하게 올바르지 않은 지도(指導)와 방향성으로 평가받는다면, 軍과 국가의 미래에 누(累, implication)가 되지 않을까 하는 심정에서 많은 고민을 하였다.

본 교재의 특징은 여섯 가지로 정리할 수 있다. 먼저, 학습을 효과적으로 진행할 수 있도록 학습 진행 계획서와 사전(事前)에 이해 및 탐구가 필요한 사항을 핵심적으로 정리하였다. 마지막 부분은 약어(略語)를 전체적으로 요약하였다.

둘째, 군사학도와 초급 연구자들이 읽고 이해하기 쉽도록 story-telling 형식을 접목하였다. 이를 통해 기본 개념과 원리에 대한 이해가 쉽도록 역사적 사실과 진화되어 온 과정을 단계적으로 제시하였다. 각주(脚註)는 관련 내용의 유래 또는 세부 진행 과정이 필요할 때 작성하였고, 기존 자료와 차이가 날 때 출처를 제시함으로써 다양한 시각에서 접근할 수 있도록 제시하였다.

셋째, 상대로부터 받는 이미지의 비율은 시각적 효과가 55%, 청각이 38%, 언어 소통이 7%에 이른다는 메라비언의 법칙(Rule of Mehrabian)을 채택하였다. 이에 따라 관련 주제를 처음 접하더라도 이해하기 쉽도록 단계・과정별 진화하는 모습은 사진과 도표 등의 형태로 구성하였다.

넷째, 인류의 역사가 전쟁의 역사이었음은 주지의 사실이기에 전쟁과 무기체계가 연계되어 발전 및 진화(進化)되어 온 과정을 패키지 방식으로 구성하였다. 특정 시대는 영웅(hero)이 승리를 이끌었지만, 점차 문명과 과학기술이 발전하면서 무기체계가 전쟁 양상과 방식까지 변화시켰음을 이해하도록 제시하였다.

다섯째, 기존의 세계전쟁사는 서방 유럽을 중심으로, 무기체계는 병과・전장 기능 등을 중심으로 작성되어 있다. 그러나 역사의 흐름을 들여다보면, 세계의 역사가 서방 주도의 일방적인 역사만이 아니었음은 주지의 사실이다. 무기체계도 서방에서 주도적으로 발명하고, 발전되어 왔던 것만이 아님을 강의하면서 지적하고 싶었다. 이러한 관점에서 시대별 서양과 동양의 대표적인 전쟁 사례를 포함하되, 동양이 주도했던 전쟁 양상과 나름의 무기체계의 진화 과정도 포함하여 구성하였다.

여섯째, 이 교재를 접하는 대다수가 각 軍의 초급 간부(장교와 부사관)들과 관련되기에 육군의 대대~사단급 부대에 편제된 소화기에서부터 화력 · 통신장비와 헬기 전력 등은 조금 더 상세하게 다루었다. 일부에 한하여서는 구체적인 제원을 넣었음을 혜량(惠諒)하여 주시기 바란다. 아울러 해군 함정과 공군 항공기의 분류 및 명칭을 정하는 방법도 마지막 부분에 정리하였다.

본 교재는 장교와 부사관을 희망하는 군사학도와 초급 연구자들에게 무기체계의 기초를 올바르게 이해시켜 장차 군사 전문가로 활동하는 데 조금이나마 도움이 되었으면 한다. 또한, 편제된 각종 무기체계가 어떠한 단계와 과정을 거쳐 변천되고 진화하였는지를 이해할 수 있는 안내서가 되었으면 싶다.

마지막으로 『전쟁사와 무기체계론』이 나오기까지 전문적인 경험과 높은 식견으로 초점집단인터뷰(FGI)와 자문(諮問)에 적극적으로 응해주신 軍의 선 · 후배님과 관련자들께 감사드리고, 특히 평생의 벗과 전문가로 우뚝 선 아들에게 고마움을 표현하면서, 성원해주시는 극동대학교와 한국융합안보연구원 이홍기 이사장(예비역 육군 대장, 정치학박사)님, 최종일 군단장(예비역 육군 중장, 前 레바논 대사, 前 국정원 3차장, 정치학박사)님, 교재 출간에 노력해주신 백산서당에 감사드린다.

2020년, 연구실에서

강의 진행계획

기대역량

1. 군사학 영역에 대한 개념을 바탕으로 창의성을 배양시키고, 창의와 융합에 대한 기본 인식을 바탕으로 한다.
2. 전쟁의 主 수단인 무기체계의 변천 과정을 이해하도록 학습을 진행함으로써 미래의 軍 전문가로 무한(無限) 발전할 수 있는 기초 역량을 개발토록 유도한다.

탐구개요

1. 전쟁의 主 수단인 무기체계의 변천과 발전에 관한 이해와 기초 지식의 탐구에 중점을 둔다.

진행과 평가방법

1. 진행방법: 강의 60%, 토의/토론 20% 개인/팀별 발표 20%
2. 평가방법: 출·결석 10%, 과제 20%, 참여도 10%,
   중간·기말고사 각 30%

교과 목표

1. 시대별 무기체계의 기본 개념과 본질, 개발 및 진화과정을 구체적으로 이해시키는 데 있다.
2. 시대별 대표적 전쟁을 통해 무기체계의 발달 과정을 탐구시켜 미래 전장을 이해하도록 군사 안(眼)을 배양시키는 데 있다.
3. 현대 과학기술의 발전과 대안적(代案的) 사고의 배양, 건전한 비판 능력과 기초 소양을 함양시키는 데 있다.

강의 운영

전쟁이란 무엇인가? 에서부터 시작하여 무기체계의 기본적 개념과 변천사 등에 관한 이론을 중심으로 강의식 과제를 진행하면서 학도들이 시대별 전쟁과 이에 따른 무기체계 관련 과제를 탐구한다.

과제 발표와 토의를 통해 이론과 실제에 대한 심화 학습과 연계시켜 진행한다. 이를 통해 현대 과학 기술의 발전과 대안적 사고력을 배양하고 시대별 전쟁과 무기체계의 본질 및 관계를 고찰케 하여 미래 군사 전문가로서 무기체계를 발전시키는 데 기여할 수 있는 기초 소양과 자질이 배양되도록 유도한다.

강의 진행

구 분	주요 과제	구 분	주요 과제
1과제	전쟁의 본질과 관련 용어의 의미 소개	8과제	몽골의 전쟁과 무기체계
2과제	무기체계의 특성 이해	9과제	근대(근세) 시대의 전쟁과 무기체계
3과제	현대 무기체계의 특성과 분류	10과제	국민 전쟁의 시대와 무기체계
4과제	고대-오리엔트 시대의 전쟁과 무기체계	11과제	양차(兩次) 세계대전과 무기체계
5과제	그리스-로마 시대의 전쟁과 무기체계	12과제	최근~다가오는 시대의 전쟁과 무기체계
6과제	동아시아 전쟁과 무기체계	13과제	보병사단급 부대의 편제 화기
7과제	중세시대 전쟁과 무기체계	14과제	미래전 무기체계

참고할 사항

전쟁에서 주요 수단과 방법으로 사용하는 무기체계에 관한 기본 개념과 변천사에 대한 강의를 진행하면서 개인별 과제를 지정·탐구케 한 다음 발표 및 토의 위주로 학습을 진행한다. 따라서 지정과제 연구자는 事前 깊이 있는 과제 연구와 발표를, 토의자는 의문점과 문제점 위주로 준비하면, Learning & Teaching 학습의 실효성을 배가할 수 있다.

차 례

√ 사전에 이해 및 탐구해야 할 과제는?

〈그림 차례〉

〈표 차례〉

도 입 전쟁과 무기-무기체계의 상관관계에 관하여 이해합시다.

강의 전 요구되는 사항

1. 무기와 무기체계의 정의를 구분하여 보시오.
2. 무기와 무기체계의 의미와 특징은 무엇인가?
3. 무기체계는 어떻게 구성되어 있고, 분류는?
4. 전쟁과 무기체계의 상호 상관성은 무엇이라고 생각하는가?
5. 무기체계의 8대 특성은 무엇인가?
6. 군사 전문가가 되기 위하여 갖추어야 할 구비요건이 있다면?
7. 시대별 문명과 문화가 발전되는 과정에서 전쟁의 유형 및 양상도 같이 바뀌었다고 생각하는가, 아니면 전쟁은 그 나름의 독자적인 형태와 양상이었다고 생각하는가?
   * 농업시대 · 산업시대 · 문명 · 지식정보화시대
8. 과학 기술과 전쟁 및 무기체계와의 상호 관계에 관하여 설명하시오.
9. 과학 기술과 무기체계, 무기체계와 전략 · 전술의 상호 관계에 관하여 설명하시오.

제1장

무기체계의 개요

제 1 절

무기체계의 개념과 특성

1. 일반적 정의와 체계의 구성 및 분류

고대 인류의 조상은 생존하는 과정에서 다른 생물들과 마찬가지로 생태계의 경쟁이라는 현실에서 벗어날 수 없었다. 이는 유인원들이 남긴 화석 가운데 맹수의 이빨 자욱이 남아 있는 것들을 보아도 알 수 있다. 그러나 두 발로 서게 되고 도구와 불(火)을 사용하게 되면서 점차 생태계의 경쟁에서 우위를 점하게 되어 살아남게 되었을 것이다. 하지만 점점 더 새롭고 가혹한 인간끼리의 경쟁으로 내몰리게 되었음은 그간의 역사를 통해 익히 알고 있는 사실이다.[1)]

미국의 벤저민 프랭클린(Benjamin, Franklin, 1706~1790)은 '인간은 도구를 만들어 사용한 동물이다'라고 강조하였다. '도구'는 '일상생활에서 필요한 생활 도구와 전쟁에서 사용하는 전쟁 도구인 무기(Weapon)'를 함께 의미하고 있다. 여기에서 '무기'는 전쟁에서 적을 죽이거나 물리치기 위하여 상처를 입히거나를 막론하고 승리를 위해 사용하는 모든 도구를 지칭한다. 이러한 무기는 손에 들고 사용함으로써 적에게 직접적인 타격을 주는 충격 무기와 근육의 힘 또는 발사장치를 이용하여 적에게 발사하는 미사일 무기 등으로 구분할 수 있다. 이 외에도 목적과 방법 및 수단에 따라 다양하게 분류하거나 구분할 수 있다. 현대국가는 무기를 획득-연구-개발-생산-배치 및 운용을 통하여 국가와 국민을 보호하는 국가 안보정책의 중요한 방법과 수단으로 사용하고 있음은 일반적인 사실이다.[2)]

인류 역사에서 최초의 싸움은 팔다리를 이용하였을 것이며, 곧 몽둥이와 돌 등을 이용하였을 것이다. 이후 신석기 시대의 초기인 약 1만여 년 전부터 서서히 무기에 관한 기술의 혁명이 시작되면서 점차 네 가지 종류의 강력한 신무기가 등장하였다. 바로 활과 투석기, 단검, 철퇴(도끼) 등으로 보인다. 이 가운데서 활은 인류가 만든 최초이자 최고의 기계였다고 하여도 과언이 아니다. 왜냐하면, 작동되는 부분이 있을 뿐만 아니라 근육의 힘(muscle energy)을 역학적인 힘(mechanical energy)으로 전환했기 때문이다.[3)] 이어서 거듭된 싸움 도구의 진화 과정에서 수 없는

1) 정명복, 『쉽고 재미있는 생생 무기와 전쟁 이야기』 (서울: 집문당, 2012), p. 16.
2) 조영갑 외, 『현대무기체계론』 (성남: 선학사, 2014), p. 15.
3) John Keegan, 『A History of Warfare』 (New York: Alfred A. Knopf, 1993), Acknowedgements, pp. 118~119.

혁신(innovation)을 거듭하면서 현대에 이르고 있다. 이러한 현상이 바로 '문명적 행위'로서의 전쟁 영역이며, 군사 과학적 영역에 속한다. 『전쟁사와 무기체계론』에서 의미하는 군사과학기술의 발달 과정은 공격적 도구와 방어적 도구가 서로 원인과 결과를 만드는 의미에서의 교호(交互)적 발전을 거듭한 것으로 볼 수 있다.

유념하여야 할 사항은 어떤 새로운 무기체계가 등장했다고 하여 곧바로 전장에서 영향력을 발휘하기는 어렵다는 점이다. 정식으로 채택이 되어야 하고, 이어서 전술이나 교리 또 군조직과도 완전히 동화되어야만 하는 과정을 거쳐야 하기 때문이다. 다시 말해 새로운 무기체계가 도입되어 전장에서 활용되기까지는 일정한 유예 기간이 필요하다. 예를 들면, 전쟁사에서 화약이 등장한 다음에도 화약을 활용한 무기가 전장을 주도하는데 걸린 기간이 300여 년이었음에 주목할 필요가 있다. 전쟁을 지배하는 요소는 '문화적 요소'가 '문명적 요소'보다 우선이라는 점을 인식하고 무기체계에 접근하여야 한다는 것이다. 결국, 전쟁은 무기체계라는 생명력이 없는 쇳덩어리가 하는 게 아니라 그것을 부리어 쓰는 사람이 주체라는 점을 재인식할 필요가 있다.

전쟁의 승패와 군사과학기술의 상관성에 대한 평가는 인류 전쟁의 역사에서 무기체계와 관련 장비의 혁신적 개발 및 발명과 밀접하게 연계하고 있다. 새롭게 등장한 무기체계와 장비는 전장에서 충격 효과를 가져오면서 우위를 가져오거나 승리하게 되고, 인류의 역사에도 심대한 영향을 끼쳐왔다. 이는 학습을 진행하는 과정에서 청동 무기가 등장한 이후에 진화하고 있는 철제무기와 화약 무기 등을 대표적인 사례로 들 수 있다. 다른 한편으로는 관련 장비의 등장과 발전 또한 전장에서 획기적인 영향력을 발휘하였다는 점도 간과할 수 없다. 등자(鐙子, stirrup)의 발명을 예로 들어보자. 등자는 말 안장 좌・우측의 아래에 나무나 쇠로 만든 고리를 매달아 붙여 두 발로 디딜 수 있게 만든 것으로 사람이 말을 타고 앉을 때 발에 끼움으로써 자세를 안정시킬 수 있게 만든 장치이다. 유럽지역에서는 기원전 1세기 무렵에 힌두(Hindu, 고대 인도) 기병대가 등자를 사용하였고, 보편적으로 사용하기 시작한 시대는 6~7세기 무렵으로 알려져 있다.

고대국가에서는 칼이나 창, 활 등 주로 개인이나 소(小)집단에서 사용이 가능한 무기로 발전했으나, 현대로 들어서면서 과학기술의 혁신적인 발달로 인하여 무기는 더욱 정교해지고 복잡한 구조를 갖게 되면서 무기체계(Weapon system)로 진화해 왔다. 무기체계는 무기(Weapon)에 체계(system)라는 단어가 통합된 용어이다. 체계의 사전적 의미를 살펴보면, '낱낱의 것을 그 구성 부분에 따라 계통적인 것으로 통일한 전체'임을 가리키고 있다.[4] 공학적으로 얘기하면, 어떤 공통 목적에 이바지하는 구성요소 간의 상호 의존관계에 의해 형성되는 복합체를 의미하고 있다.

---

4) 합동참모본부, 『합동・연합작전 군사용어사전』(대전: 문광인쇄, 2014), p. 517.; 『국어대사전』(서울: 민중서림, 2009), pp. 37~67.

그렇다면, 무기체계란 무엇을 의미하는 것인가? 무기체계란 좁은 의미로는 무기 자체만을 뜻하지만, 조금 넓게 보자면, 무기와 관련된 인적 · 물적 요소의 종합체계로 무기를 사용하는 목적을 달성하는데 필요한 제반 구성요소를 의미한다고 보는 게 일반적인 시각이다.

국방부의 「국방전력발전업무훈령」(2014)에 의하면, "유도무기, 항공기, 함정 등 전장에서 전투력을 발휘하기 위한 무기와 이를 운영하는데 필요한 장비, 부품, 시설, 소프트웨어 등의 제반 요소를 통합한 것"으로 정의하고 있다. 국방기술품질원의 「국방과학기술용어사전」(2011)은 무기체계를 협의와 광의로 구분하고 있다. 협의의 무기체계는 "특정한 운용 목적을 달성하기 위한 무기를 중심으로 구성된 주요장비 또는 관련되는 기재의 총체"로, 광의의 무기체계는 "특정한 운용 목적을 달성하기 위하여 무기를 중심으로 구성된 주요장비와 관련되는 기재, 시설, 기술, 인원 등의 유기적 조직체"로 정의하고 있다. 합동참모본부의 「합동 무기체계」는 "전투수단을 형성하는 주 임무 무기를 비롯한 보조장비들과 그 조직 및 운용기술이 망라된 복합체"로 정의하고 있다. 美 국방부는 "자족성을 만족시키기 위하여 관련된 모든 장비, 인력, 물자, 투발과 전개수단을 포함한 하나의 혹은 다수의 복합체"로 정의하고 있다. 이를 종합적으로 정의한다면, "특정한 운용 목적을 달성하기 위하여 무기를 중심으로 구성되는 주요한 기재, 인원, 장비, 시설, 기술 등이 유기적으로 이루어진 조직체"로 정리할 수 있다.[5] 예컨대 칼이나 창, 활로 무장한 고대 전사의 경우도 하나의 무기체계로 볼 수 있지만, 무기가 너무 간단했기 때문에 체계라는 접미사를 붙이지 않았다고 봄이 타당할 것이다. 이러한 자연 도구를 활용한 무기체계가 과학기술과 접목되어 발전되는 단계를 거치면서 첨단 무기체계로 발전해왔으며, 이러한 과정이 진화하면서 복잡성과 체계성도 동시에 갖추게 되었음은 일반적인 사실이다. 이를 종합적으로 정리하면 <그림 1-1>과 같이 정리할 수 있다.

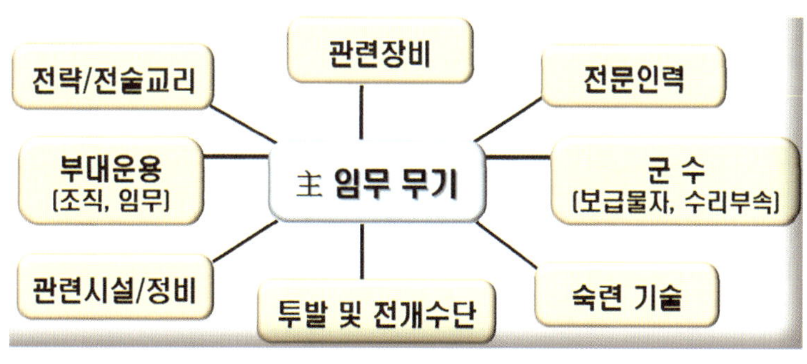

〈그림 1-1〉 무기체계의 정의

5) 「국방부 전력 발전업무 훈령」 제1707호(2014. 11. 10.).; 국방부, 「국방부 훈령」 제733호(국방획득관리규정) (서울: 국방부, 2005. 5월).; 합동참모본부, 앞의 사전(2014), p. 166.; 조영갑 외, 앞의 책(2014), p. 16.

현대 전쟁에서 하나의 특정한 무기로는 완전한 기능 발휘가 곤란하므로 체계를 구성하고 있는 요소들을 기능적・유기적으로 결합하였을 때 성능 발휘가 가능하다. 예를 들면, 적 항공기나 미사일을 탐지・격추하는 '대공 방어체계'의 경우 레이더, 통제소, 발사대, 미사일로 구성하고 있다. 이를 <그림 1-2>로 도식할 수 있다.

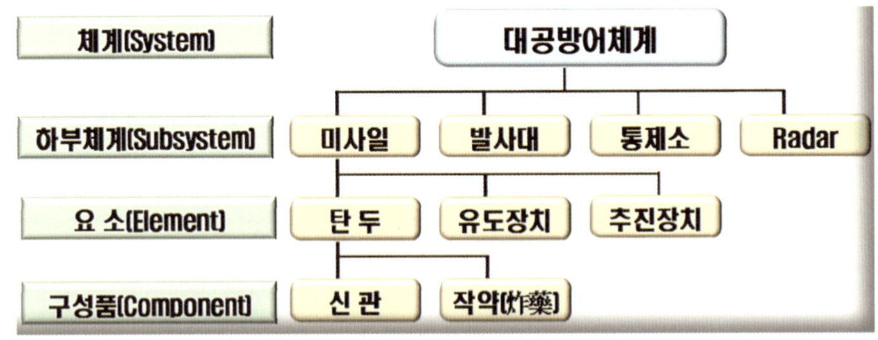

〈그림 1-2〉 대공 방어체계 구성(예)

이러한 체계는 현대 전장의 복잡성에서 유래된 점도 있지만, 하나의 체계로만 구성될 경우 발휘되는 파괴력의 정도가 하부 체계를 별개로 나눔으로써 발휘하는 능력을 합한 것보다 훨씬 크기 때문이다. 이로 인하여 무기체계를 획득하는 과정도 체계를 구성하고 있는 각 구성요소를 동시에 획득할 수 있도록 일괄획득사업으로 추진하고 있다. 즉, 신규 전력에 대한 소요를 제기할 때 주 임무 무기와 기본적으로 포함되어야 할 부속 장비를 포함한 구성품, 정비기술 및 훈련장비, 투발 및 전개수단, 숙련기술 등을 일괄적으로 포함하여 효율성을 극대화하고 있다. 국방부는 무기체계를 운용 목적과 용도에 따라 대・중・소로 분류하고 있으며, 아래의 <표 1-1>은 국방부가 마련한 무기체계를 분류한 도표다.[6)]

〈표 1-1〉 한국 국방부의 무기체계 분류도표

대분류	중분류	소분류
지휘 통제 ・통신	지휘 통제체계, 통신장비 및 체계	합동지휘통제・전술통신체계, 지・해・공중지휘통제체계, 유・무선장비 등

6) 국방과학연구소 홈페이지(http://www.add.re.kr/).; 이진호 외, 『합동성 강화를 위한 무기체계』 (성남: 북코리아, 2015), p. 32.

감시· 정찰	전자전 장비, 레이더 장비, GOP 과학화 경계시스템 등	전자지원·공격·보호장비, 레이더, 전자광학장비, 열상감시장비, 음향탐지기 등
기 동	전차, 장갑차, 전투차량, 기동/대기동 지원 장비 등	(전투·지휘 통제·전투지원용) 전차, 장갑차, 전술 차량, 전투 공병 장비, 지뢰 극복 장비 등
화 력	소화기, 대전차 화기, 화포, 탄약, 유도·특수무기 등	개인화기, 박격포, 야포, 함포, 지상·항공 탄약, 지·해·공중발사 유도무기 등
방 호	방공, 화생방	대공포, 대공 유도무기, 방공레이더, 화생방 보호·정찰·제독 등
함 정	수상함, 잠수함(정), 함정전투체계, 전투 지원 장비 등	전투·상륙함, 기뢰전함, 수송·상륙 지원정, 함정 항법장치 등
항공기	고정익 항공기, 회전익기, 무인 항공기, 항공전투 지원 장비	전투·폭격·공격·수송·훈련기, 기동·공격·정찰 헬기, 정밀폭격 장비 등
기타 무기체계	전투 필수시설, 국방 M&S, 중요시설경계시스템	작전지휘·통신 시설, 전투진지, 워게임 모델(훈련·분석·획득용)

기동 무기체계는 주로 육군의 무기를 포함하고 있으며, 해·공군에만 해당하는 것은 함정과 항공기 무기체계를 별도로 분류하여 활용하고 있다.

2. 무기체계의 8대 특성

이전의 전쟁은 재래식 무기로 진행되었지만, 제2차 세계대전이 첨단과학기술의 결정체인 원자폭탄으로 마무리된 이후 현대전쟁의 형태와 양상은 더욱 복잡·다양해짐과 동시에 첨단과학기술의 발달로 인하여 무기체계의 특성을 변화하게 했다. 이는 걸프 전쟁(1991)과 이라크전쟁(2003)에서는 토마호크 미사일을 비롯한 최신 전차 등의 정밀유도무기가 그 집약된 위력을 유감없이 보여준 데서도 잘 알 수 있다. 특히 불확실한 전장의 환경과 양상은 기계로 구성되는 무기와 이를 조작하고 통제하는 장병, 작전환경이 급속하게 변화되어 가는 전장에서 무기체계가 실효적으로 발휘될 수 있도록 구상하는 전문인력, 무기체계를 선정하는 비용을 절감하면서도 획득 효과를 극대화하도록 관리하는 기법마저 복잡다기하게 변화하고 있는 현실이다. 이러한 무기체계는 현대 전쟁과 다가올 미래 전쟁에서 더욱 복잡·다양해질 것이 자명한 사실임을 인식할 필요가 있으며, 끊임없이 진화하고 있는 무기체계의 일반적인 특성은 8가지로 정리할 수 있다.

첫째, 다양성(diversification)이다. 무기체계는 급속하게 발달하고 있는 과학기술 덕분에 기능과 질적 역할이 다양화되고, 특정 임무를 수행할 때 대체하여 사용할 수 있는 수가 점차 증가하고 있다. 예를 들면, 과거 전장에서는 적의 후방지역에 위치하는 중요한 군사 목표의 파괴 및 무력화가 요구될 경우 주로 화포・공중공격기에 의존하였고, 적 전차를 파괴하기 위한 무기로는 직사포나 지뢰가 전부였다. 하지만 현대 전장에서는 장거리 포병 이외에도 원거리 사격이 가능한 지대지・함대지 미사일과 원거리에서 발사가 가능한 전투・폭격기, 공격헬기, 무인 공격기(UAV), 공중살포형 지뢰 등 다양한 공격 수단을 활용할 수 있다.

둘째, 복잡성(complexity)이다. 과학기술의 혁신적인 발전은 무기체계의 정확도와 사거리, 파괴력 등의 성능 향상과 형태 등에 일대 혁신을 촉발했다. 이는 대응 무기체계와의 경쟁을 부추겼고, 상호 추가적인 보조 장치를 경쟁적으로 더욱 정밀하게 부가시킴으로써 무기체계를 확장과 복잡성을 한 층 더 증대되고 있다. 예를 들면, 적 전차를 제압할 때 과거 전장(戰場)에서는 사람이 관측하여 포를 쏘는 간단한 체계였지만, 현대 전장에서는 전자기술이 통합된 전장 감시장비가 표적 정보를 처리하고 이를 사격제원으로 발전시킨 컴퓨터프로그램이 포탄을 표적에 정확하게 유도하는 체계로 정립되어 있다. 당연히 상대측도 대(對) 전자방해 장비 등을 부가하게 되면서 보조장비와 수리 부속 등의 규모는 확대되고 복잡해질 수밖에 없게 되었다. 이에 따라 군사 문가가 고려할 요소로는, ① 무기 운용 요원에 대한 전문적인 교육 훈련의 시행, ② 무기 정비의 곤란성에 따른 정비 요원과 기술의 전문화, ③ 무기체계의 전략적・전술적 운용에서의 합동성・제(諸) 병과 협력의 강화, ④ 전・후방지역 병력 구조의 재편성 등이 있다.

셋째, 가속적 진부성(obsolescence, 일명 단명성)이다. 현대에 들어오면서 과학기술의 혁신적인 발전 속도는 새로운 무기체계의 출현을 가속하면서 수명주기마저 짧게 만들고 있다. 왜냐하면, 어떤 무기체계는 연구 시작단계에서 야전에 실전 배치되기까지 상당한 시간과 비용이 투입되어야 하지만, 상대국이 곧바로 신기술로 대응해 오게 될 때 불과 몇 개월 만에 퇴역시키거나 중간에 포기하는 경우가 발생하게 된다. 이는 내부적인 입장만 고수하였을 뿐만 아니라 잠재 적국이나 대면하고 있는 현실 적국의 군사기술 수준을 제대로 예측하지 못한 잘못 때문이기도 하다.[7] 예를 들어 무어의 법칙(Moore's Law)에 의하면, 마이크로칩의 가격을 고정했을 때 마이크로칩에 저장이 가능한 데이터의 양(量이) 18개월마다 2배로 증가한다는 점이다. 특히 마이크로칩 등의 IT 부품과 같은 전자부품이 포함되는 첨단 정밀무기체계의 경우 이러한 현상은 더욱 두드러진다.

7) '무어의 법칙(Moore's Law)'이란 컴퓨터의 성능은 18개월을 주기로 하여 2배로 향상되지만, 가격은 변화가 없다는 원칙을 의미하고 있다.(이진호 외, 앞의 책(2015), p. 35.; Daum 백과 홈페이지(https://100.daum.net/encyclopedia/view/ 18XXXXXXX989).

아래의 <그림 1-3>은 무기체계의 진부성(陳腐性) 사례를 정리한 내용이다.[8)]

〈그림 1-3〉 무기체계의 진부성 사례

센서, 스텔스 개념, 정보통신, IT 소프트웨어와 IT 부품 등은 진부화가 6개월에서 최대 2년 주기인 점은 일반적인 사실이다. 따라서 군사력 건설 담당자들은 주변국의 환경과 과학기술의 발전추세, 군사력 건설의 방향 등을 소요 제기 단계에서부터 개발 및 양산, 전력화하는 시기까지의 기간을 충분히 고려하여 기술의 발전 수준을 예측할 수 있어야 한다.

넷째, 고가성(high price)이다. 최근의 첨단과학화 현상은 현대 무기체계의 구조를 복잡·다양한 성능으로 계속 향상하고 있다. 이로 인해 무기 및 부수 장비의 획득 비용과 시설 투자비·운영유지 비용, 조작 요원의 숙달훈련 비용 등이 급격하게 증가하고 있다. 예를 들면, K-9 자주포(약 40억 원), K2전차(약 79억 원), 세종대왕함(1조 원, 연간 유지비 350억 원), 스텔스 전투기(2,130억 원), 이지스 구축함(1조 2,110억 원), 토마호크 순항미사일(11~17억 원), 공중경보기(AWACS, 4,000억 원) 등의 첨단무기는 엄청난 고가의 비용을 지급하여야 한다. 따라서 재래식 무기와 첨단무기의 획득 비용은 엄청난 차이가 있으므로 국가안보정책이나 국방정책 및 군사전략에 따라 재래식 무기체계와 현대 무기체계의 획득비율은 다양한 원칙을 잘 적용하여야 한다. 획득비율의 배합(High-Low mix) 정도에 따라 최상의 전투력을 발휘하게 된다.

다섯째, 개발 기간의 장기성 및 실패의 위험성이다. 현대 무기체계는 개발하는 기간이 오래

8) 김철환 외, 『전장 기능별 무기체계』 (서울: 대한기획인쇄, 2015), pp. 24~26.

걸리면서 소요되는 첨단기술의 난이도가 상당 부분 높기에 실패할 확률 또한 높다. 무기체계를 획득하는 경우는 두 가지로 구분할 수 있다. 하나는 다른 국가의 무기체계를 직접 구매하는 방식이고, 다른 하나는 자체 생산하는 방식이다. 처음의 방식은 해당 무기체계의 군사적 소요 제기로부터 획득관리에 이르기까지 경과 기간이 상대적으로 짧겠지만, 후자의 경우는 연구-개발-실험 생산-평가-완제품 생산-배치 및 운용(양산)하는데 오랜 기간이 필요하다.

미국의 무기체계 표준 개발 시간을 보더라도 재래식 무기는 2~3년이 소요되고, 첨단무기는 5~10년 이상이 소요되고 있다. 무기체계 개발 시 기술적 불확실성은 실패의 위험성 또한 높아질 수밖에 없도록 만들고 있다. 위험성 요인은 네 가지로 정리할 수 있다. ① 시간상으로 제약된 상태에서 긴급하게 소요를 제기하다 보니 시한(時限)의 충족성에 문제가 되고, ② 질적 우선주의 중심으로 움직이다 보니 과잉요구를 하게 되며, ③ 장기간에 걸친 연구사업이다 보니 도중에 규격 또는 계획을 변경하거나, ④ 연구 개발 비용이 증가함으로써 예산 조달 시기가 지체되어 획득 기간 자체가 지연된다. 따라서 군사 전문가들이 기획하는 과정에서부터 무기체계의 질(quality), 양(quantity), 시간(time), 비용(cost) 간의 상관관계를 세밀하게 분석하여 추진하여야 한다. 무기체계의 개발 기간이 장기화하거나, 개발이 실패할 경우 막대한 국방예산의 낭비를 초래하기 때문에 다양한 실패 요인이 최대한 감소할 수 있도록 노력하여야 한다.

여섯째, 비밀성(confidentiality)이다. 무기체계를 획득하는 목적은 적을 격멸하기 위한 것으로 전쟁에서 승리에 이바지하는 데 있다. 이를 위해서는 무기체계의 구상에서부터 배치에 이르기까지 적대 국가는 물론 동맹국에도 최대한 비밀성이 유지되어야 한다. 적대 국가나 동맹국의 기술 수준으로 쉽게 모방하여 생산하거나, 대응 무기체계를 개발할 수 있기 때문이다, 제2차 세계대전을 종결시킨 원자폭탄도 맨해튼(Manhattan)이라는 계획의 비밀을 유지하면서 개발함으로써 일본의 히로시마와 나가사키에 투하할 때까지 누구도 모르게 할 수 있었고, 일본이 무조건 항복을 선택할 수밖에 없도록 만든 것임에 주목하여야 한다. 특히 현대국가의 무기체계는 민군겸용기술(dual use technology)이 중복되어 사용됨으로써 첨단기술의 유출은 방위산업뿐만 아니라 민수산업에도 치명적인 결과를 가져오고 있다. 따라서 이러한 비밀성은 국가안보에 상당히 중요할 뿐 아니라 첨단기술이 적용된 무기체계의 특성 및 성능은 전쟁의 승패를 결정짓기 때문에 반드시 철저한 보안이 필요하다.

일곱째, 수요의 제한성(limitation)이다. 무기체계는 국가(軍)가 유일한 수요자로서 국가를 방위하기 위한 무기와 장비의 일체로 수요가 한정적일 수밖에 없다. 이러한 수요의 제한성은 전차, 화포, 유도탄, 핵무기, 잠수함(정), 항공기 등과 같이 기술 수준의 고도성과 거대한 자본 규모 등으로 인하여 특정한 소수의 기업에 한정되고 있다. 또한, 경제적으로 양산체제를 갖출 수 없으며, 생산 단가 또한 높아지게 되고, 많은 생산 설비가 유휴화되다 보니 방위산업체로 선정된 기업의 채산성은 낮은 현실이다. 그뿐만 아니라 무기 소요가 간헐적이면서도 긴박하게 제기되는 사례가 많아 생산 시설의 적정 규모를 책정하기가 상당히 어렵다. 이처럼 무기체계의 가속적인 진부성과 연구개발의 실패 위험성은 방위산업체의 위험부담을 높아지게 만든다. 따라서 정부 차원에서 무기체계 수요의 제한성으로 인한 방위산업체의 수익률을 보상해주는 방안을 고려해야 하는 부담이 존재하고 있다.

여덟째, 파급효과(influence effect)이다. 국방과학기술로 무기체계를 연구・개발-생산-배치하는 과정에서 소요되는 첨단과학기술을 민수산업기술로 이전하여 얻어진 경제적 이익의 파급효과는 매우 크다. 특히 첨단과학기술을 응용한 무기체계일수록 민수산업기술에 최신 기술을 접목할 기회를 많이 얻게 되므로 민수산업의 첨단기술 향상에도 크게 이바지하고 있으며, 민간에서 상용화된 상품은 상당한 경제적 이익을 얻게 한다.[9] 또한, 연구개발 및 생산체계가 거대하고 수많은 과학자와 기술자, 노동자를 흡수하게 되어 고용 증대 효과를 거두게 되면서 기업의 부가가치도 확대할 수 있다.

예를 들면, 제2차 세계대전 시 군사적 무기체계로서 정찰・통신・기동장비로 사용하였던 오토바이는 오늘날 민수용 교통수단으로 사용되고 있으며, 기동로 개척과 장애물 제거, 비행장 건설 등에 사용되었던 도져와 굴착기는 민간 건설장비로 운용되고, 원자폭탄을 만들었던 기술과 자원은 평화적인 원자력 발전소로 활용하고 있다.[10] 아래의 <표 1-2>는 국방과학기술을 민수산업기술로 파급한 현황을 예시한 내용이다.[11]

〈표 1-2〉 국방과학기술의 민수산업기술 파급현황(예)

무기체계 관련 기술	민수산업에서 응용한 기술
• 지대지 미사일 추적장치 • 화포 사격 통제장치 • 탄약 신관 소재 제작	• 카메라 개발에 응용 • 가스보일러 통제장치 개발 • VTR, 복사기, 드럼 소자 개발

9) 김일중, "산업혁신·국방력 강화 '두 토끼' 잡자...민·군 기술협력 박차," 『이데일리』 (2018. 2. 28.)(검색일: 2019년 8월 25일).; 이데일리 홈페이지(https://www.edaily.co.kr/).; 전승민, "국방기술 민간이전돼 1조 매출...창조경제 견인차," 『동아일보』 (2014. 1. 28.)(검색일: 2019년 8월 25일).; 동아일보 홈페이지(https://image.donga.com/pc/2017/images/common/img_logo.png).

10) 남기봉 외, 『알기 쉬운 무기체계』 (인천: 진영사, 2015), pp. 20~21.; 김철환 외, 앞의 책(2015), pp. 25~27.; 조영갑 외, 앞의 책(2014), pp. 23~26.

11) 김철환 외, 앞의 책(2015), pp. 26~27.; 조영갑 외, 앞의 책(2014), pp. 23~26.

• 탄도 계산기, 레이더 거리측정기	• 적외선 경보기 제작
• 공중기상관측장비	• 라디오 손데(radiosonde), 에어컨 손데 제작
• 무선통신장비 개발	• 전송장치(FM/UHF/VHF), 무선전화기
• 전자 유도무기 및 레이더	• 선박용 레이더, 해상전자장비
• 군사용 프린터	• 민간프린터
• 도저 및 포클레인	• 건설장비 도저 및 굴착기
• 원자폭탄 제조기술	• 원자력 발전기술
• 함정 · 군용 항공기 제조기술	• 민간선박 · 항공기 제조기술
• 위성항법장치(GPS)	• 내비게이션 이용
• 전차 생산을 위한 용접 · 가공기술	• 전동차 · 철도차량 제작
• 군용차량과 오토바이	• 민간차량과 오토바이 제작
• 전자 유도무기 · 레이더 기술	• 자동차 추돌 방지용 레이더
• 전자과학 추적기술	• 비디오/디지털카메라와 반도체 제작
• 전차 포술 시뮬레이터	• 전동차/다양한 장비 시뮬레이터 제작

美 국방부에서 군사 목적으로 개발하여 사용하는 위성항법장치(GPS)의 경우 민수산업에서 내비게이션을 비행기와 선박, 자동차 등에 접목해 사용하고 있으며, 제2차 세계대전에서 독일이 무제한(無制限) 전쟁을 통해 영국을 공격했던 로켓기술은 대륙간탄도미사일(ICBM)과 잠수함 탄도미사일(SLBM) 기술로 발전되었다. 이는 민수산업기술로 전환되어 우주 탐사용 로켓발전 기술에 접목되었고, 로켓에서 인공위성이나 핵탄두를 분리하는 기술은 지상의 자동차 충돌 및 사고 간 충격을 방지하는 에어백 기술로 활용하고 있다. 또한, 항공무기 체계에서 사용하는 강력한 공기흡입 기술은 가정용 공기청소기와 정수기, 전자레인지, 의료용 검사장비인 CT와 MRI 등에 파급되는 등의 효과가 무수하게 많이 존재하고 있다.

이처럼 국방과학기술은 단순히 국방 차원에 그치지 않고, 국가 차원의 과업으로 발전시키는 주요 요인이 되고 있다. 우리가 군사적 요구만을 충족시키는 데 만족한다면, 굳이 힘들여 개발하지 않고 외국에서 직수입하는 것이 더욱 효율적일 것이다. 그러나 앞에서 살펴본 바와 같이 기술 및 경제적 파급효과를 고려할 때 무기체계의 자체 개발 및 생산은 새로운 기술 분야의 개척과 제품의 질적 수준을 향상한다. 동시에 기술혁신에 의한 비용 절감과 더불어 수출을 증대시킬 수 있다는 시각에서 국가발전에 더욱 유리할 수 있다. 연구개발 및 생산체계가 커지게 되면서 수많은 과학자와 기술자, 근로자의 고용률을 높일 수 있고, 기업에서도 부가가치가 높은 무기체계나 민수(民需) 상품으로 국가안보와 국가의 성장동력인 산업 발전에 크게 기여하기 때문이다.

제 2 절

군사 전문가로서의 기본적인 구비요건

손자(孫子, Sun tzu, BC 541~482)는 『손자병법』 시계편 제일(始計篇 第一)에서 "전쟁은 국가의 중대사이다. 전쟁은 백성의 생사가 달린 지(地)이며, 나라의 존망이 달린 도(道)이니, 깊이 있게 살펴야 한다."라고 주장하고 있다. 고대에서 근대에 이르는 동안에 발생하였던 재래식 전쟁은 한 국가의 존망이나, 특정한 국민을 대상으로 진행됐다. 그러나 제2차 세계대전 말기에 등장한 핵무기는 이전까지의 전쟁 양상과 전투의 방식을 완전히 새롭게 변화시켰다. 이제 전쟁은 특정한 국가나 국민만을 대상으로 하기 어렵게 변화하였다. 전(全) 지구적 문제로 확장되었으며, 수억 명의 생사와 인류 전체의 존망에도 심대한 영향을 미칠 수 있는 영역으로까지 확장되어 있다.

이는 첨단 군사과학기술이 만들어낸 '절대무기(Absolute Weapon)'로 인하여 촉발된 인류 최대의 사건이었다. 물론 지금까지 그래왔던 것처럼 상대국가들은 또 다른 절묘한 해법을 내놓았다. 바로 '상호확증파괴(Mutual Assured Destruction)'라는 해법이 등장하면서 인류가 공멸(共滅)하는 현실은 피해가도록 만들었다. 적대 국가가 먼저 핵무기로 타격을 시도하더라도 전체를 소멸(wipe-out)시킬 수 없기에 타격을 받은 국가가 남아 있는 핵무기로 감당할 수 없을 정도로 피해를 줄 수 있다는 '공포의 균형(balance of fear)' 개념이 바로 그것이다. 무모하게 선제 타격을 가하면 같은 피해를 받을 수 있다는 현실을 서로 실감하도록 만들었다. 이로 인하여 핵 무기를 보유한 국가도 전면적인 총력전을 감히 생각하지 못하게 만들었지만, 대량파괴와 대량살상의 피해 규모는 엄청나게 확장되었다.

고대에서부터 시작된 전쟁은 근대에 이르기까지 운용하는 방법만 바뀌었을 뿐 도구나 수단의 변화는 거의 없다. 일반적으로 운용된 전쟁 도구의 대다수가 칼, 창, 활과 화살 등이었기 때문이다. 육체적으로 드잡이질을 하던 시절에는 힘이 센 장교가, 창이나 칼로 전쟁을 하는 시대는 창이나 칼을 잘 쓰는 장교가, 총포 등의 재래식 무기로 전쟁을 하는 시대는 병사들을 용맹스럽게 지휘하던 장교가 존경과 신뢰를 받았다. 하지만 현대로 들어오면서 항공기와 첨단 과학기술이 발달함으로 인해 이제는 전쟁 도구와 수단 자체가 현대전쟁의 양상과 승패를 가름한다는데 큰 이의가 없다.

군대의 핵심적인 과제는 전쟁에서 승리하는 것이고, 노력 통합의 절대적인 기준이다. 따라서 장교들은 최선의 군사전략, 작전술, 전술을 개발해내고, 이를 계획 및 시행할 수 있어야 하며, 다양하고 복잡한 부대들의 상호 간 무기체계를 효과적으로 운용하도록 결속·통합할 수 있어야 한다. 이를 위해 각종 전장의 마찰 요인과 불확실성을 극복할 수 있는 확신에 찬 지도력을 보유하여야 하며, 불확실한 상황과 정보의 홍수 속에서 최선의 목표와 방법을 식별하는 등 모든 부대의 노력을 집중할 수 있어야 한다.

대다수 군사 전문가는 현대전에서 무기체계가 전쟁의 승패를 좌우하는 핵심 요소임에 이견(異見)이 없으며, 그 중요성이 갈수록 증대될 것으로 예측한다. 그러다 보니 전장의 실상을 제대로 이해하기 위해서는 도구이자 수단인 무기체계에 대한 이해가 선행되어야 한다는 결론에 다다랐다. 특히 軍 지휘관이 될 장교양성 과정의 군사학도와 초급 연구자들은 종합적인 사고력의 함양을 위하여 역사적인 전쟁을 통해 무기체계의 종류와 특성이 어떻게 발전 및 변화됐는지를 정확히 알고 있어야 한다.

19세기 프랑스의 군사 이론가이자 군사사학자이며, 군사개혁가였던 아르당 피크(Ardant du Picq, 1821~1870)는 프랑스-프로이센 전쟁(1870~1871) 초기에 최전방에서 진두지휘했던 연대장으로서 전투 중 전사하였지만, 군인정신의 표상이자 전사(warrior)로 알려져 있다. 당시 프랑스 군부에서 주류(主流)의 인식은 새로운 무기체계를 도입하여 전투력을 강화하고, 국민개병제(징병제)로 병력 규모를 증강해 예비전력을 강화하고자 하였다. 그러나 피크 대령의 주장과 논리는 이와는 반대였다. 병력의 수나 새로운 무기체계를 도입한다고 하여 전쟁에서 반드시 승리를 보장할 수 없다는 주장이었다. "승리하기 위해서는 인적 요소(Human factor)가 전제되어야 한다. 목숨이 경각에 달린 전장은 극한의 긴장감과 공포로 이어지는 한계 상황이 존재하는 곳이기에 인간의 마음이 공포심을 극복하게 하고 그것을 '사기(士氣, morale)'로 변화시켜야 승리자가 될 수 있다는 것이다." 적을 격파하고 승리하기 위해서는 공포심이 부하들 스스로에 의해 폭력(terror)으로 바뀌어야 한다. 즉, 공포심을 '갖고 있거나, 받는 처지(심리적 측면)'가 아니라 '주는 처지'가 되어야 한다. 이를 위해 강한 훈련(training)과 엄정한 기율(紀律, discipline, 도덕적 측면과 양심에 표준이 될만한 가치와 기준을 의미)이 필요하다. '부하들을 명령과 지시에 순응하게 만들어 지시된 행동이 나오게 하는 것은 오로지 기율(紀律)에 달려 있다.'라고 피력하고 있음도 바로 여기에서 비롯되었다. 고대 로마군이 전성기에 강한 전투력을 발휘할 수 있었던 비결은 강인한 훈련의 결과였고, 이는 엄정한 기율의 확립과 유지까지 가능하게 하였음은 역사적인 사실이다.

여기에서 군사학도나 초급 연구자들이 인식할 사항은 바로 '인명 중시 사상'이다. 서양과 동양의 전쟁에 대한 인식이 전혀 다르다는 점도 이러한 인식의 기준이 필요함을 반증하고 있다. 서양의 경우 전쟁을 해당 민족과 전혀 다른 이민족과의 투쟁으로 보기 때문에 승리와 정복이라는 결과물을 우선시하였다. 따라서 국가나 군주(君主, 또는 王)가 개인의 이익 여부에만 초점을 맞추었기에 군사과학기술 측면의 발전과 변화만을 중심으로 접근하고 있다. 반면에 동양의 경우는 전쟁을 같은 지역이나 이웃에 정착한 토착 민족들 간의 투쟁으로 인식하였기에 무조건 섬멸(殲滅)하기보다는 유화책(appeasement policy)이나 외교전, 스스로 항복하거나, 후퇴하게 만드는 등 인명(人命)을 우선시하는 인식이 은연중에 깔려있다.

새뮤얼 헌팅턴(Samuel P. Huntington, 1927~2008)은 『군인과 국가(The Soldier and the State)』에서 장교단이 전문직업인이 되기 위해서는 전문성(expertise)과 책임성(responsibility), 단체성(corporate-ness)을 갖추어야 한다고 강조하고 있다.[12] 이를 위해 직업교육을 투-트랙(Two-Track)으로 진행해야 하는데, 하나는 폭넓고 진보적(liberal)인 문화적 소양을 부여하는 것이고, 다른 하나는 전문적인 지식과 기능을 부여해야 한다고 주장한다. 예를 들면, 전차와 함께 보전 협동전투를 수행하게 되는 보병 장교들은 보병부대의 편제 화기 이외에도 전차의 특성과 제한사항을 알고 있어야 한다. 또한, 화력지원을 받는 포병의 무기체계에도 능통해야 한다. 즉, 아군의 무기체계에 대한 정확한 이해를 바탕으로 하여 전장 환경에 부합되도록 적이 보유한 장비와 전술을 정확하게 분석하고 그에 알맞은 판단과 평가를 할 수 있어야 만이 전투에서 승리할 수 있기 때문이다. 이는 단순하게 특정 군종(육・해・공군, 해병대)에 종사하는 군인들이 해당 軍의 무기체계 특성을 이해하는 것으로만 해석해서는 안 된다는 의미임을 이해하여야 한다.

육군의 전차대대에 근무하는 작전 장교라면, 근접항공지원(CAS)을 위해 공군의 무기체계를 정확히 이해하고 있어야 하며, 초계함에 근무하는 해군 장교는 유사시 항공전력의 지원을 효과적으로 요청하기 위하여 공군이 보유하고 있는 항공기의 성능과 제한사항을 알고 있어야 한다. 그리고 해군의 화력과 전투력을 효과적으로 투사(投射, Force Projection)[13]하기 위하여 지상전이 어떻게 진행되는지에 관하여도 이해하고 있어야 한다는 것이다. 또한, 임무를 수행하는 공군 조종사 역시 지상군과 해군의 작전이 어떠한 전술적 환경에서 이루어지고 있는지를 최대한 정확히 이해하고 있어야 효과적으로 임무를 수행할 수 있다. 이는 한국군의 합동성 강화 노력과도 연계된다. 따라서 타군을 이해하기 위해서는 각 군에서 운용 중인 다양한 무기체계의 특성과 전술적 지식을 기본적으로 습득할 필요가 있다. 이를 위해 무기체계와 전쟁을 연계시켜 학습하고 있다는 점을 유념하여야 한다. 군사학도와 초급 연구자들이 고민하고 갖춰야 할 역량은 두 가지로 정리할 수 있다.

12) Samuel P. Huntington 저, 허남성 외 공역, 『군인과 국가』 (서울: 한국해양전략연구소, 2011), pp. 8~20.
13) '내가 마음먹은 대로 지구상에 있는 어느 장소나 지역을 불문하고 신속한 경보의 전파가 가능하고, 병력을 동원 및 전개하거나, 작전을 수행할 수 있는 능력'을 의미하고 있다.

첫째, 군대의 미래지향적 발전을 위한 방안을 도출하고 그 실천을 기획할 수 있어야 한다. 이 분야에 대한 질적 수준의 정도는 유사시 전쟁의 승패와 직결된다는 차원에서 전쟁지휘와 같다고 볼 수 있다. 따라서 군사학도와 초급 연구자들은 미래지향적인 군대의 발전 방향을 탐구 및 정립하고 이를 구현하기 위한 단계별 계획을 수립해야 하며, 수립된 계획을 체계적으로 시행할 수 있어야 한다. 이를 위해 장차전(將次戰)의 수행개념, 군대의 구조, 소요되는 무기체계 및 관련 장비의 질(quality)과 양(quantity)을 탐구하여 결정하고 확보해나가는 등의 관련 분야에 관해 기초적인 전문성을 갖추어야 한다.

둘째, 장차 담당해야 할 참모업무에 대한 폭넓은 기본 지식과 자질을 배양하여야 한다. 이러한 능력을 갖추었을 때 해당 지휘관의 부대 지휘 노력이 실질적인 성과를 거둘 수 있기 때문이다. 현대는 참모업무가 점점 더 세분되는 추세임을 직시할 필요가 있다. 부대 지휘 관련 분야를 대체하거나 짧은 시간 내에 습득이 가능할 수 있겠지만, 전문영역은 대체가 거의 불가능하고 장시간의 습득 노력이 필요하다는 차원에서 전문성이 더욱 중시되고 있음을 유념할 필요가 있다.

셋째, 군사학도와 초급 연구자들은 정상적이고 민주적인 지도력으로 무장되어야 한다. 용맹성으로만 군대를 지휘하던 시대는 종결되었다. 현대에서 민주적 지휘는 장단점의 비교결과로써 선택을 고려할 수 있는 사항이 아니라 절대적인 요구사항임을 명심하여야 한다. 전장의 선두에서 부대를 강하게 호령하는 것이 더는 현대 지휘관의 덕목이 아니다. 각 제대 및 기능별 전문 요원에 의해 진행하고 있는 분권적 노력의 결과를 냉정하게 조용히 통합하면 된다. 이는 일방적인 강제나 독려를 통해 성취되기는 어렵다. 평소 예하 제대 및 구성원들에게 업무와 권한을 합리적으로 할당 및 위임하고, 신뢰 관계(rapport)를 형성하며, 그들이 자발적으로 맡은 바 기능에 최선을 다하도록 격려하여야 한다. 이를 위해 초기부터 기본능력과 자질을 갖추기 위하여 노력하여야 한다. 이처럼 『전쟁사와 무기체계론』은 종합적인 사고와의 연계를 통해 관련되는 기본능력을 학습하고 배양하기 위한 과제이다.

제 3 절

문명사회의 발전과 무기체계의 상관성

1. 문명사회와 전쟁의 유형 및 양상의 변화

인간은 그 누구를 막론하고 천사와 악마의 심성을 동시에 갖고 있다. 전쟁은 살육과 파괴를 주관하는 악마의 신(神)이다. 이와 동시에 쌍방 및 다자(多者) 간의 분쟁과 갈등을 해결해주는 역할 자(者)임과 동시에 새로운 창조와 건설의 주역이기도 하다.[14] 인간은 문명 교류의 매개자로서 인류를 한 차원 더 높은 문명의 계단으로 오르게 하는 동인(動因)으로 자리매김해오는 과정에서 문명을 파괴하거나, 발전시키는 주역이었다.

위대한 업적을 남긴 수학자이자 과학자였던 파스칼(Blaise Pascal, 1623~1662)은 『명상록』에서 "인간은 갈대와 같이 자연 속에서 가장 나약한 존재에 지나지 않는다. 그러나 인간은 생각하는 갈대로써 위대한 존재"라고 강조하고 있다. 인류 초기 인간은 생존을 위해 수렵과 유랑생활에서 정착하여 농사를 짓는 생활로 변화하였다. 해당하는 지역은 이집트의 나일강과 이라크 지역인 메소포타미아의 티그리스강과 유프라테스강 유역이었으며, 인도의 인더스강, 중국의 황하강으로 이 지역을 세계 4대 문명 발상지로 부르고 있다. 아래의 <그림 1-4>는 세계 4대 문명 발상지로서 고대 4대 문명으로 부르기도 한다.

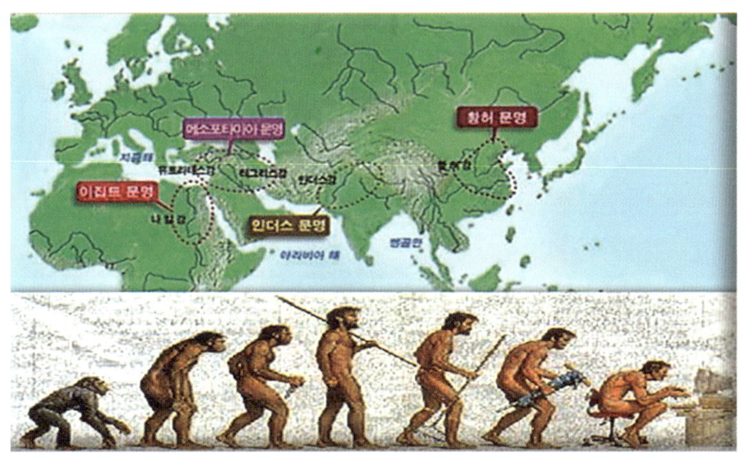

〈그림 1-4〉 세계 4대 문명 발상지와 인간의 진화 과정

14) 허남성, 『전쟁과 문명』 (서울: 플래닛미디어, 2015), pp. 27~30.

인간의 문명사회는 농업사회→산업사회→지식정보화사회로 진화(進化)해 왔다. 인간사회는 가족·씨족·부족·국가라는 조직으로 발전하여 오는 과정에서 개인·조직·국가들은 생존과 번영을 위하여 생활 도구를 만들어 사용했으며, 전쟁에서 승리하기 위해 도구인 무기들을 만드는 노력 등을 하여 왔다. 인간들은 화해·협력으로 상징되는 평화적인 협상을 할 때는 대화라는 수단을 활용하여 해결에 노력하지만, 평화적인 협상이 여의치 않을 때는 살상 및 파괴 도구인 무기를 제작 및 사용하여 해결하였다. 아래의 <표 1-3>은 인간사회의 시대별 변천 과정과 전쟁 양상의 변화를 정리한 내용이다.

〈표 1-3〉 인간사회의 시대별 발전과 전쟁 양상의 변화

구 분	농업시대 (BC 8~17세기)	산업시대 (18~20세기)	[15]지식정보화시대 (21세기~현재)
전쟁유형	2차원 (지·해상)	3차원 (지·해·공)	5차원(지·해·공·우주·사이버)
전쟁 양상	집단백병전	기동화력전	첨단과학기술전
전력구조	병력집약형 • 사람의 힘(인력) • 동물의 힘(마력)	자원집약형 • 무기의 힘 • 조직의 힘	기술집약형 • 지식·정보의 힘 • 과학기술의 힘
지휘구조	장수 중심구조	수직·계층적 구조	수평·네트워크적 구조
전투형태	선형 * 종·횡대 단위 밀집 운용(백병전)	선·비선형 * 대부대 단위 집중운용	비선형 * 소부대 단위 분산운용
무기체계	자연 도구화(수동화) 시대 • 군사: 인력과 마력 에너지 • 무기: 주먹, 발, 돌도끼, 몽둥이, 활, 창, 칼을 비롯한 수제무기, 청동과 철제무기 등 ※ 범선(帆船) 및 노선(櫓船)	기계화(반자동화) 시대 • 군사: 국민(시민)군대로 대규모 조직화 • 무기: 반자동화 소총, 기관총, 전차, 항공기, 핵무기 등 ※ 기계화된 함정과 항공기	컴퓨터화(자동화) 시대 • 군사: 군사혁신으로 기술과 학문의 변환 • 무기: 컴퓨터에 의한 자동화 시스템, 정밀유도무기 체계, 무인 무기체계 등 ※ 이지스함과 스텔스 전투기
군사전략 · 전술	• 대집단전법·전략 • 밀집대형 작전술 (횡·종적 전술)	• 섬멸·전격전 전략 • 억제·방위전략 • 제병협동작전술–공지 합동 작전술 (ALO)	• 충격과 공포전략 • 억제·방위전략 • 신속결정적작전 (RDO)
파괴 ·피해	물자노획, 포로 획득	대량파괴, 대량살상	정밀파괴, 최소살상

인간은 자연과의 전쟁에서, 인간 대 인간과의 전쟁에서, 우주에서의 전쟁에서 승리하거나 보호받기 위하여 다양한 전쟁 도구인 무기체계를 만들어 사용할 수 있는 창조적인 사고와 능력을 갖추고 발전해왔다. 이를 통하여 전쟁 도구인 무기체계도 지상무기체계(육군), 해상무기체계(해군), 공중무기체계(공군) 등으로 발전하게 되었다.

문명사회가 발전하여 오는 과정에서 전쟁의 유형이 초기에는 단순한 2차원 전쟁에서 점차 3차원 전쟁, 5차원 전쟁으로 변화되었고, 이와 함께 무기체계와 군사전략·전술도 진화하였다. 전력구조도 인간과 동물의 힘을 이용한 병력집약형이 산업사회로 들어오면서 무기와 조직의 힘을 이용하는 자원집약형으로, 지식정보화사회로 진입하면서 지식과 정보의 힘, 그리고 네트워크의 힘을 활용하는 첨단과학기술 집약형으로 발전하고 있다.

2. 농업시대와 무기체계

인간의 문명사회와 무기체계, 군사전략·전술은 함께 발전을 거듭해 왔다. 농업시대는 3단계로 구분할 수 있다. 제1단계는 기원전의 시대로 약 8000년 동안 인류는 불과 바퀴, 금속의 발견 및 발명과 그리스의 자연철학, 유클리드 기하학, 피타고라스의 정리, 히포크라테스의 의술 창안 등으로 야만의 시대에서 문명의 시대로 개화하기 시작한 단계이다. 제2단계는 기원후 콜럼버스가 아메리카를 발견하는 1,500년 간의 시대로서 종이, 나침반과 금속활자의 발명, 영(0)의 발견, 천문학에 관한 관심이 본격적으로 시작된 '탐구 정신과 탐험 정신'이 꽃을 피우기 시작한 단계이다. 제3단계는 1700년까지의 약 200여 년으로 코페르니쿠스의 지동설 이후 현미경과 망원경의 발명과 3차 방정식 등의 과학철학이 발전하는 등의 순수과학 분야가 혁신적으로 발전된 단계를 의미하고 있다.

수렵 및 농업시대는 간단한 나무와 돌 등을 활용하여 도구로 만들어 사용하였으며, 이를 인력과 동물의 근육 에너지를 결합하여 생존과 안전을 보장하는 하나의 방편으로 삼게 되었다. 점차 구리와 철을 발견하면서 청동기와 철제 도구를 사용하는 기법을 터득하였다. 이를 응용 기술과 결합해 인간의 삶은 풍부해진 데 비하여 그만큼 위협과 불안, 공포를 동반하게 되었다.

인류가 문명의 세계로 진입하기까지는 상당한 오랜 기간이 필요하였다. 농업시대의 전쟁 형태는 2차원 전쟁으로서 지상과 해상에서 인간의 힘과 동물의 힘을 이용하는 등을 통하여 가장 오랫동안 진행되었던 고대 전쟁이었다. 무기체계는 손과 발, 몽둥이, 돌, 칼, 활, 창, 방패와 범선

15) 남봉우 외, 앞의 책(2015), pp. 25~26.; 조영갑 외, 앞의 책(2014), pp. 33~35.

또는 노선 등으로 구성된 자연에서 얻을 수 있는 도구로 제작된 무기체계를 사용하는 수준의 전쟁으로 일관되었다. 아래의 <표 1-4>는 농업시대의 무기체계와 종류를 정리한 내용이다.[16)]

〈표 1-4〉 농업시대의 무기체계와 종류

무기명	개발국가/연도	무기명	개발국가/연도
단궁, 장궁	BC 12000~8000년 (추정)	만곡도	수메르인/ BC 3500년경
4륜 전차	수메르인/ BC 2500년경	갤리온-강습함	이집트 사후어왕/ BC2450년경
스케일 아머 -금속갑옷	프릴리인/ BC 2400년경	이륜 전차	사르곤 대왕/ BC 2300~2230년경
복합궁	나람신 대왕/ BC 2254~2218년경	코피시 -전투용 군도	이집트/ BC 1700년경
팬티콘터 -군함	그리스 미케네/ BC 1300~1200년경	트라이림 (trireme)-충각(衝角)사용	그리스/ BC 400년경
노 포 (catapult)	시실리/ BC 400년경	등자와 기병	힌두족과 한족/ BC 100년경/322년
화 약	비잔틴/ 7세기경	석 궁 (crossbow)	11세기경
투석기 (trebuchet)	12세기	미늘창 (pike)	스위스/ 14세기
장 궁 (longbow)	웨일즈/ 14세기	소총-화승총과 머스킷	16세기

이러한 칼, 활, 창 등의 고대 무기체계는 민족에 따라 사용 용도에 차이가 있었다. 아래의 <그림 1-5>는 고대의 지·해상전투 모습이다.

16) 버나드 로 몽고메리 著, 송영조 譯, 『A History of Warfare: 전쟁의 역사』 (서울: 책세상, 2004).; 존 린 著, 이내주·박일송 譯,『Battle: 전쟁의 문화사』 (서울: 청어람미디어, 2006).; 정토웅, 『전쟁사 101장면』 (서울: 가람기획, 1997).; 『국방일보』의 "역사 속 신무기(2011~2014)" 등에서 공통적인 무기의 종류를 도출하였음.

〈그림 1-5〉 고대(古代) 시대의 지·해상전투

예를 들어 중국인은 창을, 일본인은 칼을, 한국인은 활을 잘 사용하였으며, 이는 한국이 올림픽 양궁 부문에서 대다수 우승을 차지하고 있는 데서도 알 수 있다. 고대 시대의 경우 지휘구조의 특징이 무기가 영향을 미칠 수 있는 영역이 시력이 미칠 수 있는 범위까지로 극히 제한적이었기에 장수(將帥)가 직접 보면서 지휘할 수 있도록 근거리에서 지휘 통제하는 형태로 진행하다 보니 군사전략도 주로 대다수 인력과 마력을 중심으로 하는 형태를 벗어날 수 없었다. 중(重)·경(輕) 보병과 중·경기병이 근접하여 백병전을 수행하면서 적 대형의 중심(重心)을 돌파함으로써 적 대열이 흐트러지게 하거나, 도주케 하여 승리를 쟁취하는 대집단전법 전략과 밀집대형 작전술인 횡·종대전술 등을 중심으로 수행하였음은 많은 전사(戰史)를 통해 잘 알려져 있다. 그러다 보니 전쟁의 목적도 물자의 노획이나 포로 획득이라는 단순한 접근과 관점으로 진행됐다.

3. 산업 시대와 무기체계

산업 시대란 순수과학을 토대로 하여 이를 응용하고 더욱 발전시킨 기계(機械)의 시대를 의미한다. 산업 시대의 전쟁 형태는 기술의 진보와 대량살상으로 대표될 수 있는 3차원 전쟁으로서 지상과 해상, 공중에서 시행되었다. 영국은 제임스 와트(James Watt, 1736~1819)에 의한 증기기관차와 아크 라이트(S. R. Arkwright, 1732~1792)의 수력방적기(water frame) 발명으로 시작된 산업혁명이 성공하면서 무기체계가 기계화되었다. 산업혁명은 과학기술의 비약적인 발전과 더불어 인간 생활에 편의 제공을 가능하게 만든 혁신적인 사건이었다. 산업혁명의 발달과 함께 무기의 발달과 진화가 가능하여졌다고 함이 사실이다. 산업화의 대명사는 현대판 대량살상무기의 원조라고 할 수 있는 후장식(後裝式) 소총의 발명을 들 수 있다. 14세기 중국에서 흑색 화약이 발명된 이래 유럽의 기계와 화력이 접목되면서 새로운 무기체계가 등장하는 계기가 만들어졌다.

1789년 프랑스 대혁명이 시작되면서 시민들이 자발적으로 동참한 국민군대가 탄생하여 대군사화(大軍事化)가 활발하게 진행되자 당시 전제군주제도를 고수하던 주변 국가들로부터 따가운 질시를 받게 되었으며, 이는 나폴레옹이라는 걸출한 전쟁영웅이 등장하는 결정적인 계기가 되었으며, 그간의 수많은 전쟁사 탐구를 통하여 알고 있을 것이다. 아래의 <표 1-5>는 산업 시대의 무기체계와 종류를 정리한 내용이다.[17)]

〈표 1-5〉 산업 시대의 무기체계와 종류

무기명	개발국가/연도	무기명	개발국가/연도
후장식 소총	프로이센/1828	맥심 기관총	미국/1885
모니터급 장갑함	미국/1861년경	전 차	영국/1916
잠수함 (Naval)	프랑스/1897	드레드노트함 (HMS)	영국/1906
전투기 아인데커	네덜란드 앤소니 포커/1915	제펠린 비행선	독일/1915
항공모함	미국/1920	독일 3호 전차 (Panzer)	독일/1934
급강하・고속폭격기 (Ju87・88)	독일/1935, 1939	정찰・반궤도장갑차 (sd.kfz.231・251)	독일/1935, 1936
레이다 경보체계	영국/1935	다련장로켓	소련/1939
제트엔진 (Me262)	독일/1944	탄도미사일 (V2)	독일/1942
야시장비 (FG1250)	독일/1944	원자폭탄	미국/1945
전차 (T-54・55)	소련/1946	잠수함(노틸러스호 SSN571)	미국/1954

17) 버나드 로 몽고메리 著, 송영조 譯, 앞의 책(2004).; 존 린 著, 이내주・박일송 譯, 앞의 책(2006).; 정토웅, 앞의 책(1997).; 『국방일보』의 "역사속 신무기" 등에서 공통적으로 평가하고 있는 무기의 종류를 도출하였다.

산업 시대의 전쟁은 지상과 해상, 공중의 3차원으로 진행되었으며, 외곽 즉, 야전에 배치된 부대부터 공격하여 전쟁지도부가 위치하는 전략적 중심지역으로 접근해가는 지상군 중심으로 수행하는 군사전략이 일반적인 패턴이었다. 군사전략을 떼놓고는 어떠한 전쟁의 양상과 무기체계의 발전을 생각하기가 어렵다. 산업 시대는 대량파괴와 무차별 대량살상이라는 섬멸전략과 전격전 전략, 전쟁을 사전에 자제시키기 위한 억제전략과 전쟁이 발발하였을 때 승리하기 위한 방위전략 등으로 발전시키는 계기가 되었다.

지휘구조도 수직적 · 계층적 구조로 변화하였으며, 유 · 무선을 활용하는 병력과 화력 중심의 대부대를 집중적으로 지휘 통제하는 형태로 전쟁을 수행하였다. 이 시기는 독일 오스카 V. 후티어(Oscar V. Hutier) 장군의 '종심돌파 전술(Tactics on stormtrooper in Depth)'과 프랑스 제4군의 지휘관이었던 앙리 꾸로우(H. Gouraud) 장군에 의한 '종심방어 전술(Tactics on Defense in Depth)'이 제병협동작전으로 진화되었다가, 다시 공지 합동 작전(Air Ground Joint Operations)으로 발전하는 과정이었다.

4. 문명 · 지식정보화시대와 무기체계

문명 · 지식정보화시대는 복합과학 기술의 시대로 진입하게 되었음을 의미하며, 전쟁의 양상이 지상 · 해상 · 공중 · 우주 · 사이버의 5차원임을 의미한다. 무기개발 기술의 체계화와 관련 요소들과 통합 운용 및 복합시스템으로 형성되면서 인공지능(AI)의 출현을 자동화된 무기체계가 전쟁을 주도하기 시작하였다. 2000년대 이후 국가들은 독점적 패권을 위하여 군사과학기술이 적용된 지식 · 정보의 상대적 지배성과 독점성, 그리고 첨단과학 기술력인 컴퓨터를 활용한 무기체계를 자동화시켰다. 이를 기반으로 하는 정밀한 재래식 · 유도무기, 무인(無人) 무기, 이지스 함정과 스텔스 전투기 등이 전쟁의 승패를 결정짓는 시대가 되었다.

전쟁의 승리를 위하여 진행하는 군사전략은 전장에 대한 정확한 지식 · 정보와 감시정찰(C4ISR), 정밀유도무기(PGMs)로 표적의 급소만을 공격한다. 중추신경을 순식간에 마비시키는 정밀한 외과 수술적 공격으로 파괴의 탈 대량화와 살상의 최소화를 진행하면서도 조기에 승패를 결정짓는 새로운 전격전(電擊戰) 개념, 즉, 충격과 공포를 극대화하는 군사전략 등이 세밀하게 적용되고 있다.[18] 아래의 <표 1-6>은 문명 · 지식정보화시대 과학 기술의 발전사를, <표 1-7>은 혁신적인 무기체계와 종류를 정리한 내용이다.

---

18) 조영갑, 『세계전쟁과 테러』 (서울: 선학사, 2011), pp. 364~367.

〈표 1-6〉 문명·지식정보화시대의 주요 과학기술 발전사

연 도	대표 과학기술	주요 내용
1954	장시간 잠수했던 최초의 잠수함	미국의 해군함 Nautilus호(1.21.)
1957	최초 인공위성	구소련의 스푸트니크호 발사(10.4.)
1969	인류의 달 착륙	미국의 유인우주선 이글호 달착륙(7.20.)
1978	시험관 아기 탄생	영국에서 최초(7.25.)
1997	복제양 돌리 탄생	영국에서 성장한 양 세포에서 복제 성공
2010	가장 빠르고 크고 높은 것	무인비행기(X-51A, 마하6), 최고속열차(CRH-380A, 486.1km/H), 최고속 슈퍼컴퓨터(天河-1A, 초당 2570조번 연산), 최고층 빌딩(부르즈 칼리파, 828m)

〈표 1-7〉 문명·지식정보화시대의 무기체계와 종류

무기명	개발국가/연도	무기명	개발국가/연도
SS-N-2스틱스 (함대함 중거리 미사일)	구소련, 1957 * 실전배치: 1967	FIM-92 스팅어 휴대용지대공미사일	미국, 1981
ICBM 대륙간 탄도미사일	구소련: 1957.8.2. 미국: 1957.12.7.	Exocet 대함미사일	프랑스, 1974
F-4팬텀Ⅱ	미국, 1958	Harrier 전투기	영국, 1982
탄도미사일 잠수함(SSBN-598)	미국, 1959	Predator 무인정찰 공격용 비행기	이스라엘, 1982
AH-1휴이 코브라	미국, 1962	타이콘데로가급 순양함	미국, 1983
BMP-1 보병 전투차량	구소련, 1967	Tomahawk 순항미사일	미국, 1984
AT-3 대전차미사일	구소련, 제2차 세계대전 후	JAVELIN 대공미사일	영국, 1985
가브리엘 MK1 함대함 미사일	이스라엘, 1970	A-12 항모용 스텔스공격기	미국, 1988
타라와급 LHA 강습상륙함	미국, 1972	MLRS 다련장로켓	미국, 1991
Mi-24 하인드	구소련, 1973	EMP탄	미국, 1991
메르카바 MK1 전차	이스라엘, 1974	랜드워리어(Land-Warrior)	미국, 2000
반응장갑 Blazer	이스라엘, 1974	F-35A 스텔스 전투기	미국, 2006
E-3 센트리 (AWACS기)	미국, 1975	레일건(Railgun)	미국, 2014
F-117A 나이트호크	미국, 1967		

산업 시대의 전쟁은 지상·해상·공중의 3차원에서 외곽(야전부대)에서부터 공격하여 내부(전쟁지도부가 있는 전략적 중심지역을 의미)로 점차 접근해가는 지상군 중심으로 공격해 들어가는 군사전략이었다. 반면에 지식 정보화 시대의 전쟁은 충격과 공포를 동시에 주는 5차원적인 군사전략을 수행하고 있다. 전쟁지도부가 있는 전략적 중심지역인 가장 안쪽에서부터 공격을 시작하고, 이어서 야전부대를 공격하거나, 전 전 장지역을 동시다발적으로 공격하는 병행적 접근전략을 구사하고 있다. 충격과 공포전략은 적의 급소가 되는 전략적 지휘구조를 먼저 제거 및 타격함으로써 지휘체계가 존재할 수 없는 상태 또는 정상적인 명령체계가 유지될 수 없도록 하는 새로운 중심마비 진의 개념이다. 여기에서 마비전(痲痺戰)은 물리적 측면보다는 심리적 측면을 의미하며, 타격을 지속함으로써 피해를 누적시켜 적을 섬멸하는 게 아니라 짧은 시간 내에 중추신경을 공략함으로써 모든 근육을 동시에 마비시키는 데 있다. 모든 시스템에는 중심(重心)이 있다는 것이다. 그 중심을 마비시키거나, 변화하게 되면, 주변 시스템도 변화된다는 이론이 바로 존 와든(J. Warden)이 주창한 5개 동심원(Five Strategic Rings) 모델이며, 이를 수행하기 위한 작전술이 '신속 결정적 작전(RDO)'으로 발전하였다.

산업 시대의 전쟁에서 지식 정보화 시대의 전쟁으로 변화된 결정적 계기는 2001년도에 발생한 미국의 9·11테러로부터 시작하여 2003년에 진행된 이라크전쟁이다. 이 전쟁은 전쟁의 형태와 무기체계, 군사전략이나 작전술을 5차원이라는 새로운 방향으로 바꿔 놓았다. 특히 무기체계의 경우 ① 노동집약적인 반자동화된 단순한 무기체계에서 자동화되고 자본 집약적인 복합무기체계로 전환했다. 지상무기체계의 다양한 정밀무기, 해상무기체계에서의 이지스 함정, 공중무기체계의 스텔스 전투기 등장 등은 화력과 기동성, 정밀성, 생존 가능성을 증가시키는 추세로 발전했고, ② 생리적 에너지에서 화학적·핵에너지, 광학 에너지를 이용하는 첨단과학기술로 발전되고 있으며, ③ 자동·전자·무인화 추세로, ④ 계열·공통·표준화 추세로 발전하고 있으며, ⑤ 민군겸용기술(dual use technology)의 발전으로 변화하고 있다.

제 4 절

과학기술의 발전과 무기체계의 상관성

1. 첨단 과학기술과 전쟁의 속성

인류는 끊임없는 전쟁 속에서 개인·조직·국가의 안전과 번영을 추구하기 위하여 과학기술화된 첨단무기체계로 군사력을 강화하였다. 이를 효과적으로 운용함으로써 전쟁을 예방 및 억제하고 필요할 경우 전쟁에서 승리하기 위한 국가의 안보·국방정책, 군사전략 및 전술을 발전시키고 있다. 이러한 생존과 안전, 나아가 국가이익을 위하여 다양한 도구를 발명하는 과정에서의 도구가 과학기술의 발전이 시작되는 출발점이었다. 결과적으로 국가이익은 국가의 안위와 직결되는 사안이다 보니 국가 간의 갈등과 분쟁은 전쟁으로 비화(飛火)하기 일쑤였고, 이에 대비·대응하기 위해 과학기술과 전쟁, 그리고 무기체계는 상호 불가분의 관계로 발전하였다. 인류는 고대부터 현대에 이르기까지 끊임없이 전쟁을 치러 왔고, 앞으로도 전쟁이 계속된다는 시각에는 누구도 반론을 펼 수 없을 것이다. 인류 문명의 발전과 과학기술의 발전은 상호 보완적이고 상생하기 위한 부득이한 동거를 하는 과정에서 편리성과 예측성을 동시에 가져왔다. 반면에 신무기의 개발을 통한 과학기술의 파괴력이 가공할 정도의 공포와 확장성을 가져온 것은 맞다.

과학기술이 전쟁의 발전에 직접적인 영향을 미치게 된 시점은 대포를 발명한 이후부터였다. 대포와 같은 화약을 이용한 장거리 살상 무기가 채택되면서 인류는 살상 및 파괴력의 효율성을 높이기 위하여 재료공학과 산업기계, 탄도학, 화학 등을 급속하게 발전시켰다. 그러자 이에 대응하기 위하여 또 다른 재료공학과 산업기계, 탄도학, 화학 등에다가 무선통신, 레이더 등의 과학기술을 추가시켰다. 또다시 효율성을 증대시키게 되는 식으로의 물고 물리는 방식을 통해 군비경쟁과 과학기술의 경쟁은 가속화되어 왔다. 따라서 인류의 역사가 전쟁의 역사라고 하는 것도 역사의 발전이 과학기술의 발전이고 과학기술의 발전이 전쟁의 발전이라는 것과 맥락을 같이 하였다.

전쟁은 과학기술의 문제이며 과학기술자의 기여 정도에 따라 전쟁의 승패가 좌우된다는 시각도 여기에 기초하고 있다. 일반적으로 군사적인 것으로 취급되지 않고 있는 도로, 자동차, 통신수단, 시계 등과 같은 산물들이 전장에서의 무기나 무기체계만큼 많은 역할을 하는 것처럼 과학기술은 전쟁 기반시설로 불리는 많은 형태를 구성하고 있다. 이러한 기반시설은 조직과 정보, 전략과 군수 분야의 특성과 전투 개념까지도 좌우할 만큼 상당한 영향을 끼쳐왔다. 과학기술의 발전은 도구 시대, 기계시대, 시스템 시대, 자동화 시대로 발전하면서 전쟁의 양상과 형태도 혁신적으로 변화되었고, 전쟁과 전투에 활용되는 무기체계도 비약적인 발전을 거듭하고 있다.

2. 첨단 과학기술과 전쟁의 상호 관계

첨단과학 기술이 전쟁에 직·간접적으로 영향을 미친다고 하여 항시 똑같은 영향을 끼치는 것은 아니다. 지금까지 다양한 전투수단과 수송수단이 서로 대체되고 발전되고 있는 바와 같이 무기의 위력도 정확성과 사거리, 발사속도, 심리적 효과 등을 통하여 서로 다양하게 대응 및 대체되는 경우가 많이 있다. 같은 과학기술일지라도 구성하고 있는 요소나 상황에 따라 공격적인 방법이나 방어적인 방법으로 이용할 수 있다. 적의 전력에 따라 대칭이나 비대칭 전력으로 맞대응할 수 있음이다. 그러나 전쟁의 기능만은 과학기술이 변화시킬 수 없다는 속성을 인식해야 할 필요가 있다.

과학기술의 활용과는 별개로 전쟁은 둘 또는 그 이상의 교전 국가들의 투쟁이다. 축구 경기를 예로 들면, 선수들은 각자가 독립적인 의지를 갖고 있으며, 한정된 범위 내에서만 상대 선수에 의해 통제를 받고 있다. 즉, 항상 같은 생각과 행동이 나오지 않는다는 점에 주목해야 한다. 다시 말해 수행 방식에 대한 원칙들이 국가마다 다를 수 있다. 더욱이 전쟁의 기본적인 논리는 선형적이 아니라 역설적이라는 사실이다. 같은 행동이라도 언제나 같은 결과가 나올 수는 없으며, 이는 반대로 하여도 마찬가지다. 상대방이 학습능력을 일정 수준 이상으로 갖추어져 있다고 가정할 때도 같은 행동이 전쟁에서 계속 승리할 수 없다는 현실적인 위험이 항상 존재하고 있다. 과학기술과 전쟁의 원리는 서로 다를 뿐 아니라 상반되는 경우가 항시 존재하고 있기에 어느 한 측면만 다루는 데 유용하다거나 필수적 개념의 틀이 다른 쪽을 방해하도록 해서도 안 된다. '과학기술이 우위'라고 자신감을 느끼기 전에 실제 전쟁에 돌입할 수밖에 없으면서도 신중하게 접근할 측면은 반드시 존재함을 인식(perception)할 수 있어야 한다.

3. 첨단 과학기술과 무기체계의 상호 관계

과학기술은 인류의 역사에서 끊임없이 군사 능력의 향상과 발전을 도모하였으며, 이를 통해 통치권자의 기대에 부응하는 신무기를 계속 개발했다. 강력한 폭발력과 파괴력을 가진 신무기의 탄생은 힘의 불균형을 초래하였고, 신무기는 절대 강자를 탄생시켰으며, 이전의 전쟁 양상과 방식을 완전히 뒤바꾸는 역할의 주인공이었다.

역사상 최초로 힘의 불균형을 초래한 대표적인 무기는 전차를 들 수 있다. BC 3000~2300년경에 인류의 지혜가 발달하면서 수메르는 말(馬)을 활용하여 고대 전차를 제작 및 운용하였다. 아카드의 사르곤 대왕은 2마리의 말이 끄는 2륜 전차로 기동력과 충격력을 갖추어 기병(騎兵)이 등장하기 이전까지 고속기동을 할 수 있는 강력한 무기체계로 자리매김하였으며, 메소포타미아의 통일에 이바지하였다. 전차로 무장한 채 메소포타미아에서 내려온 힉소스(Hyksos) 인들은 BC 1680년경 이집트에 왕조를 세우고 식민통치를 시작하였다. 이들의 전차는 2인승 대전차용으로 활과 투창, 사각형 방패, 화살로 무장하였다. 패권국인 이집트로서는 굴욕이었으나, 관련된 과학기술을 갖고 있지 못했기에 패배를 받아들일 수밖에 없었다. 초기에 등장한 전차의 바퀴는 원시적인 원반형으로 내구성에 문제가 있었지만, 점차 차륜(車輪) 중앙에 바큇살이 모이는 완전한 원형(hub)형으로 개선하면서 험한 길을 빠른 속도로 이동하여도 바퀴가 깨지거나, 찌그러지지 않게 되었고, 원형 바퀴에 칼이나 낫, 창 등을 추가로 부착하는 등을 통하여 강력하고 치명적인 살상 무기로 발전시켰다. 아래의 <그림 1-6>은 대표적인 고대 전차의 형태다.

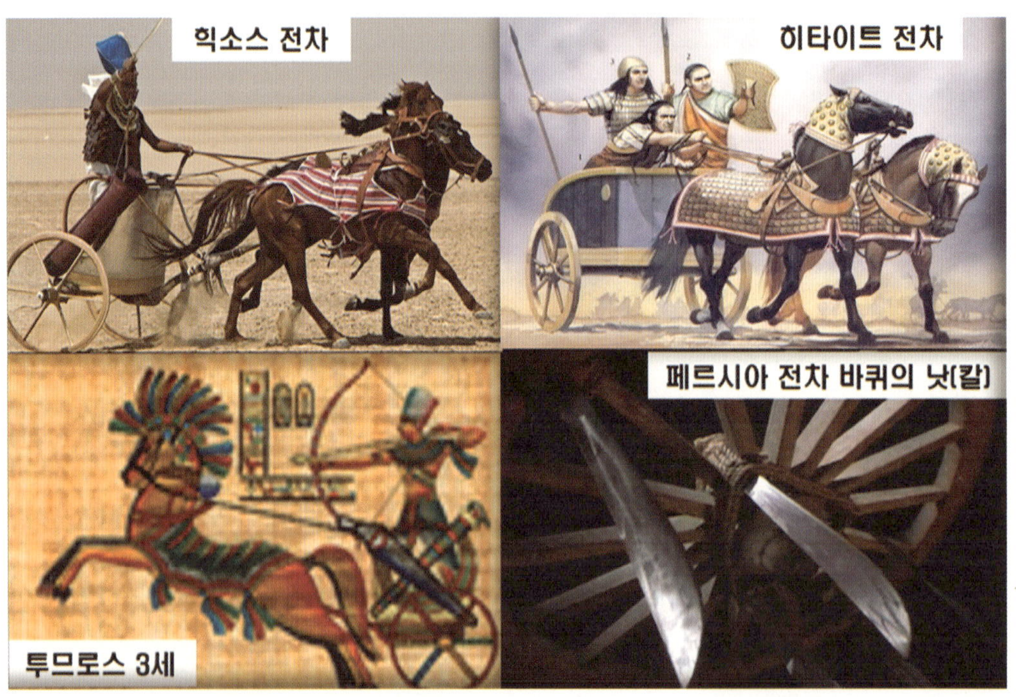

〈그림 1-6〉 대표적인 고대 전차의 진화(進化)

중세유럽에서도 과학기술과 무기체계의 발전이 이루어졌으며, 백년전쟁(1337~1453)에서 크게 활약하였던 영국군의 장궁(long-bow)을 대표적인 무기체계로 꼽을 수 있다. 아래의 <그림1-7>은 영국군의 장궁(長弓) 형태이다.

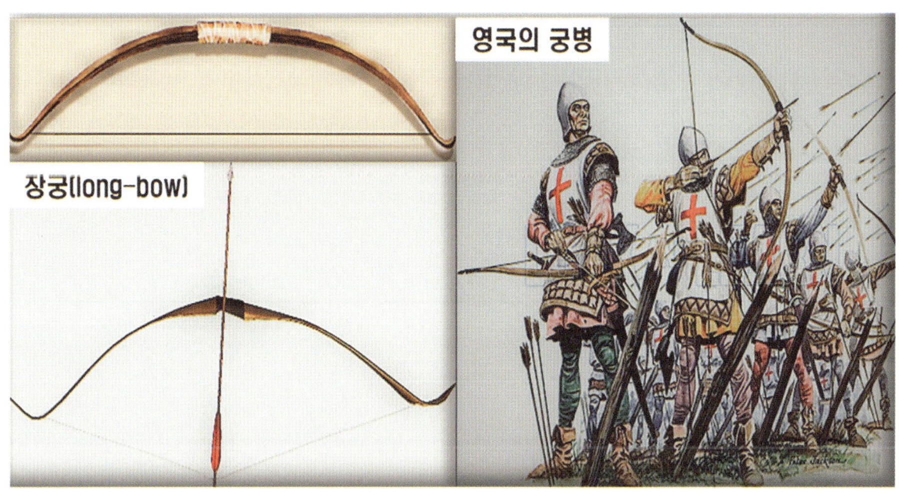

〈그림 1-7〉 영국의 장궁(長弓)

길이가 2m에 달하는 이 장궁은 1415년 프랑스의 아쟁쿠르(Agincourt) 전투에서 무려 200m나 떨어져 있다고 안심하고 있던 중무장한 프랑스 기사들이 목숨을 잃게 했다. 이는 당시 보통의 화살(단궁, short-bow)의 사거리인 100m를 훌쩍 뛰어넘는 엄청난 혁신이었다. 장궁의 위력은 긴 길이에서 나왔는데, 자연히 활의 시위를 당기는 거리가 늘어나면서 운동에너지의 증가로 이어졌고, 관통력도 그만큼 향상되는 성과를 가져왔다. 장궁의 위력은 전쟁 초기 군사적 능력에서 영국이 승리를 가져가게 했다. 당시의 강력한 무기체계로 여겨졌던 기사를 무력화시켰기 때문이다. 전쟁 후반에 등장한 대포가 실전에 배치되기 시작하였지만, 장궁은 프랑스의 운명을 풍전등화의 처지로 몰아붙였다. 이는 봉건사회가 무너지고 중앙집권화의 절대 왕정이 들어서는 바탕이 되었다. 1592년 조선에서도 임진왜란이 시작되면서 왜군의 신식조총은 조선군의 구형 무기를 압도하면서 선조(宣祖, 1552~1608)를 피난길에 오르게 했다.

근대로 접어들면서 서구 제국주의 국가들은 기관총을 사용하여 소수의 병력만으로도 식민지를 장악할 수 있었다. 1884년 영국의 과학기술자인 하이럼 맥심(H. Maxim)은 1860년 개틀링(R. J. Gatling)에 이은 근대식 기관총을 만들었으며, 이는 세계 최초의 완전 자동식 기관총이다. 발사 후 생기는 가스를 보존하여 총알의 추진력으로 사용하다 보니 발사속도가 소총과는 비교가 되지 않았을 뿐만 아니라 대규모 병력도 기관총 앞에서 더는 위협을 주지 못하였다.

인류 역사에서 과학기술이 가장 영향을 미친 강력한 파괴력과 폭발력은 핵무기이다. B-29 폭격기가 일본에 떨어뜨린 한 발의 핵폭탄으로 인해 12.7만 명이 죽고 도시의 60%가 파괴되었다. 이런 엄청난 위력은 핵무기 자체가 국제적인 영향력을 결정짓는 요인이 되었다. 제2차 세계대전 이후부터 진행된 美-蘇 냉전기 간 양국의 핵무기 생산 경쟁과 각종 군축(軍縮, disarmament) 관련 협상, 최근 북한 김정은이 주변 국가와 추진 및 중지를 반복하고 있는 핵 비핵화와 관련한 미국과의 양자(兩者) 간 협상 노력은 이런 사실을 증명하고 있다.

제 5 절

전장(戰場) 기능과 무기체계 발전의 상관관계

1. 과학기술과 전장의 특성

고대 시대 전쟁의 목적은 공동체 수호를 위한 자존(自存)에 기초하여 국가의 발전에 필요한 영토와 자원 및 생산수단인 노예를 비롯한 인적자원 등을 획득하거나, 지키기 위함이었다. 이후 그리스 시대는 도시국가들이 각자의 군대로 성장하는 과정에서 자국의 이익을 도모하기 위해 벌인 영토 분쟁의 시대였다. 이 시대에는 종마법(種馬法)이나 종마술(種馬術)의 전파도 늦었고, 험준한 산악이 많은 관계로 인하여 평탄한 지형에서 수행하기가 쉬운 집단 대형에 의한 보병 위주의 전법이 발달하였다. 금속으로 제작된, 창, 도끼, 칼 등이 최초로 사용되었다가 청동 무기와 철제 무기로 대체되는 과정을 겪었다. 보병은 전장의 주역으로서 말(馬)을 이용한 전차(war chariot)를 운용하였다.

인류역사상 최초로 중국에서 발명된 흑색 화약과 나침반(羅針盤)의 출현은 전쟁에서 성벽(또는 성곽, 요새)이라는 절대적 가치를 감소시켰고, 증기기관과 대포의 발명은 대형 철제함정을 탄생시키게 되면서 이전까지는 꿈도 꾸지 못했던 바다의 제패가 가능하도록 만들었다. 전차와 항공기의 발달은 제1차 세계대전을 거치면서 기존의 기관총과 대포를 전장의 주역(主役)에서 밀려나게 했다. 1957년 미국에 엄청난 충격으로 다가온 ‘스푸트니크 쇼크(Sputnik crisis)’는 미국 사회 전반을 상당한 정도의 긴장과 위기감, 공포심으로 몰고 갔고, 이후 진행된 전자공학과 컴퓨터의 발전은 전쟁을 정밀한 수준으로 자동화시키면서 전쟁의 양상까지도 5차원 형태로 변화시켰다.

전장에서 전투를 효과적으로 운용하기 위해서는 기동(maneuver), 화력(fire power), 정보(intelligence), 방호(protection), 지휘 통제(command & control), 작전 지속지원(operational sustainment support)이 원활하게 이루어져야 한다. 아래의 <그림 1-8>은 전장에서 필수 요소로 평가되는 6대 기능이다.[19)]

19) 이진호 외, 『합동성 강화를 위한 무기체계』 (성남: 북코리아, 2015), pp. 27~29.

〈그림 1-8〉 전장(戰場)의 6대 기능

특히 현대 전쟁에서는 더욱 다양한 지상군의 첨단 기동과 화력, 가공한 수준의 정밀유도무기(PGMs), 해군의 이지스함과 핵잠수함 및 핵 항공모함, 공군의 스텔스 전투기와 폭격기 등의 각종 항공기를 비롯한 군사 인공위성, 전자통신장비, 첨단 무인 무기와 다양한 로봇 시스템, 사이버 무기 등이 등장하였다. 따라서 육·해·공군의 물리적 전장은 다르지만, 전투라는 공통분모로 인하여 전장에서 운용되는 6대 기능은 모두 적용이 가능한 요소로 보인다. 따라서 전장에서 사용되는 기능별로 각 군의 무기체계를 분류할 수 있다. 그러나 반드시 전장 6대 기능에 맞추어 분류하고 있지 않음도 인식할 필요가 있다.

2. 무기체계와 전략·전술의 상호 관계

무기와 전투 행위는 상당한 관계가 존재한다. 어떠한 무기를 선택하느냐에 따라 전투를 수행하는 방법이 결정되고, 어떠한 작전을 수행할 것인가에 따라 어떠한 무기를 사용할 것인가도 결정되기 때문이다. 작전을 수행하는 과정에서 무기체계를 약간만 변경함으로써 작전의 효율성이 배가되는 예도 있으며, 작전의 변경으로 기존에 보유하고 있는 무기를 가장 효과적으로 사용할 수 있는 여건이 만들어지기도 한다. 따라서 무기체계 연구에는 반드시 전략과 전술에 관한 연구가 병행되어야 한다. 이는 1346년 크레시(Crecy) 전투 사례를 통해서도 느낄 수 있다. 프랑스군이 영국군보다 병력이 2배나 우세했음에도 불구하고 패배한 원인은 병력의 우세만을 믿고 상대방의 주력 무기였던 장궁(長弓)이 사거리와 정확성에서 우수하다는 특성을 소홀하게 인식하였고, 이로 인해 승리할 수 있는 전술을 개발하려는 노력이 소홀하였기 때문이다. 제1차 세계대전 당시 영국은 전차를 최초로 개발하여 전차를 이용한 전략 전술을 발전시켰음에도 불구하고 독일군 전차에 유린당하는 시행착오를 겪었다. 영국군은 전차를 파괴적인 무기로 생각하여 방어용으로만 제한적으로 사용하는 잘못을 범하였다. 이에 반해 독일군은 영국의 전차와 전술을 도입하여 이를 발전적으로 접목했고, 독립된 판저(Panzer, 전차) 부대를 편성하여 전격전을 통해 전쟁의 초기부터 승기(勝機)를 가져올 수 있었다. 아래의 <표 1-8>은 고대 전장에서부터 현대 전장까지의 무기체계와 전술의 변천 과정을 정리한 도표이다.[20)]

〈표 1-8〉 무기체계와 전술의 변천 과정

구 분	무기체계	전 술
고대 전쟁 (BC490~249)	**무기 제1기** • 공격용: 창, 칼, 화살, 투석기 • 방호용: 갑주, 방패	집단전투, 종대대형
중세 전쟁 (476~1453)	**무기 제2기** • 화승총, 대포	선(線) 전투(1차원), 횡대 대형
근대전쟁 (1775~1913)	• 총검	내선작전, 종대대형
	• 철도, 전신	외선작전
현대 전쟁 (1914~)	**무기 제3기** • 기관총, 야포	평면전투(2차원), 종심돌파 전술(오스카 V. 후티어), 종심방어 전술(앙리 꾸로우)
	무기 제4기 • 핵폭탄	입체전투(3차원), 전격전, 냉전
	• 전자무기, 회전익 항공기 • COIN무기(대(對) 게릴라전 무기)	비정규전
	• 정밀유도무기(PGMs)	공세 이전(移轉)

고대에서 근대전쟁에 이르는 동안 각 국가는 보유한 무기에 따라 전술 및 전략마저 보유한 무기에 맞는 전법(戰法)만을 고집해 왔다. 이러한 단순한 접근법은 오랜 기간 계속되었다. 물론 한 국가가 특정한 무기체계를 획득하기 위해 많은 예산과 노력을 투자하였을 경우 당연히 해당하는 무기체계를 사용하기 위해 노력할 것이다. 더욱이 현대의 무기체계는 제2차 세계대전을 종결

20) 남기봉 외, 『알기 쉬운 무기체계』 (인천: 진영사, 2015), pp. 25~26.

시키는 과정에서 사용한 핵폭탄의 참상과 공포를 체득하였다. 이후 탈 대량살상과 탈 대량파괴를 위해 인공지능(AI)을 비롯한 정밀유도무기에 집중하는 과정에서 한층 더 큰 비용의 투자를 요구받고 있다. 특히 현대 과학기술의 급속한 발전은 軍과 민간기업에서도 무기체계를 개발하는 데 큰 노력을 기울이게끔 하고 있다.

軍과 국가의 중요한 과업은 지속해서 개발되는 현대 무기체계의 특성을 잘 이해하고 군사전략과 전술에 미치는 영향을 면밀하게 분석하여야 한다. 이를 통해 적합한 무기체계의 선정과 거기에 맞는 전술을 발전시킴으로써 무기체계와 전략・전술, 부대 구조가 병행되어 발전할 수 있게끔 만들어야 함을 인식했으면 싶다.

강의 I 현대 무기체계의 획득 과정과 분류에 관하여 이해합시다.

강의 전 요구되는 사항

1. 무기체계를 결정짓게 하는 5대 효과요소는 무엇인가?
2. 무기의 획득 과정과 절차, 획득방식은 무엇인가?
3. 무기체계는 어떻게 구성되어 있고, 분류는?
4. 무기체계의 획득 간 생성되는 장 · 단점에 관하여 이해합시다.
5. 무기체계의 분류와 관련 법령은 무엇인가?
6. 민군겸용기술(Spin-up)의 의미와 파급효과는?
7. 과학 기술과 무기체계의 상관관계를 설명하시오.

제2장

현대 무기체계의 획득 과정 및 분류

제 1 절

현대 무기체계 능력의 결정

1. 무기체계의 능력을 결정짓는 5대 효과요소

제2차 세계대전은 핵무기라고 하는 절대무기(absolute weapon)가 등장하게 되면서 이전까지의 전쟁에 관한 일반적인 개념과 전략 개념에 대한 인류의 생각을 혁명적으로 변화시켰다. 재래식 무기로 전쟁을 치르던 제2차 세계대전은 이전의 전쟁 양상과는 전혀 다른 첨단과학기술의 결정체인 원자폭탄을 사용하면서 일본의 무조건 항복을 받아내고 종결되었다. 실제는 독일이 대상이었으나, 4월 30일 히틀러가 자살하자 5월 4일 독일군이 먼저 항복해버리는 바람에 미국의 트루먼 대통령이 독일에 원자폭탄을 사용하지 못하게 만드는 행운을 불러왔다.

이후 진행되었던 걸프전(1991)과 이라크 전쟁(2003)은 최초로 최신 전차와 토마호크 미사일 등의 정밀유도무기(PGMs)[21]를 사용하면서 전쟁에서 핵심적인 표적에 국한된 최소한의 파괴·살상력을 정밀화시킬 수 있는 실험장이었다. 이로써 현대 전쟁이 고도의 과학기술에 의한 정밀유도 무기체계의 시대로 접어들었음을 시사하고 있다. 이전의 전쟁 양상이 양적 위주의 전쟁이었다면, 제2차 세계대전 이후부터 진행되고 있는 전쟁의 양상은 질적 위주, 강대국에 의한 대리전쟁 시대로 변화되었다고 하여도 과언이 아니다.

무기체계 특성의 발전과 진화는 단순하게 보면, 무기체계 성능이 향상하였음을 뜻한다. 무기는 적을 섬멸하거나, 파괴하거나, 무력화시키지 않으면 자신과 자신이 속한 집단의 생존이 위협받는 상황에서 전투의 효율성을 증대시키기 위해 사용하는 일종의 기계적 도구임을 인식할 필요가 있다. 통상 軍 지휘관들은 '전쟁의 승패가 화력, 기동력, 지휘통신 능력에 달려 있다.'라고 하는데, 여기에 덧붙여 생존 가능성, 가용·신속성이 포함되어 무기체계의 전투능력을 결정짓게 된다. 군사학도와 초급 연구자들은 학습을 통해 이 효과요소들을 균형 있게 조화시켜 전투 효과를 얻도록 노력하여야 한다. 무기체계의 능력을 결정짓는 효과요소는 총 5가지로 분류할 수 있다. 아래의 <그림 2-1-1>은 무기체계의 효과요소를 정리한 내용이다.

---

21) '정밀유도무기(精密誘導武器, PGMs)'는 '목표에서 반사되는 전자기파를 감지기를 이용하여 탐지하거나, 유도 명령을 통해 유도시스템이 표적에 이를 때까지 정확하게 유도하는 탄약'으로 '스마트 무기(Smart Weapon)'라고 부르기도 한다.

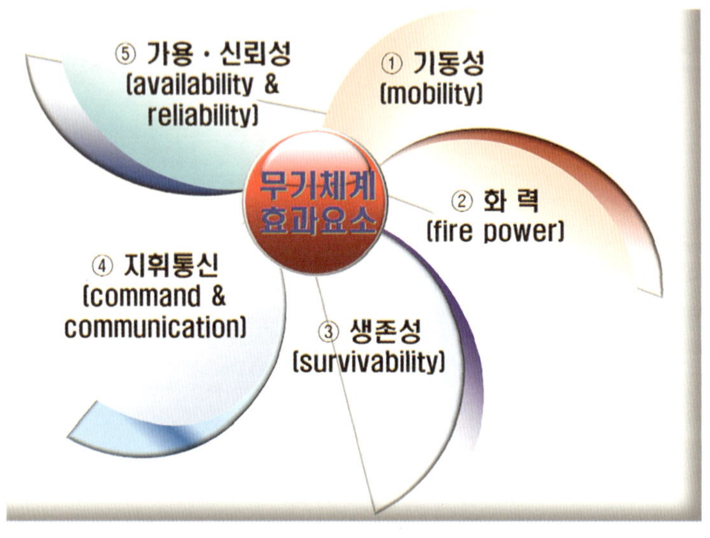

〈그림 2-1-1〉 무기체계의 효과요소

① 기동성은 인간의 다리 기능을 확대하는 것으로 병력과 화력을 신속하게 집중 및 분산시키는 기본수단으로서 전쟁을 수행하는데 가장 기본적이고 중요한 요소이다. 전쟁사 학습에서도 느꼈듯이 예나 현재를 막론하고 기동성이 없는 군대는 화력이 월등하게 우세하지 않는 한 기동성이 우수한 군대에 패배당하였다. 프랑스의 마지노(Maginot)선은 평시에는 정치적 측면에서 강력한 방어선으로 인식되도록 홍보하여 최고 · 최강의 방어진지로 평가되었으나, 베르덩(Verdun) 삼림지대가 독일의 하인츠 구데리안(Heinz Wilhelm Guderian, 1888~1954) 장군의 기동 전차군단에 의해 한순간에 돌파되면서 무용지물이 되어버렸다. 기동성은 병력의 절약과 동시에 집중 및 분산의 수단이 된다. 따라서 집단 살상을 방지하고 분산된 병력을 한 곳으로 집중시키고, 적에게 충격을 가하는 속도전에서 기동성은 결정적인 필수 요소이다.

② 화력은 인간의 팔 길이를 연장하여 타격력을 확대하는 것으로 기동성과 함께 전투에 있어서 핵심 요소이다. 대(對)전차 전에서도 주포의 화력 수준은 전투 승리의 주요 요인으로 작용하고 있다. 6 · 25전쟁에서 중공군(중국 인민지원군, 人民志願軍)의 인해전술은 우군의 화력에 의해 저지되었다. 이때 적의 야포 수가 우군(友軍)과 비교할 때 우세하였으나, 우군 야포의 발사속도가 3~5배 정도로 빠르다 보니 우군이 2배 정도로 다소 우세하였다. 제2차 세계대전 당시 일본의 히로시마와 나가사키에 투하된 美 원자폭탄의 가공할 폭발 · 파괴력이 전쟁을 종결짓게 하는 결정적 요인으로 작용하였듯이 현대 전쟁에서도 핵무기와 정밀유도무기의 화력 수준은 전쟁의 승패를 결정짓는 핵심적인 요소이다.[22)]

③ 생존 가능성은 살고 싶어 하는 인간의 기본적인 본능으로서 삶과 죽음이 교차하는 전투

현장에서 먼저 적을 제압하고 자신이 살아남기 위해서는 생존 경쟁이 치열할 수밖에 없다. 따라서 현대 전쟁에서 무기는 절대적인 성능을 추구함과 동시에 생존을 고려한 무기체계로 발전함이 중요한 고려요소이다. 고대와 중세를 거치면서 만들어진 기사의 갑옷과 방패, 보병(warrior)의 헬멧과 위장, 전차의 장갑 능력, 스텔스 기술 등은 자신을 방호하기 위한 수단이다. 최근에는 항공기와 미사일, 함정, 헬기, 전차 등 거의 모든 무기체계에 방호 기능을 채택하고 있다. 다만 생존을 너무 강조하다 보니 불필요한 장비나 장치가 과도하게 부착되는 측면이 있게 되고, 중량의 증가 및 전투 효율성을 감소시키는 현상으로 나타나고 있기에 신중한 접근이 필요하다.

④ 가용성과 신뢰성은 무기체계에 대한 인간의 믿음에서 시작되었으며, 일단 완성된 나음 실진(實戰)에 배치하거나, 활동하는 단계에서는 개선이 어려우므로 무기의 개발 단계부터 적용해야 할 중요한 요소이다. 가용성은 불시에 임무가 부여되었을 때 해당 무기체계가 임무 수행 초기 단계에 투입되어 운용될 수 있는 상태를 의미한다. 신뢰성은 해당 무기체계가 규정된 조건에서 의도하는 기간에 규정된 기능을 적정하게 수행하는 정도나 확률을 의미한다. 아울러 전쟁 초기 전투에 임하는 군인이나 부대의 자신감과 사기, 신뢰 등은 전쟁의 승패에 지대한 영향을 미치게 한다. 특히 무기체계 중 각 요소 간의 체계성과도 밀접하게 연계되어 있다. 아무리 성능이 우수한 무기일지라도 실전에서 성능을 제대로 발휘하지 못하거나, 고장과 수리 기간이 상당 기간 지체되고 난이도가 커서 어려움을 반복하고 있다면, 해당 무기체계의 가용성과 신뢰성은 낮다고 보아도 무방하다. 따라서 무기체계의 전천후성, 지속적인 운용의 용이성, 작전 수행의 용이성 등이 확보되어야 한다.

⑤ 현대 전쟁은 입체전(Multi Dimensional Warfare)으로서 지휘·통제·통신·컴퓨터·정보 체계(C4I)와 전장 감시체계(ISR)는 인간의 두뇌 및 오관 기능으로서 첨단과학·광역화됨과 동시에 전 전장이 동시에 전장화됨에 따라 무기체계는 더욱 복잡하게 운용되고 있다. 'C4I 체계'란 '모든 정보를 실시간으로 수집-분석-전파함으로써 최적의 장소와 시간에 전투력을 배분하여 상승효과가 발휘될 수 있도록 지휘·통제·통신 및 정보의 각 요소를 유기적으로 통합하고 운용할 수 있는 체계'를 의미한다. 전장에서 적을 종심 깊은 곳에서부터 먼저 보고, 먼저 결심하고, 먼저 행동할 수 있는 선견(先見)-선결(先決)-선행(先行)하는 체계로 탐지수단에 의한 정보와 기동타격 수단을 지휘 통제 시스템과 연계시켜 무기체계의 성능을 최대한 발휘할 수 있도록 한다.

22) 원자폭탄은 원래 독일 투하를 대상으로 하였으나, 독일군이 조기에 투항함으로 인하여 잠재 무기로 보유하고 있다가 일본에 투하되었다. 초기 일본에 원자폭탄을 투하하기 위하여 1945년 5월 11일 미국의 '원자폭탄 투하 목표 설정 위원회(the Target Committee)'가 논의하는 과정에서 '교토'가 제외되면서 선정되었던 최초의 투하 지점은 '도쿄'와 '고쿠라'였으나, 시행 과정에서 '히로시마'와 '나가사키'로 변경되었다.

2. 무기체계의 획득 과정과 절차

軍이 무기체계를 도입하는 활동을 '획득'이라고 하며, 방법과 절차는 상당히 까다롭고 복잡하게 되어있다. 관련 기관으로는 국방부(획득실)를 비롯하여 합동참모본부(이하 합참), 육·해·공군본부, 방위사업청, 국방과학연구소(ADD), 국방연구원(KIDA), 각종 방위산업체 등이 있다. 각 군 본부에서 필요한 무기체계의 소요를 제기하면, 합참에서는 해당 무기체계가 갖추어야 할 작전운용성능(ROC, 작전 요구성능)[23]을 결정하게 된다. 국방부는 해당 무기체계 개발의 주체를 국내개발 또는 해외 도입 여부를 판단하고 획득방법을 결정한다. 국내 개발일 경우 국방과학연구소가 담당하게 되며, 해외에서 직접 도입으로 결정된 경우 합참 주관으로 시험평가-방위사업청의 구매 협상-국방부에 의한 기종 결정 등의 과정을 거쳐 획득하게 된다. 아래의 <그림 2-1-2>는 무기체계 소요를 제기하고 획득하는 절차를 도시한 내용이다.

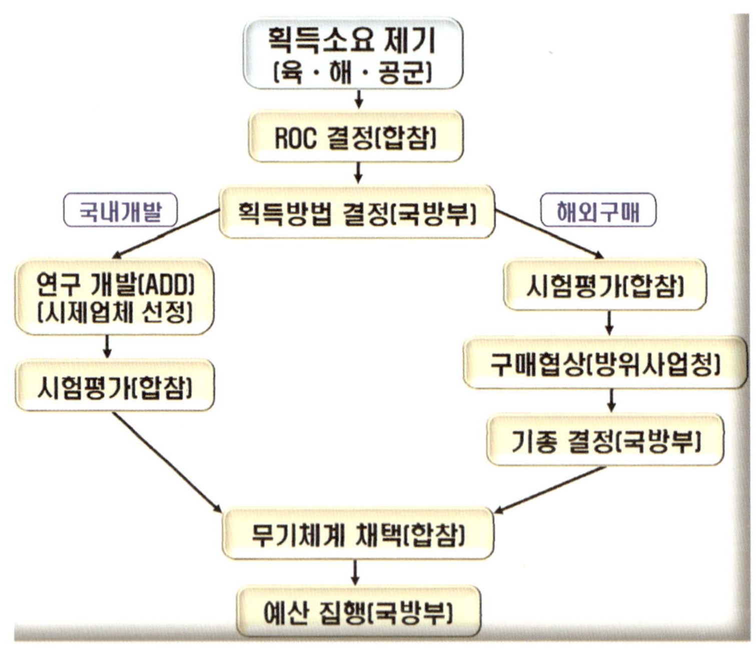

〈그림 2-1-2〉 한국의 무기체계 소요 제기 및 획득절차

23) '작전 요구성능(Requied Operational Capability)'은 군사전략 목표의 달성을 위해 획득이 요구되는 무기체계의 성능 수준과 능력을 제시한 것으로 연구개발 또는 국외에서 도입하는 무기체계를 획득하기 위한 시험평가의 기준이 된다(합참, 합동교범 10-2『합동·연합작전 군사 용어사전』(서울: 합동참모본부, 2011), p. 379.).

소요를 제기한 다음 무기체계를 결정하고 예산 집행을 통하여 획득절차를 진행 간 반드시 지켜야 할 원칙은 아래의 4가지로 정리할 수 있다. 첫째, 자주국방 달성을 위해 국산화를 촉진해야 하고, 둘째, 산·학·연 협력체제의 확대를 통해 저비용 고효율의 연구 생산성을 증대시켜야 하며, 셋째, 국가과학기술과 연계된 국방과학기술의 발전을 도모하여 경쟁력을 제고시켜야 하고, 마지막으로 성능 보장이 가능한 장비를 경제적으로 유리하게 획득할 수 있어야 한다. 어느 경우를 막론하고 국방부는 이들 중의 한 가지를 선택한 방법을 적용하여 획득을 진행하고 있다.

3. 무기체계 획득·획득관리의 원칙과 획득방식

3.1. 무기체계의 획득과 성능 분류기준

무기체계를 획득하는 방법에는 크게 국내 개발과 해외구매로 구분할 수 있다. 국내 개발이란 새롭거나 수정된 학설 또는 법칙의 실용성을 위한 기술적인 조사분석, 기술에 관한 검토, 새로운 도안, 그리고 이에 관한 성과 및 경험적 지식을 이용한 설계, 시험 및 평가를 통해 자체생산하는 방식을 의미하며, 개발하는 형태에 따라 독자개발 또는 모방 개발로 구분하기도 한다. 해외에서 구매하는 경우 기술도입 생산 또는 해외 직접 구매로 분류하고 있다.

기술도입 생산이란 외국에서 이미 개발이 완료되어 생산 중인 무기기술을 도입하여 국내에서 생산하는 것을 의미하며, 기술도입 및 생산방법에 따라 합동·공동·조립생산으로 구분한다. 해외 직접 구매란 구매선(購買線), 무기 인도조건, 수송방법이나 구매조건에 따라 대외군사판매 구매(FMS: Foreign Military Sales)와 상용구매(CS: Commercial Sales)로 분류한다. 아래의 <그림 2-1-3>은 국내 개발 및 해외구매에 필요한 기본절차를 도시한 내용이다.

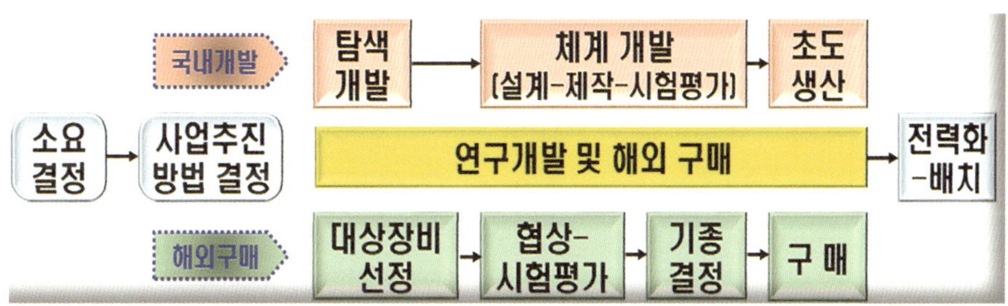

〈그림 2-1-3〉 국내 개발 및 해외구매의 기본절차

기술 수준이 높고 국방 가용자원이 충분한 선진국들은 대다수 무기를 자체생산으로 획득하고 있는 반면에 개발도상국은 기술과 자본이 부족한 현실로 인하여 해외구매와 공동생산에 의존하는 사례가 많다. 기술 수준은 높지만, 자본이 열악한 국가는 상호 협력 및 합동으로 무기를 개발 또는 생산하고 있다. 사업추진 방법이 국내 개발로 결정되면, 개발을 추진하여 시험평가를 거치면서 전투용에 적합한지 아닌지를 판정하여 초도생산 및 전력화-배치 순으로 진행된다. 아래의 <그림 2-1-4>는 국내 개발 절차를 도시한 내용이다.

〈그림 2-1-4〉 국내 개발 시 기본적인 진행절차

해외구매로 결정될 경우 대상 장비를 선정한 다음 협상 및 시험평가를 통해 작전 요구성능(ROC)에 적합한지 아닌지를 평가하는 과정을 거쳐 기종을 결정하게 된다. 이어서 구매하여 전력화 및 배치하는 순으로 진행된다. 아래의 <그림 2-1-5>는 해외구매 절차를 도시한 내용이다.[24)]

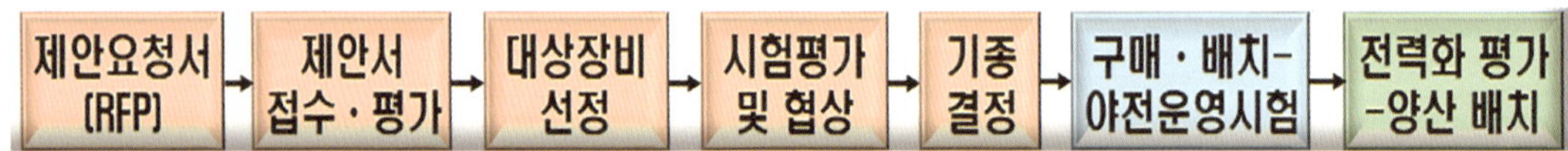

〈그림 2-1-5〉 해외구매 시 기본적인 진행절차

이때 작전 요구성능은 주 성능과 기술적·부수적 성능으로 구분할 수 있으며, 국내 개발 또는 해외구매를 불문하고 시험평가의 기준이 되고 있다. 아래의 <표 2-1-1>은 작전 요구성능(ROC)과 기술적·부수적 성능의 분류기준을 정리한 내용이다.

---

24) 'RFP'는 'Request For Proposal'의 약자로 '제안요청서'를 의미한다. '시험평가(Test & Evaluation)'는 무기체계의 개발 및 획득 과정의 한 분야로서 '획득관리 도구'를 의미하고 있으며, 시험(test)과 평가(evaluation)의 합성어이다. 시험은 개발 및 운용 측면에서 객관적으로 성능을 검증 및 평가하는 기초자료를 획득하는 과정이며, 평가는 시험을 통해 수집한 자료와 추가로 획득한 자료를 근거로 하여 사전에 설정된 시험기준과 비교 분석함으로써 대상 무기체계가 ROC에 일치하는지를 판단하는 의사결정 지원 단계의 임무를 수행하고 있다.

〈표 2-1-1〉 작전 요구성능(ROC)과 기술적·부수적 성능을 분류하는 기준

구분	작전 요구성능(ROC)	기술적·부수적 성능
기준	• 무기체계별 운용개념을 구체화한 기본운용조건 • 단위 전력의 운용개념을 충족하고 작전 수행에 직접 영향을 미치는 상황 • 주장비의 탑재 장비에 관한 주요 성능 사항 등 • 보안 기능의 장착 요구 시 보안 기능과 관련한 주요 사항 • 타 체계와의 상호운용성	• 단위 전력의 운용개념을 변경시키지 않는 사항 • 작전 요구성능과 운영에 간접적으로 영향을 미치는 사항 • 환경 적응성, 인체공학적 적합성 등 표준화 사항 • 전력화 지원요소
결정	합동참모본부	방위사업청

3.2. 무기체계 획득관리의 원칙

무기체계를 획득할 경우 어떠한 유형을 어떤 과정과 방법으로 어느 정도를 획득해야 국가안보와 국가이익을 최대한 보장받을 수 있을 것인지에 대한 원칙이 반드시 적용되어야 한다. 이는 여섯 가지로 정리할 수 있다.

첫째, 무기 국산화 비율의 향상이다. 무기체계 획득관리의 대안으로써 가장 바람직한 것은 해당 국가에서 자체적으로 생산하는 시스템이다. 그러나 개발도상국의 경우에는 주어진 제약조건이 워낙 많으므로 이를 어떻게 극복하고 국산화 비율을 향상하느냐에 무기체계 획득관리의 초점을 두게 된다. 따라서 군사적·경제적·기술적 원칙에서 단계적으로 국산화 비율을 향상하는 방법은 단기적으로는 취약할지 모르겠지만, 장기적 관점에서는 해당 국가에 상당히 유리한 측면이 있다.

둘째, 무기획득 비용의 절감 및 관리이다. 무기체계의 획득 비용이 고액화됨에 따라 국가의 부담이 증가할 수 있다. 가용한 국방자원이 제한되어 경제성을 고려한 결정이 필요하다. 획득 비용을 절감하기 위해서는 무기체계의 전(全) 수명에 걸쳐 종합관리한다는 개념 아래에 무기에 부수된 군수지원체계를 망라한 비용의 절감 방법을 모색하는 등 최적화를 위해 노력하여야 한다.

셋째, 성장동력으로서의 무기 수출이다. 무기를 자체 생산하여 다른 국가에 수출할 수 있는 능력은 자국이 필요한 또 다른 무기체계를 획득할 수 있는 중요한 전략이다. 무기 수출은 과학

기술과 경제 발전, 성장동력의 임무를 수행할 수 있다. 오늘날 강대국은 자본집약형의 첨단 고급 무기를 생산하고 있으며, 개발도상국은 노동 집약형의 단순한 재래식 무기를 생산하는데 국한될 수밖에 없다. 하지만, 이를 통하여 다른 국가들과 상호 교류할 수 있는 매개 역할이 가능해지고, 한편으로는 무기의 수출을 통하여 방위산업의 발전과 경제적 이익까지 얻을 수 있다.

넷째, 국가이익의 추구이다. 무기체계 기술에는 국가이익을 상징하는 고도의 비밀성이 존재하고 있으므로 다른 국가와의 협력에도 분명한 한계가 존재함이 사실이다. 따라서 무기체계의 획득 관리는 초기에 단가가 높으므로 단기적인 관점에서는 경제적 손해를 감수하고 구매를 진행하게 되더라도 장기적 관점에서 보면 국가이익에 부합되도록 노력하여야 한다. 이는 국제 사회에서 하나의 보편타당한 원칙이자 정당한 가치로 여겨지고 있음에 주목할 필요가 있다.

다섯째, 무기체계 획득기구의 상설(常設) 운용이다. 현대군대는 정규군대의 개념으로 정규군을 무장시키는 무기체계에 관한 연구-획득-운용 등을 전담하는 기구가 상설 운용될 수 있어야 한다. 무기체계를 어떻게 해당 국가의 실정에 부합되게 발전시키고, 기존 전력은 긍정적·합리적으로 확장할 것인지를 해결하기 위하여 과학적이고 체계적인 무기체계 획득기구를 운용하여야 한다. 자원이 희소하고 기술의 축적이 빈약한 국가일수록 중앙집권적 통제를 통해 단순하게 기구를 설치 운용하고 있으며, 단순 명료한 목표에 따라서 무기체계 획득을 발전시키고 있다.

여섯째, 방위산업의 발전에 이바지하여야 한다. 생산성-능률성-경제성-기술성-자족성을 높이기 위해 방위산업을 국가의 핵심산업으로 발전시켜 나가는 등에 적극적으로 참여하여야 한다.

3.3. 무기체계의 획득방식

국내 개발과 해외구매를 통한 획득방식은 나름대로 장점도 있지만, 단점도 있기에 탄력적이고 유기적인 지원과 협조가 요구되는 분야이다. 이는 네 가지로 정리할 수 있다.

첫째, 국내 개발 방식은 순전히 해당 국가가 가진 능력만으로 무기체계를 연구-개발-시험평가-생산하는 과정을 통하여 국방 소요를 충당하는 방식이다. 국가적으로도 필요하면 수출을 통하여 정치적 영향력을 행사할 수 있는 형태가 강점으로 돋보인다. 이는 ① 정부 주도의 연구개발, ② 업체 주도의 연구개발, ③ 업체의 자체 개발로 재구분할 수 있다.

둘째, 국제협력을 통한 연구개발 방식은 ① 국제 공동연구 개발, ② 기술 협력 연구개발이 있으며, 특히 공동연구 개발은 2개 국가 이상이 동등한 자격으로 협력하면서 같은 생산체계를 갖춘 분업 생산 방식으로서 NATO 국가에서는 활성화되어 있다.

셋째, 해외에서 직접 구매하는 방식은 외국의 무기를 해당 국가의 국방예산으로 구매하는 방식이다. 한국의 경우 미국의 대외군사판매제도(FMS)[25]가 가장 중요한 공급원으로 여기고 있지만, 미국은 기존에 보유하고 있는 무기체계를 우선으로 하여 판매하고 있다는 점에서 발전적인 변화가 필요한 부분임도 되새겨 보아야 할 대목이다.

넷째, 기술을 도입하여 생산하는 방식은 국가 간 상호 협력을 통하여 생산하는 방식으로 무기체계를 개발할 원천기술이 없는 국가가 관련 기술을 이전(移轉)받을 목적으로 진행하는 방식이다. 그렇다 하더라도 무기체계를 도입하는 국가는 생산국가에 특허・이전료를 지급함으로써 무기 생산에 필요한 기술 및 자료, 생산 설비, 공구, 시설 및 부속품까지 제공될 여지가 있다.

4. 무기체계 획득 유형별 장・단점 비교

기술 수준이 높고 국방 가용자원이 다양한 선진국들은 대부분의 무기를 자체적으로 생산 및 획득하고 있다. 개발도상국의 경우는 기술과 자본을 해외에서 구매하거나 공동생산에 의존하고 있다. 다른 한편으로 기술 수준은 높지만, 자본이 상대적으로 적은 국가들은 서로 간의 협력과 노력을 통해 합동으로 무기를 개발 및 생산하는 합동 생산 방식에 의존하고 있다.

4.1. 국내 개발 시 장・단점

① 장점

첫째, 해당 국가의 실정에 부합되는 무기체계의 획득이 가능하다.

둘째, 산업 생산능력(기계와 설비 등)을 확산과 이익을 증대시킬 수 있으며, 관련 기업의 성장 기회를 제공할 수 있다.

셋째, 고용인구가 증가하고 기업의 이윤 및 유효 수요를 창출하면서 기업의 재투자 기회를 증진하고, 국가 경제에 파급효과를 촉진한다.

넷째, 기술 축적의 기회를 제공하고 획득된 국방과학기술을 민간 부분에 파급시켜 만수 제품의 질을 향상하고 국제 사회에서 경쟁력 향상에도 기여한다.

---

25) 'FMS'란 'Foreign Military Sale'의 약자로써 '무기체계를 직접 구매하여 획득하는 방식'이다. 미국의 무기 수출 통제법(Armed Export Control Act) 등 관련 법규에 따라 우방・동맹국 또는 국제기구에 필요한 물자를 유상으로 판매하는 제도를 의미한다. 다만, 수리 부속을 조달 간 해당 품목이 단종(斷種)되어 어려움을 당하는 경우가 가끔 발생하기도 한다.

다섯째, 자체생산 무기로 무장된 군대는 사기가 높고 국민 전체의 안보의식도 상당 부분 높아진다.

② 단점

첫째, 개발도상국은 자체생산 비용이 외국에서 무기를 직수입할 때보다 많이 소요된다. 따라서 무기를 수입하는 국가는 수입 단가가 저렴한 것을 이유로 무기를 수입하게 되고, 수출하는 국가는 비용이 저렴하다는 이유로 판매를 촉진하고 있다.

둘째, 무기획득에 소비되는 시간이 직수입보다 훨씬 길다. 따라서 선진국은 순수하게 자체개발할 때 기존 무기의 차기 세대를 5~10년 정도 앞서서 구상하고 있으며, 개발도상국은 군사 소요의 긴급성을 이유로 직수입에 의존하고 있다.

셋째, 국내 개발의 경우 실패 위험성이 크며, 개발 비용이 많이 필요하다.

4.2. 기술 도입생산 시 장·단점

① 장점

첫째, 기술 수준이 미약하여 선진국의 기술적 도움으로 기술의 이전 및 축적할 기회를 가질 수 있다.

둘째, 직수입보다 비용이 많이 소요된다고 하여도 장기적인 관점으로 접근할 경우 직수입보다 우월한 파급효과를 기대할 수 있다.

셋째, 대량 수요가 요구되는 무기일 경우, 직수입 비용보다 저렴하다.

넷째, 민족적 측면에서 보호주의 감정을 무마시킬 수 있다.

다섯째, 기술 제공 국가와 정치·경제·군사적 유대를 강화할 수 있다.

여섯째, 국내 개발의 위험성 및 모험성을 배제 및 예방할 수 있다.

일곱째, 국내에서 개발할 때보다 획득 기간이 상대적으로 짧다.

② 단점

첫째, 면허료 및 기술 이전료가 많이 필요하다.

둘째, 기술을 제공하는 국가의 기술적 횡포가 심하고 이는 국가 간 마찰로 확대될 수 있다.

셋째, 직수입인 경우보다 획득하는데 드는 비용(費用)이 그렇지 않은 경우보다 고가(高價)이다.

넷째, 기술을 제공하는 국가에서 수출 제한이 심하다.

4.3. 해외구매 시 장·단점

① 장점

첫째, 개발도상국의 처지에서 볼 때 획득 단가가 국내 개발 및 기술도입 생산 가격보다 훨씬 저렴하다.

둘째, 군사적으로 결정된 무기체계의 획득 요구 사정이 절박할 경우 해외구매가 유일한 해법이 될 수 있다.

셋째, 국내 개발의 실패 위험성을 사전에 배제 및 방지할 수 있다.

넷째, 무기 수출국과 정치·경제·군사적 유대를 강화할 수 있다.

② 단점

첫째, 국내 개발 생산 시의 장점을 획득하기 어렵다.

제 2 절

현대 무기체계의 분류와 파급효과

1. 관련 법령과 무기체계의 분류에 관한 이해

무기체계는 관점과 입장에 따라 다양하게 분류할 수 있다. 각종 교재나 연구서를 보더라도 해당 특성에 부합되도록 정리되어 있다. 본서에서는 「방위사업법 시행령」과 「국방전력발전업무훈령」의 두 가지의 관점에서 접근하고자 한다.

먼저, 「방위사업법」 제3조 3항의 근거에 기준으로 하여 「방위사업법 시행령」 제2조에서는 통합된 8대 무기체계로 분류하고 있다. 아래의 <표 2-2-1>은 「방위사업법 시행령」의 무기체계 분류 목록이다.

〈표 2-2-1〉 「방위사업법 시행령」의 무기체계 분류

구 분	세부 목록 내용
「방위사업법 시행령」 제2조 (무기체계 분류)	• 통신망 등의 지휘 통제 · 통신 무기체계 • 레이다 등의 감시 · 정찰 무기체계 • 전차 · 장갑차 등의 기동 무기체계 • 전투함 등의 함정 무기와 전투기 등의 항공무기체계 • 자주포 등의 화력 무기체계 • 대공 유도무기 등의 방호무기체계 • 모의분석 · 모의훈련 소프트웨어, 전투력 지원을 위한 필수시설과 장비 등 그 밖의 무기체계

「국방전력발전업무 훈령(대통령훈령 제1707호, 2014년 11월 10일, 이하 국방훈령)」 제14~22조와 별표2는 전장의 기능을 고려한 8대 무기체계로 분류하고 있다. 분류체계는 대-중-소단위로 하고 있으며 분류가 세분되면서 세세 분야별로 구체적인 무기체계를 제시하고 있다. 아래의 <표 2-2-2>는 「국방훈령」에 의한 무기체계 분류 목록이다.

〈표 2-2-2〉「국방훈령」의 대-중-소 무기체계 분류

대분류	중분류	소분류
지휘통제·통신 무기체계	• 지휘통제체계	연합·합동지휘통제체계, 지상·해상·공중 지휘통제체계
	• 통신체계	전술·위성 통신체계, 공중중계체계
	• 통신장비	유·무선장비, 그 밖의 통신장비
감시·정찰 무기체계	• 전자전 장비	전자지원·전자공격·전자보호장비
	• 레이더 장비	감시레이더, 항공·방공관제 레이더
	• 전자광학장비	전자광학장비, 광증폭야시장비, 열상감시장비, 레이저장비
	• 수중감시 장비	음탐기, 어뢰 음향대항체계, 수중감시체계, 기타 음파탐지기
감시·정찰 무기체계	• 기상 감시장비	기상위성 감시장비, 기상 감시레이더, 기상관측장비
	• 기타 감시·정찰 장비	경계시스템, 기타 등
기동 무기체계	• 전차	전투·전투지원용
	• 장갑차	전투·지휘 통제·전투지원용
	• 전투차량	전투·지휘·전투지원용
	• 기동 및 대기동 지원 장비	전투 공병 장비, 간격 극복 및 도하 장비, 기뢰 지대 극복 장비, 대기동 장비, 기동 항법 장비 및 기타 지원 장비 등
	• 지상 무인 전투체계	전투·전투지원용
	• 개인 전투체계	–
함정[26] 무기체계	• 수상함	전투·기뢰전·상륙·지원함 등
	• 잠수함(정)	잠수함, 잠수정 등
	• 전투근무지원정	경비·수송·보급·근무·지원·상륙지원·특수정, 군수·근무지원정 등
	• 해상 전투지원 장비	함정전투체계, 함정사격 통제·함정 피아식별·함정 항법·침투·소해·구난 장비, 기타
항공 무기체계	• 고정익 항공기	전투임무기, 공중 기동기, 감시통제기, 훈련·해상초계기
	• 회전익항공기	기동·공격·정찰·탐색구조·지휘 헬기
	• 무인 항공기	–
	• 항공 전투지원장비	항공기사격·항공전술통제 장비, 정밀폭격·항공항법장비, 항공기 피아식별장비, 기타
화력 무기체계	• 소화기	개인화기, 기관총
	• 대전차 화기	대전차 로켓, 대전차 유도무기, 무반동총
	• 화포	박격·야·함포, 다련장·로켓

	• 화력지원 장비	표적탐지 · 화력 통제 레이더, 전차와 화포용 사격통제 장비, 기타
	• 탄약	지상 · 함정 · 항공탄, 특수탄약, 유도탄 능동 유인체
	• 유도무기	지상발사 · 해상발사 · 공중발사 유도무기, 수중유도무기
	• 특수무기	레이저 무기
방호 무기체계	• 방공	대공포, 대공 유도무기, 방공레이더, 방공통제 장비
	• 화생방	화생방 보호, 화생방정찰 · 제독, 연막
	• EMP[27] 방호	–
기타	• 전투 필수시설	지휘통신 시설, 지 · 해 · 공중 작전 시설, 전투진지 등
	• 국방 M&S체계[28]	워게임 모델, 전술훈련 모의 장비 등
	• 부대개편 시설	–

본서에서는 「방위사업법 시행령」과 「국방훈령」의 무기체계 분류를 접목하여 활용하되, 발간 목적이 군사학도들에게 전쟁사를 통하여 무기체계의 본질과 기본을 이해시키는 데 있다. 따라서 전쟁 간 사용된 무기체계를 별도로 분류하지 않고 사용된 무기와 무기체계를 중심으로 하여 시도하였다.

2. 민군겸용기술(Spin-up)에 의한 무기체계의 파급효과

인간이 도구를 발명하기 위하여 태동시킨 과학기술은 응용하는 목적에 따라 국방과학기술과 민수(民需) 과학기술로 구분할 수 있다. 현대 사회에서 모든 과학기술의 80% 이상이 민군겸용기술이라고 하여도 과언이 아니다. 미국의 정치인이자 계몽사상가인 프랭클린(B. Flanklin)은 "인간이란 도구를 만들어 사용하는 동물"이라고 정의하면서, 인간이 자신의 생존과 번영을 위해 생활

26) 일반적으로 함(艦)은 전투용 배를, 정(艇)은 거룻배 크기 정도의 작은 배를 의미한다. 군사 목적으로 사용되는 배를 함정(艦艇)으로 통칭하고 있으며, 크기는 300t을 기준으로 하여 잠수함은 300t 이상을, 잠수정은 300t 미만의 배를 가리킨다. 일반 함선의 경우 함(艦)과 정(艇)의 기준을 500t으로 보는 시각이 존재하고 있다.

27) 'EMP(Electromagnetic Pulse Bomb)'는 '전자기(電磁氣)펄스를 방출하여 적의 전자장비 부품을 파괴함으로써 지휘통제체계와 적의 방공 · 전산망 등을 순간적으로 파괴, 마비, 오작동 되도록 하는 원리를 적용한 폭탄'이다.

28) '국방 M&S(Modeling and Simulation) 체계'는 '모방 및 모의하고자 하는 체계의 특징이 잘 나타날 수 있도록 모델링함으로써 시간의 흐름 속에서 유사하게 실행하는 시뮬레이션이 조합된 용어'를 의미한다. 국방 분야에서 관리적 · 기술적으로 의사결정의 근거가 되는 자료 개발을 위한 목적으로 활용되고 있다.

도구와 전쟁 도구를 만들게 되었고 이것이 바로 현대 과학기술의 시작이라고 강조하였다.

과학기술이 1950년대까지는 전쟁을 위한 군수 소요에 따라 국방과학기술이 기술혁신을 주도했으며, 무기개발에도 최신의 국방과학기술이 총동원되고 있으므로 국방과학기술의 우위가 과학기술력의 우위를 의미한다는데 별다른 이의가 없다. 1950년대까지만 하더라도 전자계산기, 원자력, 특수재료, TV 또는 제트항공기 등의 가격이 워낙 비싸다 보니 군사용으로만 한정됐다. 1960년대 이후 민간기술의 혁신으로 민수(民需) 수요 제품이 대량생산되면서 가격이 인하됨으로 인하여 대량소비가 촉진됨에 따라 민수 과학기술이 국방과학 기술의 혁신을 선도했다. 그러다가 2000년대로 진입하면서 다시금 민군겸용기술의 중요성이 확대되는 방향으로 발전되고 있다.

민군겸용기술이란 현재 보유하고 있지 않은 기술을 민(民)과 군(軍)이 공동으로 연구 개발하여 겸용할 수 있는 기술로 각각 보유하고 있는 기술 중에서 서로 전환하여 활용할 수 있는 기술을 의미한다. 이는 기술과 과정, 제품의 3가지 측면으로 ① 민군겸용 기술, ② 민군겸용 공정, ③ 민군겸용 제품 등을 포함하고 있다. 아래의 <그림 2-2-1>은 민군겸용 기술의 개념도다.

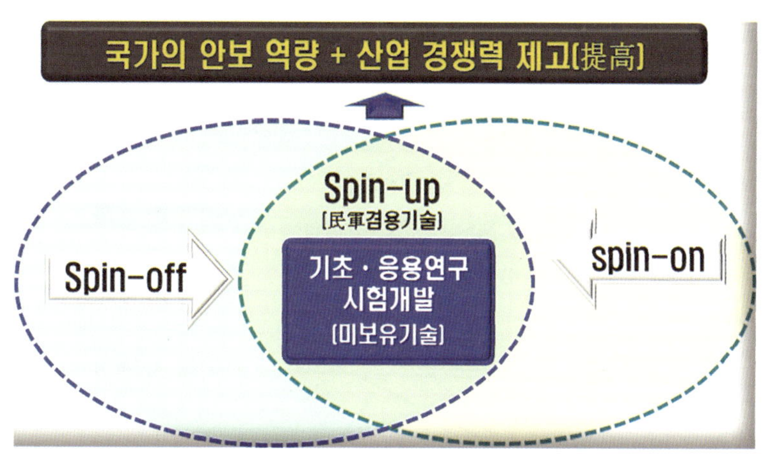

〈그림 2-2-1〉 민군겸용 기술의 개념도

민군겸용기술의 구분은 기술을 개발하는 주체와 성격에 따라 ① 군에서 개발된 기술을 민수 분야에 이전 및 활용(spin-off)하는 기술, ② 민간(民間)에서 개발된 기술을 군사 분야에 이전 및 활용(spin-on)하는 기술, ③ 민군이 함께 필요한 기술을 공동으로 개발하는 기술(spin-up)로 구분하고 있다. 민군겸용 기술이 추구하는 전략은 국방과 민간분야의 연구개발 자원을 총체적으로 동원하면서 첨단과학기술을 가장 효과적으로 획득할 수 있는 저비용 · 고효율의 기술개발 전략으로 추진되어야 한다.

미국은 1993년부터 민군겸용 기술을 강력하게 적용하고 있으며, 러시아와 중국, 일본, 이스라엘 등도 이에 질세라 적극적으로 추진하고 있다. 한국도 1998년부터 민군겸용 기술사업 촉진법을 제정한 이래 국가기술의 새로운 성장동력으로 발전시켜 나가고 있다. 과학기술은 국가안보와 직결되는 국방과학기술이면서 민수 산업기술로도 전환되어 상당한 파급효과를 가진 민군겸용 과학기술로 사용되고 있다. 특히 국방 분야의 무기체계와 민수 분야의 생활용품에 응용 및 연계되어 상호 발전되고 있다. 과학기술은 무기체계 기능의 발전에 이바지하고 여기에서 파생된 첨단 과학기술은 다시 민수 산업기술로 전환되어 활용하는 선(善)순환 구조로 환원되고 있다. 반면에 과학기술은 민수 산업기술에 영향을 미치고, 여기에서 파생되는 기술은 국방과학기술(=방위산업기술)에 영향을 미치면서 첨단무기체계 발전에 이바지하고 있다. 아래의 <그림 2-2-2>는 과학기술과 무기체계 기능 간 상관관계도이다

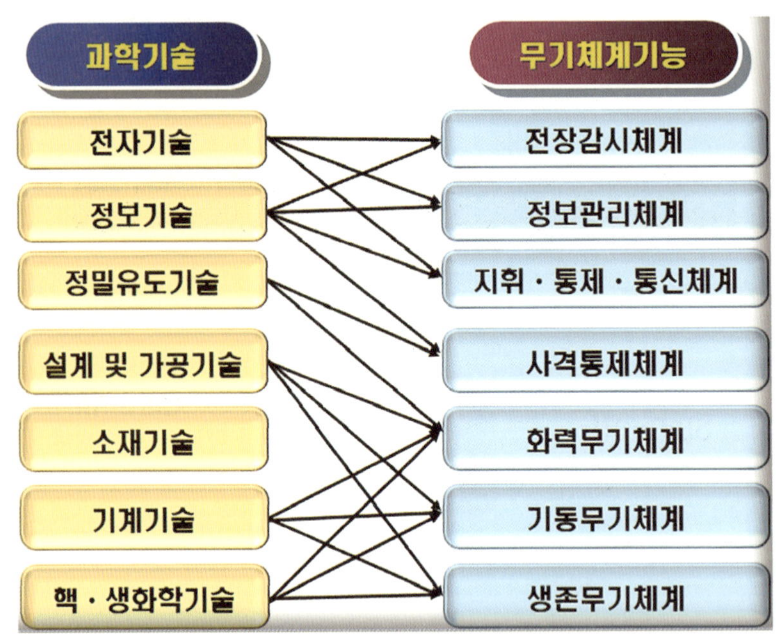

〈그림 2-2-2〉 과학기술과 무기체계 기능의 상관관계도

무기체계의 개발로 인한 기술 및 경제적 측면까지 미치는 파급효과는 무기체계의 획득관리를 국방 차원에서 국가 차원의 과제로까지 발전시키는 주요인이다. 군사적 요구만을 충족시키는 수준에서는 무기를 외국에서 직수입하는 게 효과적일 수 있지만, 기술 및 경제적 측면에서 충족할 수 있는 부수 효과까지를 고려할 필요가 있다. 무기체계의 자체 개발 및 생산은 새로운 기술 분야의 개척과 제품의 품질을 향상함과 동시에 기술혁신으로 비용 절감과 수출 또한 증대된다는 측면에서 상당히 유리하다.

강의 II 고대에서 현대에 이르기까지 진행되었던 전쟁과 무기체계의 상관성을 이해합시다.

강의 전 요구되는 사항

1. 왜! 전쟁과 무기체계를 연계시키고 있는가?
2. 시대별 처한 대내 · 외적 환경과 전쟁이 발발하게 된 배경과의 상관관계에 관하여 설명하시오.
3. 시대별 무기체계의 특성과 발달하는 과정의 차이점은?
4. 시대별 대표하는 무기체계와 전쟁의 승리를 획득하기 위한 전략 · 전술과의 상관성은?
5. 시대별 대표하는 무기와 무기체계의 특성을 설명하시오.
6. 서방 유럽의 동방침략과 동방의 서방 침략 시의 차이점과 특징은?
7. 서방 유럽의 무기체계와 전략 · 전술과 몽골의 무기체계와 전략의 특성을 비교하여 결론을 도출하시오.
8. 화약 혁명과 전쟁 양상, 무기체계와의 상관성은?
9. 산업혁명과 전쟁 양상, 무기체계와의 상관성은?
10. 핵무기와 재래식 무기체계, 전쟁 양상의 연계성은?

제3장

시대별 대표적인 전쟁과 무기체계의 발전

제1절 개요

제2절 고대-오리엔트 시대의 전쟁과 무기체계

제3절 그리스-로마 시대의 전쟁과 무기체계

제4절 동아시아의 전쟁과 무기체계

제5절 중세시대 전쟁과 무기체계

제6절 몽골전쟁과 무기체계

제7절 근대(근세)시대 전쟁과 무기체계

제8절 국민 전쟁과 무기체계

제9절 양차(兩次) 세계대전과 무기체계

제10절 최근의 전쟁과 다가오는 시대 전쟁의 무기체계

제 1 절

개 요

美 웹스터(Webster) 사전에 의하면, 전쟁은 "국가 또는 정치집단 간 폭력이나 무력을 행사하는 상태나 사실로서 둘 이상의 국가 간에 어떠한 목적을 위해 수행되는 싸움"으로, 클라우제비츠(Karl von Clausewitz, 1780~1832)는 "적을 굴복시켜 자기의 의지를 강요하기 위하여 사용되는 폭력 행위로 정치의 연장으로서 둘 또는 그 이상의 조직 간 폭력적 이해가 충돌하는 상태"로 정의하고 있다. 세계 최초의 고대 전투는 BC 1274년경 이집트의 파라오 람세스와 히타이트의 무와탈리스 사이의 카데시 전투(Battle of Kadesh)로 이집트가 승리한 전투이다.[1] 아래의 <그림 3-1-1>은 카데시 전투 요도이다.

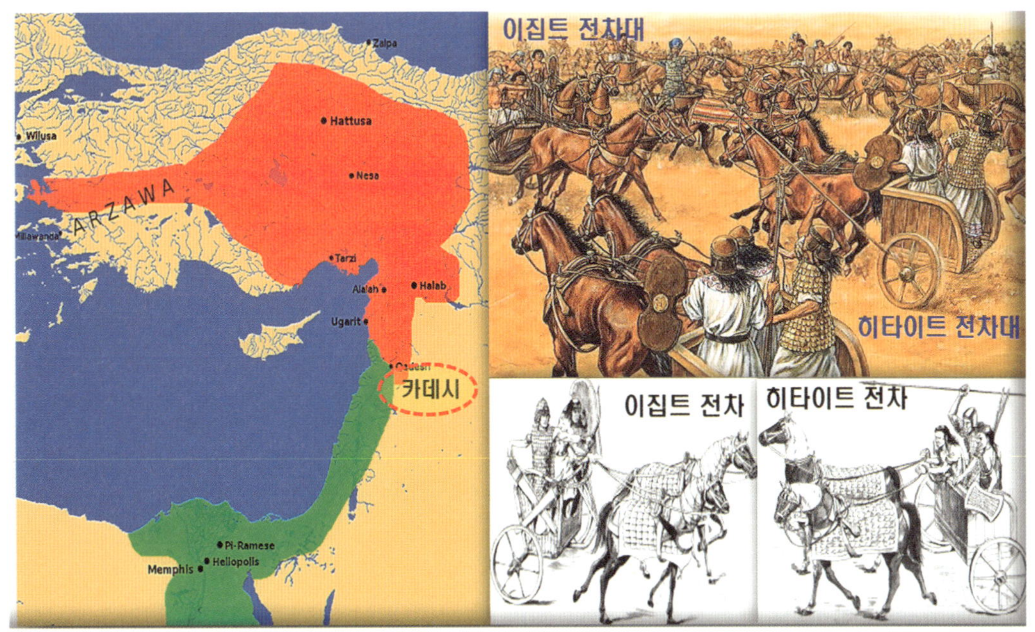

〈그림 3-1-1〉 카데시 전투 요도와 주요 장면

1) '카데시 전투'는 시리아 힘스의 남서쪽 오론테스강 지역에서 진행된 전투로서 히타이트가 장악한 시리아의 카데시 시(市)를 재점령하기 위하여 람세스 2세가 4개 사단을 이끌고 시리아를 먼저 침략한 전투로 무승부로 평가된다. 군대의 전략과 배치 상황을 알 수 있는 역사상 최초의 전투 사례이다.

전쟁이 발생하는 원인과 진단은 분야별로 다양한 시각에서 접근할 수 있다. 철학에서는 사회 정의를 유지하고 인류의 부정부패와 타락을 방지하기 위함으로 보고 있으며, 정치학에서는 제국주의나 민족주의 등의 시각에서 정치적 갈등을 해소하기 위함으로 보고 있다, 심리학에서는 인간의 공격 본능으로 인하여 양자 또는 다자 간에 적개심과 폭력성을 자극한 결과로 보고 있으며, 경제학으로는 생산과 소유의 불균형을 회복하기 위한 과정으로 보고 있다.

인류의 역사 전반에 있어서 전쟁이란 잠깐 지나갔던 평화의 기간보다 훨씬 오랜 세월에 걸쳐 진행되어 오는 일반적인 현상이었으며, 문명이 탄생하기 이전부터 끊임없이 겪어온 뼈아픈 경험의 소산(所産)이었다. 전쟁은 인류가 생존 경쟁과 더불어 보다 더 나은 삶을 영위하기 위한 수단으로서 이어져 왔지만, 다른 한편으로는 잔혹한 파괴와 살상의 도구로 특징지어지는 폭력적 현상이기도 하였다. 전쟁은 복합적으로 발생하고 있으며, 지배적인 특정 요인이 영향력을 끼친 결과로 발생하기 때문에 이러한 지배적 요인을 통제가 가능할 경우 전쟁도 예방할 수 있음을 인식하여야 한다. 제2차 세계대전 말기에 핵무기가 투하되면서 대량살상무기(WMD)가 등장하였고, 이제는 인류의 존망까지도 위협하는 악마적인 존재가 되었다. 그런데도 전쟁은 계속 인류의 주변에서 떠나가지 않고 주변을 맴돌고 있다.

전쟁은 적에게 국가의 의지를 강요하기 위함이며, 전쟁이 성립되기 위해서는 ① 무력행사가 수반되어야 하고, ② 국가의 제반 역량이 동시적으로 투입하여야 하되, ③ 현실적으로는 무력이 행사되지 않는 사례도 발생하며, ④ 국가만의 투쟁이 아니라 여기에 따르는 집단 간의 투쟁이 같이 존재하여야 성립된다고 볼 수 있다. 수단으로는 양차(兩次) 세계대전 이전까지는 무력 또는 군사력을 이용하였으나, 이후부터는 군사력과 비(非) 군사력을 병행하여 사용하는 등으로 변화해 왔다. 이는 적국에 대한 자신의 의지를 강요 및 압박함으로써 국가의 이익에 도움이 되거나 유리한 방향으로 유도하기 위함이다.

클라우제비츠(Carl von Clausewitz)는 전쟁을 정부-군대-국민이라는 3대 속성을 이용하는 삼위일체론(三位一體論)을 주장하였다. 마찰을 없애기 위해서는 상호 균형이 필요하다는 논리임과 동시에 국민의 감성을 자극하여 불만 붙이면, 적대 감정과 증오심을 유발할 수 있기에 군중심리를 폭력적으로 증폭시킬 수 있다는 심리적인 측면과 우연성과 개연성의 종합세트인 군대의 강력한 힘(武力), 그리고 이성과 지성의 총합체인 정부에서 균형과 조화를 통하여 공존을 이룰 수 있다고 보았기 때문이다. 특히 "전쟁은 상대를 굴복시켜 국가의 의지를 실현하기 위하여 사용되는 폭력 행위이며, 다른 수단을 가지고 하는 정치의 연장"임을 『전쟁론』에서 강조하고 있다. 결국, 전쟁이란 정치의 또 다른 수단으로서의 소임을 수행하고 있다는 정의를 내림으로써 전쟁에서의 폭력을 당연시하고 있다. 아래의 <그림 3-1-2>는 시대가 지나면서 변화하는 전쟁의 양상과 대표적인 무기·무기체계를 분류한 내용이다.

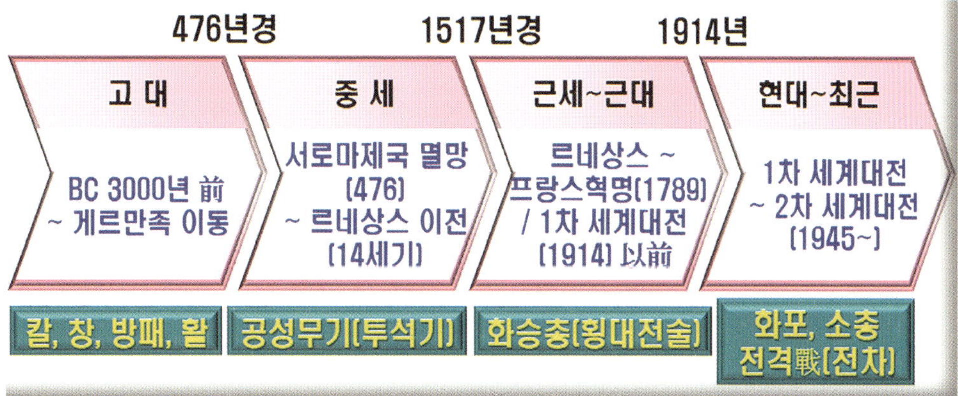

〈그림 3-1-2〉 시대별 전쟁의 양상과 무기·무기체계의 분류

고대에서 근세에 이르기까지의 전쟁은 동·서양을 불문하고 시기와 지역마다 독특하게 진행됐다. 공통적인 점은 특정 지역에 주력부대를 보내어 대치하면서 결전을 수행하여 단시간에 단일 전투로 승패를 결정하는 패턴이었다. 고대의 전쟁은 영토 확장과 노예의 획득, 그리고 생존과 번영을 위해 칼과 창, 방패, 활 등으로 무장하였다.

중세시대는 강력한 중앙국가가 존재하지 않았기 때문에 지역의 농장주가 영주로서 기사들에게 봉토를 나누어 주고 충성하게 만드는 군역(軍役)으로 진행되었으며, 전쟁의 방식도 개인 결투 방식에서 공성·수성전의 집단 형태로 전쟁이 진행되다가 후기로 들어서면서 화약 무기가 등장하면서 전쟁의 양상을 변화시켰다. 대량파괴와 대량살상이 화약 무기의 발명에서 시작되었기 때문이다. 화약 혁명이 바로 전장을 지배한 것은 물론 아니었다. 공학적 기술의 진보나 발전이 단기간 내에 이루어질 수 없기 때문이기도 하다. 하지만, 사회·문화적으로도 무기의 등장-채택-효용화가 이루어지는 과정에는 어쩔 수 없는 '시간의 지체 현상'이 있다. 중국의 후한(後漢)에서 발명된 화약은 유럽에 전파된 이후에도 14세기에 이르러서야 탄환의 추진체로서 화약에너지를 사용한 데서도 알 수 있다. 진정한 의미에서 '화약의 시대'를 연 사람은 17세기 초 스웨덴 국왕이었던 구스타프스 아돌프스(Gustavus Adolphus, 일명 구스타프)는 '눈의 왕'으로 불렸으며, '현대전의 아버지'로 화약 무기와 전술, 그리고 군사 조직을 성공적으로 결합하여 군사적 혁신을 달성하였다. 이를 통하여 신구 기독교 국가들 사이에서 일어난 종교전쟁(1618~1648)에서 명성을 떨쳤다. 대포를 경량화시키고 규격화를 달성하여 기동성을 증대시킴으로써 보병과 기병의 합동 전술을 수행하였고, 보병과 포병의 화력에다 기병의 충격력까지 조화시킨 최초의 군주였다. 당시 이러한 대포의 운용은 현대적 의미에서 최초의 야전 포병으로 볼 수 있다. 화약 혁명은 이러한 과정을 거치면서 프로이센의 프리드리히 대왕(Friedrich II, 1740~1786까지 재위)과 나폴레옹(Napoleon Bonaparte, 1769~ 1821)으로 이어져 왔으며, 최근에도 화약 무기의 진화는 계속되고 있다.

근세 시대는 군주의 사익(私益)을 챙기기 위해 전쟁을 벌이는 일이 다반사였으며, 이러한 현상은 국민의 의식 및 관점과는 동떨어진 전쟁이었다. 용병군대 중심으로 전쟁을 수행하면서 외교전을 우선으로 하여 재물의 획득에만 치중하는 바람직하지 못한 행태가 많은 시기였다. 무기체계는 창칼과 활에서 서서히 화승총과 3병・횡대 전술이 등장하였다.

근대시대는 과학기술 측면에서 산업혁명(Industrial Revolution)이 전쟁의 양상을 변화시키는 데 있어서 화약 혁명에 버금가는 엄청난 변혁을 일으켰다. 산업혁명은 무기와 관련 장비 등의 대량생산을 가능케 하였고, 이를 통하여 대규모 군사력을 편성할 수 있게 하였다. 증기기관의 발명과 철도의 건설 등을 비롯한 대량 수송체계가 전장(戰場)에 도입되면서 화약 혁명에서 시작된 대량살상과 대량파괴의 전쟁 양상을 현실로 바꾸었다.

미국의 남북전쟁(1861~1865)은 산업혁명의 특성이 고스란히 전쟁의 승패에 영향을 끼친 일대 사건이었다. 실제로 제1차 세계대전에서 체득한 참혹했던 대량파괴와 대량살상의 결과를 빚어낸 무기와 전술적인 혁명이 바로 이 남북전쟁에서 시작되었다. 새로운 소총과 맥심 등의 각종 기관총, 철도와 철제 증기선, 잠수함 등이 등장한 이후 무기체계와 관련 장비는 비약적으로 발전을 거듭하고 있다.

지상전에서의 혁명은 원추(圓錐)형 소총탄(cylindroconoidal bullet)의 도입과 총신 내부에 강선을 갖게 제작한 라이플 소총(rifle)의 결합은 전장에서 대량살상을 일으키는 주범(主犯)이 대포에서 소총으로 인식할 만큼 전쟁의 양상에도 심대한 영향을 끼쳤다. 이는 세계전쟁사에 나오는 나폴레옹 장군이 전쟁에서의 승리를 가져온 게 대포였다는 점과 극히 대조적임을 알 수 있다. 산업혁명은 해전의 양상에도 심대한 영향을 끼쳤다. 먼저 증기선의 등장은 배의 동력이 사람(갤리선, galley ship)과 바람(범선, sailing boat)의 시대를 거쳐 기계의 시대로 들어서게 했다. 특히 후반기에 들어서면서 후장식(後裝式, breech-loading) 대포와 조립식(組立式, built-up), 그리고 강선(rifling)을 가진 중포(重砲)들이 등장하였다. 미국의 남북전쟁 시기의 해전은 바로 이러한 철갑증기선 간에 진행되는 양상으로 전개되었다. 산업혁명의 이러한 특성으로 무기와 장비, 보급품 등의 대량 생산체계로 발전되면서 대규모 군대를 지원하게 되면서 총력전(Total War) 양상으로 전환되었다.

이는 세 가지 정도로 요약할 수 있다. 첫째, 징병제도가 시작되면서 총력전으로 전환되었고,

포위 기동과 추격전 중심으로 진행되었다. 둘째, 창고보급제도에서 현지 조달로의 변화와 동시에 상설군단과 사단이 조직되어 운용되었고, 산업혁명으로 인해 대량생산·조달이 가능하게 되면서 대규모 상비군으로 무장하였다. 그리고 전장식(前裝式) 소총이 후미(後尾) 장전식으로 발전되면서 화포가 등장하였다.

현대전쟁의 시발점은 양차(兩次) 세계대전이라고 할 수 있다. 지난 제1·2차 세계대전은 다수의 국가가 참여하여 장기간에 걸쳐 진행하였던 전쟁이다. 그리고 지금까지 참여하지 않았던 국민이 다양한 방법으로 전쟁에 참여하게 되면서 대규모 피해를 동반하게 되었다. 특히 제2차 세계대전은 원자폭탄과 항공모함을 등장시키면서 이전까지와는 전혀 다른 새로운 양상으로 변모하게 된다. 이를 통해 육·해·공군의 군종(軍種)이 명확하게 구분되고 입체 기동전 또는 합동 및 연합작전의 형태를 띠게 된다. 최근은 냉전 시대(cold-war period)에서 벗어나 5차원의 영역(cool-war period)으로 전환되었다. 또한, 2001년 미국의 9·11테러 발생 이후에는 정규전에서 비대칭전과 비 정형전(定型戰) 형태로의 또 다른 전쟁 흐름으로 확산 및 변화하고 있다.

여기에서 군사학도와 초급 연구자들이 인식하여야 할 사항은 서양과 동양의 전쟁 방식과 인식에는 상당한 차이가 있다는 점이다. 서양이 대량파괴를 향한 욕망의 극단으로 치닫게 된 것은 이민족 간의 전쟁으로 보았기 때문이다. 따라서 인명(人命)에 대한 존중이라는 문화적 측면보다 더 파괴적이고 대량살상이 가능한 과학기술의 측면에서 살육(殺戮) 무기를 추구하는데 주저함이 없었다. 이러한 결과는 서양이 18세기부터 화약 무기로 장착하면서 전쟁 방식과 양상에서 동양을 압도하기 시작하였다. 그러나 이러한 서양식 전쟁 문명은 비서양권에 있는 다른 문명권을 제압하는 데는 이바지하였으나, 결국 자신들 스스로 대량파괴와 대량살상의 길로 내몰았다는 점을 인식하여야 한다.

동양은 전쟁을 같은 영역 내에 사는 유사한 민족과의 투쟁으로 인식하여 문화적 행위 중심이었다. 따라서 불필요한 살육은 가능한 지양하는 전쟁 방식을 선호하였다. 이는 과거 유라시아를 풍미했던 기마(騎馬) 전사들의 경우에 육박전보다 원거리에서의 전투를 벌이고자 하였던 데서 찾아볼 수 있다. 전투에서도 칼이나 창 중심의 근접전투보다 활과 같은 원거리 무기를 즐겨 채택하였다. 직접적인 대결로 상대방(적)을 궤멸(전멸)로 몰고 가기보다 지치게 하여 패퇴(敗退)시키는 전술을 채택한 사례가 자주 등장하고 있다는 점에서도 불필요한 살육에서 벗어나려고 했음을 느낄 수 있다.

그러나 현대전쟁의 핵심은 핵무기의 혁명에 있다는 점을 잊지 말아야 한다. 핵이라는 '절대무기(absolute weapon)'가 등장하면서 지금까지 진행하여 오던 전쟁과 전략의 개념을 비롯하여 인류의 인식 측면에서도 완전하게 바뀐 혁명을 초래하였다. 클라우제비츠도 "전쟁이란 적에게 나의 의지가 관철될 수 있도록 강제하기 위한 폭력적 행위'라고 정의하였다. 이는 이전까지의 전쟁에서 절대전쟁의 개념으로 자리매김했다. 절대전쟁에서 무기는 상대방에게 본인의 뜻을 어떻게든 관철(貫徹)시키기 위한 강제적 행위와 수단으로 취급되었고, 어떻게 활용할 것인가? 라는 전략적 측면이 관심의 초점이었다. 그러나 핵무기가 등장하게 되면서 상호 간 절대무기를 갖고 있다는 사실만으로 사용하는 데 초점을 두기보다 '사용하지 않는(non-use)'데 더 관심을 집중해야만 하게 되었다. 이제 핵무기라는 절대무기를 갖고 있다고 하여 유리한 도구로 인식하기 어려운 현실에 있다.

아울러 다행스럽게도 최근의 첨단 정밀 과학무기는 핵이라는 절대무기로부터 재래식 무기로 다시 유턴(U-turn)하고 있음을 여실하게 보여주고 있다. 신 재래식 무기가 속도와 중량, 적재량, 명중률 등을 조절하는 방식을 통해 대량살상보다는 파괴의 정확도와 최소한의 범위, 파괴의 확실성을 추구하는 방향(direction)으로 나아가고 있기 때문이다.

강의 Ⅲ 고대~오리엔트 시대에 진행되었던 전쟁과 무기체계의 상관성을 이해합시다.

강의 전 요구되는 사항

1. 당시 대내 · 외적 환경과 전쟁이 발발한 배경과 목적은?
2. 문명과 문화의 차이점을 이해하고, 문명사회의 발전과 무기체계의 상관관계는?
3. 무기체계의 발전이 전쟁 양상의 변화에 어떻게 작용하는가?
4. 고대 시대의 대표적인 전쟁 양상과 주력 무기, 무기체계의 특징은?
   ※ 수렵과 농업시대-고대 전차의 진화 과정-히타이트와 아시리아 등
5. 오리엔트 시대의 대표적인 전쟁과 사용한 주력무기는?
   ※ 청동기-철제무기-기병 무기 등

제 2 절

고대~오리엔트 시대의 전쟁과 무기체계

1. 대내 · 외적 환경과 전쟁의 발발 배경

수렵과 농업시대는 주변의 나무나 돌 등을 활용하여 간단하게 도구를 만들고 이를 인력과 동물의 근육 에너지와 결합하여 생존과 안전의 방편(方便)으로 삼았다. 이러한 도구들은 일상생활 수단으로 활용하다가 목축과 수렵의 도구로, 점차 전쟁을 위한 도구로 사용되기 시작하였다. 그러다가 구리와 철을 발견하면서 청동기 및 철제 도구를 사용하게 되었고, 각종 도구의 응용을 통하여 인간의 삶은 풍요로워졌다. 또한, 순수한 과학적 측면에서의 발견과 발명이 이루어지기 시작하였다. 아래의 <표 3-2-1>은 수렵과 농업시대의 과학기술 발달 과정이다.

〈표 3-2-1〉 수렵과 농업시대의 과학기술 발달사

구 분		주요 과학기술	구 분		주요 과학기술
제1단계	구석기 시대	불의 발견	계	1492	아메리카 발견
	BC 4000년경	바퀴의 발명	제3단계	16세기 초	3차 방정식 일반해법 발견
	BC 3500년경	금속의 발견		1590	현미경 발명
	BC 582~496년	피타고라스의 정리		1609	천체망원경 제작
	BC 259년경	유클리드의 기하학 원리		17세기	토리첼리의 대기압 실험
제2단	AD 105년	종이 발명		1652	파스칼 원리 정립
	AD 595년 이전	0의 발견		1687	미적분법 발견
	1050년경	나침반 발명		1687	뉴턴의 고전역학
	1234년경	금속활자 발명		1724	수은온도계 등장

수렵과 농업시대의 과학기술은 3단계로 구분할 수 있다. 제1단계는 기원전 시대로 약 8,000년 동안에 불과 바퀴, 금속의 발견 및 발명 등을 통하여 야만의 시대에서 벗어나 문명의 시대를

열기 시작한 단계이다. 제2단계는 기원 이후 콜럼버스가 아메리카를 발견하는 1,500년 간으로서 인간의 호기심이 탐구와 탐험 정신으로 가득 차기 시작한 단계이다. 제3단계는 1501년부터 1700년까지의 약 200여 년으로 순수과학 분야에서 혁신적으로 발전한 단계이다.

2. 무기체계의 특성과 발달 과정

수렵과 농업시대(BC 8~17세기)의 전쟁 양상과 무기체계, 군사전략은 아래의 <표 3-2-2>와 같이 정리할 수 있다.

〈표 3-2-2〉 수렵과 농업시대의 전쟁 양상과 무기체계, 군사전략

구 분	주요 특성
시대 특성, 전쟁 양상	자연 도구(수동)화, 집단백병전
전장의 공간	지・해상(2차원)
전력・지휘구조	병력집약형: 병력 + 동물, 지휘관(장수) 중심
무기체계	• 군사: 사람・동물의 근력(육) 에너지 • 무기: 주먹, 발, 도끼, 몽둥이, 창, 칼, 활, 청동・철제무기 등 * 범선(帆船) 및 노선(櫓船)
군사전략 및 전술	• 대(對) 집단 전법 및 전략 • 밀집대형 작전술(횡적・종적 전술)
파괴・피해 규모	물자의 노획 또는 포로(노예) 획득

고대는 그리스 시대를, 오리엔트 시대는 메소포타미아 문명 시대를, 고대-오리엔트 문명은 메소포타미아와 이집트 문명을 의미한다. 고대 시대는 씨족이나 부족의 생존과 번영을 위해 경제적 자원이나 노예를 획득하기 위하여 전쟁을 벌였다. 전쟁에서 승리하면, 영토와 노동력을 획득했지만, 패자는 부족이 멸망하거나, 노예화가 당연한 결과였다. 이러한 단계를 거쳐 오면서 무기체계는 초보적인 단계를 벗어나 점차 발전되었다. 아래의 <그림 3-2-1>은 고대 시대의 대표적인 무기체계이다.

〈그림 3-2-1〉 고대 시대의 대표적인 무기체계

돌도끼는 타살 무기로 발전하는 과정에서 나무를 끼우게 되면서부터 효율성이 증대되었고, 상대 부족(집단)은 이에 대응하기 위해 갑주로 무장하기 시작하였다. 갑주가 등장하게 되자 이를 뚫을 수 있는 창이 주목받으면서 단창(短槍)과 장창(長槍)으로 발전되기 시작하였다.

단창(길이: 1.2~2m, 무게: 0.8~2kg)은 경보병이 주로 사용하였으며, 인간의 기동력을 고려한 결과였다. 장창(길이: 2~3m, 무게: 1.5~3.5kg)은 기병과 전차병, 장갑병 등이 주로 파괴용으로 활용하였다. 이후 후기 구석기 시대부터 사용한 것으로 알려져 있다. 활은 크기에 따라 단궁(shot-bow)과 장궁(long-bow)으로 구분한다. 8000년경부터 단궁(크기 1m 이하, 무게 0.5~0.8kg)과 장궁(크기 1.7~1.8m, 무게 0.6~0.8kg)이 사용되기 시작하였다. 초기 단궁의 사거리는 45~90m로 최소한 10m 이내에서 발사하여야 겉옷과 가죽으로 만든 방패를 뚫을 수 있었다. 장궁은 궁간(弓幹, 활의 양측 간격)이 길었다. 메소포타미아 지역과 인도, 중세 영국 등지에서 널리 사용하였다.

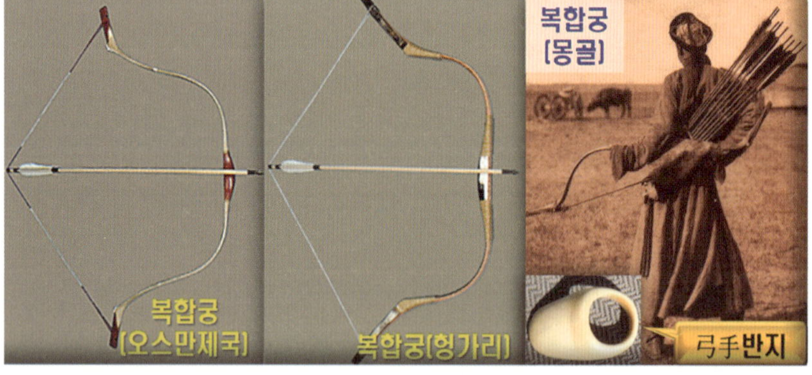

아카드 왕국의 4대 나림신(BC 2255~2219) 왕이 단궁을 개조한 복합궁(composite bow, 조립식 활)을 최초로 제작하여 전차와 결합하고, 기마 궁수의 필수 무기로 활용하였다. 이는 이동성과

휴대성 측면에서 진일보한 강력한 무기로 인정받았다. 당시 다른 국가의 단궁 사거리는 45~90m였는데 비해 아카드는 180~270m까지 확장했기 때문이다. 아래의 <그림 3-2-2>는 복합궁을 제작하는 재료이다.

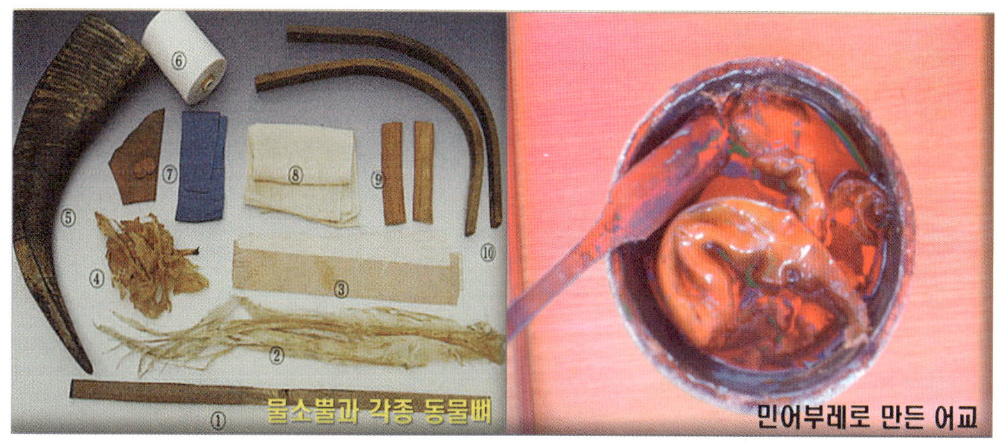

〈그림 3-2-2〉 복합궁의 제작 및 배합 재료

① 대나무, ② 소(牛)의 심줄, ③ 화피(자작나무 껍질), ④ 민어 부레, ⑤ 물소 뿔, ⑥ 실, ⑦ 소가죽, ⑧ 삼베, ⑨ 참나무, ⑩ 뽕나무로 제작된 복합궁은 가죽 갑옷이나 청동 갑옷을 관통할 정도로 강력한 힘을 발휘하였다.

수메르인들은 바퀴를 만들어 말(馬)과 연결하게 되면서 전차와 복합궁을 통합하는 전법으로 적을 전멸시킴으로써 청동제 무기가 전장을 지배하기 시작하였다. 바로 이러한 노력을 통해 나람신 왕(王)은 36년간 아카드 왕국의 전성시대를 열었다.

칼(劍)은 초기에 석재로 제작하여 사냥도구로 사용하다가 전투 무기로 전환되었다. 청동제 무기는 메소포타미아 초기의 왕조시대에서 점차 부족장들의 권력을 강화하였다. 지배계급과 피지배계급으로 구분되면서 동원능력도 향상되었고, 교역은 확대되면서 정복 전쟁에 사용되었다. 소나 말을 이용하여 다른 나라를 정복하면서 청동기문화가 시작되었으며, 문자의 발명과 농기구에도 활용하면서 생산력의 증대로 이어졌고, 점차 인구 밀집과 도시화가 진행되었다. 최초의 금속검인 만곡도는 BC 3500년경 수메르인에 의하여 제작되었다.

BC 30~23세기경 인류는 동물의 힘을 이용하기 시작하였으며, 수메르인들은 말을 활용하여 전차를 제작하였다. 초기는 소를 이용하여 바퀴를 움직였으나, 점차 말을 이용한 전차를 개발하게 되었고, 이는 인류역사상 혁명적인 무기의 개발로 인식됐다. 당시만 하더라도 안장이 개발되지 않다 보니 직접 말을 타는 것은 제한되었다. 이로 인해 말을 타는 기술이 보편화하기는 어려웠다. 아래의 <그림 3-2-3>은 고대 전차의 진화 과정이다.

〈그림 3-2-3〉 고대 전차의 진화 과정

수메르는 4필의 말이 이끄는 사륜 전차를 제작하였는데, 나무 바퀴는 속도와 내구성, 안정감을 보장하도록 하였으며, 4명이 탑승할 수 있도록 튼튼하게 제작하였다. 아카드는 기동력과 충격력을 더 강화하고 2필의 말이 이끄는 이륜 전차로 전투력을 증대시켰으며, 승차 인원도 3명으로 줄였다. 이들은 기병(騎兵)이 등장하기 이전까지 '마상(馬上)의 전사'로 불리면서 강력한 무기체계로 자리매김하였으며, 메소포타미아 통일에 기여하였다. 페르시아는 점차 전차 바퀴에 낫이나 칼을 부착하여 살상력을 높이는 방법을 고안하기 시작하였다. BC 1900년경 히타이트는 지금의 터키 지방인 아나톨리아 북중부 지역의 하투사(Hattusa)를 중심으로 형성된 도시국가로 인도-유럽계 민족이다. 세계 최초로 철을 녹이는 방법을 알아내어 철제무기를 사용하였을 뿐만 아니라 빠르고도 가벼운 전차를 사용하는 강력한 군대로 주변 국가들을 점령하였다. 히타이트는 충격 전술 위주로 공격하면서 투창과 검으로 무장한 돌격대가 돌진하여 철재(鐵材)로 만든 만곡도를 휴대하였다. 만곡도는 적의 사지(四肢)를 절단하거나 머리를 베는 데 활용하였다. 아래의 <그림 3-2-4>는 히타이트군의 갑옷과 그들이 제작한 철제(鐵製) 만곡도(외날곡도)를 포함하는 주력 무기의 종류이다.

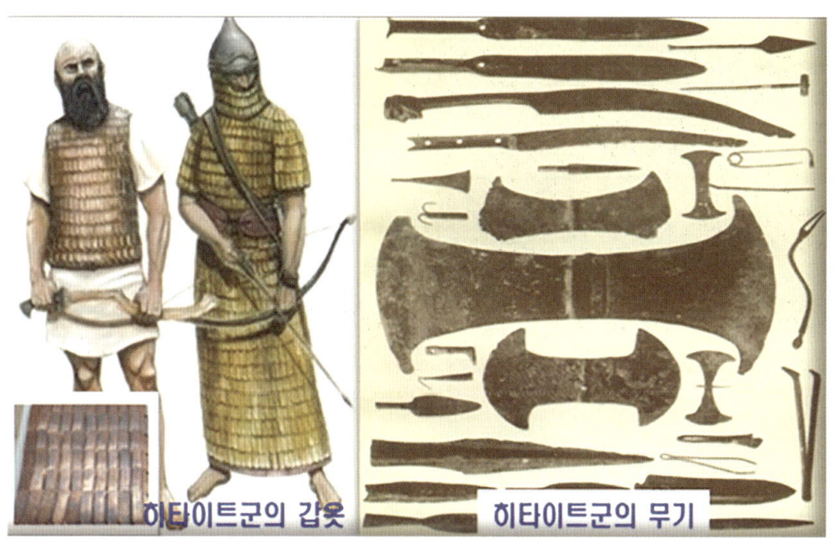

〈그림 3-2-4〉 히타이트군의 갑옷과 무기의 종류

당시 주변 국가를 정복하면서 세력을 확장하던 히타이트는 국가정책을 통해 강력한 군대를 보유하였다. 반면에 오랜 기간을 강대국으로 군림하면서 평화와 풍요에 젖어 있던 이집트는 강력한 군대의 육성과 무기의 개발을 그다지 중요시하지 않았다. 결국, BC 1200년경 히타이트와 이집트 간 전쟁에서 주력 무기인 철퇴를 사용하였지만, 철제 갑옷과 철제 무기로 무장한 히타이트군에게 어이없는 참패를 당하였다. 아래의 <그림 3-2-5>는 시대별 대표적인 만곡도의 종류다.

〈그림 3-2-5〉 시대를 대표하는 만곡도의 종류

히타이트 제국은 북부 시리아를 지배하고 있던 고대 소아시아 지역의 후르리인(Hurrians)인들로부터 많은 삶의 지혜를 터득하였다. 특히 말 기르는 법을 습득한 히타이트인들은 6개의 바큇살을 가진 전차를 보유한 당시 최강의 군대로 알려졌다. 소아시아 반도에 정착하게 된 히타이트(Hittite)인들은 정복한 주변 민족들의 문명과 문화적인 요소 중에서 자신들이 갖지 못한 요소들을 접목하는 데 성공하였다. 정착한 지역이 철광석 지대가 포함되어 있음을 알고 암석지대에 높은 성곽을 쌓은 후 철기를 만들기 시작하면서부터 철기시대를 열었다. 이때부터 사용된 철제무기는 BC 1200년경부터 철의 강도를 높이는 담금질법이 개발되었고, 2륜 전차에 철제무기를 결합하여 전장을 주도하였다. 아래의 <그림 3-2-6>은 당시 사용된 철제무기다.

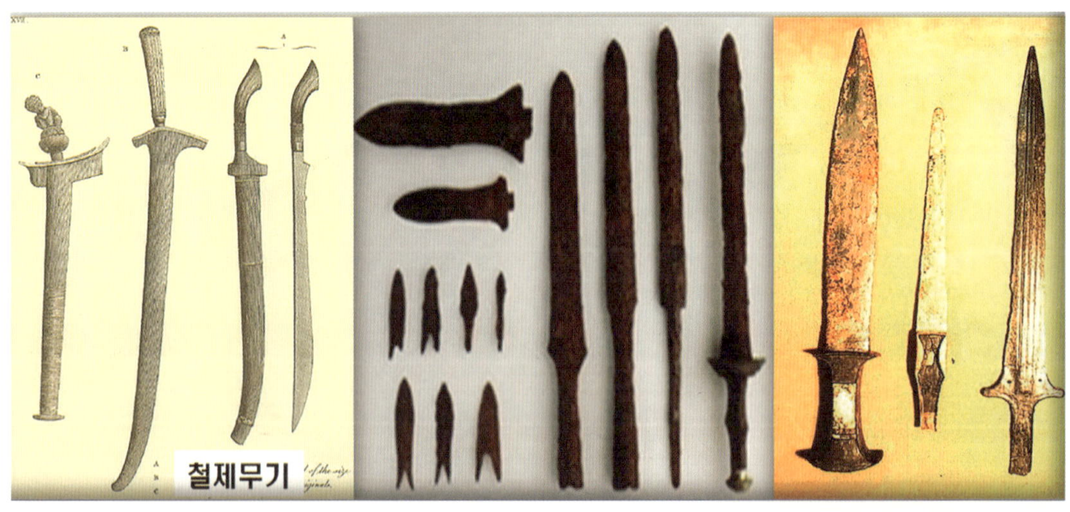

〈그림 3-2-6〉 철제무기

여기에서 빼놓을 수 없는 전쟁이 바로 BC 1274년에 발생한 카데시 전투(Battle of Kadesh)이다. 이 전투는 철제 무기로 무장하고 말이 끄는 전차를 사용하고 있던 히타이트 제국과 청동기를 주력 무기로 사용하고 있던 이집트와의 전쟁이다. 이집트가 병력의 규모나 세력 측면에서 유리하였으나, 철제 무기로 무장한 히타이트 앞에서는 무기력할 수밖에 없었다. 결국, 철제를 주력 무기로 사용하는 히타이트가 승리하였다. 그러나 이후 또 다른 철기 민족의 침공으로 히타이트 제국은 역사의 뒤편으로 사라졌다.

아시리아는 초기부터 철제무기를 군사적으로 활용하였으며, 보병들을 창병(槍兵)과 궁병(弓兵), 돌팔매 병으로 구분하여 운용하는 등을 통해 선진적인 전투기술과 무기체계를 특성에 따라 활용하였다. 아래의 <그림 3-2-7>은 아시리아 보병의 구성과 휴대하는 무기의 형태 등이다.

〈그림 3-2-7〉 아시리아 보병의 구성과 휴대 무기

이들은 공통으로 왼쪽 허리에는 반드시 칼을 휴대하였으며, 기마병과 보병 간에 상호 긴밀한 협조체계를 확립하였다. 창병은 바늘 모양의 철편으로 만든 쇠미늘 갑옷[2])과 투구를 착용하고 방패를 휴대하여 돌격하거나 성곽의 공격을 주로 담당하였다. 궁병(弓兵)은 보병의 주력으로서 복합궁을 휴대하고, 별도의 운반 요원이 편제된 방패를 이용하여 생존력을 강화했다. 돌팔매병(슬링)은 정규 병종(兵種)으로 2명을 1개 조로 편성하여 궁병(弓兵)이 위치한 뒤편에 배치하였다. 중석기 이후에는 오세아니아를 제외한 전 대륙에서 돌팔매 병을 정규 병종으로 편성하였다.

BC 1300년경에는 스키타이(지금의 남러시아 초원지대)에서 기마술이 전래하였다. 아시리아는

2) '쇠미늘 갑옷'이 최초로 나타난 지역은 최초 인류 문명의 발상지로 잘 알려진 메소포타미아 문명 지역의 아시리아 제국이다. 아시리아는 BC 1600년 이전까지 근동지역의 바빌론과 이집트까지 정복한 강력한 군사 강국으로 히타이트가 철제무기와 전차로 강력하였으나, 쇠미늘 갑옷으로 무장한 아시리아 전사(warrior)와 전차의 무자비한 공세에 무너졌다.

이를 활용하여 기마 부대에 말을 달리면서 활을 쏠 수 있는 기마술을 활용함으로써 기동력을 이용하여 적의 배후 및 측면을 타격 및 견제하고 창을 던지거나 휘둘러 적의 전열을 돌파하는 기마 부대를 편성하였다. 아래의 <그림 3-2-8>은 아시리아의 기마병과 휴대 무기이다.

〈그림 3-2-8〉 아시리아의 기마병과 휴대 무기

BC 5세기경에는 안장이, BC 2세기경에는 등자가 발명되면서 종마술(種馬術)의 발전도 거듭되었다. 하지만 기마병들이 휴대하는 무기들이 등장한 이후에도 전장의 주역은 한동안 전차가 담당하였으며, 기병은 보조역할에 집중하였다. 이들은 마케도니아의 필립('필리포프'로도 불리고 있음) 2세와 알렉산더 대왕(재위 기간: BC 356~BC 323)이 그리스를 통일하고 대제국을 건설하는 데 결정적으로 이바지했다.

강의 Ⅳ 그리스~로마 시대에 진행되었던 전쟁과 무기체계의 상관성을 이해합시다.

강의 전 요구되는 사항

1. 당시 대내 · 외적 환경과 전쟁이 발발한 배경과 목적은?
2. 그리스-로마 시대의 대표적인 군사전략과 그 의미는?
   * 그리스 → 마케도니아로 패권의 전환과정의 특징
3. 그리스의 방진(Phalanx)은 전쟁의 승패에 어떻게 작용하였는가?
   * 그리스의 중장보병과 공성 무기의 종류와 특성
4. 그리스 시대의 대표적인 전쟁과 무기체계 및 주력무기는?
   * 레욱트라 전투(War of Reuctra, BC 371) → 스파르타-테베
   * 마라톤 전투(War of Marathon, BC 490) → 아테네-페르시아
5. 그리스 시대의 무기의 종류와 장비의 특성은?
6. 로마 시대의 대표적인 전쟁과 무기체계 및 주력 무기는?
7. 로마 레기온(Legion)의 편성 방식과 휴대 장비의 특성은?

제 3 절

그리스~로마 시대의 전쟁과 무기체계

1. 대내·외적 환경과 전쟁의 발발 배경

고대 그리스는 에게문명 지역으로서 트로이 문명과 미케네 문명, 크레타 문명 지역을 통틀어 일컫는다. 그리스는 바다로 둘러싸인 산악지형으로 인하여 수많은 도시국가가 자연스럽게 밀집하는 형태로 형성된 가운데, 가용한 농토의 한정으로 인하여 바다를 통한 식민지 건설에 주력했다. BC 8세기경부터 시민공동체인 폴리스(police)가 형성되어 시민정치와 참정권에 대한 자유토론을 활성화했다. 이는 유럽 문명의 원조로서, 현대 민주정치의 기원으로 인정받고 있다. 당시의 대표적인 도시국가가 아테네와 스파르타였다. 고대 그리스가 마케도니아로 패권이 넘어가는 과정은 아래의 <표 3-3-1>과 같이 정리할 수 있다.

〈표 3-3-1〉 그리스에서 마케도니아로의 패권(霸權) 전환과정

시 기	주요 내용	비 고
BC 431~404	그리스 내부 패권전쟁	아테네↔스파르타
BC 4세기~	그리스 북방의 식민지 획득과 선진문화를 흡수	마케도니아
BC 371	레욱트라(Leuctra) 전투	스파르타→테베 승리, 멸망
BC 328	그리스·페르시아 연합군 격퇴	마케도니아
BC 370	마케도니아 필립 왕 암살, 알렉산더 즉위	헬레니즘 세계 건설[3]

3) '헬레니즘 세계'란 문화사·정치사적 관점에서 그리스의 고유문화가 오리엔트 문화와 융합되면서 형성된 그리스의 사상과 문화, 정신적 예술을 의미하고 있다.

이 시기에 그리스를 대표하는 국가 중의 하나였던 아테네는 해군이, 스파르타는 육군이 강력하였다. 양대 국가는 BC 492년에서 480년까지 세 차례에 걸쳐 진행된 페르시아와의 전쟁에서 승리하여 일시적으로 그리스의 안정을 도모하였다. 그러나 점차 내부적으로 패권 갈등과 분쟁이 격화되면서 충돌하였고, 스파르타와 아테네는 장기간에 걸쳐 진행된 펠로폰네소스 전쟁을 통해 결국, 스파르타가 그리스 지배권을 확립하였다. 하지만 전쟁의 여파와 독선적인 스파르타의 인구 정책, 그리고 강력하지만 고집스러웠던 지배력은 그 틈을 노리던 테베에 제압당하였다. 그리스의 지배권도 자연스럽게 테베를 거쳐 마케도니아의 필립(Philippe II) II세에게 넘어갔다. 로마는 BC 6세기경 이탈리아반도의 조그마한 도시국가로 출발하였다. BC 493년 라틴 도시들과의 동맹을 통해 팽창을 시작하여 BC 272년 드디어 이탈리아반도를 통일시키고, 포에니 전쟁(Poeni, BC 264~146)을 통해 지중해마저 장악하는 쾌거를 이루었다. 포에니 전쟁으로 로마는 대제국을 건설하였으며, '로마 지배하의 평화(Pax Rommana)'를 달성하면서 BC 27년 아우구스티누스(Augustinus) 황제는 로마를 제국으로 선포한다. 이후 그리스 문화를 흡수하고 라틴적 요소를 가미하여 200여 년에 걸친 전성기를 구가하였다. 그러나 AD 395년 동·서로마로 분열하였다. 이후 서로마는 476년 서고트족의 용병대장인 오도아케르(Odoacer)에게 멸망하였으며, 동로마는 비잔틴 제국으로 계승되면서 천여 년 동안 비잔틴 문화를 완성하였으나, 결국 1453년 오스만튀르크 제국에 의해 멸망하였다.

2. 무기체계의 특성과 발달 과정

그리스는 BC 7세기경부터 밀집 횡대 대형으로 적을 향해 돌진하는 전술 집단을 편성하였다. 그리스의 팔랑스(Phalanx)와 로마의 레기온(Legion) 방진 전술은 오와 열을 기본으로 하는 사각형을 형성하되, 8열을 기본으로 4열과 12열 등의 횡대를 유지하였으며, 주력 전투원은 중장보병인

호플라이트(hoplite)로서 청동 투구와 철창, 단검, 흉갑, 정강이 덮개, 방패를 휴대하고 전투에 임하였다. 이 전술은 주로 방어 위주의 작전 형태로서 방패로 벽(壁)

을 쌓았다고 보는 것이 합리적이며, 기동력보다는 충격력을 중심으로 진행되었다. 이를 통해 전진(前進)하는 위주로 전투를 수행하였으며, 수적 우위가 전투의 승패를 결정짓는 방식이었다.

특히 예비대를 보유하지 않고 단판으로 승패를 결정짓다 보니 기병과 경보병, 척후병의 활용이 중요한 비중을 차지하였다. 그러다 보니 장거리에서부터 활용할 수 있는 활과 공성 무기가 상당히 발달하였다. 당시의 군대는 직업군대가 아니라 생업에 종사하는 민병(民兵)으로 편성되었기 때문에 단기전 위주로 진행되었다. 아래의 <그림 3-3-1>은 방진과 전투장면이고, <그림 3-3-2>는 그리스의 중장보병과 공성(攻城) 무기이다.

〈그림 3-3-1〉 그리스의 방진과 전투장면

〈그림 3-3-2〉 그리스 중장보병과 공성 무기의 종류

중장보병의 1인당 전투 정면(폭)은 어깨와 어깨가 맞닿을 정도인 약 90cm로서 플루트 연주에 맞춰 전진하다가 적의 궁수 사정권인 100~150보에 다다르는 순간 돌격을 하는 전투방식을 구사하였다. 왼팔에 휴대한 방패(호프론, hoplon)는 자신과 옆의 전우를 보호하면서 오른손에 잡은 창으로 적을 공격하는 형태로 진행되다 보니 오른편으로 갈수록 용감한 병사를 위치시켜 오른편에서 먼저 공격을 시도하였다. 그리스의 1개 팔랑스는 8,120명으로 중(重) 보병 4,096명, 경(輕)보병 3,000명, 기병 1,024명으로 편성하였으며, 현대의 1개 보병사단 규모로 보는 게 합리적이다. 반면에 로마의 레기온은 기병과 보병 300명으로 편성하였고, 주 무기로 일종의 숏소드(Shortsword)인 글라디우스(Gladius)와 푸지오(Pugio)[4]를 휴대한 상태에서 투창으로 던지고 방패로 밀어붙이면서 단검으로 찌르는 방식으로 전투를 수행하였다. 아래의 <그림 3-3-3>은 글라디우스와 푸지오의 형태다.

---

4) 실제 글라디우스는 롱소드(Longsword, 장검)로 분류되지 않음을 인식할 필요가 있다. 글라디우스도 숏소드의 일종이다. 현대에서 의미하는 롱소드와 숏소드의 분류는 청동기 시대의 도검이나 로마 시대의 글라디우스 같은 중세 도검보다 짧았던 고대의 도검을 비교하는 과정에서 유래되었다. 롱소드는 양손을 사용하면서 보통 길이가 초기는 60~70cm에서 80~95cm까지 다양하였고, 폭은 2~3cm, 무게가 1.5~2kg 정도의 검을 지칭하는 것이다. 숏소드는 한 손으로 사용하는 검을 의미한다고 봄이 타당하리라고 보인다. 로마군들은 왼손에 방패를 들었기 때문에 오른쪽에 글라디우스를 휴대하였으며, 백인 대장은 병사와 구분하기 위해 왼쪽에 글라디우스를 휴대하였다.

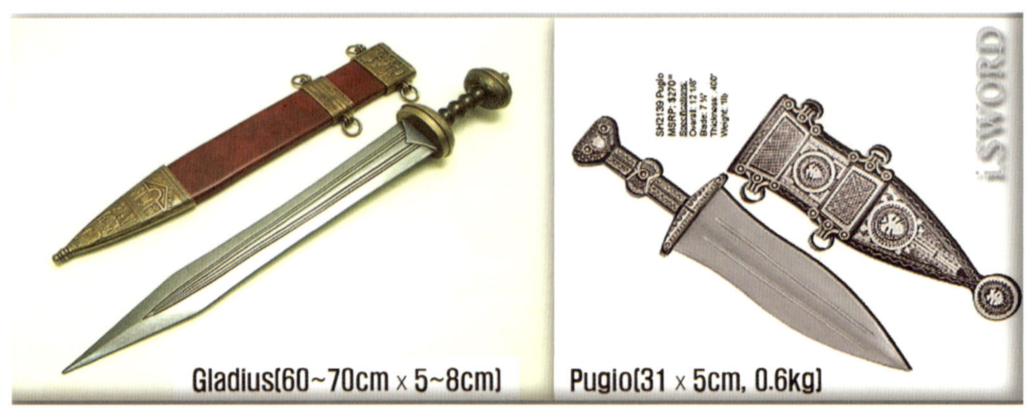

〈그림 3-3-3〉 로마군의 글라디우스와 푸지오

그리스 방진(Palanx) 전술의 제한점은 첫째, 밀집대형이다 보니 융통성과 기동성 측면에서 많은 제한이 발생하였고, 둘째, 장창과 갑옷, 투구로 중무장한 관계로 인하여 기동하기가 곤란하였다. 셋째, 이로 인하여 장거리 전투는 불가능하였으며, 보급지원마저 제한되었다. 특히 야지(野地)와 하천선 등에서의 전투는 거의 불가능하였다. 이러한 제한점은 적의 갑작스러운 기습이나 뒤편에서 갑작스럽게 들어오는 배후 공격에 취약요인으로 작용하였고, 작전 수행 간에도 융통성을 발휘하기 어려웠으며, 전투 대형의 중심이 마비될 경우 쉽게 붕괴하였다. 이는 BC 215년 한니발(Hannibal) 장군이 이끄는 카르타고군과 로마군의 승부처였던 칸네 전투(The Battle of Cannae)를 통하여 증명되었다. 당시 로마군은 지연전술을 성공적으로 수행하고 있는 파비우스(Fabius) 장군을 강제로 해임하고 후임으로 파울루스(Paulus)와 바로(Varro) 집정관을 지명한 다음 2명의 집정관이 하루씩 교대로 지휘하는 체계를 수행하면서 취약점을 드러냈고, 한니발은 이의 약점을 간파하고 활용하였다.

로마 시대의 군사전략은 도로망의 발달로 인하여 기동방어전략을 채택하였으며, 군대의 편성에서도 노예경제 사회였던 로마 제국은 후기로 갈수록 인구가 줄어들었다. 로마 시민인 중산층과 자영농보다 비인간적 대우를 받는 노예들이 자식을 낳지 않았음은 자연스러운 현상이었다. 중흥기 시대에도 로마 제국은 로마인들을 주로 보병으로, 이민족들은 기병으로 활용하되, 재력이 있는 귀족들만 기병으로 편성하였다. 당시까지만 하더라도 기병의 경우 로마에는 등자(鐙子, stirrup)가 존재하지 않았기 때문에 기병이 그렇게 발달하지는 못하였다.[5] 이즈음에 북방의 게르

5) '등자(鐙子)'는 말을 탈 때 안정적으로 말을 탈 수 있도록 말의 '안장에 달린 발 받침대'이다. 인류가 말을 타기 시작한 시기는 기원전 4500년경부터이지만 등자는 상대적으로 매우 늦게 발명되었다. 등자는 기원전 4세기경 북방 유목민족들이 처음 개발했다고 전해지고 있다. 중국은 2~3세기경부터 사용되었고, 유럽은 8세기경에 등자가 처음 전파되었다. 이 등자는 중세 유럽에서 기사들의 활약이 가능하도록 만들었다.

만족 사이에서는 세력의 판도가 바뀌었으나, 게르만족의 조직력과 군사력은 상당할 정도로 상승하고 있었다는 점에 주목하여야 한다. 당시 로마군의 중추 세력은 직업군인인 보병이었으며, 이 중에서도 중장보병이었다. 아래의 <그림 3-3-4>는 당시의 레기온(Legion, 군단) 편성의 특성과 형태다.

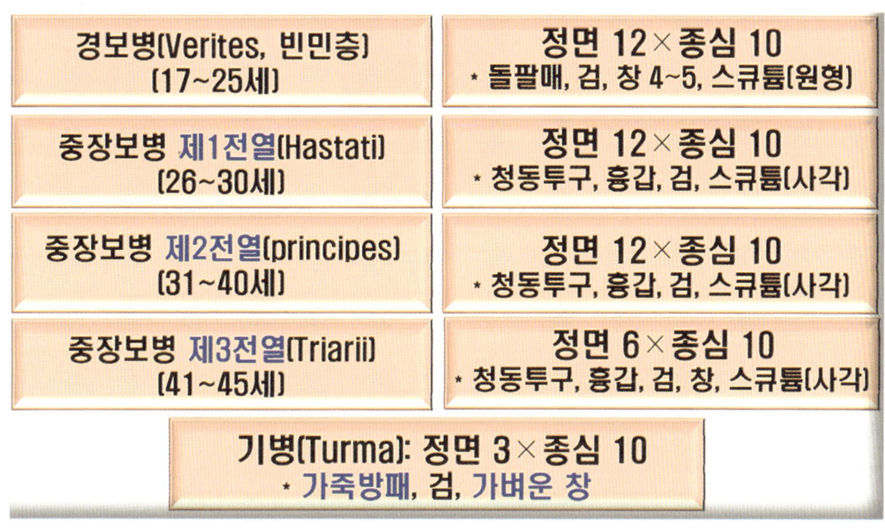

〈그림 3-3-4〉 로마군의 레기온 편성 특성과 형태

로마군은 17세에서 45세의 남자는 의무적으로 군 복무를 하였으며, 46세 이상부터는 예비군으로 복무하게 되어 있다. 경장보병은 평민계층으로 구성하여 돌팔매와 검, 4~5개의 필룸(Filum), 원형 방패를 휴대케 하고 투창으로 적의 전방을 교란한 후 후방으로 철수하는 형태를 취하였다. 중장보병은 부유한 계층을 중심으로 편성된 주력군으로서 공격 및 결전을 시도하는 방진으로 청동 투구와 흉갑, 검과 사각형 방패를 기본 무장으로 휴대하였다. 특히 제3 전열(Triaii)은 창으로 무장하였다. 중장기병(Turma)은 전원(全員)이 귀족 출신으로 편성하였으며, 경무장한 상태로 임무를 수행하되, 주된 목적은 탐색 및 정찰로 필요할 경우 말에서 내려 직접 전투에 참여하기도 하였다. 당시의 검(Gladius)은 양날이 있는 숏소드(단검)로 약 60c~70m 정도의 끝이 뾰족한 형태이었으며, 근접전투에서 찌르고 베는 게 가능하도록 제작하여 활용되었다.

이전(以前)까지의 방진(方陣, 사각형의 모양으로 친 진(陣)의 형태)은 개인 간격을 약 90cm로 유지하였지만, 후기로 가면서 로마군은 개인 거리를 기존의 90cm에서 1.37m로까지, 개인 간격은 1.5m까지 확대해 전투에서의 유연성과 융통성을 증대시켰다. 아래의 <그림 3-3-5>는 로마군의 투창(Pilum or Pila)과 스쿠툼(Scutum, 방패), 청동 투구 등이다.

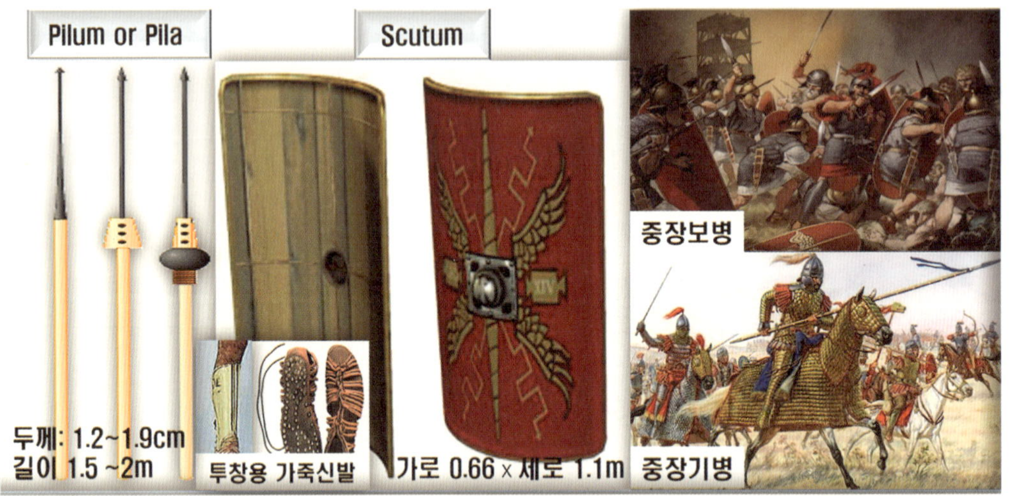

〈그림 3-3-5〉 로마군의 무기체계 종류

필룸(Filum)은 일회용 투창으로서 살상보다 적의 방패에 꽂아 사용을 불편하게 하는 데 두고 재사용할 수 없게끔 제작하였다. 두께는 1.25~1.9cm로서 창부분이 전체의 ⅓ 정도를 차지한다. 스쿠툼(Scutum)은 타원형에서 사각형으로 진화되었으며, 재질은 두 겹의 목재를 아교로 붙이고 아미포[6]와 가죽을 덧대어 제작하였다. 이의 사용법은 오늘날 전투경찰이 시민들의 과잉 데모를 진압하는 방법과 같다고 보면 된다. 특징은 좌·우측이 들어간 것은 적의 창이 미끄러지도록 하기 위함이고 가운데 튀어나와 있는 쇠(돌기)는 적과 정면으로 부딪칠 때의 충격 효과를 최대한 높이기 위함임과 동시에 손으로 잡기 쉽게 하기 위해서이다.

로마군이 축성하게 된 배경이자 계기는 BC 52년 갈리아(현재의 프랑스) 지역의 알레시아 평야에서 진행되었던 알레시아 전투였다. 율리우스 카이사르의 로마군 5만 명과 갈리아 군 30만 명이 공방전을 벌이는 과정에서 성곽으로 구축된 알레시아에서 딜레마에 빠지고 말았다. 특히 갈리아의 지원군 26만 명이 외부에서 로마군을 에워싸는 순간 포위당할 수밖에 없기에 포위망과 방어망을 동시에 구축해야 했다. 어쩔 수 없이 알레시아 외곽 지역에 17km의 진지를 구축하고, 고지대의 능선을 따라 21km에 달하는 외곽진지를 구축하여 이 두 개의 방벽(防壁) 사이에 생겨난 약 120m 정도의 중간지대에 로마군이 위치하여 안과 밖의 적에게 동시에 대응하도록 함으로써 2중 포위망과 방어망을 구축할 수 있게 된 것이다. 로마군은 축성을 진행하는 속도가 느리다는 단점이 있었지만, 확실한 방어가 보장되었고, 보급선까지 확보할 수 있다는 장점을 갖고 있다. 이러한

6) 식물섬유의 길이가 15~100cm 정도인 아마의 목질(木質) 부분을 사용하였으며, 현대 사회에서 아마포는 어망이나 소방호스, 매트리스 커버 등으로 활용하고 있다.

로마군의 무기체계와 방진 편성은 마케도니아로 전수(傳受)되어 발전하였으며, 경제력을 기준으로 병종(兵種)이 편성되었다. 아래의 <그림 3-3-6>은 로마군이 무기체계와 같이 운용하였던 진지를 축성(築城)하는 방법이다.

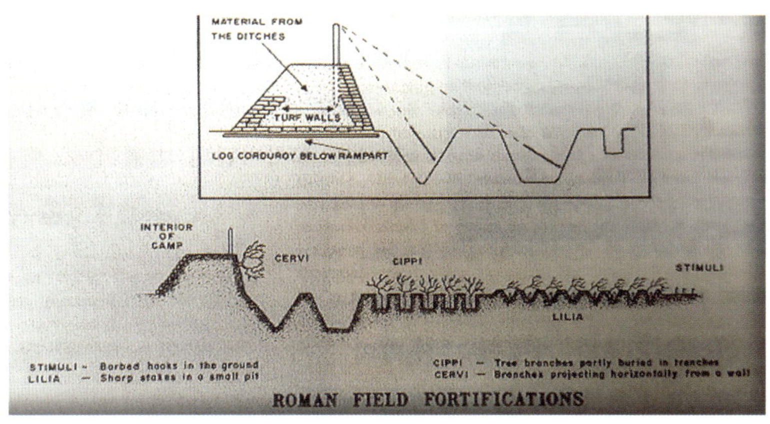

〈그림 3-3-6〉 로마군의 진지 축성방법

기동 · 유연성을 확보하는 차원에서 기본단위를 대대(Cohort)로 하여 400명으로 편성하고, 10개 대대 4,500명을 군단으로 발전시켰다. 로마군의 중대 전술은 전투 방향의 신속한 전환과 융통성 발휘가 가능함과 동시에 개인 간의 폭이 넓어져 전투 효율성이 높기로 유명하였다.

로마군은 다양한 종류의 공성 무기를 사용하였는데, 원거리까지 날아가도록 만든 장거리 무기, 성벽을 타고 오를 수 있도록 제작한 각종 기구, 성벽을 파괴하는 기구 등으로 분류할 수 있다. 아래의 <그림 3-3-7>은 로마군의 공성 무기와 각종 기구다.

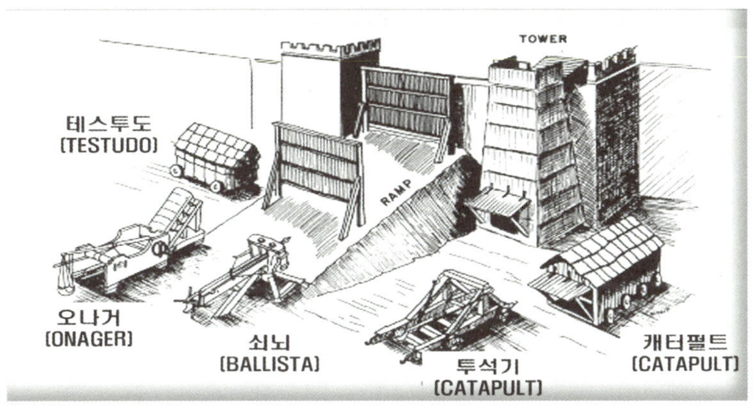

〈그림 3-3-7〉 로마군 공성 무기의 종류

테스투도(testudo, 일명 거북이가 단단한 등껍질 속에 숨은 것 같다고 하여 귀갑진(龜甲陣)으로도 불림)는 로마군의 방패인 스쿠툼으로 촘촘하게 방패 벽을 쌓은 진형(陣形)의 형태로서 고대 팔랑스와 더불어 2대 방패 벽 전술로 불리고 있다.

공성탑(tower)은 파성추와 같이 근접형 공성 무기의 일종으로서 주로 나무로 제작하였으나, 그 위에 물을 먹인 가죽이나 철판으로 덮어 제작하는 때도 있다. 병사들 다수가 충분히 들어갈 정도로 큰 목재 탑의 꼭대기 층에 이동할 수 있는 다리를 설치하여 성벽에 접근했을 때 병사들이 다리를 건너가 성벽 위에서 근접전투를 전개할 수 있는 용도로 제작하였다. 로마 시대까지만 하더라도 땅 위에 통나무를 깔아놓고, 그 위로 굴려서 이동시켰으나, 중세기에는 본체에 직접 바퀴를 달아 이동시켰다. 튼튼하고 견고한 성이나 요새를 공격할 때 주로 사용된 무기이다. 전투 간 적의 궁병을 견제 및 아군의 보병들을 보호하기 위하여 꼭대기 층에 궁병을 위치시키기도 하였다. 높이의 경우 수십 미터에 이를 정도의 높이에 철판까지 덧입히고, 오나거(투석기)를 비롯하여 장거리 무기까지 설치한 강력한 공성 무기로 알려져 있다.

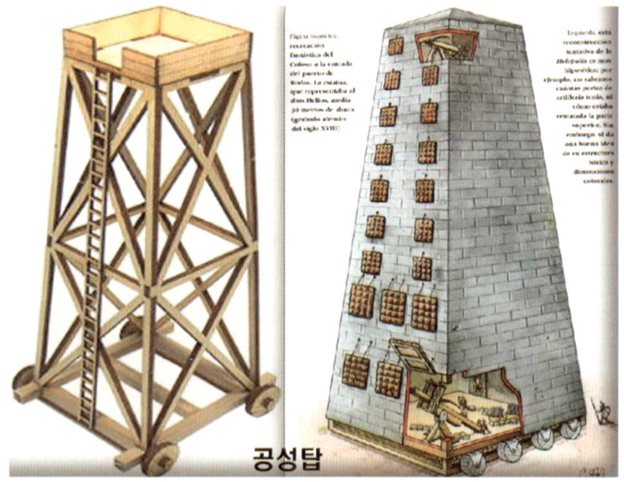
공성탑

오나거(Onager, 투석기)는 고대 그리스와 고대 로마에서 지속하여 사용하던 투석기의 일종이다. 긴 끈이나 머리카락으로 양쪽 끝을 고정하고 투석 끈 모양의 암에 장착한 뒤 윈치 등을 감았다 풀어 그 반동력으로 투석했다. 사정거리가 상당히 긴 무기였으며, 사용된 돌의 무게는 보통 50kg에 달했고, 사거리는 약 400여 m까지 날아갔다. 후반기에는 적들이 하얀 돌을 알고 피하게 되자 돌에 검은색을 칠하여 미리 보지 못하게 하는 등의 변화를 주었다.

오나거

발리스타(ballista)와 스콜피온(scolpion)은 커다란 쇠뇌라고도 할 수 있으며, 포위 공격할 때 주로 사용하였던 강력한 파괴력과 사정거리를 가진 장거리 무기이다. 아래의 <그림 3-3-8>은 로마군의 발리스타와 스콜피온이다.

〈그림 3-3-8〉 로마군의 공성 무기 발리스타와 스콜피온

발리스타는 휴대도 가능하였으며, 사정거리는 약 400m에 달할 정도로 적의 공포감을 극에 달하게 했다. 주로 돌과 큰 화살 등을 발사하였으며, 90kg의 돌까지 발사할 수 있었다. 이는 바로 동물의 내장에서 뽑아 쓰는 실이다 보니 탄력성이 매우 뛰어났기 때문이다. 반면에 스콜피온은 발리스타보다는 규모가 작아서 병사 한 명이 조작할 수 있어서 근접전투에 사용하기 좋은 장거리 무기였다. 스콜피온은 일개 군단에 약 60여 개 정도를 보유하고 있었으며, 분당 4발 정도 발사가 가능하였다. 사정거리의 경우 80m에서 330여 m까지 날아갔으며, 파괴력은 적병의 갑옷과 방패를 뚫고 지나갈 정도로 강력하였던 것으로 알려져 있다.

캐터펄트(catapult, 오나거와 유사)는 지렛대의 원리로 투석기의 반대편을 한순간에 내리누르거나, 당김으로써 돌이 발사되는 원리를 이용한 공성 무기이다.[7] 다시 말해 꼬아 만든 줄을 커다란 팔로 잡아당겼다가 놓는 힘으로 큰 돌 등을 발사하게 만든 공성용 기구이다. 오랜 기간 준비와 집중력이 있어야만 이런 장비를 이용해 견고한 외벽과 탑을 무너뜨릴 수 있었으나, 모여있는

7) '캐터펄트(catapult)'는 특정한 공성 무기를 의미하기보다 고대 그리스 시대로부터 중세시대에 이르기까지 사용된 투석기 전체를 총칭한다고 이해하면 좋을 듯싶다.

병사들을 흩어지게 하고, 목재로 만들어진 요새 같은 경우는 파괴하기가 쉬웠다. 특히 캐터펄트는 인화 물질을 발사함으로써 성 내부에 불을 지르거나, 성안에 전염병을 퍼뜨릴 목적에서 죽은 동물의 사체를 날려 보낸다든지, 적의 사기를 저하하려는 목적으로 적병(敵兵)의 죽은 시신을 성(城)의 내부로 날리는 데도 사용하였으며, 성벽을 허물거나 성문을 부수기 위해 사용되었다. 종류는 무게추(錐)와 인력식(人力式) 투석기가 있다. 그러나 중세시대 이후 화약 무기가 등장하면서 점차 사라졌다.

강의 V 동아시아의 전쟁과 무기체계의 상관성을 이해합시다.

강의 전 요구되는 사항

1. 당시 대내 · 외적 환경과 전쟁이 발발하게 된 배경과 목적은?
2. 북방민족과 황하 문명의 특징을 비교한다면?
   * 진나라 기병의 선진화된 장비와 주력 무기체계
3. 동아시아 국가 중 진-한-위 왕조의 군사전략과 주력 무기체계는?
4. 수와 당나라의 대표적인 무기체계와 중장기병의 특징은?
   * 수 · 당-고구려 전쟁 시 당나라의 군사제도와 무기체계
   * 중국의 남북조 시대의 기병과 진-한 시대 기병의 특징과 차이점
   * 중국 왕조의 기병과 고구려의 철갑기병의 특징과 차이점
5. 수 · 당나라의 무기 종류와 장비의 특성은?
6. 고구려가 수행한 대표적인 전쟁과 주력 무기는?

제 4 절

동아시아의 전쟁과 무기체계

1. 대내 · 외적 환경과 전쟁의 발발 배경

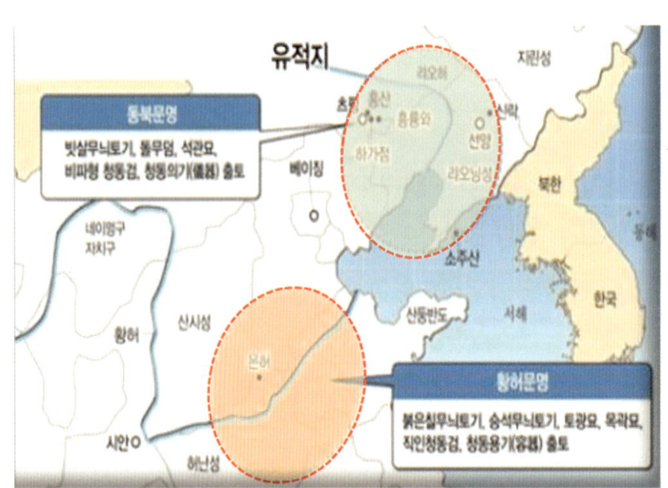

BC 2000년 이전부터 중국의 상류 지역은 홍산 문명이, 하류 지역은 황하강을 중심으로 하는 황하 문명이 형성되어 왔다.[8] 황하 문명은 중국 민족이 만들어 낸 것이지만, 중원의 농경민족과 초원의 유목민족(또는 기마민족) 간에 벌어진 투쟁의 산물로 볼 수 있다. 당시의 각종 전쟁은 한반도 내에 거주하고 있는 지방 국가 간의 전쟁이었다. 특히 남방(南方)민족의 생산물과 북방(北方) 민족의 군사력 대결을 통하여 만리장성이라는 역사적 산물이 만들어졌다. 남방민족은 황하강을 중심으로 생활하는 민족으로서 은나라 시대부터 청동기문화를 중심으로 하는 정복 전쟁을 시작하였다.

춘추시대에는 전차가 전장을 주도하였다. 전차의 존재는 손자병법 제2편 작전 편에서 "범용병지법 치거천사 혁거천승 대갑십만 천리궤량(凡用兵之法 馳車千駟 革車千乘 帶甲十萬 千里饋糧)"을 통하여 손자도 전차의 중요성에 주목하고 있음을 느낄 수 있다.[9] 전국시대에는 철제무기가 등장하고 기병을 운용하게 되면서 전장의 폭도 확대되는 현상을 가져왔다. 이를 통해 국가지배력을 강화하면서 백성들의 동원이 가능하게 되자 농민들을 보병으로 활용하기 시작하였다. 북방민족은 춘추전국시대 말기에 월씨족과 흉노족을 시작으로 한나라 말기에는 유연족과 선비족으로,

---

8) 중국을 구성하는 민족은 대다수가 황색인종으로서 전체 인구의 90%를 차지하고 있다. 몽골은 1231~1259년까지 약 30여 년에 걸쳐 침략한 정복 전쟁으로 몽골의 전성기를 이루었다.

9) "무릇 용병을 할 때 최소한 전차 1,000대, 치중차(輜重車) 1,000대, 무장한 병사 10만 명이 동원된다. 원정할 경우 국경에서 1,000리나 되는 먼 거리에도 군량과 군수품을 수송해야 하는 부담 또한 막대하다"라는 의미로 치거천사(馳車千駟)에서 치거(馳車)는 공격용 수레를, 혁거천승(革車千乘)에서 혁거(革車)는 양식과 무기를 운반하는 수레를 의미하고 있다.

당나라 이후에는 돌궐족, 거란족 여진족[10]을 비롯한 여러 민족으로 분리되었다. 이들 민족은 생존 환경으로 인하여 특별한 문자를 사용하는 문화는 없었지만, 종마술(種馬術)을 활용하고 당시로써는 선진적인 기마병을 운용하였기에 농경민족으로서는 상당한 공포와 불안감이 조성되었다.

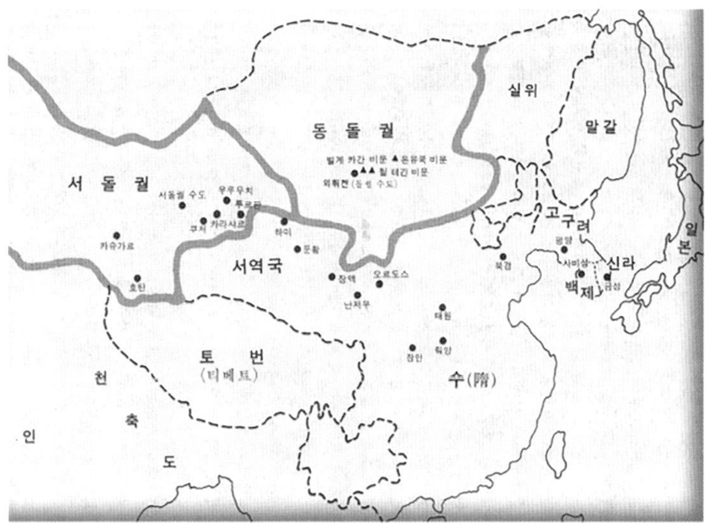

동아시아의 전쟁 특성은 다섯 가지로 정리할 수 있는데, 첫째, 한반도에 정착하여 있는 한(韓)민족이 중국의 한(漢)족과 벌인 역사상 최대 규모의 전쟁으로 과도한 소모전을 가져왔다. 둘째, 살수대첩과 안시성 전투 등을 통해 한민족이 이(異)민족과의 전쟁에서 가장 잘 싸운 전쟁으로 인식되면서 "전쟁의 승패는 병력의 많고 적음에 있지 않다"는 사실을 체득하게 되었다. 셋째, 요하(遼河)와 살수 지역 등에서 전쟁을 치르면서 지형적・환경적인 특성에 부합된 청야입보(淸野入堡) 전술을 채택하는 등 전쟁을 수행하는 데 있어서 지형지물과 기상 등의 환경적 특성을 접목하는 게 중요하다고 인식하는 계기를 가져왔다. 넷째, 연락 및 소통이 끊어짐으로 인하여 협공작전이 실패한 사례 등은 지상으로 공격하는 육로군(陸路軍)과 해상으로 공격하여 들어오는 해로군(海路軍)이 수행하는 협동작전의 중요성을 재부각시켰다. 다섯째, 고대의 재래식 전쟁 중에서 그래도 다양한 형태로 전투가 진행되었다. 이를 통하여 성곽을 축조한다거나, 공성 장비가 집중적으로 발전되었던 대표적인 시대였음을 알 수 있다.

고대에서 현대에 이르기까지 대표할 수 있는 중요한 시기와 전쟁 시대의 연대표를 살펴보자면, 춘추전국(BC 770~221) 시대로부터 한-위진(魏晋)-남・북조-수-당-5대 10국-송-원-명-청의 시대로 이어져 오다가 1949년 마오쩌둥에 의해 중화인민공화국으로 탄생하였다.[11] 현재 중국의 국호인 차이나(China)는 과거 중국을 통일하였던 진나라에서 유래되었음도 상식으로 알아둘만 하다. 중

10) 여진족은 말갈족으로 불렸으며, 만주 북동부에서 한반도 북부 일대에 걸쳐 거주하던 퉁구스 계통의 원주민이다. 고려 주민의 일원으로서 활동한 적이 있으며, 훗날 고구려 계승을 표방하였으며, 발해의 건국에도 깊이 참여하였다.

11) 중국을 최초로 통일하여 강력한 군대를 이끌었던 진시황의 시대는 생략하기로 한다. 이는 진시황이 BC 221년 중국을 최초로 통일하였으나, BC 210년 병마(病魔)에 시달리다가 사망하게 되면서 BC 206년에 멸망하였기 때문이다.

국은 동아시아 주변의 국가들의 문화와 사상(思想), 문자 등을 통합하여 동아시아 문화의 토대를 형성케 하였으며, 당나라 시대에 최고의 전성기를 구가하였다.

386년, 북위가 북중국을 통일했으나, 148년 만에 멸망하였다. 고구려는 한반도를 중심으로 하여 기병과 자체적으로 생산한 맥궁을 활용한 전법을 구사하면서 동아시아의 패자(霸者)로 활동하였다. 당시의 동아시아 정세는 고구려를 중심으로 하는 돌궐・백제・왜(日) 등의 남북세력과 수와 신라를 중심으로 하는 동서세력으로 양분되어 있었다. 이러한 관계로 인하여 남북세력은 그들에게 위압적인 태도로 일관하고 있는 수나라와 동서세력인 신라를 제압하려는 의도에서 중국을 정복한 수와 당나라, 한반도의 고구려가 각기 패권을 장악하기 위해 노력하는 과정에서 충돌이 불가피하였다. 이에 따라 598년 고구려의 영양왕이 선제공격을 감행하면서 고구려가 멸망한 668년까지 이어진 전쟁이 바로 고구려-수나라, 고구려-당나라의 전쟁이었다.

2. 무기체계의 특성과 발달 과정

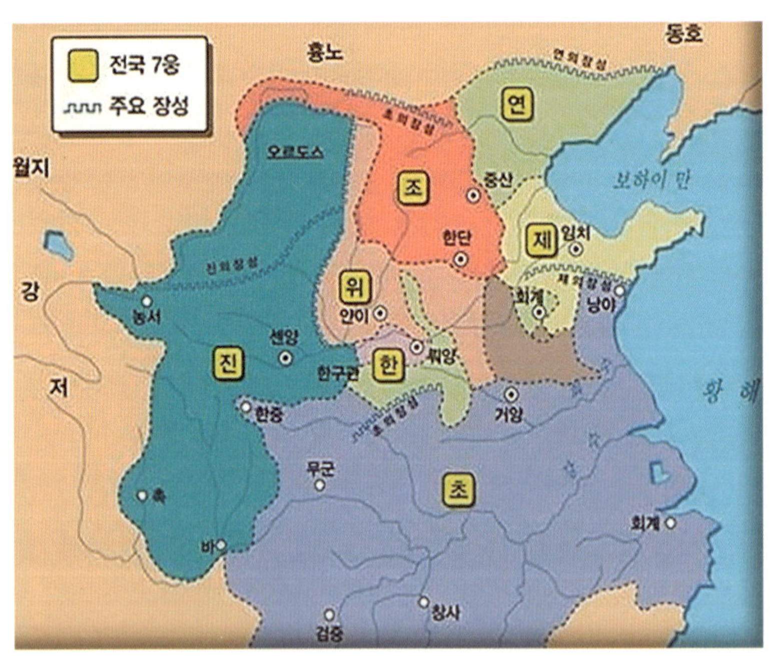

중국의 진(秦)-한(漢)-위(魏) 왕조의 경우를 살펴보자. 진은 전국 7웅의 일원으로서 혼란기에 휩싸여 있던 전국시대를 종식(終熄)시키고 중국을 최초로 통일한 국가였다. 진나라는 철제무기를 활용하는 보병을 중심으로 부대를 편성하였고, 당시 선진적인 전법으로 평가받는 기병을 가장 먼저 편성하여 운용하면서 기병과 보병이 서로 협조하는 작전(현대적 의미로 보면, 보전(步戰) 협동작전)을 수행했다. 특히 상앙의 변법(신법)은 진나라를 부국강병으로 이끌었다. 아래의 <그림 3-4-1>은 각 시대의 기병 또는 마갑(馬甲)의 여러 가지 형태와 종류다.

〈그림 3-4-1〉 각 시대를 대표하는 기병 및 마갑의 유형

기병은 기마 작전을 주 임무로 하는 군대를 의미하며, 장점으로는 강력한 기동력과 충격력을 들 수 있다. 중국은 세계사에서 일찌감치 강력한 기병을 보유한 국가로 평가받고 있다. 진나라는 초기에 전차로 정면 전투 위주의 수행 방식을 선호하였으나, 점차 기동성을 살리는 전투방식으로 변화시키게 되면서 보병과 기병 중심으로 전투를 수행하는 과정에서 독립된 병종으로 전환하였다. 그러나 진나라 기병의 경우는 안장만 있을 뿐 등자(鐙子, 말을 탈 때 두 발을 디디게 되어 있는 물건)는 발명되지 않은 상태였기 때문에 기병이 마상에서 안정된 전투를 수행하는데 제한되는 현상이 발생하였다.

그러나 한나라가 들어서면서 기병은 획기적인 발전을 거듭하게 된다. 기병의 주 병력을 기마 유목민족인 흉노족으로 편성하면서 구성하게 된 아시아식 경기병은 기존의 전투력을 한층 더 상승시켰다. 이들은 한 무제 당시에는 10만 명 이상으로 편성하여 강력한 군사력을 대외적으로 표출하였다. 이후 계속된 전쟁을 통하여 주력 병종으로 성장하면서 전차의 전투력까지 대신하게 된다. 경기병은 기본적으로 가벼운 가죽옷만을 착용하였고, 무기는 활(弓) 위주였으며, 말의 크기는 비교적 왜소한 편이었다. 중기병은 갑옷을 착용하였고, 무기는 미늘창(戟), 창(矛), 그리고 둥근 고리 칼(환수도(環首刀)) 등의 근접전투에 적합한 무기를 휴대하고 전투에 투입하였다.

전투를 수행하는 기본적인 방법으로는 전투가 시작됨과 동시에 적진에 진입하여 적의 장애물과 장벽을 허물 수 있도록 키가 크고 덩치 좋은 말을 선두에 활용하였다. 제련 기술도 같이 발전함에 따라서 마상 전투에 쓰기 좋은 고리 손잡이가 달린 긴 철(鐵) 칼(환병장철도(環柄長鐵刀))을 많이 생산하였다. 칼등이 두툼한 데다 칼날의 끝은 날카로웠기 때문에 찍고 베는데 알맞은 병기였다. 일반적으로 말한다면, 한나라 시대 기병의 주요무기로는 창, 칼, 미늘창, 활, 석궁(쇠뇌, 弩) 등이 있었다.

남북조 시대는 기병의 전성시대라고 할 수 있다. 북방민족이 대거 중원으로 들어오면서 기병이 대규모로 활동하였다. 기병은 점차 전장에서 중요 병종으로 자리매김하였고, 남북조의 기병 또한 이에 맞춰 중기병으로 발전시켰다. 이 시기 북방민족은 초기에는 모두 기병으로 운용했으나, 점차 보병도 늘어났다. 그러함에도 주력은 기병이었다는 점을 명심하여야 한다. 위나라는 기병이 시대에 다소의 차이는 있지만, 적게는 27만여 명에서 많게는 60만여 명까지 확대되었다. 특히 이 시기는 마상에서 두 발을 디딜 수 있는 등자가 발명되었다. 이는 인류의 문명까지 크게 발전시키는 계기로 만들었다. 이를 통해 발전된 중기병(重騎兵)의 방호력은 강력해졌고, 장거리 무기인 활과 관통력이 강한 장창, 짧은 칼은 둥근 고리 칼에 비교할 때 칼의 몸체는 더욱 넓적하였고, 앞부분의 경우 끝은 예리하고 뒷부분은 비스듬한 마름모꼴로 개선하는 등 실전에 적합하게 진화(進化)되었다. 위나라의 철제무기와 기병의 등자를 본격적으로 사용하면서 전투를 진행 간 기병은 안정적으로 전투를 수행할 수 있게 되었고, 중국을 통일한 이후에는 부병제(府兵制)를 도입하였다.[12] 이는 수・당 시대에도 영향을 주었다. 당나라는 기병을 잘 사용하였으며, 초기부터 말 관리기구를 세워 군수용(軍需用)으로 비축하였다.

명・청 시대에 화포가 발전되었고, 전문적인 화포부대와 포병이 출현함으로써 기병이 지위와 규모는 점차 축소되었다. 당시 명나라의 척계광(戚繼光) 장군은 보병과 전차병, 그리고 기병으로 이루어진 일종의 합동 작전 방식으로 군영(軍營)을 사용하였다. 먼저 화기에 불을 지펴 화력을 준비한 다음, 기병이 돌격하고, 보병이 뒤따라 전진하는 전법이었다. 유럽은 나폴레옹 시대가 되어서야 비로소 유사한 전법(戰法)이 출현하였다.

철포[鐵砲, 明]

청나라는 스스로 활과 말로 나라를 세웠다고 여겼지만, 충돌하는 여진(女眞)은 여전히 전통적인 기병이었던지라, 승리의 여지가 없었다. 더군다나 화기를 그다지 크게 중시하지 않아서 결국 열강에 휘둘리는 지경까지 이르게 되었다. 이미 화기의 시대였고, 점차 기병의 지위와 활용도는

12) 부병제(府兵制)는 당나라와 고려 말기-조선 초기에 시행된 병농일치제와 같다.

낮아졌다.

무장된 기병은 강력한 힘을 과시하였다. 기병 전술과 무기 및 장비의 발전부터 몰락까지의 과정은 중국의 고대과학 발전의 수준을 증명하고 있다. 명나라의 보병 중심으로 구성된 군대가 기병 위주의 원나라를 패퇴시킨 사례는 화기연구와 응용 측면에서 대단한 성과를 가져오게 하였다. 이 시기는 일본뿐만 아니라 유럽국가마저 넘어서는 수준이었음이 확실하다. 그러나 봉건왕조의 통치와 압박은 선진과학기술의 발전을 더디게 만들었다. 결국, 근대시대에 들어서면서 중국은 반식민지국가로 전락하는 아픔을 겪었다.

한편 한반도에는 몽골고원을 근거지로 하여 거대한 제국을 이루었던 흉노족의 뒤를 이어 강력한 기마 유목민족인 선비족이 등장하였다.13) 바로 이들이 수·당을 건설한 주역임을 기억하여야 한다. 하지만 고구려(예맥족)에 대한 반복되는 침공으로 인하여 국가 재정이 피폐하게 되었고, 내분과 반란으로 인하여 결국 37년에 멸망하였다. 고구려가 강력한 철갑 중장기병을 육성하여 한반도의 패자(霸者)로 군림할 수 있었던 기저(基底, 밑바닥)에는 중장기병이라는 강력한 군사력의 뒷받침이 있었다. 아래의 <그림 3-4-2>는 선비족과 고구려(예맥족) 기병의 형태다.

〈그림 3-4-2〉 선비족과 고구려 기병

13) 선비족은 몽골-퉁구스 계열로 추정되는 유목민족으로 몽골의 시라무렌강 유역에서 몽골고원과 만주 경계 선상에 있는 대흥 안령산(선비산으로도 불림)에서 목축과 수렵으로 생활을 영위하였다. 선비족은 1세기 초에 흉노족의 지배에 있었으나, 흉노가 분열되자 후한과 연합하여 북 흉노를 북쪽으로 몰아내고 몽골고원을 차지하게 되면서 북아시아의 패자(霸者)로 군림하였다. 당 태종 역시 북방의 산서지역 한족과 선비족으로 혼합된 혈통의 귀족 집안 출신이다.

고구려의 기병과 말은 철갑으로 보호되었고, 긴 창과 맥궁(貊弓)으로 무장하였다. 1943년의 황해도의 안악 3호분 발굴에서 머리와 발끝까지 갑옷으로 무장을 한 병사의 모습과 말의 모습이 발견되었다. 또 1998년 서울 아차산의 고구려군이 주둔했던 지역에서 발굴된 다양한 유물 중에서 나온 하나의 투구는 바로 이전에 안악 3호분에서 발굴된 고구려 철갑기병의 모습과 같음을 확인할 수 있다. 고구려의 철갑기병은 경기병과 중장기병으로 구분하고 있다. 경기병은 빠른 기동력을 이용하여 전술적 요충지(要衝地, 군사적으로 아주 중요한 곳)를 선점하는 임무를 수행한다. 경(輕)장 기병이 중(重)장기병의 좌우 측면에서 흩어지는 적의 보병을 공격하는 반면에 중장기병은 상당한 무게가 나가는 마구(馬具)와 무기가 있기에 중형의 호마(胡馬)를 이용하였다. 이를 통해 적진의 중앙으로 돌진하여 방어선을 돌파하는 임무를 수행할 수 있었다. 고구려의 경장 기병은 중장기병이 등장하는 3세기 중반까지도 기마전을 수행을 주도한 세력이었다. 관련 고분을 살펴보면, 도끼와 칼을 든 병사, 허리에 화살 통을 휴대하고 있는 궁수들이 바로 중장기병과 경장 기병들이다.[14] 아래의 <그림 3-4-3>은 고구려의 단궁과 맥궁이다.

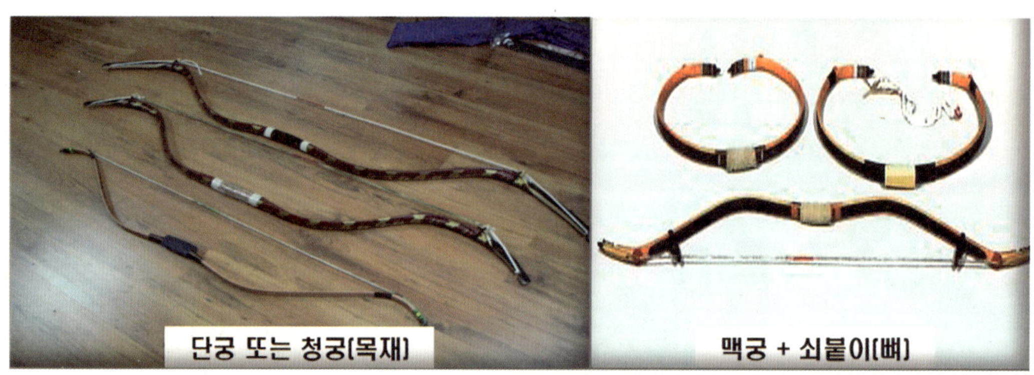

〈그림 3-4-3〉 고구려의 단궁과 맥궁

단궁은 박달나무로 만든 목궁(木弓)이며, 맥궁은 쇠뿔이나 동물의 뼈로 만든 각궁으로서 맥궁으로 적의 대열을 와해시키면, 중장기병이 밀집대형으로 적진을 쇄도하여 돌파를 감행하고 적들이 지리멸렬될 경우 경장 기병이 추격과 전과확대를 수행하며, 보병들은 흩어진 잔적(殘敵)을 처리하게끔 훈련되어 있었다. 중장기병에 대한 공격 전술은 로(櫓, 큰 방패로 외부에서 왕을 보호한다는 의미)를 활용한 보병 진법으로 발전시켰다. 특히 갑옷은 미늘 갑옷과 판 갑옷으로 구분하였다. 경장 기병은 말 위에서 창과 칼. 도끼 등을 휘둘러 적을 제압하였다. 그러나 철갑의 무게로 인하여 소매가 없어 상대적으로 가벼운 철제용 단갑(短甲)을 주로 입었으며, 갑옷에는 목도리가

14) 이종호, 『한국 7대 불가사의: 과학 유산으로 보는 우리의 저력』 (서울: 역사의 아침, 2007), pp. 160~173, 180~207.

붙어 있었다. 특히 소매가 없는 갑옷에는 추가로 토시를 사용하였다. 아래의 <그림 3-4-4>는 고구려의 미늘(찰) 갑옷과 판 갑옷이다.

〈그림 3-4-4〉 고구려의 미늘(찰) 갑옷과 판 갑옷

미늘 갑옷은 몸의 모양에 맞게 작은 철판을 물고기의 비늘처럼 연결하여 만든 갑옷으로 찰(札) 갑옷이라고 한다. 찰 갑옷은 '조각이나 표시물'이라는 뜻으로 고구려의 찰 갑옷은 방어에 쉬웠으며, 세공기술이 뛰어나고 발전된 비늘 철갑으로 무게가 가벼웠다. 판 갑옷은 철판을 얇게 펴서 장방형이나 삼각형으로 만든 얇은 쇠판을 못이나 가죽끈으로 연결한 갑옷으로 기병들이 주로 입고 전투에 임하였다. 이들 무기는 고(高) 탄강으로 제조되어 강도가 우수하였다. 아래의 <그림 3-4-5>는 고구려의 보병과 기병이 휴대 및 착용한 무기이다.

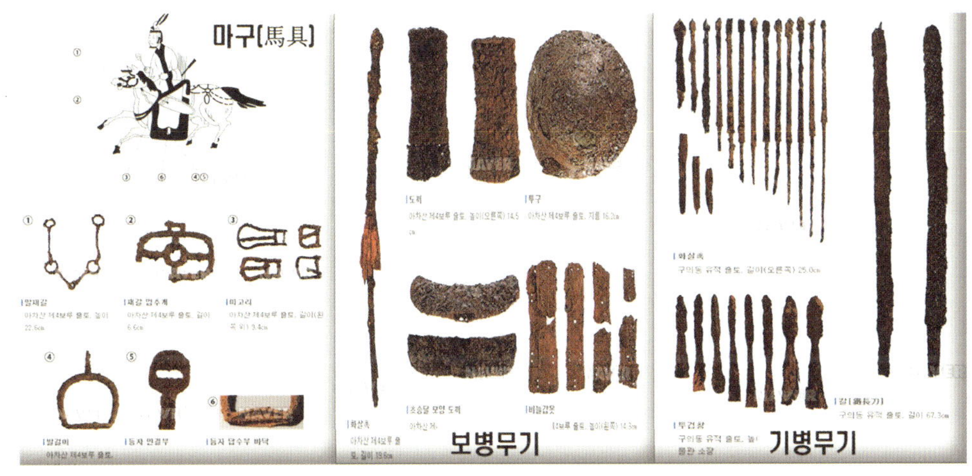

〈그림 3-4-5〉 고구려 보·기병의 휴대 무기

보병과 기병의 무기도 현대공구와 유사한 정도의 초강(炒鋼)으로 주조하여 강도가 우수하였다. 특히 중장기병은 다른 국가들의 중장기병과 비교할 때 돌파력과 방호력이 뛰어났다. 고구려의 갑옷과 중국이나 북방지역 국가의 갑옷의 차이점은 중국과 북방지역의 갑옷은 목 부분을 처리하지 않았다. 반면에 고구려 기병은 목을 덮는 부분에 갑옷을 착용하여 귀밑 부분까지 보호할 수 있었다. 아래의 <그림 3-4-6>은 고구려와 인접 국가들의 중장기병 외형적 모습이다.

〈그림 3-4-6〉 고구려와 인접 국가의 중장기병

나라마다 특징이 있지만, 일반적으로 중장기병은 현대의 전차와 유사한 임무를 수행하였다. 주로 적의 전투 대형과 방어벽에 틈(구멍)을 내는 역할이었으며, 이를 위해 말에게 세 벌의 갑주를 입히는 사례도 있었지만, 부정적인 현상도 많았다. 특히 적이 신속하게 후퇴하거나 철수할 경우 무게(전투 하중)로 인하여 추격이 아예 불가능하였다. 이로 인해 중장기병이 무거운 갑옷을 벗고 경기병이 되어 추격하거나, 대기하던 경기병이 추격 및 전과확대를 전담하여 전투를 수행하기도 했다. 일부 학자들의 주장에 따르면, 당시 고구려의 중장기병이 제일 우수하고 강력했다는 언급이 존재한다. 그러나 이는 객관적인 판단 기준과 평가 결과라고 하기보다는 '내가 최고야!'라는 이분법적 사고에 의해 생겨난 주관적인 판단의 결과임을 밝혀두고 싶다.[15]

당 태종은 수나라가 무리한 고구려 원정으로 인해 실패했음을 알고 있었고, 북방지역의 돌궐과 전쟁을 수행하는 과정에서 필요한 군대가 많은 예산이 필요한 중장기병이 아니라 대다수가 농민임에 주목하게 되었다. 이를 토대로 농민군인 보병을 중장보병으로 훈련함과 동시에 경장(輕裝) 기병을 양성시켜 중장기병에 대응할 수 있도록 하였다. 중장기병을 경장 기병으로 대체하면서 궁수의 비율은 10%에서 30% 이상으로 증대시켰으며, 중장보병이 기존의 중장기병 역할을 담당할 수 있도록 무장을 늘리고 창과 방패도 휴대시켜 삼각형 모양의 방진을 형성시켰다.[16)]

아래의 <그림 3-4-7>은 수·당나라 시대의 공성 장비를, <그림 3-4-8>은 고구려 시대의 공성 장비다.

〈그림 3-4-7〉 수·당나라의 공성 장비 종류

부교는 교각을 사용하지 않고 배·뗏목 등을 이어 그 위에 널빤지를 댄 다리를, 누차(樓車, 공격용 수레)는 높은 성벽을 사다리로 힘겹게 오르지 않게 성벽과 같은 높이로 제작하여 바퀴 수에

15) 손자병법 시계(始計) 편에 보면, 5사(事), 7계(計), 14 궤도(詭道)가 나온다. 이는 과연 전쟁할 수 있는가? 에 대한 결심을 하는 계책을 논한 분야이다. 여기에서 5사는 전력의 기본 요건을 다섯 가지로 나누어 검토하는 과정에서 해당 국가의 수준을 검토하는 요소로 본다. 다시 말해, 고구려에서 최강의 전투력이라고 함은 내부에서 바라본 결과임을 잊지 말아야 한다(노병천, 『도해 손자병법』 (서울: 연경문화사, 2009), pp. 27~35.).

16) 당나라가 유목민족을 상대로 고전한 이유는 기병(騎兵)이 없었기 때문이다. 당시 이정(李靖) 장군이 이 딜레마를 극복하기 위해 보병의 기본 대형을 사각형 방진(方陣)을 삼각형으로 바꿨다. 이로써 다양한 대형의 구성과 기동이 가능해졌고, 재정부담도 줄일 수 있게 되었다. 방진의 규모도 줄어들고 특히 단위부대 수가 증가하면서 더욱 민첩해졌고, 상황 대응 능력과 속도가 높아졌으며, 경장 기병을 양성하여 매복, 후방 기습, 추격, 섬멸 작전 등에서 상당한 성과를 거두었다.

따라 이륜과 사륜, 육륜, 팔륜으로 명칭을 따로 사용하였다.

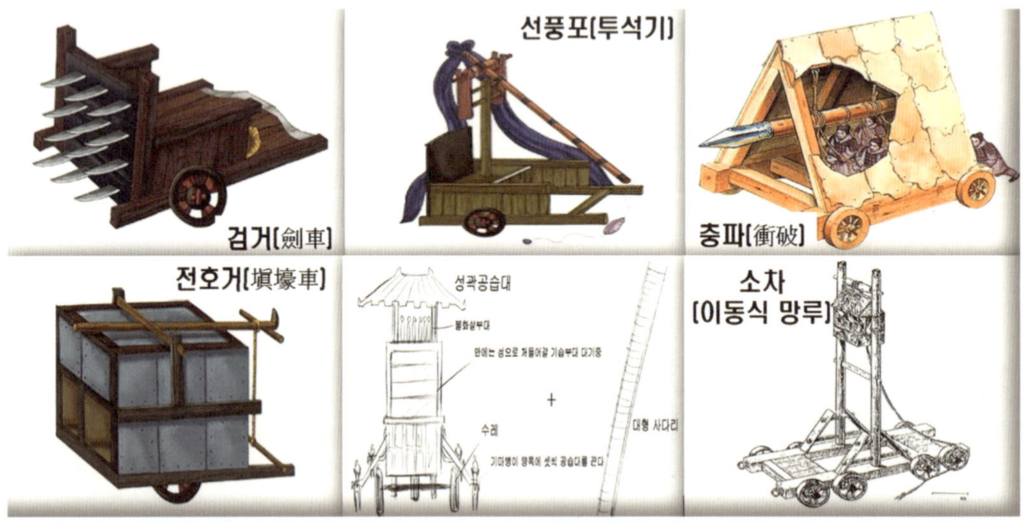

〈그림 3-4-8〉 고구려의 공성 장비

검거의 경우는 공성 무기라기보다 야지(野地)에서 다수의 밀집대형과 전투를 수행할 때 사용하였으며, 전호거는 성의 주위에 설치된 해자(垓字, 연못 또는 웅덩이)를 메꿀 때 활용하였다. 아래의 <그림 3-4-9>는 당나라와 고구려, 조선 시대의 환도 종류이다.

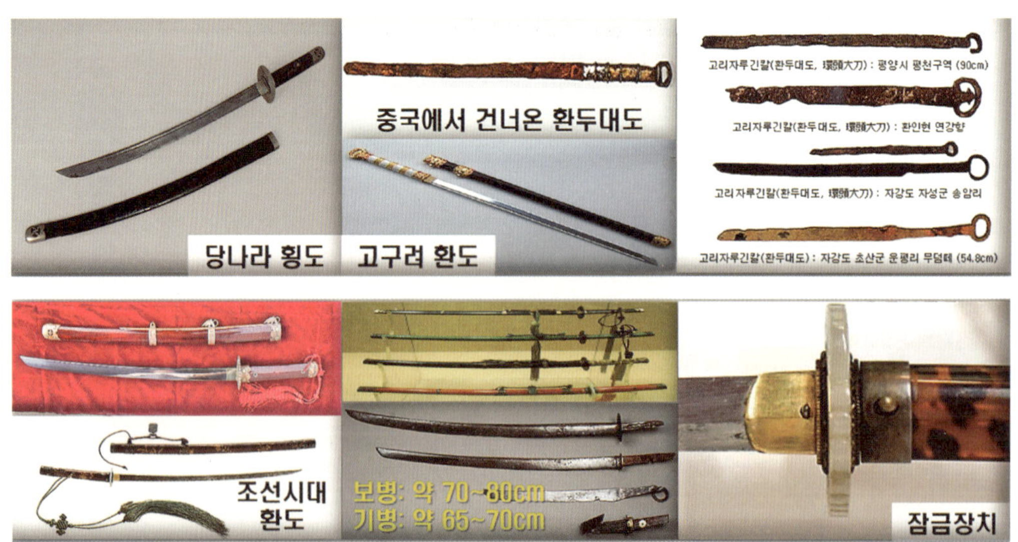

〈그림 3-4-9〉 당과 고구려, 조선 시대의 환도 종류

당나라의 횡도(橫刀)는 약간 휘어져 있는 일자형이었으나, 고구려로 넘어온 뒤 일자형 환도로 변화되었다. 고구려가 자랑한 개마무사(鎧馬武士, Heavy Cavalry 또는 Cataphract, 철갑기병)는 이러한 환도를 최대 6개까지 휴대하고 활동하였다. 특히 의도하지 않은 상황에서 검이 뽑혀 오해나 다른 문제가 발생하지 않도록 잠금장치를 고안하여 사용하였다.[17)]

당 태종은 군대를 경장 기병과 중장보병의 협격(挾擊 또는 협공(挾攻)) 전술이 가능하도록 수많은 훈련을 통하여 숙달시켰다. 이를 통해 경장 기병과 중장보병에 의한 협격(挾擊, pincer attack) 전술의 완성도가 높아지면서 기동성이 강화되었고, 우회 타격과 후방에 대한 교란 활동, 기습, 보급차단 작전, 추격 등을 수행하는 과정에서 전투력과 상승삭용을 불러일으키면서 북방의 돌궐족과 고구려를 무리 없이 제압할 수 있었다. 당나라의 중장보병과 경장 기병이 서로 협조하여 공격하는 협격(挾擊) 전술은 임진왜란 이후까지도 상당한 영향을 끼쳤다.

17) 이종호, 앞의 책(2007), pp. 193~207.

강의 VI 중세시대에 진행되었던 전쟁과 무기체계의 상관성을 이해합시다.

강의 전 요구되는 사항

1. 당시 대내 · 외적 환경과 전쟁이 발발한 배경과 목적은?
2. 중세시대의 대표적인 군사전략과 그 의미는?
3. 로마군이 강력한 군사력을 갖게 된 계기와 주력 무기체계는?
   * 휴대 무기 및 공성 무기의 특징과 현대 무기체계에 접목된 사례
4. 동 · 서로마 시대의 대표적인 전쟁과 무기체계, 주력무기는?
   * 만지케르트 전투(Battle of Manzikert, 1071)
     → 비잔틴 제국-셀주크 제국
   * 크레시 전투(Battle of Crecy, 1346) → 프랑스-잉글랜드
   * 십자군 전쟁(十字軍戰爭, The Crusades, 1096~1291)
     → 서방-동방
5. 중세시대의 전투방식과 주요 장비의 특징은?
6. 성 외곽 전투와 공성전(攻城戰)의 특징을 비교한다면?
7. 동로마의 중장기병과 경장보병의 주력무기 및 특징은?
   * 테스투도(testudo)와 고대팔랑스(palanx)의 운용 상 차이점

제 5 절

중세시대의 전쟁과 무기체계

1. 대내 · 외적 환경과 전쟁의 발발 배경

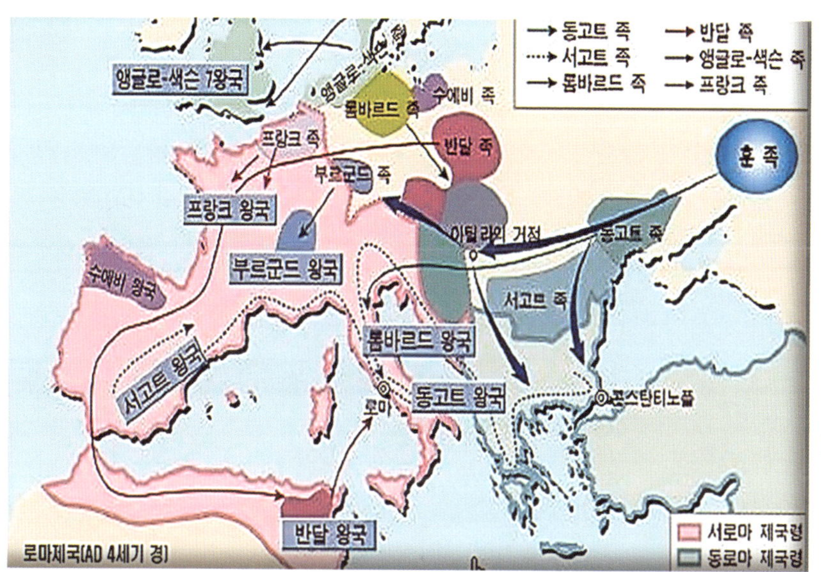

일반적으로 중세시대란 5세기에서 15세기까지를 의미한다. 당시 로마는 BC 27년 아우구스투스에 의해 제국이 선포된 이래 200여 년에 걸쳐 '로마의 평화 시대(Pax Romana)'를 누릴 수 있었다.[18] 그러나 세계를 호령하던 로마제국도 3세기경부터 점차 쇠퇴의 징후가 나타나면서 476년에 서로마는 서고트족의 용병대장 오도아케르(Odoacer)에게 멸망하였고, 1453년 동로마(비잔틴) 제국이 오스만제국의 모하메드 2세(Mohammed Ⅱ)에게 패망하였다.[19] 이즈음 몽골초원에 머물러 있던 훈족(Hun, 로마인과 게르만족에게 공포감을 심어준 민족)의 일부가 이동하여 374년 우크라이나에 살고 있던 고트족을 정복하고 약탈을 자행하였고, 또 다른 일부는 393년 현재의 터키 동부지역으로 진출하여 주변 국가에 대한 정복을 감행하였다. 고트족들은 이를 피하고자 지금까지 살아왔던 삶의 터전에서 벗어나 로마 영토를 침범하였다가 테오도시우스 1세(Flavius Theodosius Ⅰ, 347~395)에게 격퇴당하였다. 이후 고트족들은 여러 갈래로 이동하였으며, 이동하는 방향에 따라 동 · 서고트족으로

18) '아우구스투스'는 이름이 아니다. 옥타비아누스가 권력을 쟁취한 다음 광대한 로마 제국을 건설하였기에 로마 원로원이 부여한 존칭으로 '존엄한 사람'이란 뜻이다.

19) 서로마는 브리타니아, 히스파니아 등의 북부지역으로 낙후되고 발전도 더딘 지역이었던 반면에 동로마는 재원이 풍부하였다.

불리게 된다. 이후 로마의 동맹군으로 협약을 맺은 후 트라키아에 정착하였다.[20] 이후 로마의 테오도시우스 1세가 사망하면서 로마는 동·서로 분리된다. 서로마는 동생 호노리우스가, 동로마는 형인 아르카디우스가 통치하게 되었다.

아틸라(훈족)

로마 제국이 비참한 결말을 맞게 된 원인은 세 가지로 정리할 수 있다. 첫째, 제국 각지에 흩어져 있던 로마군 지휘관들의 잦은 반란으로 인한 내분(內紛)과 부정부패, 둘째, 환경적 요인으로 파르티아(Parthia, 카스피해의 남쪽 해안가 지역)의 뒤를 이어 페르시아를 통일한 사산조 페르시아[21]가 강력한 군사력으로 무장하여 호전성을 나타내고 있었다. 로마군은 페르시아군과의 전투에서 패배하여 동방(東方) 전선에 대규모의 군대를 집결시키고 대비할 수밖에 없었다. 셋째, 종교적 요인에 의한 갈등의 결과라는 등의 여러 가지 설이 있다. 하지만 복합적 요인으로 평가하는 게 타당할 것으로 보인다. 당시 2,000만여 명이나 되는 로마가 고작 로마 인구의 1/20 규모에 불과하던 100만여 명 남짓한 게르만족에게 멸망했다는 점은 일반 상식에 맞지 않는다.

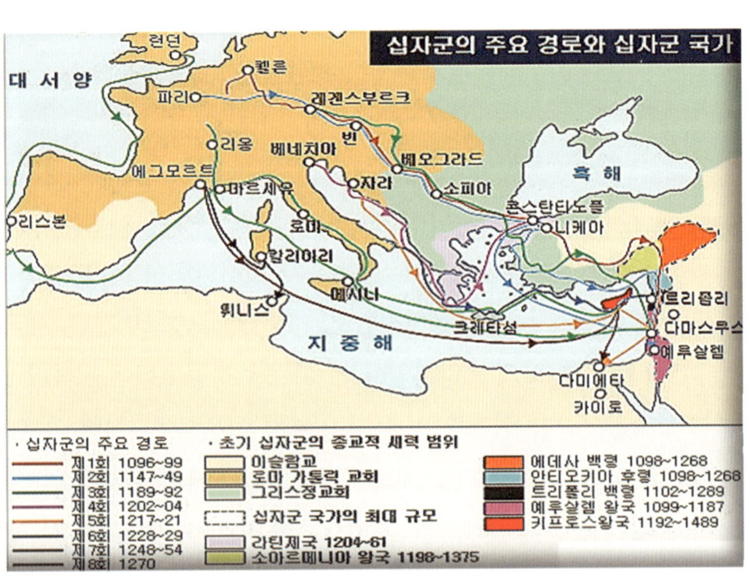

11세기 이전까지의 유럽은 이슬람 세력이 독점적인 군사력을 사용하여 지중해의 패권을 차지하고 강력한 지배권을 행사했기 때문에 유럽의 여러 왕조가 해상무역을 이용한 지배 구조를 지속할 수 없게 될 지경에 이르렀다. 지중해 방면으로의 해상무역이 어려움을 겪게 되자 재원 마련이 어려워진 현상은 지배 구조의 분열과도 맥락을 같이 하게 된다. 군주(왕)가 이를 예방하기 위하여 만든 제도가 영주 즉, 장원제도다. 왕이 지방의 영향력 있는 영주와 기사에게 토지를 나눠주고

20) 트라키아(Thracia, 그리스어로는 트라케)는 발칸반도의 남동쪽을 지칭하고 있으며, 흑해, 에게해, 마르마라해를 포함하여 삼면이 바다로 둘러싸여 있는 지역이다.

21) 사산조 페르시아(Sasanian dynasty)는 3세기 초에 일어난 페르시아 제국의 한 왕조로 224~651년까지의 이란 제국과 이를 지배하던 왕조를 뜻하고 있다.

이를 매개로 군주를 보호하게 하였고, 점차 토지를 나누어 준 군주에게 충성을 맹세하는 봉건제도로 정착되었다. 그러나 사회의 환경 변화와 더불어 장원(莊園)제도는 붕괴하였고, 화폐제도가 발달하였다. 이때 생긴 작위(爵位) 제도가 현재까지 이어지고 있는 공작~기사에 이르는 신분제도이다.[22)]

중세시대는 그리스·로마의 문화와 게르만, 기독교적 요소의 융합 체라고도 한다. 여덟 차례에 걸친 십자군 원정(1096~1291) 즉, 종교전쟁이 점차 이슬람교와 기독교 간의 갈등과 대립을 넘어 세속의 욕망을 충족시키는 방향으로 변질하면서 기근과 흑사병, 전쟁의 참혹함은 장원제도마저 파괴했다.[23)] 9세기 중엽부터 시작된 이슬람교도들에 의한 북쪽 해안의 침략과 지중해 일대의 섬들이 약탈당하였다. 점차 이베리아반도는 회복할 수 있었으나, 10세기경 셀주크튀르크 쪽이 이슬람을 정복하면서 성지 순례가 방해받기 시작하였다. 비잔틴 제국이 이를 회복하고자 공격을 시도하는 과정에서 예상치 못한 대패(大敗)를 당하게 되자 당시 서방교회의 교황인 우르바누스 2세에게 원조를 요청하게 되고, 십자군 전쟁이 시작되었다. 이는 교황과 황제의 이해관계가 맞아떨어진 결과로 볼 수 있다.

200여 년간에 걸친 십자군 전쟁(Crusades)은 마지막 보루인 악크(Acre) 요새가 1291년 함락되고 십자군이 완전히 철수하게 되면서 오스만제국과의 양자 대결 구도로 전환되었고, 동로마(비잔틴) 제국은 1453년 멸망하였다.[24)] 중세시대의 부정적인 조짐은 13세기부터 서서히 퍼지다가 14~15세기에 동지중해의 제해권을 전면적으로 포기 당하게 되면서 십자군은 붕괴하였다. 봉건제도의 핵심이었던 토지는 왕권 중심의 중앙집권적 통일국가를 형성시켰으나, 교황의 권한과 권위의 재확립이 실패로 끝나면서 성공하지 못하였다. 그러나 십자군 전쟁을 수행하는 과정에서 유입된 우수한 사라센 문화는 상공업을 발전시키는 계기로 작용하였다. 고대 전쟁과 중세시대 전쟁의 극명한 차이점은 아래의 <그림 3-5-1>의 그림을 통해 알 수 있다.

22) 공작(公爵, Duke)은 총사령관이나 고위 사령관직, 왕자나 각 국가의 왕과 맞먹는 정도의 지위를 가진 제후에게 내린 작위이고, 후작(侯爵, Marquess)은 변경지역의 제후에게, 백작(伯爵, Count)은 대영주로 인정되는 제후에게, 자작(子爵, Viscount)은 대영주의 대리자에게, 남작(男爵, Baron)은 소규모 영토를 가진 영주에게, 기사(騎士, Knight)는 종신 귀족에게 주어진 작위이다.

23) 시오노 나나미, 『십자군 이야기 I·II·III』 (서울: 문학동네, 2011).

24) 십자군 전쟁은 셀주크튀르크 제국(Seljuk Türk, 1040~1157)으로부터 예루살렘을 되찾기 위한 전쟁이었지만, 신분과 입장에 따라 목적이 달랐다. 서방교회의 우르바누스 교황은 그의 권위와 권한을 되찾고 나아가 동·서방교회를 통합하는 등을 통하여 로마교회의 세력을 확장하려는 욕심을 가졌다. 군주나 영주는 더 넓은 영토에 대하여, 기사들은 부와 명예를, 상인들은 지중해 무역으로 경제적 이익의 증대를, 농민들은 성전(聖戰)을 빌미로 힘든 농사일에서 벗어나고 부(富)까지 획득할 기회로 여겼다는 측면에서 일반적으로 전해오는 종교적인 미담은 아니라는 점을 직시하였으면 한다.

〈그림 3-5-1〉 고대 시대와 중세시대 전쟁의 차이점

고대 시대의 전쟁은 종족의 생존을 위한 본능적인 투쟁이었는데 비해 중세시대는 군주의 자금력 부족과 사적인 이득을 취하기 위해 전쟁을 벌였으나, 당시의 환경적 측면을 고려할 때 충분하게 준비하기는 어려웠다. 이로 인하여 절대자(군주)의 충동적인 생각과 의도에 의해 갑작스러운 출동이 빈번해졌고, 부족한 자금력을 메꾸기 위해 대다수 점령지역에서는 대규모의 약탈이 일어났다. 바로 봉건제도의 직접적인 한계였다.

2. 무기체계의 특성과 발달 과정

역사적으로 BC 8세기 초기의 로마(Rome)는 작은 도시 정도의 규모에 불과하였다. 로마는 BC 6세기 후반에 군주제를 폐지한 이후부터 매년 선출되는 집정관(consul)과 귀족(patricii, 특권계급의 복수형)으로 구성되는 원로원이 주도하여 국가를 운영하는 공화정으로 특징지을 수 있다. 이후 BC 4세기경 라틴계 로마 시민들을 굴복시켜 군대로 복속시키면서 강력한 군사력을 구축하였다. 로마의 장군 대다수가 귀족 출신이다. 로마가 쇠퇴하게 되자 귀족 출신들의 틈을 직업군인들이 메꾸었다. 이들은 군에서 오래 복무해온 만큼 강력하고도 노련한 전투력을 제공하게 된다.

로마군은 군대와 무기체계에 상당한 노력을 기울였고, 후대에 많은 영향을 끼쳤다. 글라디우스(gladius)와 스쿠툼(scutum), 발리스타(ballista)와 오나거(Onager) 등의 투석기, 장거리까지 발사가 가능한 캐터펄트(catapult)와 스콜피온(Scorpion) 등의 무기를 개발하여 전쟁에서 상당한 성과를 달성하였다. 또한, 백인대, 대대, 군단 등의 지휘체계로 갖추고, 엄격한 상벌체계를 병행함으로써 정예군이 육성될 수 있도록 하였다. 로마군은 30여만 명으로 강한 훈련(training)과 기율(紀律, discipline)로 정예군대로 명성을 날렸으나, 동쪽에서 침범한 훈족(Hun)과 스칸디나비아 남부에

살던 고트족(Goth)의 공세와 동·서로마의 분열, 페르시아와의 전쟁으로 인해 점차 쇠퇴하였으나, 당시 무장은 잘되어 있었다. 아래의 <그림 3-5-2>는 로마군의 무장 수준과 투창 종류이다.

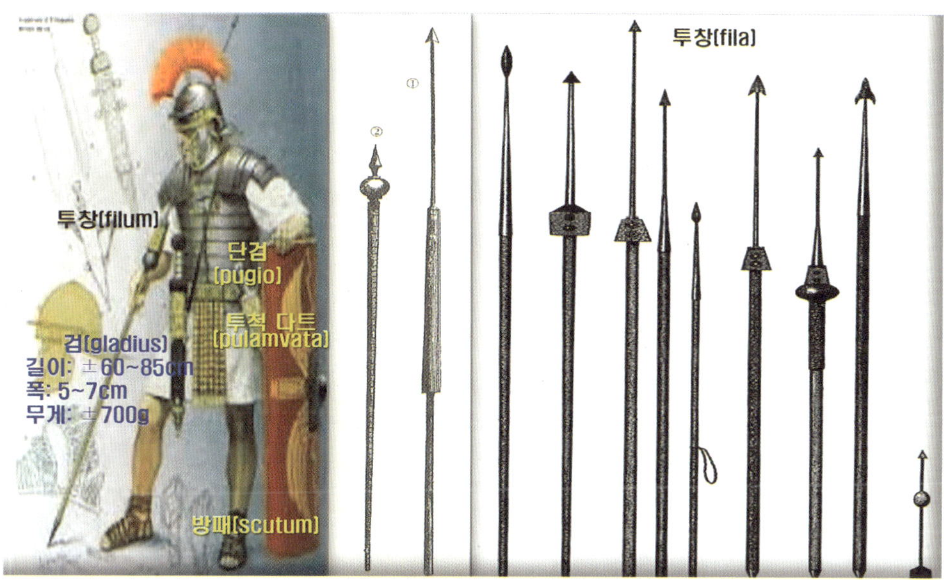

〈그림 3-5-2〉 로마군의 무장과 투창 종류

로마군은 오른손에 길이가 약 2m 정도인 투창(fila) 2개를 휴대하였으며, 왼손에 방패와 단검(pugio)을, 오른쪽 허리에 글라디우스를 휴대하였다. 원래 로마의 글라디우스는 한쪽에만 날이 서 있는 한쪽 날 검이었지만, 히스파니아(에스파냐, 지금의 스페인)를 정복하고 얻은 후 히스파니아의 검을 본떠서 양날 검으로 변화시키며 히스파니아 검으로도 불린다. 주 용도는 얼굴이나 배를 찌르는 용도였으나, 점차 베는 용도로 사용하였다. 초기에는 폭이 약 3cm로 얇았지만, 이후 5~6cm로 넓어졌다. 아래의 <그림 3-5-3>은 로마의 군단병과 훈족 기병, 서고트족 전사이다.

〈그림 3-5-3〉 로마의 군단병과 훈족 기병, 서고트족 전사

로마군이 휴대한 방패(scutum)는 아마포와 가죽을 겹대어 제작함으로써 질기고 가벼워 휴대가 간편하였다. 현대에도 소방용 호스나 어망, 항공기 내의 직물로 사용되고 있다. 전장에서는 모든 전투의 시간과 장소, 상황이 복잡하고 다양하게 전개되기 마련이다. 특히 어떠한 상황에 부닥쳤을 때, 상대의 전력과 전술을 어떻게 파악하느냐에 따라 승패가 갈리게 된다. 로마군은 레기온(legion, 군단) 편제가 이미 조직되어 있었고, 당시에는 이에 필적할 군대가 없을 만큼 무장과 전술을 조직적으로 갖춘 군대였다. 실제로 로마 제국이 지중해를 제패하는데 일등 공신이 바로 로마 후기에 활약한 레기온이다. 레기온을 사용하여 성공한 전술이 바로 고대의 팔랑스와 쌍벽을 이루는 테스투도(testudo, 라틴어로 거북이를 의미)이다.

테스투도(testudo) 멧돼지 전사(Svinfylking)

중장보병이 투창으로 적의 대열을 흐트러뜨린 다음 테스투도로 밀어붙이고 마지막에 글라디우스로 찌르는 전술이었다. 맨 앞줄에 있는 병사가 한쪽 무릎을 꿇고 앉아 방패를 정면 앞으로 세우면, 두 번째 열의 병사가 자신의 방패를 앞사람의 머리 위로 씌운다. 이러한 방법으로 전체 대형이 완성되면, 맨 앞줄의 병사가 일어나면서 전진을 하기 시작한다. 때에 따라서는 측면과 후면에도 방패를 직각으로 세웠으며, 맨 전면의 열에서는 창이 방패 사이와 정면으로 나오게 하였다. 이러한 전술은 적의 투석이나 화살 공격이 집중될 때, 혹은 공성전을 수행할 때 사용하였으며, 투사(投射) 무기들에도 상당히 강력한 방어력을 보인다. 다만, 강한 훈련이 필요하였고, 대형의 특성상 기동력이 많이 저하되기 때문에 적에게 포위당하기 쉬운 단점도 존재하였던 것이 사실이다. 동아시아 북방에 거주하던 훈족이나 고트족을 포함한 게르만족(금발에 파란 눈)들도 유사한 방패 벽 전술을 사용하였으며, 이들의 전술은 테스투도와 구분하여 '멧돼지 전사(Svinfylking)'로 불렸다.

중세 초기의 서로마 지역에서는 기병보다 보병 전투 위주로 진행되었다. 그러나 이슬람 세력들의 기병에 의한 침공으로 인하여 보병만으로는 신속한 대응이 곤란해지면서 중장기병이 필요하였다. 하지만 중장기병의 양성 비용과 경비 문제의 해결이 어려워지자 프랑크 제국의 샤를마뉴 대제는 봉건제도를 이용하여 기병 복무자들에게 토지를 떼어 주었다. 이것이 봉건 기사 계급을 생겨나게 한 시초였다. 군주가 토지를 분봉해주는 대신 충성을 약속받았으며, 영주들은 자신의 토지와 세력들을 보호하기 위해 호위무사를 두게 되었다. 이 호위무사들의 임무가 영주를 보호 및 대표하여 전투나 결투를 진행하는 것으로 이들은 점차 기사(knight)로 불렸다.

프랑크족은 481년 왕국을 수립하면서 세력 기반의 근거지인 라인강 하류 지역은 벗어나지 않았다. 이 지역을 기반으로 세력을 유지하면서 근접한 지역의 부족들을 복속시키면서도 자신들의 정체성(identity)은 고수하였다. 또한, 게르만족 계통의 중・소 부족을 통합하면서도 복속된 부족들이 다른 부족들을 통치하는 데 지원을 아끼지 않는 등의 포용과 배려에도 노력하였다.

중장보병 중심으로 편성된 서로마제국의 군단은 서고트족 기병에게 패배하게 되면서 점차 전장에서 퇴출당하기 시작하였다. 반면에 동로마 제국은 서고트족의 군사제도를 접목해 중장기병을 주축으로 군난을 발전시켰다.

서로마제국이 멸망한 지 324년이 지난 800년에 교황 레오 3세가 프랑크 왕국(Francia)의 카롤루스(Carolus Magnus, 프랑스어로는 샤를마뉴, Charlemagne) 대제에게 정식으로 서로마 황제의 지위를 받게 함으로써 이를 계기로 프랑크 왕국이 신성로마제국으로 계승되었으며, 동로마(비잔틴) 제국의 강력한 반발을 불러오게 되었다.[25) 당시 프랑크 왕국의 골족은 주로 프랑키스카(francisca, 투척용 도끼)를 활용한 백병전을 수행하였으며, 샤를마뉴 대제는 768년부터 814년까지 프랑크 왕국의 전성기를 이끌었다. 실제 샤를마뉴 대제는 옛 서로마제국의 광활한 영토를 회복하였을 뿐만 아니라 피폐하여진 서유럽의 문화와 예술까지도 재건하는 등을 통해 현대 유럽문화의 근간을 마련했다는 평가를 받고 있음을 알아야 한다. 그는 군사적 측면에서 중장기병과 창병, 그리고 궁병(弓兵)의 조합을 통해 유럽 최고의 전투력을 발휘하도록 군대를 육성하였다. 이들의 주(主) 무장은 미늘 갑옷과 투구, 창과 방패였으며, 기사 신분을

프랑키스카(francisca)

25) 프랑크 왕국의 최초 왕가(王家)는 448~457년까지 지배한 메로베우스(Meroveus) 1세이다. 프랑크 왕국은 동・중・서프랑크로 나눌 수 있는데, 동프랑크는 지금의 독일이고, 중 프랑크는 이탈리아, 서프랑크는 프랑스를 일컫는다.

탄생시켜 전투력의 핵심으로 자리매김하게 했다. 아래의 <그림 3-5-4>는 중세시대의 전투방식과 특징적인 휴대 장비이다.

〈그림 3-5-4〉 중세시대의 전투방식과 휴대 장비

고대 시대는 섬멸전의 개념으로 진행되다가 중세시대에 들어서면서 점차 성을 비롯한 제한된 지역에서 중장기병 중심의 전투로 진행되었다. 이는 군주와 영주들의 재산을 보호하기 위한 목적이 대부분이었다. 비잔틴 제국과 프랑크 왕국의 중장기병이 가장 용맹하였으며, 정예부대로 명성을 떨쳤다. 이들은 주로 공격을 담당하였으나, 지원을 위해 일부는 예비대로 보유하였으며, 장교 1명과 병사 4~5명마다 하급병사를 편성하였다. 무기로는 활과 창, 장검, 베르튬(vericulum 또는 veruta, 단창)을 휴대하였다. 비잔틴 제국에서는 카타프락토스(Cataphractos, 또는 카타플락타이)로 불리는 중장기병을 중심으로 편성하였으며, 이들을 공격과 지원부대로 구분하여 복합적으로 활용하여 성공하였다. 당시의 군단(Meros)은 6,000~9,000명으로 편성하였고, 이를 지휘하는 백부장 이상의 지휘관은 모두 국가에서 임명하였다. 특히 갑옷과 마갑(馬甲)이 갖춰진 상태에서 넓은 안장과 등자의 사용은 이들의 전투력을 최대로 향상하는 효과를 가져왔다. 아래의 <그림 3-5-5>는 서고트 군제에 따라 양성된 중장기병의 등자(鐙子)와 이민족들의 중장기병용 칼(펄스)이다.

〈그림 3-5-5〉 비잔틴 제국 중장기병의 등자와 이민족 전사들의 칼

중장기병은 창기병으로 보이지만, 실제로는 궁병에 중점을 두었다. 어떠한 무기도 자유자재로 사용할 수 있도록 숙달시켰으며, 창기병의 형태는 고트족의 전술을, 궁병은 훈족의 전술을 모방하여 접목한 결과다.

장궁(long-bow)은 주로 영국에서 사용되었고, 길이는 1.5~1.8m였는데, 화살의 길이가 0.75~1m로 초기는 최대 사거리가 180여m 정도에 불과하였으나, 점차 450m까지 늘어났으며, 관통력도 뛰어났다. 주로 습지(濕地)에 강한 주목(朱木) 나무와 박달나무로 제작하여 무게는 0.5~0.7kg에 불과하였다. 이는 몽골군의 우수한 궁수들 능력과도 유사하였다. 반면에 석궁(cross-bow)은 사거리는 최대 140m로 장궁과는 차이가 났으나, 관통력은 갑옷을 뚫을 수 있을 만큼 강하였다. 전투가 시작되면, 장궁수들은 허공에 대고 수많은 화살을 쏘아댔다. 달려오는 적(특히 기사)들을 향하여 공중에서 화살이 많이 떨어지게 하기 위함이었다. 그런 다음 가까이 다가오면, 그때부터는 개별 목표를 향하여 활을 정조준하고 기사들에게 큰 피해가 가도록 활을 쏘았다.

창(베르툼)은 세 차례에 걸쳐 진화되었다. 제1차는 BC 5~4세기에 전래하였으며, 도입 당시에는 필룸(filum 또는 fila)으로 불렸으며, 초기 필룸의 길이는 약 2m였다. 제2차 개량은 BC 3~2세기에 볼스크인과 삼니트인을 정복하는 과정에서 도입되었으며, 당시 창의 길이는 1.1m로 창끝의 길이만 ±13cm였다. 무게는 ±1kg으로 추정하고 있다. 제3차는 베르툼(vertum)으로 용어가 어느 정도 정립되었으며, AD 4~5세기에 로마 군단병들이 동유럽의 전장(戰場)에서 개조하여 사용한 투척용 단창(短槍)으로 길이는 30~40cm, 무게는 0.1~0.2kg으로 군단병 개인이 5자루 정도를 휴대하였다.[26] 이러한 창의 종류는 점차 후기로 가면서 미늘창(halbert)으로 진화되었다. 15세기 말 스위스

26) 베르툼은 현대의 다트(dart, 짧은 화살)로 진화되었으며, 짧고 통통하게 생긴 화살을 손으로 던져 원판으로 된 과

에서 유래되어 성공적인 무기로 평가받는 미늘창은 길이가 2.3~3.5m이고, 무게는 2.5~3.5kg, 창날은 0.3~0.5m로 찌르기(창)와 찍기(도끼), 베기와 걸기(갈고리와 낫)가 가능하도록 제작된 창병 무기였다.27)

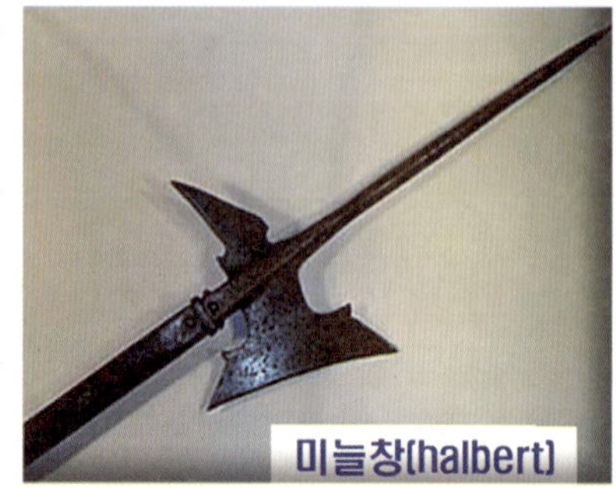

비잔틴 제국은 전투방식과 무기체계를 혁신적으로 서고트족의 군사제도와 접목함으로써 공세와 방어에 치중했던 단조로운 방식에서 벗어나 공세적 타격 개념으로 전환하면서 획기적인 군사력의 발전을 가져왔다. 아래의 <그림 3-5-6>은 비잔틴 제국의 군단병과 다른 민족의 무기 체계다.

〈그림 3-5-6〉 비잔틴 제국의 군단병과 타민족의 무기체계

스쿠타투스(scutatus)는 중장보병으로 로마 시민으로 편성하였고, 유연성을 강화하면서 더 강력한 전투력을 발휘할 수 있었다. 휴대 무기는 10×2cm의 크기인 금속 박판으로 제작한 갑옷과 타원형 방패, 긴창(길이: 3.6~4.3m, 창날: 약 46cm), 날이 좁고 폭이 좁은 글라디우스 등이다. 이들은 가죽 부츠에 바지를 입고 무릎까지 내려오는 긴 상의를 입었다. 비잔틴 제국의 병사들과 로마 군단병들의 차이점은 검은 바지와 부츠였고, 이는 동로마가 비잔틴 제국으로 바뀌는 6~8세기 초에 발생하였다. 이들은 로마의 군단(legion)이나 고대 그리스의 팔랑스보다 더 강력한 전투력을 발휘하였다.

녁을 맞히는 게임이다. 카르타고의 한니발 장군이 포에니 전쟁(Poeni War, BC 264~146)에서 코끼리 부대를 물리친 무기로도 자주 인용되고 있다.

27) 창날의 두께가 0.3~0.5m인 것은 사람의 몸통 두께를 고려한 것으로 현재 군에서도 야전(野戰)에서 훈련 및 숙영 간 진지를 구축할 때 0.3m 이상 밑으로 파라는 것과 같은 원리라고 이해하면 된다.

카타프락터(cataphract)는 중장기병 부대였다. 보병과 기병이 1:1의 개념이었기 때문에 상당히 높은 비율의 중장기병을 보유하였다고 볼 수 있다. 그리고 보이지는 않지만, 체인 갑옷이나 비늘 갑옷이나 비늘 갑옷을 착용하고 난 외부에다 겉옷을 착용하고, 두 자루 이상의 긴 창과 복합궁으로 무장하였다. 전투에서 가장 중요한 말(馬)은 아랍산 종마를 직접 개량하여 분배하다 보니 제병협동전술, 즉, 기병과 보병의 절묘한 합격 전술이 상당히 뛰어나게 되는 결과를 가져왔다. 프실로스(psilos)는 경장보병으로 궁병 임무를 수행하면서 변경지대에서 징집되어 요새나 험지의 방어 임무를 수행하였다. 이들의 주력 무기는 주로 합성궁과 투창(베르툼), 칼을 휴대하였다. 이들은 스쿠타투스(scutatus, 보병대)의 강력한 방어막의 후면이나 측면에서 적에게 화살을 쏘는 역할을 담당했다. 비잔틴의 바실리우스(Basíleios, 958~1025) 2세는 자국인 친위대들이 연달아 패전함으로써 친위대에 대한 불신이 많았으나, 키예프 공국의 블라디미르 대공에게 요청하여 투입한 바랑기아 근위대 6,000여 명이 반란을 잠재우면서 그들을 신뢰하게 되었다.[28] 결국, 비잔틴 제국은 바랑기아인(Varangians)으로 구성된 노르웨이, 덴마크, 스칸디나비아 지방의 바이킹 출신과 앵글로색슨족, 러시아인 등 북구 인들로 황제의 친위대를 편성하였다. 이들은 바이킹 출신답게 용맹스럽고 충성심이 강하여 높은 보수(報酬)를 주고 활용하는 등을 통해 비잔틴 제국은 500여 년 만에 가장 넓은 영토를 차지하면서 전성기를 누리게 되었다. 아래의 <그림 3-5-7>은 비잔틴 제국의 무기체계와 전투 방식이다.

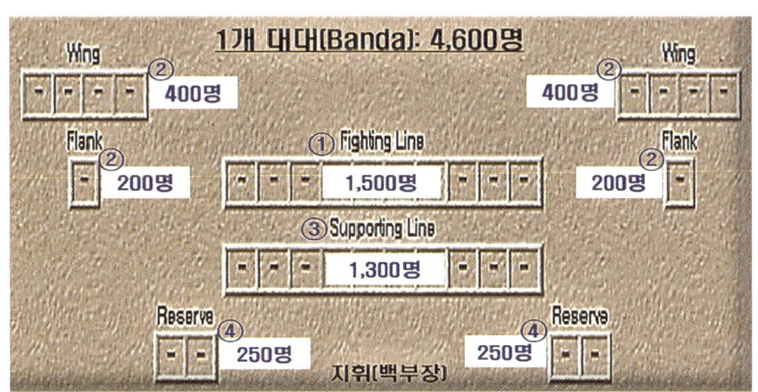

〈그림 3-5-7〉 비잔틴 제국의 무기체계와 전투방식

28) 바랑기아인은 주로 9~10세기에 걸쳐 동쪽과 남쪽 방면으로 이주하여 현재의 벨라루스, 우크라이나 일대에 정착하게 된 북 게르만족의 일부이다. 주로 통상(무역)이나, 노략질, 용병 등으로 활약하였으며, 근거지가 카스피해로부터 콘스탄티노플에 이르는 지역이 주(主) 무대였다.

① 중앙정면의 중장 보병대(Legion)는 스쿠타투스 16×16명인 264명으로 대형을 갖추었고, ② 양 날개 대형에는 기병대(카타프락터)를 800명으로, ③ 중앙 후면은 중장보병대(Legion)는 스쿠타투스 16×16명인 264명으로, ④ 예비대는 400명의 궁병(프실로스)으로 이들은 간격을 유지하고 있으며, 척후와 후방을 경계 및 측면공격까지 시도하게 된다. 후방경호대는 500명의 창병(바랑기안)으로, 백부장은 친위대 100명을 이끌고 다니면서 전투를 지휘하였다. 1개 대대(Banda)는 4,600명이었으며, 20개 대대 규모로 전투단이 구성되었다. 그러나 이들의 진정한 전투력은 중장기병이었다. 고대 시대의 전투는 포위섬멸전 위주로 수행됐지만, 중세시대의 전투는 성 외곽 전투 및 공성전(攻城戰) 형태로 진행되었고, 제한지역에서는 중장기병 위주의 전투로 수행되었다. 아래의 <그림 3-5-8>은 성 외곽 전투와 공성전의 형태다.

〈그림 3-5-8〉 성 외곽 전투와 공성전의 형태

군주로부터 토지를 분봉 받은 영주들은 자신의 재산인 토지와 백성들을 외부의 갑작스러운 침략으로부터 보호 및 통제하기 위하여 자신만의 성을 구축한 다음 성곽(城郭)을 중심으로 전투를 수행하였다. 성 외곽 전투를 수행하는 방식은 중장기병이 정면으로 돌격을 감행하면, 경장보병(궁수)과 중장보병은 측면으로 공격해나가는 형태였다. 아래의 <그림 3-5-9>는 중세시대의 각 국가 대표 전사들이 착용하던 갑옷이다.

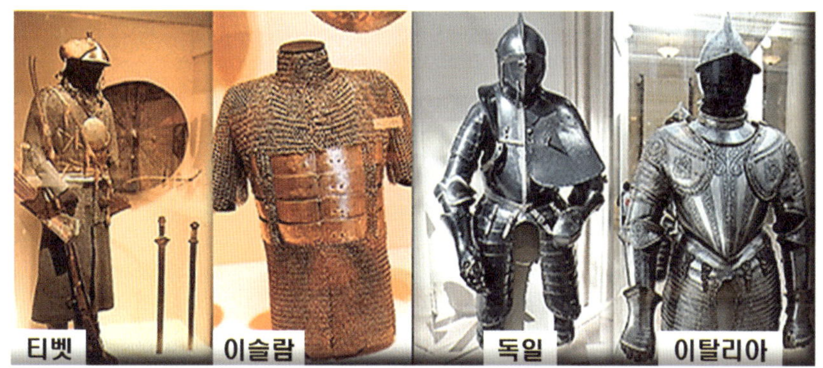

〈그림 3-5-9〉 중세시대 각 국가의 대표적인 전사의 갑옷

공성전은 성을 포위한 상태에서 중장보병에 의한 소진(消盡)전략이나 공성 무기를 사용하여 성을 공격하는 방법이다.[29] 중세시대 전사(warrior) 개인의 평균 전투 하중(무게)은 약 70kg이었다. 이 중에 사슬갑옷(Chain Mail)의 무게가 ±30kg에 달하다 보니 혼자서는 입기가 곤란했기에 다른 사람의 도움을 받아야만 했다. 이러한 무게를 현대국가에서 군 복무 중인 병사들이 훈련할 때 메고 다니는 완전군장의 무게와 비교하자면, 전투 기능에 따라 다소 다르겠지만, 중세시대보다는 훨씬 가볍다.[30] 아래의 <그림 3-5-10>은 당시 유럽국가에서 유행하였던 대표적인 해자의 형태다.

〈그림 3-5-10〉 유럽국가의 대표적인 해자(垓字) 형태

29) 공성전은 2017년 개봉된 영화『안시성』과 2005년 상영된『킹덤 오브 헤븐(Kingdom of Heaven)』을 보면, 공성 전투를 이해하는 데 많은 도움이 될 듯싶다.

30) 각개병사의 경우 군장의 무게가 보병은 ±25kg, 특전요원은 ±40kg, 통신병은 무전기나 통신장비를 포함하여 ±50kg 정도로 판단할 수 있다. 2011년 8월 30일에 발표한 김관진 당시 국방부 장관의『전투장구류 종합개선대책』은 2025년까지 전군(全軍)에 신형 기동 군장과 장구류를 지급하는 계획이다. 현재 40kg 이상인 전투 하중이 신속한 기동과 전투의 순발력 발휘에 제한되는 문제점을 해소하기 위함으로 개선작업을 통하여 완전군장의 무게를 10kg을 줄인다는 계획이 포함되어 있다.

해자(垓子)는 외부에서 쳐들어오는 적의 침입을 방어하기 위해 성(城)의 주위에 둥그런 구덩이를 깊게 파서 경계로 삼고 있으며, 고대에서부터 근대에 이르기까지 같다고 보면 된다. 해자를 이용한 방어 효과를 높이기 위하여 물을 채워 넣고 연못으로 만든 경우가 상당히 많았기 때문에 외호(外濠)라고도 불렀다. 해자는 외부의 공격부대뿐만 아니라 방어진영 내에도 설치하는 등을 통해 공격무기임과 동시에 방어무기로 사용하였다.[31] 한국의 경우는 수원의 화성과 공주의 공산성, 경주의 월성 등지에 해자 형태가 설치되어 있다. 아래의 <그림 3-5-11>은 중세시대 공성 장비의 종류다.

〈그림 3-5-11〉 중세시대의 대표적인 공성 장비

쇠뇌(스콜피온과 발리스타 등을 총칭하는 투석기로 450m까지 날아갔으며, 현대의 박격포에 해당)는 노새가 끄는 수레에 장착하였으며, 군단당 55대를 보유하였다. 이러한 변화는 십자군 전쟁을 통해 강력한 전투력을 갖춘 것으로 평가받았던 중장기병의 쇠퇴를 불러왔다. 아래의 <그림 3-5-12>는 십자군 전쟁 간 참전한 기사들이 착용 및 휴대하던 장비이고, <그림 3-5-13>은 당시 활동하던 대표적인 기사단의 종류다.

31) 성 외곽 전투와 공성전에 관해서는 2005년도에 상영된 영화 『킹덤 오브 헤븐(Kingdom of Heaven)』을 보면, 전투 장면의 이해에 많은 도움이 될 듯싶다.

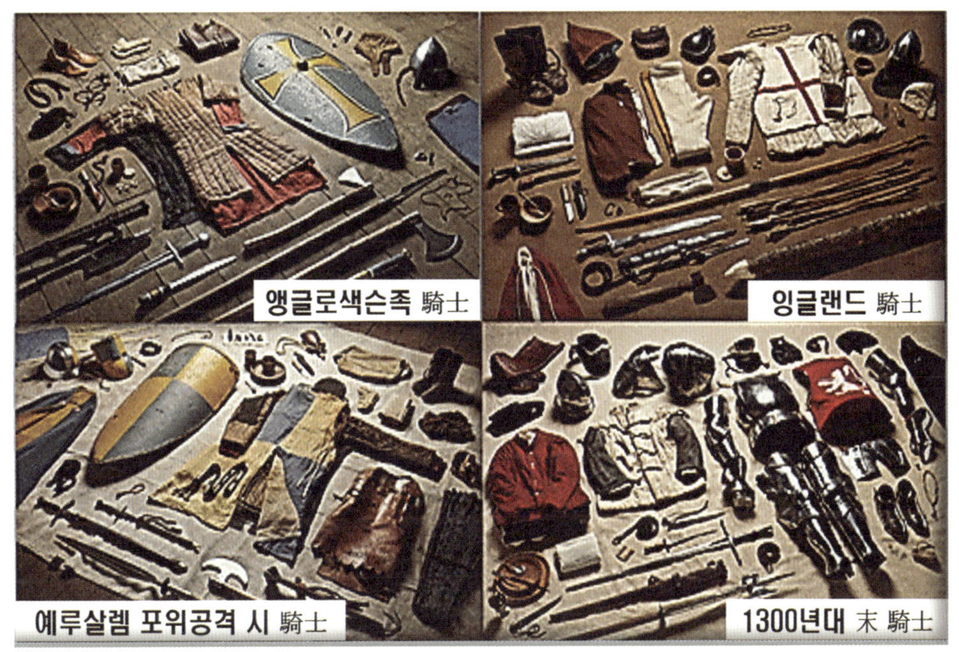

〈그림 3-5-12〉 십자군 전쟁에 참전한 기사의 착용 및 휴대 장비

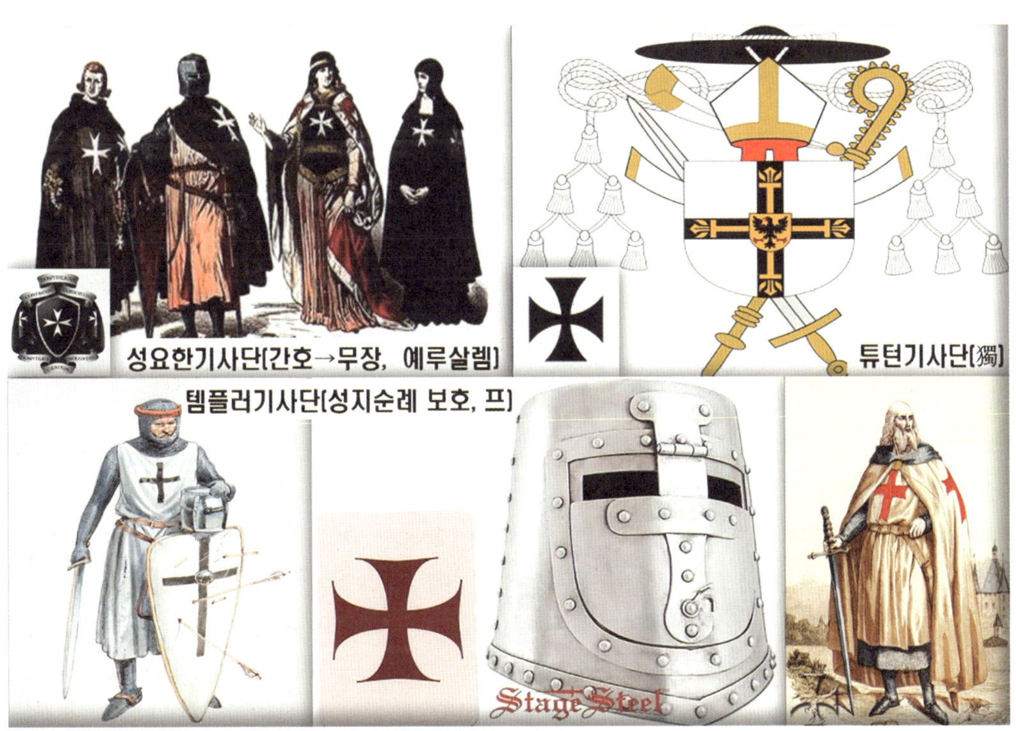

〈그림 3-5-13〉 십자군 전쟁을 대표하는 기사단의 종류

기사단(騎士團, Military Orders)은 12세기 초 제1차 십자군 전쟁이 시작된 이후 팔레스타인에 건설되었던 십자군 국가에서 예루살렘 성지를 순례하는 기독교도 인들의 안전을 도모하기 위하여 출범한 조직이다. 기사단은 종교적 · 군사적 요소가 결합한 특수한 집단으로 기사와 하급전사, 성직자가 서로 도우며 함께 살아가는 형태를 유지하였고, 종교를 수호하는 집단으로서 임무를 수행하였다.

십자군 전쟁 기간 활동한 대표적인 기사단으로는 먼저, 성 요한 기사단이 있다. 처음에 예루살렘 내의 아말피 병원에서 시작된 '기사수도회'로 병원을 세운 다음 구호를 실천하다가 무장세력으로 변화되었다. 예루살렘이 이슬람에 점령되자 몰타(Molta)로 옮겨가면서 몰타 기사단으로도 불렸으며, 검은 십자가가 표식이었다. 둘째, 독일의 튜턴 기사단(Teutonic Order)은 로마 가톨릭교회에 소속되어 있었으며, 독일인 기사들로만 구성되어 된 조직으로 정식 명칭이 '예루살렘의 성모마리아 독일 형제회(Orden der Brüder vom Deutschen Haus Sankt Mariens in Jerusalem)'이다. 나찌를 연상케 하는 표식으로 부정적인 인식이 존재하고 있다. 템플러 기사단(Templar order)은 프랑스에서 출범하였으며, 1118년 위그드 파앵이 성지 순례자들을 보호하려는 목적에서 결성하여 '성당 기사단(Knights Templars)'으로 불렸다. 아래의 <그림 3-5-14>는 십자군 중장기병과 중장보병의 모습, <그림 3-5-15>는 당시 이슬람 제국과 십자군이 사용하던 무기체계이다.

〈그림 3-5-14〉 십자군 전쟁에 참전한 중장기병의 모습

〈그림 3-5-15〉 유럽과 이슬람 제국 전사들의 무기체계

다마스커스 검은 인도산 철(鐵)에서 불순물을 개량시킨 특수한 성분과 장시간 단조(鍛造, forging)하여 만든 고탄강 검이다. 강하고 유연하여 십자군에 막대한 피해를 발생시켰다.[32] 유럽의 제후들조차 검의 제작법을 알고자 이슬람 제작업자들을 회유 또는 첩자 파견 등에 노력하였지만, 알아내지 못했다. 아래의 <그림 3-5-16>은 셀주크튀르크 병사의 장비와 도구다.

〈그림 3—5—16〉 십자군 전쟁에 참전한 셀주크튀르크 전사

32) '단조 제강법'은 '금속을 두들기거나 압력을 강제적으로 가하는 기계적 방식'을 의미한다.

셀주크튀르크 전사들은 게릴라 작전을 많이 구사하였기 때문에 경무장을 선호하였으며, 활과 화살을 많이 휴대하고 활동하였다. 전사(戰士, warrior)로는 말갈족과 흉노족 등의 유목민족들이 셀주크튀르크군에 많이 들어와 활동하였다. 비록 성지(예루살렘)를 회복하지 못하였고, 본래의 목적마저 달성하지 못하였지만, 이후의 중세 유럽 사회에 상당 부분 많은 영향을 끼쳤다. 이들의 총체적인 역량의 한계는 외부세계에 적나라하게 드러났으며, 이로 인하여 교황의 권위는 쇠퇴하고 기사계층이 몰락하면서 봉건제도마저 붕괴하여 버리는 결정적인 변곡점(變曲點, inflection point)이 되었다. 이는 왕권을 더욱 신장(伸張)되게 만들면서 중앙집권적인 통일국가를 형성하는 토대를 마련하였다. 이러한 과정은 근대 유럽을 탄생시키는 촉매제 역할을 톡톡히 하였다. 이 시대까지는 2차원의 전쟁으로서 지상과 해상을 중심으로 이루어졌으나, 해상에서의 전투는 지상 전투의 보조적인 수단으로 인식되었다.

강의 Ⅶ 몽골의 칭기즈칸 시대에 진행되었던 전쟁과 무기체계의 상관성을 이해합시다.

강의 전 요구되는 사항

1. 당시 대내 · 외적 환경과 전쟁이 발발한 배경과 목적은?
2. 몽골 칭기즈칸의 대표적인 군사전략(전술)과 사용한 무기의 특성은?
3. 몽골 제국의 대표적인 전쟁과 무기체계, 주력 무기는?
   * 호라즘제국 정벌((Khorazm, 1219~1220)
   * 몽골군의 공성 무기와 고대 그리스-로마 시대 공성 무기의 차이점
4. 몽골군의 기동 전술과 편성 방식, 대표적인 무기체계는?
   * 토우만(Touman, 만호)과 병종(兵種)
   * 케식텐과 망구다이, 타문자르가의 특징과 차이점
5. 몽골군의 3대 정예부대와 로마군 전술의 차이점은?

몽골전쟁과 무기체계

1. 대내·외적 환경과 전쟁의 발발 배경

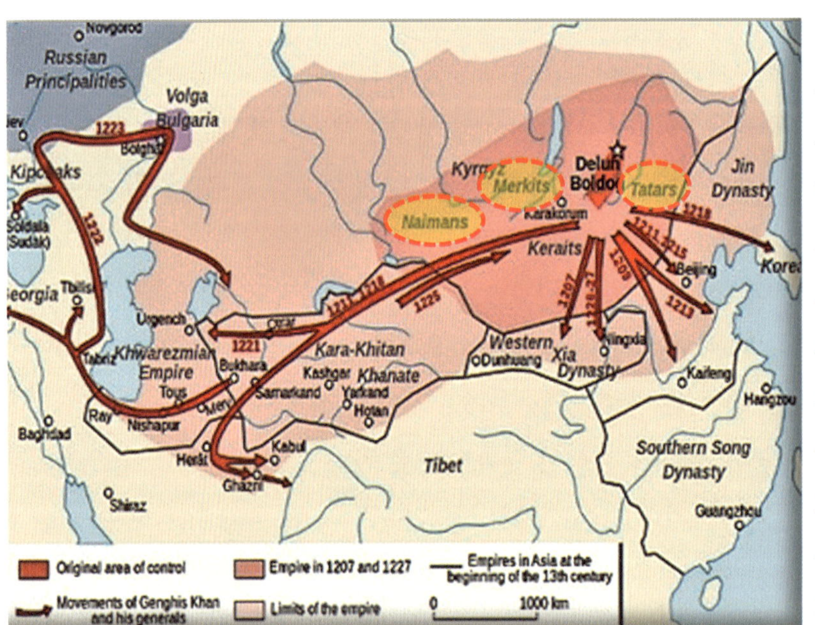

지금까지 세계전쟁사(世界戰爭史)는 모두 서방에서 동방을 공격한 전쟁사로 인식됐다. 그러나 동방에서 서방으로 침공하였던 최초의 시도가 바로 몽골의 칭기즈칸이었다. 몽골 제국은 13세기 초 칭기즈칸의 몽골 부족에 의해 세워진 제국으로 1189년 테무친이 여러 씨족과 부족을 통일하고, 1206년에 칭기즈칸에 즉위하면서 시작되었다. 당시의 몽골족은 이합집산(離合集散)이 정상적일 정도의 쇠락한 부족으로 주변 지역에 아무런 영향력을 끼칠 수 없는 상태였다. 그러나 테무친이 메르키트족과 타타르족을 정복하고 씨족과 부족의 통합을 이룬 다음 1204년에 서부의 나이만 부족을 마지막으로 정복하면서 초원을 통일하고 칭기즈칸에 등극하였다. 이후 주변의 금나라에서 복종을 요구하자 곧바로 정복한 다음 이어서 서하지역과 호라즘제국(花剌子模, 아프가니스탄)을 정복하던 와중에 1227년 병사하였다. 그러나 후손들이 그 기세로 유럽으로 원정을 계속하여 러시아와 헝가리를 정복하는 등 세력을 확장하였다.

칭기즈칸은 이전의 씨족제도를 중심으로 하는 행정조직을 해체하면서 군사 조직과 연계하는 등을 통하여 95개의 천호(千戶)제도로 정착시켰고, 백호(百戶) 제도로까지 발전시켰다. 직급은 백호장, 천호장, 만호장으로까지 구체화하여 시행하였다. 이들은 몽골의 사냥식 기동 전술을 전투에 접목하였고, 초원의 전쟁술은 20년 만에 유라시아를 정복하는 성과를 이루어 냈다. 당시 몽골이 정복한 지역은 남쪽의 인더스강으로부터 서남쪽으로는 티그리스강 하류까지 이어졌고, 동유럽과 러시아의 동부 및 남부를 포함하는 대제국으로 총면적만 3,320만 ㎢였다. 이는 세계 정복사에서 두 번째를 차지하는 광대한 면적이었다. 또한, 군사 목적으로 운용하던 교역로를 개척하고 역참제도를 운용하였던 사실 등은 빨리 정보를 전달하는 국가통신 및 정보, 연락체계로 볼 수 있으며, 오늘날은 이러한 체계를 디지털 정보통신체계로 부르고 있다.

몽골족의 호라즘 정복

2. 무기체계의 특성과 발달 과정

몽골군 구성의 근간은 천호제와 케식텐(Kehshigten, 단수는 Kehshig)이다. 테무친은 즉위하기 전까지 그간 정복당했던 수많은 씨족과 부족들의 정복자에 대한 암살 시도, 복수와 내부 반란을 반복적으로 보고 겪어왔다. 칭기즈칸이 1203년 다른 부족으로부터 암살을 예방하기 위하여 고안한 제도가 바로 케식텐이었다. 케식텐은 최초에 시작할 때는 내부의 암살 시도와 주변 부족들의 복수를 예방하기 위한 위협수단으로서의 인질 개념에서 출발하였다. 처음에는 중요한 부족장들의 자제 100여 명을 자신의 측근으로 데리고 있으면서, 부족장들이 다른 마음을 품지 않도록 경고하는 차원이다 보니, 단순하게 말의 관리나 사람 감시, 무기 및 보급품 관리 등 제한된 임무를 맡겼다. 그러나 점차 칭기즈칸이 차별하지 않고 인재로 발탁하여 지휘관으로서 선발하는 등 능력과 역량에 따라 적절한 대우를 해주는 것을 알게 된 부족장과 장수들의 결속과 충성도가 오히려 강화되면서 중앙집권화가 더욱 굳건해지는 놀라운 성과를 가져왔다. 이로 인해 부족장들 스스로가 요청하여 케식텐에 근무하는 병력은 10,000여 명까지 늘어나게 되었다.

칭기즈칸은 이들을 행정업무와 전쟁에 참전시키는 과정에서 오직 개인의 군사적 능력과 성실도에 따라서 아무런 사심 없이 각 제대장으로 임명시키는 놀라운 포용력과 배려의 지도력을 지속하여 실천하였다. 이러한 환경은 케식텐 구성원들이 자연스럽게 전사가 지녀야 할 충성심과 능력만 있다면, 신분에 구애받지 않고 출세할 수 있다는 강력한 현실적인 목표를 갖게 했다. 이로 인하여 칭기즈칸의 직할 친위부대이자 호위부대인 케식텐을 선호하게 되면서 전성기에는

10,000여 명으로까지 확대 편성되었다. 이들은 몽골의 전성기를 구가할 수 있게끔 만든 정예부대 지휘관(전사)으로 평가받았다. 이들은 궁수(Qorci, 코르치)와 주・야간 호위병(투르카우트, 케브테울), 칸의 검과 활을 관리하는 자(Üldüci, 울두치), 케시크가 닮고자 노력한 전사(Báadur) 등 다양한 직책으로 구성되어 활동하였다.

아울러 이전까지 몽골이 전통적으로 이행하고 있던 부족제도의 취약한 이면(裏面)의 현실을 체득한 칭기즈칸은 기존 부족제도의 불합리성을 없애기 위하여 천호제를 도입하고 십진법 체계의 군사 조직으로 편성하였다. 특히 평소의 사냥 생활 간 숙달된 수렵 조직과 체계를 곧바로 군조직으로 전환할 수 있도록 편성하였기 때문에 별도의 훈련이나 숙달이 필요하지 않았다. 아래의 <그림 3-6-1>은 중장기병인 친위(호위)부대로 이루어진 케식텐의 형태다.

〈그림 3-6-1〉 케식텐의 모습

몽골군의 전술단위는 토우만(Touman, 萬戶)으로부터 시작되며, 이는 기동성을 최대한 활용하기 위함이었다. 아래의 <표 3-6-1>은 세부적인 편성 단위와 병력의 규모다.

〈표 3-6-1〉 토우만의 편성 단위 및 병력 규모

구 분	제대 편성 및 병력의 규모	비 고
1개 군단	3개 토우만(1개 토우만: 10,000명)	군단장
1개 토우만	10개 연대(1개 연대: 1,000명)	만호(萬戶)장
1개 연대	10개 대대(1개 대대: 100명)	천호(千戶)장
1개 대대	10개 중대(1개 중대: 10명)	백호(百戶)장
1개 중대	10명	십호(十戶)장

연령대는 15세에서 70세까지로 전투원으로 운용하였으며, 기병은 중기병이 40%, 경기병이 60%로 편성하였다. 이때 중기병이 휴대한 무기는 가죽으로 무장한 상태에서 투구를 쓰고 창과 만곡도(반월도), 철퇴 등을 휴대한 상태에서 신속하게 충격 행동으로 돌입하였다.[33] 경기병은 정찰과 수색을 위해 복장이 가벼워야 하므로 활과 창, 만곡도, 도끼, 올가미 밧줄을 휴대하였다.

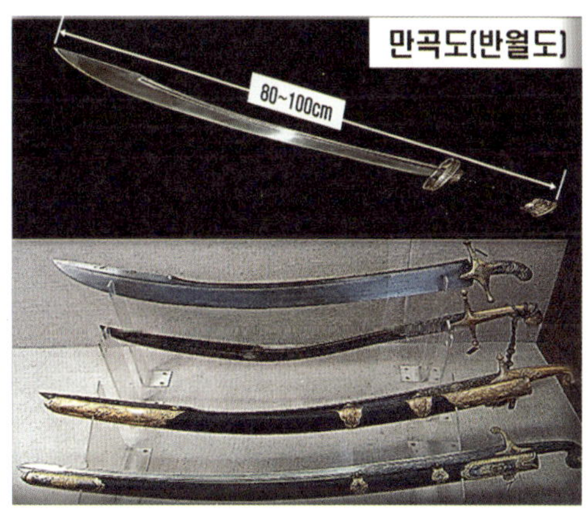

보병은 궁병(弓兵)의 역할을 같이하도록 통합 편성하었다. 몽골군들은 1개 군단을 3개 토우만으로 편성하여 중앙과 좌・우익이 협조하는 형태로 전투를 수행하였다. 아래의 <그림 3-6-2>는 망구다이와 타문자르가의 모습이다.

〈그림 3-6-2〉 몽골군의 망구다이와 타문자르가 모습

이들은 신분과 나이, 능력에 따라 케식텐(친위대)과 망구다이(궁기병으로서 '붉은 전사'로 불림), 타문자르가(궁병으로서 '저승사자'로 불림)로 임무를 수행하였다. 전방의 경기병은 정찰 및 수색을 전담하지만, 일부 경기병은 예비로 있다가 적이 후퇴나 철수 시 소탕 및 추격하는 임무를 수행하였다, 중기병은 정면에서 충격 및 돌파를 수행하다가 적이 후퇴나 철수 시 전과를 확대하기 위해 갑옷을 벗어버리고 경기병 복장으로 전환하면서 신속하게 기동하여 적을 추격하는 등을 통해 적을 소탕 및 전과확대를 달성하였다.[34] 아래의 <그림 3-6-3>은 타문자르가와 중・경기병

33) 만곡도나 반월도는 전체 모양이 약간 휘어져 있으며, 칼의 면이 비교적 얇아서 한 손으로 휘두르거나 베는 등의 용도로 사용이 가능하였다. 마상에서 적을 효과적으로 베기 위하여 제작되었으며, 휘어진 칼날의 각도는 시대에 따라 차이가 있다. 그러나 팔의 힘과 원심력의 영향을 긍정적으로 받을 수 있으므로 직도(直刀)보다 더 큰 타격이 가능하다.

34) 원래 몽골의 기병은 경기병이 주축이었다. 그러나 금나라 원정 이후 호라즘제국과 이슬람 국가들과의 중장기병

의 모습 및 휴대 무기다.

〈그림 3-6-3〉 몽골군의 타문자르가(궁병)과 기병의 모습과 휴대 무기

망구다이(기병)는 적에게 단독으로 공격을 가하도록 특별히 선발한 부대로 적을 혼란을 유도하고 예상하지 못한 지역으로 유도하여 격멸시키게 되어있다.[35] 이들은 어려서부터 말을 타고 활을 쏘던 부족민 중에서 다시 선발한 명사수들로서 1분에 70회 이상의 활을 쏠 수 있어야 한다. 몽골의 활은 복합궁으로서 현대와 같이 래커를 칠하여 방수되어 있으므로 습기에 강했다. 최대 사거리는 350야드(320m)가 가능했고, 궁수들의 격발하는 힘은 100~160파운드(45.3~72.5kg)로 상당한 정도로 강했다. 전투 초기에 망구다이가 격멸지역(Kill-Zone)을 만들어 일정 시간 동안 화살 세례를 집중시킴으로써 숨통이 끊어지지 않았더라도 공포에 질려 죽게 하였다. 이는 기동력이 뒷받침되었기에 가능했다고 보인다. 이들은 1명당 6~18필의 말을 끌고 전투를 수행하였으며, 말이 죽으면 뼈는 화살촉으로, 피는 먹는 물로 사용했으며, 가죽은 갑옷을 수리하는데 사용할 만큼 허투루(carelessly) 버릴 게 없었다. 또한, 이들의 식사 습성은 걸쭉하게 끓여낸 말젖 10파운드(4.536kg)를 휴대하여 주식으로 사용하였고, 보급이 부족하거나 어려울 때는 말젖이나 들짐승을 사냥하는 등을 통하여 1개월여는 거뜬하게 생존할 수 있었다.

들과 전투를 진행하는 과정에서 갑옷의 필요성을 인식하게 된다. 이에 따라 속에 갑옷을 입고 겉으로는 일반 옷을 걸치는 방식의 몽골 기병이 탄생하였다. 몽골의 전쟁과 무기체계를 이해하려면, 2014년 상영된 영화 『몽골 칭기즈칸』을 보면, 이해가 조금 더 쉬울 듯 하다.

35) 망구다이는 강한 체력과 정신력으로 무장한 13세기 몽골군의 최정예 경기병 부대 및 전술을 의미한다. 美 육군의 경우 선임부사관 훈련 프로그램의 하나로 망구다이 훈련을 진행하고 있다. 본래 美 본토에서만 진행되었지만, 2014년부터 韓·美 연합으로 매년 1회씩 시행하여 오다가 2017년 이후 반기 1회에 2일간씩 시행하고 있다.(맹수열, "한미 부사관들의 「망구다이 기동부대」 전술훈련," 『국방일보』 (서울: 국방홍보원, 2017. 5. 23. 참조)

긴박한 상황이 계속될 경우 10일간 정도는 불을 피우거나 고기를 먹지 않은 상태에서 강행군으로 위험지역을 벗어날 수 있었다. 또한, 이때는 말의 피(血)로 식사 대용(代用)으로 활용하는 등 야전에서의 생존방식까지 갖추었음은 몽골의 서방 원정이 성공한 요인 중의 하나로 볼 수 있다. 몽골군은 제2차 세계대전 시 독일의 구데리안 장군에 의한 전격전과 비교될 수 있을 만큼 신속하게 작전을 수행하였다. 특히 부하들에게 신분과 관계없이 막강한 권한과 광범위한 재량권을 부여함으로써 그들이 한없는 충성심과 능력을 발휘할 수 있도록 만드는 준거적(準據的) 힘은 결과적으로 위대한 몽골 제국을 건설하게 만든 원동력이었다.

정복 진쟁의 초기 단계에서 공성 전투는 난순히 기병에 의한 충격 전술만으로 일관하였다. 그러다가 점차 성안의 병력을 유인하는 방책을 시행하고, 정복한 주민들을 강제로 동원하여 공성 장비를 만드는 작업에 투입하는 등의 정밀한 전투를 수행하였다. 위험한 작업은 몽골군들이 직접 하지 않고 주민(포로)들이 죽을 때까지 담당하도록 하였다. 이때 금이나 요, 서하(西夏, 탕구트) 등으로부터 들여온 투석기와 화약 등을 사용하여 무자비한 살상과 파괴행위를 동반함으로써 아예 반항할 엄두조차 내지 못하게 만드는 강압적 전략을 사용하였다. 아래의 <그림 3-6-4>는 공성 전투와 관련 장비이다.

〈그림 3-6-4〉 몽골군의 초기 공성 장비

사석포는 원시적인 공성(攻城) 포로 14세기 초반 중국과 서유럽에서 발명하였으며, 14세기 후반에는 다른 지역으로까지 보급되었다. 포의 재료는 청동 및 철이었고, 돌로 된 포탄이나 불타오르는 포탄을 발사하여 적의 방어를 무너뜨리거나 불태워 버릴 수 있도록 제작하였다. 노포는 투창을 정확하게 발사할 수 있으며, 어떠한 단단한 갑옷도 파괴할 정도로 관통력이 강력하였다. 캐터펄트는 몸체는 나무로, 포탄은 투척용 돌로 구성되어 있으며, 고대 로마의 투석기와 같다. 회회포는 트리뷰셋 투석기와 같은 종류로 쿠빌라이가 동생인 일 칸 국왕 홀라구에게 요청하여 중동으로 보내어진 무기이다. 화차는 나무로 제작하여 로켓 36발을 장착하고 있으나, 정확도는 떨어지는데도 일단 발사하면, 엄청난 탄막을 형성하여 다수를 동시에 공격하기에 유리하였다. 반면에 발사준비 시간이 너무 오래 걸린다는 단점이 존재하였기에 빠른 기병으로 견제할 경우 이를 극복할 수 있었다.

호라즘 제국의 니샤푸르 정복 [인간 피라미드]

몽골군의 화력을 집중시키는 전술은 다른 국가들이 하지 않았던 것은 아니지만, 화살에서부터 공성무기에 이르기까지 동원할 수 있는 모든 사격 무기를 최대한 동원하여 특정한 목표물에 집중시키고 무조건 항복이나 전멸할 때까지 퍼부었던 군대는 그들이 최초로 보인다. 칭기즈 칸이 호라즘제국을 정벌하는 과정에서 1221년 니샤푸르(Nishapur, 현재 이란 동북부에 있는 도시)를 포위했을 때 몽골군은 심리전과 기만전술, 그리고 다량의 공성장비 등을 호라즘제국도 모르게 니샤푸르에 집중하여 투입함으로써 300대의 투석기와 3천 개의 석궁을 보유한 호라즘제국의 수비병들이 공포에 질리게 했다. 이는 몽골군이 활만 잘 쏘는 경기병 군대가 아니라 공성 전투에 대비한 공성 무기도 충분히 사용하였다는 대표적인 사례로 볼 수 있다.[36)]

지금부터는 몽골군 특유의 무기체계와 독특한 스텝 전술을 어떻게 결합했길래 서방 원정이 가능하였는지 그 본질에 접근해 보자. 몽골군은 다양한 전투방식을 구사하는 군대로 유명하다. 이러한 전투방식은 유목민족답게 평소 삶을 위하여 수렵 활동에 적용하고 있던 기마술을 기본으로 하였기에 가능하였다. 몽골군의 전술은 크게 윤번충봉전술(輪番衝鋒戰術), 납와전법((拉瓦戰法), 심리전과 기만전술의 네 가지로 정리할 수 있다. 먼저, 윤번충봉전술(輪番衝鋒戰術)은 선회전술(Caracole Tactics)과 위장 후퇴(망구다이) 전술을 복합적으로 수행하여 승리를 가져오는 전투방식이다. 아래의 <그림 3-6-5>는 선회전술과 위장 후퇴(망구다이) 전술 모형이다.

36) 니샤푸르 전투를 언급한 것은 이 전투를 수행하는 과정에서 칭기즈 칸의 사위인 투쿠차르(일명 탈홀찰아)가 전사하면서 격앙된 칭기즈 칸의 딸이 주도하여 성곽 도시를 점령하고 난 후 살아있는 모든 생명(도시민 170만 명으로 추정)을 학살하였다. 이로 인하여 몽골군의 악명을 널리 퍼졌다.

〈그림 3-6 5〉 몽골군의 선회전술과 위장 후퇴(망구다이) 전술

먼저, 선회전술(Caracole Tactics)은 몽골인들의 활 실력에 기초하여 실시하는 것으로 현대의 hit & run 전술과 같다. 상대와의 전투가 시작되면, 규모를 고려하여 전투에 진입하지만, 통상 수행하는 방법이 활을 집중하여 발사하는 방식이다. 각 중대(백인대)는 경기병이 80명, 중기병이 20명으로 편성되어 있다. 선회전술은 각 중대에 편성되어 있는 경기병 80명이 4개 조로 나뉘어 한 번의 공세마다 20명을 출전시키는데 한 번 움직일 때마다 여러 발의 활을 발사하면서 되돌아 서기를 반복하고 마지막에 대열의 맨 후미로 되돌아간다. 포위할 때쯤이면 적의 군대와 근접되어 40~50m의 간격을 유지하게 된다. 이는 적의 갑작스러운 반격으로 인한 피해를 사전에 방비하기 위함이다. 대열로 돌아갈 때 갑작스럽게 파르티안 샷(Parthian shot, 거짓으로 도망가는 척하다가 안장에 거꾸로 앉아 적에게 조준 사격을 하는 기술)을 사용하는 경우가 많이 있었다. 또한, 높은 기동성을 유지하기 위해 계속 새로운 말로 바꿔 탐으로써 기동성이 떨어지지 않게 하였다. 경기병은 1명당 약 60여 발의 화살을 준비하기 때문에 거의 1시간 이상 특정 지역에 집중하여 화살 세례를 퍼부을 수 있다.

둘째, 납와전법(拉瓦戰法)을 들 수 있다. 특히 위장 후퇴 전술은 고대부터 존재하는 스텝 전투의 기초전술이다. 소수의 병력이 적에게 돌격했다가 실패한 척하면서 전투를 회피하는 행동을 보임으로써 적이 추격하게 만든다. 보통의 추격전은 오랜 시간을 진행하게 마련이다. 따라서 적의 대열이 한없이 늘어지도록 만들면서 미리 정해진 지역으로 유도한다. 이때 집결되어 있던 몽골군이 측면에서 기습하고 후퇴하면, 후퇴하던 부대는 선회하여 적의 정면을 공격하여 적을 격멸시키는 방식이다. 선두 부대가 상대의 주위를 말(馬)로 질주하면서 공포에 휩싸이게 하고 저항이 강력할 경우 한쪽의 포위를 풀어 주어 적이 유도하는 방향으로 패주하면 준비된 밀집부대가 대기하고 있다가 포위망 내로 들어오는 적을 격멸하는 전술이다. 아래의 <그림 3-6-6>은 납와전법(拉瓦戰法)이다.

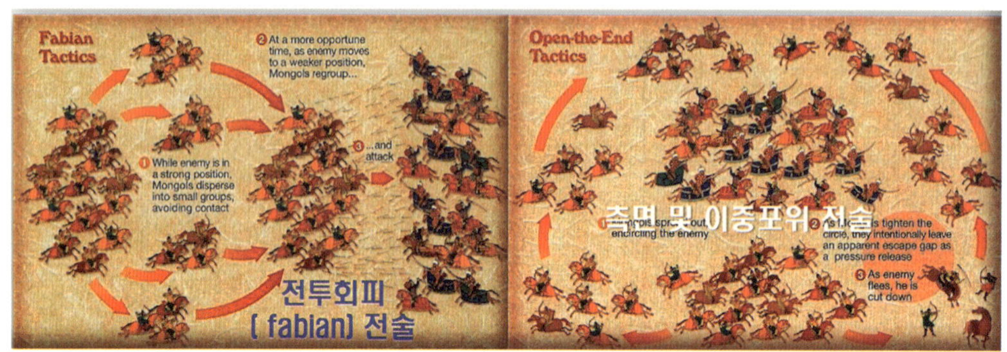

〈그림 3-6-6〉 몽골군의 납와전법(拉瓦戰法)

납와전법은 전투회피(Fabian) 전술과 측면 및 이중(二重)포위 전술의 두 가지로 정리할 수 있다. 전투회피(Fabian) 전술은 원하던 장소가 아니거나, 몽골군들이 계획된 지역에 집결하지 못했을 때 수행하는 전술이다. 유인 및 후퇴하는 게 아니라 아예 적과의 직접적인 전투를 회피하는 전술이다. 소규모 단위로 움직이기 때문에 포위당하는 것을 가능한 회피하기 위해 노력한다. 이를 위해 전투는 회피하면서 적은 피로하게 했다. 야지 전투나 공성 전투에서 적이 강력한 방어태세를 갖추고 있을 때 사용하는 전술이다. 계속 주변에 나타나다 보니 적들은 방어태세를 풀 수가 없어 상당한 피로가 축적될 수밖에 없다. 또 몽골군의 기병이 워낙 신속하게 움직이다 보니 이를 저지하기 위해 땅에 창을 위치하면, 아예 본대를 후퇴시키고 별동대만 남아서 적을 현혹한다. 몽골군의 주력이 철수했다고 생각한 적이 방어진지에서 나오면, 흔적도 없이 집결하고 있던 주력이 갑작스럽게 나타나 적을 공격하였다.

측면공격과 이중포위 전술은 정면에서 위장 공격을 하면서 후위에서 주력이 공격하여 적을 교란하고, 여러 방향에서 공격하는 등을 통해 적을 혼란 및 착각에 빠지게 만드는 전술이다. 이때 한쪽은 열어두어 적이 활로라고 생각한 방향으로 도주하게 만든 다음 함정의 끝에 몽골군이 대기하고 있다가 집중공격하여 공포가 극대화되도록 만들었다. 공포에 젖은 적이 무기 등을 팽개치고 도망가면, 무차별적인 학살이 시작되었다. 이러한 전술은 적이 강력한 전투력으로 끝까지 항전할 때 주로 사용되었으며, 몽골학자 달라타이(Dalatai)는 이를 개방(Open the End) 전술이라고 불렀다. 이는 몽골군대가 1241년 헝가리군을 학살한 모히(Mohi) 전투 사례에서 찾아볼 수 있다.

원정 초기에 칭기즈 칸을 비롯하여 장수들이 가장 힘들어한 전투가 공성전이었다. 주로 기병을 이용한 충격을 통하여 성안의 병력을 유인하였으나, 큰 성과를 달성할 수 없었다. 점차 앞서 점령한 도시나 마을에서 포로를 획득하여 10명 단위로 조직하고 단위마다 한 명의 몽골군이 감독 및 통제하도록 하였다. 아래의 <그림 3-6-7>은 공성전(攻城戰)에 주로 사용하던 공성 장비이다.

〈그림 3-6-7〉 몽골군의 후기 공성 전투와 공성 장비

몽골군은 점차 충격 무기와 투석기뿐만 아니라 터널을 파서 성벽을 무너뜨리기 시작하였다. 위험한 작업은 모두 포로들이 담당하였으며, 몽골군은 사거리 밖에서 대기 및 휴식을 취하다가 공격과 동시에 나타났다. 성벽이 무너지면, 중장갑의 몽골군이 야습을 시도하였다. 이러한 패턴은 원정 내내 사용된 표준모델이었다. 몽골군은 도시를 벽으로 둘러싸서 고립시키거나, 강력한 방어력을 갖춘 도시는 아예 우회해버렸다. 다른 지역을 정복하고 나면, 그 도시는 고립되기 마련이다. 이후 투석기, 화살 또는 불화살, 충돌 무기로 해당 도시에 포화를 퍼부어 방어벽이 무너지면 말을 타고 신속하게 내부로 돌격하여 학살을 감행함으로써 감히 누구도 저항하지 못하도록 절대의 공포심을 심어주었다. 이는 1237년 점령한 블라디미르(Vladimir) 도시 전체를 완전히 파괴한 사례를 통해서도 알 수 있다.

마지막으로 몽골군이 채택한 전술은 심리전과 기만전술이었다. 목축과 수렵을 주로 하던 기마 유목민족인 몽골군의 특성상 요새나 도시를 공격하는 형태는 쉬웠으나, 설득하여 스스로 항복하게 만드는 정치적 해결에는 익숙하지 않았다. 그러다 보니 엄청난 학살을 자행하였고, 이로 인하여 악명이 자자할 수밖에 없었다. 하지만 분명한 목적을 가지고 일부러 학살을 자행하였던 모습도 많이 발견할 수 있다. 지역과 여건, 상황에 따라서 여자와 어린이를 제외하는 때도 많았기 때문이다. 이는 몽골의 인구를 통하여 간단하게 그들의 내심을 읽을 수 있다. 몽골군의 규모를 최대로 추산할 때도 10만여 명에 불과하였기 때문에 요새나 도시를 점령하더라도 몽골군 일부가 남아 지배할 수 있는 환경이 아니었다. 먼저 병력을 나눌 만큼의 여유가 없었다. 따라서 항복한 지역 및 도시에서 다시 반란을 도모하거나 몽골군이 지나간 다음 배후(背後, 등 또는 뒤쪽)에서 위협이 될 가능성 자체를 사전에 없애버림으로써 어떠한 위협적인 시도도 용납하지 않을 것을 극명하게 보여주는 게 최선이었다. 몽골군의 의도가 주변의 도시들에 심어질 수 있도록 반란이나 저항하였던 도시민들이 전부 대학살을 당했다는 소식은 몽골군이 운용하는 제5열(첩자)들에 의해 전파되었다. 이는 공포를 확산시켜 아예 저항 및 반란이라는 용어를 생각조차 하지 못하게 만드는 현상으로 굳어졌다.

특히 군대의 사기를 높이기 위해 '미신 전술(Supernatura tactics)'을 활용하여 승리 가능성을 한층 더 높였다. 전투를 시작하기 전에 유럽인들은 신(God)에게 기도하였듯이 몽골군은 초자연적인 텐가리(Tenggari, 神)에 의존하여 승리 가능성을 높였다. 무당(Jadaci)으로 하여금 날씨를 바꾸는 힘을 가진 '우석(rain stone)'이라는 특수한 돌을 사용하여 폭풍우를 부르고 여름에도 눈보라를 오게 하여 적을 혼란의 도가니에 빠뜨렸다. 폭풍우나 눈보라가 불어닥쳐 적이 혼란에 빠지면 곧바로 몽골군이 공격하여 승리로 끝마치기도 하였다.

결과적으로 서구 유럽 중심으로 진행되고 있던 세계사에서 칭기즈 칸의 몽골군이 100여 년이 넘는 기간 동안 전성기를 구가할 수 있었던 세 가지 요소는 뛰어난 장수들과 기마 유목민족 특유의 스텝 전술, 그리고 그들만의 장점인 활을 이용한 강력한 무기체계였다. 하나의 내용만 이해하기보다 전체 학습 과정을 연계시키는 안목과 노력이 필요함을 인식하여야 한다.

강의 Ⅷ 근대(근세) 시대에 진행되었던 전쟁과 무기체계의 상관성을 이해합시다.

강의 전 요구되는 사항

1. 당시 대내 · 외적 환경과 전쟁이 발발한 배경과 목적은?
2. 근대시대의 대표적인 군사전략과 그 특성은?
3. 근대시대 유럽지역에서 발달한 화약 무기와 총기의 특성과 제한점은?
   * 화약 무기체계와 대응 전술 진화(進化)와의 상관관계
4. 산업혁명과 무기체계 발달의 상관관계는?
5. 나폴레옹 전쟁 시대 무기체계의 특징은?
   * 보병과 포병, 기병의 협동작전 특징과 승리의 요인
   * 그리보발의 대포 대량생산체계와 포병 화력의 개량 방식
   * 야포와 공성포의 차이점과 현대 포병 화력체계와의 연계성은?
6. 조선 시대의 군사전략과 전술의 특징, 대표적인 무기체계는?
   * 진관체제(鎭管體制)와 제승방략체제(制勝方略體制)
7. 조-일 전쟁 간 조선군과 일본군의 무기체계와 특성을 비교한다면?
8. 명나라 척계광 장군의 기효신서의 특성과 주력무기는?

근대(근세)시대의 전쟁과 무기체계

1. 대내·외적 환경과 전쟁의 발발 배경

일반적으로 역사 시대를 근세 시대(17~18세기)와 근대시대(17~18세기 이후)로 구분함은 상당히 애매하다.[37] 서양의 경우 자신들의 근세 시대는 인정하지만, 동양의 근세 시대는 없다고 보는 게 중론이기 때문이다. 그러나 여기에서는 역사적 관점이나 학습의 주제가 근세와 근대시대의 구분을 논하는 게 아니기에 두 시대를 통합하여 진행하고자 한다. 아래의 <그림 3-7-1>은 근대시대의 사회상을 정리한 모습이다.

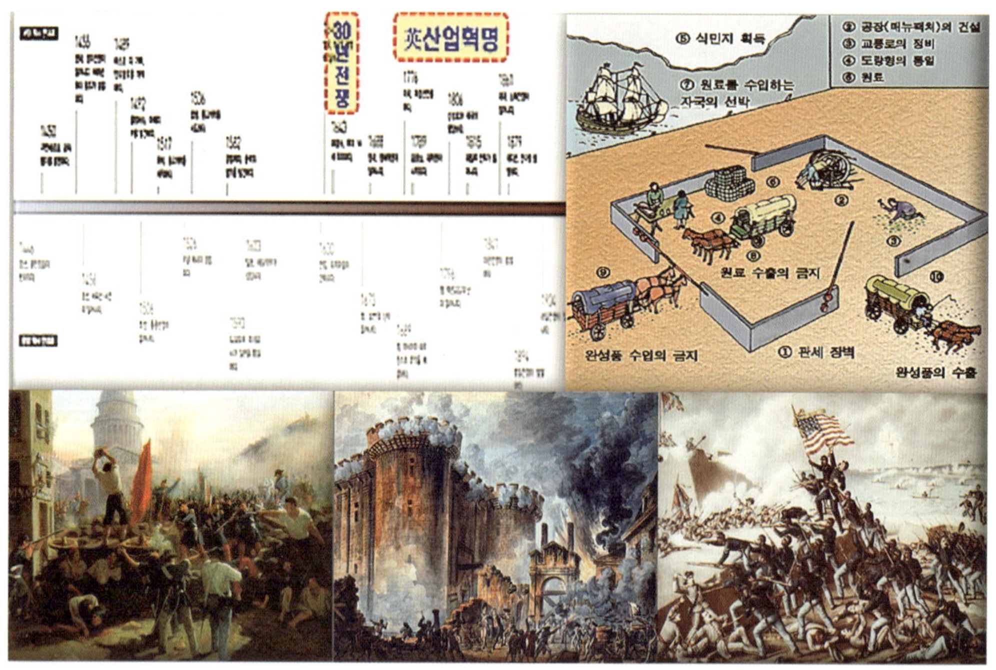

〈그림 3-7-1〉 근대시대의 연대표와 사회상

37) 원래 유럽에서는 고대-중세-근대의 3분법으로 시대를 구분하였으나, 'K. 브레이지히'에 의해 원시-고대-중세-근세-초 근세로 구분하는 5분법을 사용해 왔다. 근세(近世)는 근대가 시작되기 이전의 시기로 르네상스에서부터 절대주의와 중상주의가 진행된 17~18세기를 뜻하고 있으며, 근대(近代)는 봉건시대 이후에 전개된 시대로 자본주의와 시민사회가 성립되는 17~18세기 이후의 시기를 의미한다. 여기에서 'K. 브레이지히'는 서양학자들이 '근세 사회를 더 세부적으로 분류하여 ① 절대 왕정기, ② 시민 혁명기로 분리한 시기'를 총칭하고 있음을 뜻하고 있다.

근대는 문명사적 2대 사건으로 평가받고 있는 사건으로부터 시작하자. 1750년대 이후 영국의 자유로운 농민계층이 주도하면서 시작된 산업혁명에서부터 프랑스 혁명(1789)을 비롯하여 제1차 세계대전(1914~1918)까지를 의미하려고 한다. 이 시기는 신권(神權)과 교권(教權)의 추락과 인본주의(人本主義, 인간이 모든 것의 중심이 되는 사상)의 한계가 드러난 시기임과 동시에 이성과 과학을 대표하는 합리주의, 총과 대포가 출현한 과학의 시대에서 문화 중심으로 이동한 시기이기도 하다.

화약 무기와 전술(Tactics)의 변화는 중세시대의 성곽과 중무장한 기사집단을 무력화시켰다. 반면에 군주들의 부(富)는 증가하면서 중상주의가 제도화되었다.[38] 이에 따라 절대군주를 중심으로 하는 중앙집권화가 달성되면서 이전의 봉건귀족(영주)들은 근대군대의 고급장교로, 기사집단은 하급장교로서 신분을 유지하게 되었다. 지중해(서유럽) 지역은 중앙집권적 절대 왕정 국가가 수립되었으나, 1000여 년이 넘게 유럽을 지배하였던 중세의 봉건적인 정치제도와 경제체제, 사회적 차별과 관습 현상은 이후에도 그대로 유지되는 폐단이 지속하였다.

당시는 왕가의 혈통 관계와 종교 및 영토 문제로 인하여 현대적 의미에서의 주권(主權) 개념은 존재하지 않았다. 이로 인하여 군주가 자신의 권력을 증대시키고 영토를 확장하려는 욕망과 군주의 사익(私益)을 추구하려는 경제적 측면의 목적으로 대다수의 전쟁이 진행되었다. 따라서 프랑스 혁명 이전의 전쟁 양상은 군주와 귀족(영주)들만의 관심사에 국한되었고, 전투원은 군주가 고용한 용병이었거나, 군주나 귀족만을 위한 직업군대였기에 국민과는 괴리(乖離)되었다. 그러나 군대를 유지하는 데는 상당한 재정이 소모되었기에 필요로 하는 보상금을 유도하는 방식으로 전쟁을 진행할 수밖에 없었으며, 충성심을 의심케 하는 용병들의 도주를 방지하기 위해 밀집 횡대 대형의 집단전투 방식을 고집하였다. 특히 용병들의 피동적인 전투 수행과 더불어 잦은 결전의 회피, 추격을 적극적으로 하지 않는 등의 현상은 용병군대에 대한 불신(不信)으로까지 퍼졌다.[39] 이로 인하여 용병군대에 속한 각개전투원들의 개별적 독립성을 인정하기가 어려웠고, 전술적인 기동보다 외교전이나 병참선을 차단함으로써 보상금을 받아내려는 무력시위 전술 등을 주로 사용하였다. 전장(전투 현장의 줄임말)에 대한 보급의 경우에도 창고 급양 제도를 채택하

38) 중상주의(重商主義)는 17세기 스코틀랜드의 애덤 스미스(Adam Smith, 1723~1790)가 『국부론』에서 처음 사용하며 통용되었다. 국가의 국력을 증가시킬 목적으로 국민경제에 대한 정부의 규제와 통제를 증대시키는 데 목적을 두었다. 특성은 세 가지로 첫째, 금과 은은 국가의 부를 축적하는 데 필수 불가결한 요소이고, 둘째, 수입보다 수출이 이루어져야 하며, 마지막으로, 식민지의 제조업은 금지한다는 조항을 들 수 있다. 식민지는 원료 공급지이므로 수출시장으로서만 존재해야 한다는 인식으로 인하여 식민지와 모국 간의 모든 교역은 모국이 독점(獨占)한 상태에서만 가능했다는 점에 주목할 필요가 있다.

39) 이는 절대적인 결론이 아니다. 최근의 영화 '47 로닌'과 '마지막 군단', '드래곤 블레이드' 등과 같이 소명(calling)의식과 국가(군주)에 대한 충성심으로 무장한 역사도 많이 있음을 부정하기 어렵다.

여 2~3일 이내의 행군 거리 지역에 창고를 지어 물자를 집적(集積)시킨 다음 보급문제를 해결토록 한 점도 용병군대 특징의 하나이다. 당시 여러 가지의 현실적인 문제로 인하여 대규모 병력을 동원하거나, 전투하는 행위가 실제 제한되다 보니 기동전(機動戰) 및 원거리 추격 등의 전투 행동은 활성화되지 않았다. 이로 인하여 전투방식도 최소의 희생을 통해 제한된 목표만 달성하는 제한적 성격의 전쟁이 될 수밖에 없는 환경과 여건으로 평가할 수 있다. 이처럼 근대전쟁이 군주나 귀족들의 사익을 추구하는 전쟁이었다면, 구체제(Ancient Regime)의 모순으로 인하여 촉발된 프랑스 혁명(1789)은 시민들이 자발적으로 참여하는 국민 전쟁 즉, 총력전의 형태로 변화하는 결정적인 계기를 만들었다. 아래의 <그림 3-7-2>는 프랑스 혁명을 주도한 자유로운 농민계층이 시가전(市街戰)을 벌이는 모습이다.

〈그림 3-7-2〉 프랑스 혁명 당시의 모습

2. 무기체계의 특성과 발달 과정

2.1. 유럽지역

이전의 전쟁 양상이 장수의 용병술과 전술에 따라 무기를 사용하는 수준이었다면, 프랑스 혁명 이후의 전쟁 양상과 전투방식은 시스템과 무기체계에 따라 전술이 변화되고 있다는 점에 주목할 필요가 있다. 프랑스 혁명은 이전의 창과 활, 말 등의 근력 무기체계에서 화약 무기 제조술이 발달하면서 전쟁 수행의 방식에 변화를 가져왔고, 전 국민이 참여하는 총력전(總力戰)의 형태로 전환했다.

전장(戰場)을 통제하는 방식도 직접적인 통제 방식에서 벗어나 시스템에 의한 조직화 수준으로 점차 발전되어갔다. 이는 효율적인 동원체제와 수송·병참 분야의 지속 능력이 확대되었고, 우수한 참모진을 편성하여 활용함이 가능하게 하였다. 프랑스 혁명과 나폴레옹 전쟁(1796~1815)은 용병제도를 국민개병제(징병제)로 전환했으며, 새롭게 등장한 시민 정부에 의해 징세권과 징집권의 행사를 통해 병력 규모를 확대할 수 있게 되었다.[40] 나폴레옹이 일으킨 전쟁은 지금까지와는 다르게 특정한 지역에 제한적으로 수행한 전쟁이 아니라 유럽 전체지역(全域)을 전쟁의 도가니로 몰아넣는 결과를 가져왔다. 국민개병제로 인해 특정한 영주나 관련한 집단만 전쟁을 수행하는 게 아니라 최초로 전(全) 국민이 동참할 수밖에 없는 총력전(Total War)의 개념이 도입되었다.

특히 1793년도에는 20만 명에 불과하던 시민군이 70만 명으로까지 확대되었다. 혁명을 통하여 귀족 출신 장교들이 도태되자 일반 시민 출신의 장교와 부사관들이 등용되면서 현대적 의미의 직업군인제도가 시작되었다. 이들은 용병군대처럼 엄격한 감시가 불필요하게 되고 포병 화력이 증대되면서 밀집(密集)대형이던 전술의 형태도 산개(散開)대형으로 전환되었다. 아래의 <그림 3-7-3>은 밀집·산개대형, 종대전술로 이동하는 모습이다.

〈그림 3-7-3〉 밀집대형과 산개대형, 종대전술 이동의 모습

군대에 대한 믿음은 산개대형으로 변화시켰고, 종심(縱深)의 유지가 가능해지면서 충격력을 흡수할 수 있게 되었다. 융통성의 발휘가 쉬워지자 다양한 전투 양상에 적용할 수 있는 토대도 마련되었다. 전투 장비 또한 경량화되어 기동력의 유지가 가능하게 되었으며, 사단 단위로 편성 및 관리하는 시스템이 발전되면서 부대별 보급 물량도 분산할 수 있게 되었다. 반면에 적의 병참선 차단 위협이 가능하게 되자 과감한 추격전을 전개하는 등 상대국가의 군사력을 완전히 격멸하

40) 나폴레옹 전쟁은 통상적으로 프랑스 제국과 그 동맹국이 영국이 주도하는 연합군과 벌어진 전쟁을 의미하면서 1803부터 시작하고 있다. 그러나 이 책에서는 기간을 1796년으로 설정한 이유는 나폴레옹이 이탈리아 지역 사령관으로 임명되어 이탈리아를 정복하기 시작한 연도가 1796년이기 때문이다.

는 섬멸전의 형태로 진화되었다. 나폴레옹 시대의 군사적 업적은 세 가지로 정리할 수 있다.

먼저, 사단과 군단으로 편성하는 단위부대의 편제 발전을 들 수 있다. 1794~1796에 사단에 보병과 포병, 기병이 협동할 수 있도록 편성하였으며, 병참부대를 추가로 포함하여 각 부대 단위의 자급자족이 가능한 현지조달 제도로 보강하였다. 1800~1804년에 접어들면서 군대 병력이 20만 명을 초과하게 되자 사단을 군단으로 개념 확대하였다. 군단은 2~3개 사단으로 편성되었고, 1개 사단은 2~3개 여단(1개 여단은 2개 연대)으로 편성하였다. 직할부대는 기병과 포병, 공병사단을 포함했는데, 이는 현대국가의 군대 편제와도 유사하다고 이해하면 될 듯싶다.

둘째, 무기체계의 발전을 들 수 있다. 무기와 전투 장비의 규격이 통일되면서 병기공장에서 대량생산 체제의 가동이 가능하여졌다. 소총도 강선이 만들어지면서 명중률과 정확도가 상당 부분 향상되었으며, 총검의 개발로 인하여 소총병의 전투능력과 살상 능력도 그만큼 확대되었다.

셋째, 전술 대형의 발전을 들 수 있다. 이전의 밀집대형이 산병(散兵)과 횡·종대의 혼합 대형으로 진화되면서 훈련이 부족하더라도 살상률을 증대시킬 수 있게 되었으며, 새로운 사단 편제가 산개대형에 적합하였던 측면도 무시할 수 없었다.[41] 특히 18세기의 유럽은 도로망이 획기적으로 발전되면서 이전까지와는 다른 전략 전술로 발전될 수 있는 여건이 마련되었다. 이러한 발전상은 현대의 군사전략 사상과 제도에도 지대한 영향을 끼쳤다.

나폴레옹 시대를 대표하는 전략사상은 소부대로 대부대를 견제하면서 주력으로 적 병참선을 차단하는 간접접근전략[42]과 결전 위주의 섬멸전략을 통해 과감한 기동으로 적을 격파함과 동시에 숨돌릴 틈 없이 몰아붙이는 무자비한 추격과 전과확대(戰果擴大, 전투 성과를 더욱 크게 하려는 노력의 일환)를 추구하는 전투방식을 들 수 있다.

이는 기동성이 좋은 소수 병력을 이용하여 적의 대부대를 견제함으로써 오스트리아군의 카를

41) 산병은 견제부대로서 적의 병력집중을 방지하였고, 횡대는 주력부대로서 적을 향해 소총을 집중적으로 발사하였으며, 종대는 예비대로서 적군의 주력대형을 돌파하는 임무를 주로 수행하였다.

42) 간접접근전략은 리델 하트의 말을 빌려 정리하자면, 적에 접근하는 방법에는 직접접근(Direct Approach)과 간접접근(Indirect Approach)이 있는 데 직접 접근하는 방식보다 간접적으로 접근하는 방식을 승리의 최적 요인으로 강조하고 있다. 간접접근은 적이 예상하지 못하고 물리적 저항도 최소화될 수밖에 없는 지역 및 지점(장소)으로 집중하여야 한다는 뜻이다.

마크 폰 라이베리히(Karl Mack von Reiberic) 총사령관을 큰 접전(接戰)이 없이 항복하게 하였던 울름 전역(Ulm, 1805)을 통해서도 느낄 수 있다. 결정적 지점에서 상대적으로 우세를 확보한 다음 적의 병참선을 위협 및 차단함으로써 적의 병력을 분산시킴과 동시에 재편성하지 못하게 하고 대(大) 우회기동을 통해 주력을 격파하는 과감한 추격 전술은 나폴레옹의 대명사가 되었다. 특히 결정적인 지점과 시간에 상대적으로 우세한 병력을 투입하여 적을 분리해 각개격파시키는 원리는 나폴레옹 승리의 상징적인 전술이었다.43) 아래의 <그림 3-7-4>는 나폴레옹의 5대 작전원칙과 각개격파 전술을 알 수 있는 전투모형이다.

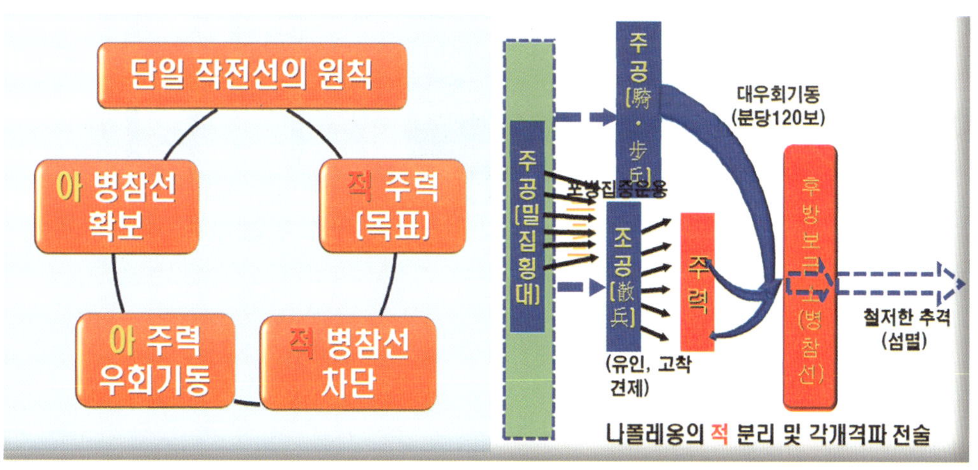

〈그림 3-7-4〉 나폴레옹의 5대 작전원칙과 각개격파 전술 모형

43) 나폴레옹 군대의 병사들은 다른 서유럽국가들이 분당 평균 기동속도가 70보인데 비하여 120보의 기동력을 갖게 함으로써 기동성을 획기적으로 증대시켰다. 이는 국민군대이었기 때문에 가능하였던 것으로 보인다. 또한, 원거리 작전이 불가능한 창고 급양 제도를 현지조달 제도로 개선하였고, 내선작전을 통해 상대보다 우세한 전투력을 집중하여 중앙을 돌파함으로써 적을 분리한 다음 적이 미처 합류하기 전에 신속하게 기동하여 분리 및 격파를 시도하였다. 특히 항상 부대를 집결시켜 상호 간에 지원 거리를 유지함으로써 승리를 획득하였다. 이의 사례는 롬바르디아(Lombardia)·만투아(Mantua) 전역(1796)를 통해 알 수 있다.

나폴레옹은 보병과 포병, 그리고 기병의 협동작전을 개발 및 운용하였으며, 이는 현대 포병 전술의 기초가 되었다. 화포는 1807년 이후 영국의 창병(槍兵)이 쇠퇴하면서 시작되었다. 당시 창병의 주력 무기는 할버트(Halberd, 미늘창)로서 스위스에서는 이를 파이크(Pike)로 불렀다. 아래의 <그림 3-7-5>는 영국 창병의 할버트와 스위스 창병의 파이크이다.

〈그림 3-7-5〉 영국 창병(Halberd)과 스위스 창병(Pike)

영국의 미늘창(또는 도끼창)은 15~19세기 유럽에서 사용된 무기로 할버트(Habert 또는 Haberd)는 독일어이다. 길이는 2~3.5m로 무게가 2.5~3.5kg까지 다양하게 제작하였다. 상황에 따라 넓이는 유연하게 적용해 실용적이다 보니 유럽 전역에서 널리 사용되었다. 창은 베거나, 찌르거나, 구부리거나, 두드리는 방식 등으로 활용하였다. 또한, 갑옷이나 투구를 파괴하거나, 말을 타고 적을 끌어내리는 데 활용하거나, 적의 발을 자르거나 베는 등의 다양한 용도로도 사용되었다. 그러나 다소 무겁다 보니 적절한 판단과 신속한 대응이 필요하였다.

스위스의 파이크(Pike)는 길이가 약 3~6m로 백병전 무기의 황금시대였던 르네상스 시대에 가장 많이 사용된 무기 중의 하나였다. 무거운 목제 자루의 끝에 예리한 금속으로 둘러싼 긴 창을 끼운 것이며, 14세기에 보병들이 이 창으로 봉건 기사들을 몰락시켰다. 15세기에는 5m 정도 길이의 파이크가 등장하였지만, 16세기에 들어서면서 총검이 등장하게 되자 지상 전투에서 자취를 감추었다. 그러나 해군의 함선 내에서는 19세기까지도 존속하였다. 지금도 로마의 바티칸에서는 스위스 위병에 의해 다양한 행사에 의례용으로 활용되고 있다. 당시 영국은 군주 개인을 위한 군대로 보유하였으며, 그러다 보니 군주가 직접 군

파이크(Pike)부대

대에 급료를 지급해오다가 17세기가 지나면서 국가상비군 체제로 전환하였다. 그러나 당시까지도 급료는 군주가 직접 지급하는 시스템이 유지되고 있었다. 스위스는 전문직업군인제도를 도입함과 동시에 상비군 체제를 완성했다. 이 시기에 봉건귀족들은 고급장교로, 기사단은 하급장교로 변신하게 되면서 기존에 누리고 있던 권한과 신분을 그대로 유지하는 데 성공하였다.

근대시대는 중세시대에 주춤하였던 장궁(long-bow)병과 중장보병이 중장기병을 격파하면서 재(再) 부활을 알렸다. 14세기 중국에서 흑색 화약을 발명하였고, 이후 이슬람을 통해 유럽지역에 전파된 화약은 화약제조법으로 발전하였다. 이를 통해 분말 화약과 불 심지(match, 화승) 즉, 화승총과 화포가 등장하였다. 화약 무기의 출현은 전쟁의 양상과 전술의 급격한 변화를 촉발했다. 이러한 진화(進化) 현상은 인간의 근력 에너지의 특성상 제한적인 활용에만 가능하였던 활(석궁, short-bow), 투석기 등을 대체할 수 있는 무기체계로 점차 발전되면서 중세시대의 성곽 및 중장기병 등을 서서히 무력화(無力化)시켰다. 더욱이 보・포・기병으로 구성된 3병(兵)이 협조된 사격과 기동을 하는 3병 전술[44]이 발전하면서 산병들에 의한 횡대전술(Line Battle, 선형) 대형이 등장하였다. 아래의 <그림 3-7-6>은 3병(兵) 전술 대형과 운용방식을 정리하였다.

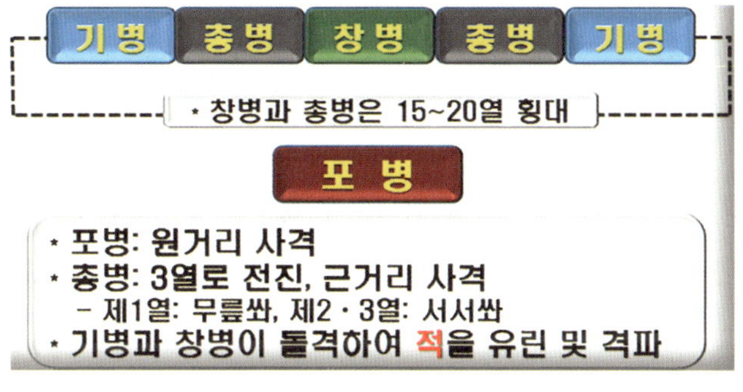

〈그림 3-7-6〉 3병 전술 대형과 특성

44) '3兵 전술'은 스웨덴 국왕 구스타프스 아돌프스(구스타프 2세, 1611~1632)가 최초로 만들었다. 이러한 무기체계와 장비의 발전을 가장 잘 활용한 사람이 나폴레옹이었다.

기존에 기병 중심으로 사용하던 전술 방식은 3병 전술과 선형대형으로 발전하였으나, 초기만 하더라도 소화기는 전장식(前裝式, 총구를 통하여 장전하는 방식)의 장전 방식으로 인하여 명중률이 많이 떨어졌고 부정확하였으며, 사거리는 짧았고, 심지에 불이 잘 붙지 않을뿐더러 더뎠던 발화장치는 장궁(長弓) 보다 효율적이지 못했다. 이로 인하여 칼과 창은 화약 무기가 본격적으로 활용되는 17세기까지, 기병은 19세기까지도 명맥을 유지하면서 전장에서 지속하여 활동하였다.

기존의 전쟁 및 전투방식에 대한 인식을 혁신적으로 전환하는 결정적인 역할을 주도한 인물이 나폴레옹이었고, 이와 관련한 무기체계도 획기적인 발달을 촉발(觸發)시켰다. 물론 나폴레옹 혼자만의 아이디어는 아니었다. 당시 현역장교로 변혁을 주창하던 대표적인 선각자 중에서 브루세(P. J. Broucet, 1700~1780)는 분진 합격 전술로 분산과 집중을 통한 각개격파를, 기베르(Guibert, 1743~1790)는 분리된 경로를 따라 독립작전이 가능하도록 해야 한다면서, 사단급 부대로 편성하여 우회 또는 측면공격을 전개하는데 융통성과 기동력을 향상하기 위한 현지조달 방식을, 그리보발(Jean-Baptiste Vaquette de Gribeauval, 1715~1789)은 대포의 경량화와 견인 방식을 비롯한 대량생산 체계를 주도적으로 도입하였다. 듀테일(du Teil)은 말이 이끄는 가벼운 활강포와 기만(欺瞞) 기동, 그리고 한 공격지점에 포병 화력을 집중시키는 방식을, 귀베르트(Guiwert)는 현지조달과 시민군대, 기동전을 주장하였다. 이들이 주장하던 내용을 나폴레옹이 전술로 채택하고 창의적으로 응용하면서 그의 전성시대를 여는 견인차가 되었다. 이는 당시에도 전략과 전술, 무기체계를 적절히 결합할 경우 전쟁의 승리를 보장받을 수 있었음을 여실하게 보여주고 있다.

유럽에서는 1326년에 최초로 화포가 등장하였다. 아래의 <그림 3-7-7>은 유럽 화약 무기의 진화단계이다.

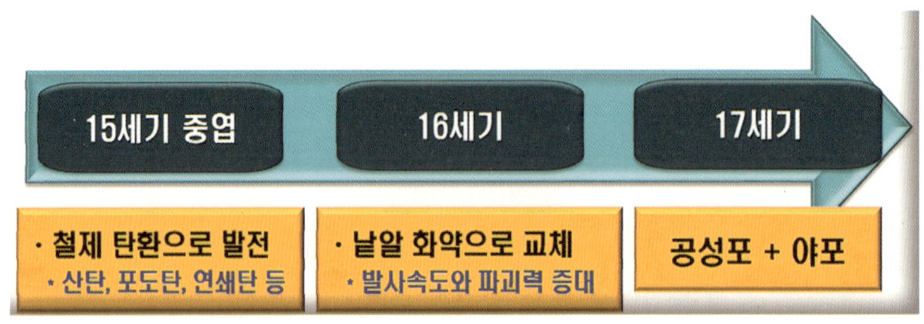

〈그림 3-7-7〉 유럽 화약 무기의 진화단계

15세기에 제작된 철제탄환은 멀리 나갔지만, 현대에 일반적으로 생각하는 폭발이 일어나는 게 아니었다. 터지지 않는 탄약이었으며, 산탄은 근거리 사격용으로 철판으로 제작된 깡통 내부에 다양한 내용물을 넣었다. 포도탄은 근거리 사격용으로 포도알과 같은 구슬로 제작하였으며, 연쇄탄은 몇 개의 탄을 연결하여 터지게 제작한 탄이었다. 16세기에는 낱알 화약으로 교체되면서 발사속도와 파괴력까지 증대시킬 수 있었다. 17세기에 들어서면서 공성포(攻城砲)와 야포(野砲)가 개발되었다. 이러한 대포는 초보적인 강선을 갖고 있었고, 짧은 포신으로 기동성이 향상되었으며, 이동이 가능하도록 차륜식 포가(砲架, 포신을 돌리게 만든 받침틀)도 제작하였다.

또한, 포신의 상·하 운동이 가능하도록 포이(砲耳)가 있었으며, 청동제 포신으로 철과 납을 재료로 포탄을 제조하는 방식이었다. 유럽은 크레시 전투(1346)에서 초보 단계의 화포가 사용되었고, 아쟁쿠르 전투(1415)에서는 보병이 전쟁의 주역으로 재등장하는 계기를 가져왔다. 브라이텐벨트 전투(1631)는 구스타프스 아돌프스가 국민군을 동원하여 3병 전술을 채택하면서 포병과 화력의 우위와 집중을 통해 스웨덴의 테르시오(Tercio) 전술과 부대를 격퇴함으로써 유명해진 전투였다.[45)]

장 바티스트 바케트 드 그리보발

1740년 이후 드릴로 대포에 구멍을 뚫는 방식으로 포신을 강화하면서 발사물이 포신과 정밀하게 일치될 수 있도록 개선하였고, 중량을 줄이면서 사거리 향상법도 고안하여 포병도 행군할 수 있도록 만들었다. 1765년 이래 그리보발(Jean-Baptiste-Vaquette de Gribeauval) 장군이 주도하여 포신을 표준화시키면서 대량생산 체제를 갖추게 되었다. 그리고 포병대원들이 끌고 기동하던 화포 이동 방식을 말(馬)이 견인하도록 대체하여 포병부대의 기동력을 향상했고, 청동제 포신이 잘 갈라지는 단점을 개선해 강철제 대포를 생산하기 시작하였다. 당시 그리보발이 개발한 최신형 대포가 최초로 투입된 전투는 프랑스

45) 크레시 전투는 프랑스와 잉글랜드의 백년전쟁에서 처음으로 잉글랜드가 승리한 전투로 장궁병이 기병을 패배시킨 전투였다. 아쟁쿠르 전투는 장궁병이 기병을 격퇴(擊退)하였던 전투이고, 브라이텐벨트 전투는 경량화된 청동화포를 이용하여 포병과 화력의 우위를 달성하면서 승리한 전투였다. 여기에서 짚고 넘어갈 부분이 있다. 1955년 마이클 로버츠가 『군사혁명론(the military revolution)』에서 주장한 내용은 테르시오가 거대한 장창병과 보병으로 구성된 방진인 '이동 요새'로 묘사하고 있다. 그러나 2000년대 이후 학술 연구자들에 의하면, 테르시오는 특정한 형태의 전술이나 방진의 형태가 아니라 '스페인 정예부대'의 명칭이라고 주장한다. 이는 뒤쪽의 테르시오에서 상세히 설명하기로 한다.

혁명 전쟁 기간에 수행한 발미 전투(Bataille de Valmy, 1792)였다. 아래의 <그림 3-7-8>은 그리보발 장군이 교체가 가능하도록 제작한 대포의 바퀴와 탄약차다.

〈그림 3-7-8〉 그리보발이 제작한 대포 바퀴와 탄약차

대포 구경은 12 · 8 · 4파운드로 줄여서 표준화를 달성했고, 상호 교체할 수 있도록 바퀴를 제작하고 포신은 더 쉽게 움직일 수 있도록 나사식 장치를 도입하였다. 또한, 탄환에 탄약을 일정하게 채우지 않고 대충 채운 상태에서 탄환을 발사하던 기존의 방법을 대신하여 탄환의 모양을 통일시킴으로써 정확한 구형(球形, 공처럼 둥근 모양) 탄환을 사용하기 시작하였다. 여기에 일정한 비율의 탄약을 손쉽게 채우는 방법도 개발하여 가루 화약 대신에 미리 제조된 화약을 사용하도록 표준화된 폭약을 만들었다. 아울러 이동 및 보관, 운반이 쉽도록 말이 끄는 방식도 1열 종대에서 2열 종대 방식으로 개선하여 견인력을 높였고, 탄약차를 설계하였다. <그림 3-7-9>는 대포의 장전(裝塡)방식과 포병의 전투 배치 대형이다.

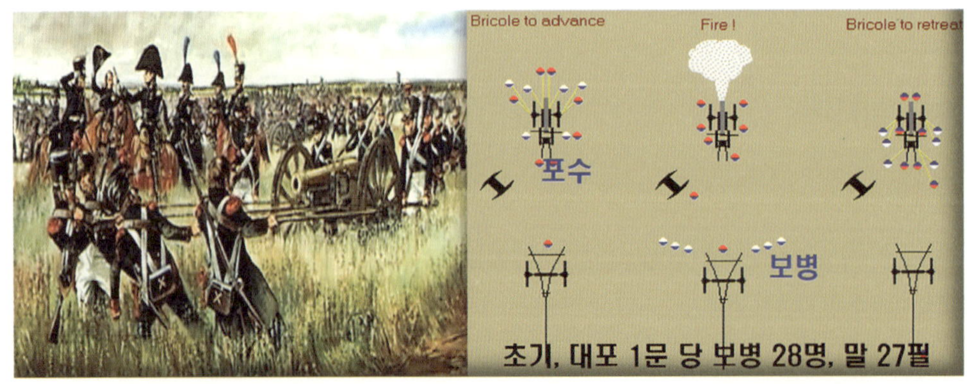

〈그림 3-7-9〉 그리보발의 대포 장전 방식과 포병의 전투 배치 대형

대포의 기동력을 증가시키기 위해 무게를 과감하게 감소시켰으며, 듀테일은 피지원 부대에 뒤떨어지지 않게끔 하기 위해 말이 끌 수 있는 가벼운 활강포를 사용하였다. 장전 방식에서도 손쉽게 방향 조정이 가능하도록 개선했고, 포수들의 생존 가능성을 향상하기 위하여 보병을 대포 주변에 배치하여 자체 경계를 강화했다. 또한, 대다수의 부대 편제에 대포가 상시 편성되도록 포함하고, 대포는 400명당 1문씩 배정될 수 있도록 표준화시키면서 자연스럽게 포병을 근대전쟁에서의 주역으로 부상(浮上)시켰다. 그러나 당시의 대포는 저마다 크기가 다르다 보니 포신에 딱 들어가는 포탄을 생산하기가 어려운 실정이었다. 이를 파악한 그리보발은 포신을 속이 꽉 채운 원형으로 만든 다음 이 기둥의 중심을 파고 들어가 원통형으로 만드는 새로운 방식을 고안하였으며, 이렇게 제작된 대포는 전장에서 최대의 성과를 내도록 장교들을 교육했다. 그중의 한 장교가 바로 나폴레옹 보나파르트(Napoleon Bonaparte, 1769~1821)였다. 아래의 <그림 3-7-10>은 당시를 대표하는 대포의 종류다.

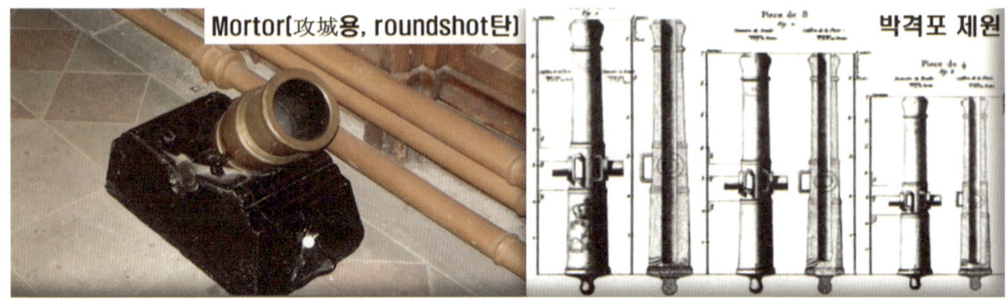

〈그림 3-7-10〉 나폴레옹 시대의 대표적인 대포의 종류

12인치 야포는 그리보발 체계에서 처음 생산되었으며, 미국의 독립전쟁, 프랑스 혁명과 나폴레옹 전쟁 시에 사용한 대포이다. 8인치 곡사포는 1770년에 만들어 미국 독립전쟁에서 최초로 사용되었다. 12인치 박격포는 해안 방어용으로 잘 마모되는 약점을 안고 있지만, 조작이 쉬웠다. 캐논포(Cannon, 평사포)는 보병을 대상으로 하여 야지(野地)에서 주로 사용하는 대(對) 보병용 야포로 탄도의 곡선이 낮게 날아가는 포를 의미한다. 라운드샷(roundshot)과 캐니스터(canister)탄을 사용하였다. 하위츠(Howitzer)포는 포구가 위로 향하게 제작된 대(大)구경 포로서 캐논포보다는 포신(砲身)이 조금 짧고, 사격 각도는 높은 대신에 박격포보다는 낮은 대포이다. 적의 밀집대형에 셸(shell)탄을 사용하였다. 모타(Mortor)포는 하위츠포와 비슷하지만, 공성전에 주로 사용하였다.[46] 아래의 <그림 3-7-11>은 탄환의 종류다.

46) '평사포(Cannon)'는 대포를 최초로 개발되었을 때의 초기 대포를 뜻하고 있으며, '곡사포'는 장애물의 뒤에 있는 적을 포격하기 위하여 제작된 대포로서 '단거리용 대포'를 뜻한다. 다만, 제2차 세계대전이 종료된 이후 평사포와 곡사포의 차이는 현격히 줄어들었다. 곡사포의 짧은 사거리를 개선하기 위하여 포신의 길이를 늘였기 때문으로 현대의 대포는 평사(平射)와 곡사(曲射)를 할 수 있게 되어있는 평곡사포도 사용하고 있음을 인식해야 한다. 현재 한국군은 152mm 평곡사포 M-1985(D-20/M-55), 북한군은 76.2㎜와 152mm 평곡사포 등이 배치되어 있다("北 포탄 발사.. 한국군 전투기 출격," 『한국일보』 (2014. 3. 31.) (검색일자: 2020년 2월 23일); "[南北 준전시 대치] 조여오는 北의 도발…북 유엔대표부 "강력한 군사행동"," 『헤럴드경제』 (2015. 8. 22.) (검색일자: 2020년 2월 23일). 등 다수).

〈그림 3-7-11〉 나폴레옹 시대의 대표적인 탄환의 종류

당시 영국군 1개 포대는 6문의 대포로 편성되었는데 운용을 위해 1문당 병사 28명과 말 27필이 필요로 하였다. 라운드 샷은 일반적인 대포알로서 둥근 쇳덩어리 형태였으며, 성벽을 부수거나 적의 밀집대형을 공격할 때 주로 사용하였다. 캐니스터는 산탄으로서 얇은 깡통 내부에 쇳조각과 돌조각, 총알 등을 집어넣었으며, 개활지를 지나가는 보병들을 대상으로 사용하였다. 그랜드 샷은 해군용으로 함선의 후면이나 해먹용 모래주머니 뒤에 숨어 있는 적을 살상하는 데 주로 사용하였으며, 엄폐물을 뚫을 수 있도록 조금 더 굵은 탄을 사용하였다. 셸(Shell) 탄은 화약이 들어있는 폭발탄으로 도화선의 길이에 따라 폭발 시간에 차이가 났다. 그러다 보니 비가 오거나 주변에 습기가 많으면 폭발하지 않는 경우가 많이 발생하였으며, 도화선의 길이가 짧으면 허공에서 폭발하였고, 길게 잘못 자르면 땅에 떨어지더라도 폭발이 지체되는 등의 취약점이 빈번하게 발생하였기에 발사 간 머리 위로는 사격을 금지하였다. 초기는 기준 단위나 제원 등에서 상당히 취약한 문제점이 많이 드러났다.

소총의 경우는 14세기 중국에서 원·명 교체기에 최초의 화승총(火繩銃)이 등장하였으며, 유럽에서는 화승총(Handgonne)이 등장하였다. 이어서 아퀴버스(Arguebus)와 머스킷(Musket) 소총으로 진화되는 과정을 거치게 된다. 아래의 <그림 3-7-12>는 소총의 등장과 진화 과정이다.

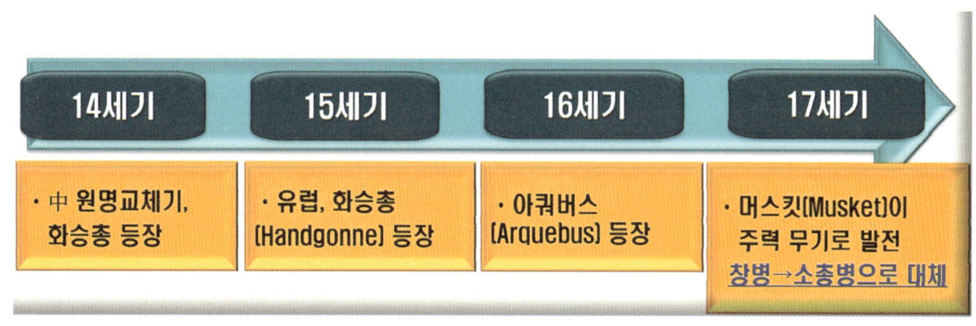

〈그림 3-7-12〉 소총의 등장과 진화 과정

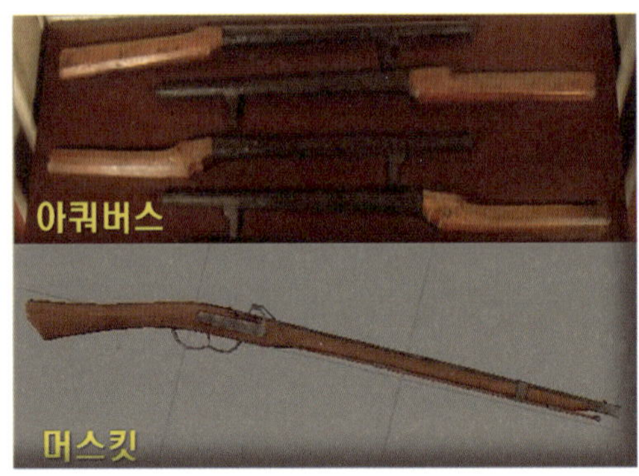

15세기 유럽에서 최초로 등장한 아퀴버스는 이후에 등장한 머스킷과 비교 시 상대적으로 짧고 가벼우며 휘어진 소총으로 볼 수 있다.[47] 전형적인 머스킷 소총의 길이는 1.7m, 무게는 9kg, 50구경으로 13mm, 탄알의 무게는 19g이다. 후기에 개량된 머스킷은 길이가 조금 더 짧아졌고, 가벼워지면서 최대 90m의 거리에서 사람 키 정도가 되는 크기의 표적을 명중시킬 정도로 명중률도 높아졌다. 그러나 이전의 아퀴버스와 비교할 경우 상대적으로 무겁고 길며, 다소 큰 구경의 소총인 점은 분명하다. 길이 1.4m, 무게 7~10kg, 탄알은 69구경(17.5mm)에서부터 75구경(19mm)까지 있었으며, 무게는 38g으로 아퀴버스의 2배가량이다.[48] 머스킷은 아퀴버스보다 위력은 강했지만, 무게가 무겁고 화약이 많다 보니 단각대(Fork, 휴대용 받침대)를 받치고 2명이 함께 사격해야 하는 제한점이 존재하였다. 머스킷은 때에 따라 8~15발로 제작되었으나, 모두 12 사드(총기 당 38g짜리 총알의 정량을 의미)로 통칭하였다. '근대전의 아버지'로 불리는 스웨덴 국왕 구스타프스 아돌프스(Gustavus Adolphus, 1594~1632)는 화약과 솜뭉치, 그리고 탄환을 종이로 만든 통에 보관하도록 탄환 통을 제작하여 사격속도

구스타프스 아돌프스
(Gustavus Adolphus, 1594~1632)

47) 초기의 '아퀴버스'는 갈고리가 없는 파이프 형태였다. 개머리판도 긴 막대기 형식이었다가 점차 개머리판이 추가되었다. 또한, 석궁의 발사 방식에 착안하여 15~16세기를 지나면서 화승(화약)을 달게 되었으며, 점차 총에 자체적으로 발사가 가능한 장치를 부착하면서 머스킷 소총으로 발전하였다.

48) 당시의 소총과 현대식 소총과의 무게를 비교하면, M1 소총은 3.2kg, CAR 소총은 2.9kg, K2 소총은 3.2kg, K1 기관단총은 2.87kg, 1998년 연구개발이 시작되어 불량 논란으로 인해 2019년 중단이 결정된 K11복합형소총은 6.1kg이다.

의 향상에 기여하였다. 아래의 <그림 3-7-13>은 머스킷 사격 방법과 순서다.

〈그림 3-7-13〉 머스킷 소총의 사격 방법과 순서

당시는 숨어서 쏘거나, 기습적으로 공격하는 방식은 비겁하다는 게 일반적인 정서이자 시각이었다. 따라서 초기에는 장교의 사격준비-조준-발사라는 명령과 순서에 따라 사격을 하였고, 앞의 병사가 쓰러지면 뒤에 있는 병사가 앞의 자리를 메꾸는 방식으로 전투를 진행하였다. 당시 사격 소요시간은 1분여가 일반적이었으나, 영국군은 숙달훈련을 통해 30~40초로 단축해 전투력을 향상했다는 평가를 들었다. 그러함에도 불구하고 16세기 초기까지는 조준점이 부정확하였고, 100~200야드(91.4~182.8m)에 이르는 짧은 사정거리에도 높은 살상력을 동반하지는 못하였다. 조작법도 복잡하여 3분당 2발 사격이 가능한 상태로 총병(銃兵)의 명중률이 높지 않다 보니 투창부대를 같이 편성하여 운용하였다. 즉 조준 사격이 아니라 대량사격 위주로 운용할 수밖에 없는 환경이었다고 함이 정확한 표현이다.

초기 소총의 문제점은 흑색 화약 자체가 습기를 머금고 있다는 사실 외에도 크게 다섯 가지 정도로 정리할 수 있다. 첫째, 화승(심지)에 점화 후에도 꺼지지 않도록 일정 시간이 될 때마다 관리가 필요하다. 둘째, 화승이 타는 냄새는 멀리까지 퍼져 나가 매복에 불리하게 작용하였고,

어둠 속에서도 확인할 수 있었다. 셋째, 불똥으로 인하여 화약고 근처에 위치하거나, 근접하기는 다소 곤란하였다. 넷째, 불이 없을 경우는 긴급한 경우에도 즉각 대응 사격을 할 수 없었다. 마지막으로, 화약 및 장전 순서가 바뀌면 다음 사격이 불가능하였던 점이다. 그러나 스페인이 체리뇰라 전투(1503)에서 소총・창병과 지형 및 장애물을 활용하여 승리를 거둔 사례는 눈여겨 볼만한 대목이다. 이때 사용한 4각 방진이 스페인이 자랑하는 테르시오(Tercio, 창과 총으로 무장한 보병들이 방어에 적합하게 한 대형 또는 부대)이다. 아래의 <그림 3-7-14>는 테르시오의 부대 편성 및 전투 진행 방식이다.

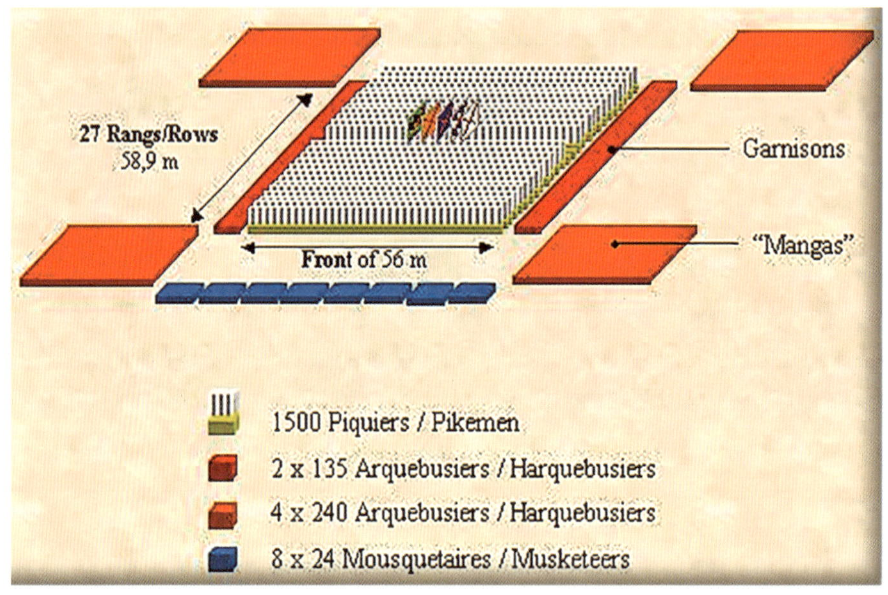

〈그림 3-7-14〉 테르시오의 부대 편성 및 전투 진행 방식

테르시오의 기본단위는 중대로서 250명 혹은 300명으로 편성하였다. 중대본부는 대위 1명, 중위 1명, 중사 1명, 기수 1명 등 11명으로 구성되었고, 그 외 종자 1명, 보급계 장교 1명, 고적수(鼓笛手) 1명, 종군 사제 1명, 이발사 1명이었다. 중대는 파이크병(A) 중대와 아퀴버스(B) 중대로 구분되었다. 테르시오는 파이크병 10개 중대와 아퀴버스 2개 중대 총 12개 중대로 구성하였다. 파이크병은 갑옷을 [49)]착용하거나, 착용하지 않은 장창병을 의미하며, 코셀레테(Corselet)는 갑옷

49) '테르시오'가 방진이나 대형이 아니라는 주장은 스페인 바야돌리드 대학교의 사학과 에르난데스 교수 등이 하고 있다. 그러나 이 책에서는 기존의 주장인 방진 및 대형으로 해석함이 혼란을 발생시키지 않는다고 판단하여 기존의 내용을 수록하기로 한다. 내용을 보게 되면, 대형 속에 부대의 편성과 편성된 직책 등이 포함되어 있으므로 의미를 전달하는데 큰 제한이 발생하지 않는 것으로 판단하였다.

과 투구로 완전히 무장한 장창병을 의미한다. 먼저 정면에 있는 머스킷을 휴대한 소총병이 돌격해오는 적에게 사격을 가하다가 적들이 가까이 접근하면, 종심(縱深) 상에 20~30열로 배치된 파이크병의 대열 뒤로 이동하였다. 적의 기병이 돌격해오면, 파이크병 대열이 저지하고, 좌・우측의 2열로 형성된 아퀴버스 총병들의 일제사격을 통해 적의 돌격을 저지한 다음 다시 파이크병들이 재공격하여 적을 궤멸시키는 전술로 총병이 사격 후 재장전 시 적에게 노출되지 않도록 보호할 수 있는 장점도 있었다. 초기 창병대 총병의 구성 비율은 3대 1이었으나, 16세기 후반으로 가면서 점차 2대 1로 감소하였다. 17세기 초에 들어서면서 1대 1로 줄어들더니 18세기로 들어서면서 창병은 자취를 감추었다.[50)]

17세기 중엽에 플러그식 총검이 개발되면서 대검을 총구에 꽂아 사용하였고, 말엽에는 고리・소켓식 총검으로 진화하였다. 이는 이전까지 분리되어 운용하였던 총병(銃兵)과 창병(槍兵)의 역할을 통합하는 계기가 되기도 하였다. 7년 전쟁(1756~1763) 직전에는 철재로 만들어진 탄약 꽂을대가 제작되어 활용되기 시작하였다.[51)] 전투 대형은 밀집 횡대 대형(Line Battle, 선형대형)이 등장하였다. 실제 밀집대형은 로마군의 전형적인 전투 대형으로 볼 수 있다. 로마군의 주력은 기병이 아니라 중장보병으로 중장보병(hoplite) 사이에 경장보병과 기병이 보강하는 수준이었음을 기억할 필요가 있다. 아래의 <그림 3-7-15>는 라인 배틀 대형이다.

〈그림 3-7-15〉 라인 배틀(Line Battle)의 모습

50) 테르시오를 완벽하게 고증한 전투를 그린 영화가 바로 스페인(2006)에서 만든 17세기 배경의 『알라트리스테(Alatriste)』이다. 이 영화는 로크루아 전투(Battle of Rocroi, 1618~1648까지의 30년간 유럽에서 로마 카톨릭 교회 지지 국가들과 개신교 국가 간 전쟁 시 프랑스-스페인군 간의 전투, 1643)를 재연하고 있다.

51) 7년 전쟁(1756~1763)은 오스트리아가 슐레지엔 지방을 프로이센으로부터 회복하기 위해 시작한 전쟁으로 프로이센이 연전연승하다가 1759년 오스트리아-러시아 연합군에 참패하였다. 이후 프로이센은 영국의 재정적 지원을 받아 슐레지엔에서 오스트리아와 프랑스 연합을 격멸하게 된다. 영국은 해외식민지 확장에 성공하면서 유럽지역에서 선두주자가 되었고, 강대국의 지위를 누리기 시작하였다.

라인 배틀은 머스킷 총의 사정거리까지 진출하여 일제히 사격하는 방식으로 전장에서는 엄격한 규율과 훈련, 그리고 같은 제식과 제복의 등장을 비롯하여 군법을 강조하게 된다. 대열의 길이는 통상 70m 정도까지 유지하였으나, 보병의 능력이 점차 확대되면서 17세기에는 8~10개의 대열로 유지되다가 18세기는 4~5개로, 19세기에 들어서면서 2개로 감소하였다.[52)]

화약 무기가 본격적으로 진화되면서 이에 대한 대응 전술도 발전하였다. 당시만 하더라도 아직 경기병은 전투에서 전술적으로 유용하였기에 기동력을 바탕으로 정찰 및 수색, 추격 등에 투입하였다. 전투에서 결정적 시기로 판단될 경우는 기병을 투입하였으며, 한때 기병과 보병의 비율이 1대 10까지 확대되었다. 17세기까지의 주요 병종은 3병 전술로 일컬어지는 창병과 소총병, 포병과 기병이었다.

2.2. 동아시아 지역: 朝 · 日(倭) 전쟁과 명나라를 중심으로

조선 시대는 1392년 이성계 장군이 위화도 회군을 통해 조선을 건립한 이후 1910년 일본에 의해 국권(國權)을 강탈당한 때까지의 시대를 의미한다. 조선은 개국 이래 200여 년에 걸쳐 북방민족과 왜군과의 소규모 전투 위주로 경험을 축적하여 국가 방위체제는 제승방략(制勝方略) 체제로 운용하였다.[53)] 세종(1377)은 최무선의 주도로 화통도감을 설치하고 화약 무기의 개발에 공을 들였다.

조선의 육군은 장병술(長兵術) 위주의 전술을 구사하였으며, 주력 무기는 칼과 창 등의 단거리 전투 행위보다 활과 화약 무기를 이용한 원거리 전투 행위에 집중하였다. 이를 위해 몽골군과 원나라에서 도입한 기마 전술을 접목(接木)하여 기병 중심으로 편성하였다.

조선의 수군(水軍)은 당시로써는 대형 전함인 판옥선(거북선도 판옥선의 일종)을 제작하였으며,

52) 라인 배틀에 관련한 영화는 미국의 독립전쟁을 재연한 영화(2000) 『패트리어트(늪 속의 여우)』를 통해 확인할 수 있다.

53) 제승방략체제는 유사시 각 고을의 수령이 일정 지역으로 집결하여 중앙에서 파견한 장수의 지휘를 받는 체제를 의미하며, 전쟁 초기에 적보다 우세한 병력을 집중적으로 운영하여 적을 제압하고 적지(敵地)까지 전과를 확대하기 위한 전술을 펼침으로써 분군법(分軍法)으로도 불린다. 조선 초기는 북방지역의 군익제(軍翼制, 군대를 펼쳐놓은 제도)와 남방지역의 영진제(營鎭制, 해안이나 국경지대의 요지에만 영이나 진을 제한적으로 설치)로 운영하다가 후기에 들어서면서 진관체제(鎭管體制, 행정단위(읍)를 군사 단위인 진(鎭)으로 편성하고 고을의 수령을 장수로 임명하는 지역방위체제)로 단일화시켰다. 그러나 진관체제는 소규모 전투에 유리하지만, 대규모의 적이 공격해올 경우 대응이 제한되었다.

한 척당 화포 20여 문을 장착하여 원거리에서부터 발사할 수 있었다. 판옥선은 임진왜란 때 활약했던 조선의 주요 군선(軍船)이었다.[54] 임진왜란 간 왜군과의 전투 시에는 조총과 활을 활용하는 장병술과 칼을 활용한 근접전 위주의 단병술을 통합하여 전투를 수행하였다. 이러한 전술의 특징은 공통으로 기병과 보병(조총병조, 궁병조, 창병조)을 조합하여 편성하였으며, 분진합격(分進合擊) 전술을 사용하였다. 아래의 <그림 3-7-16>은 조선 육・수군의 대표적 무기이다.

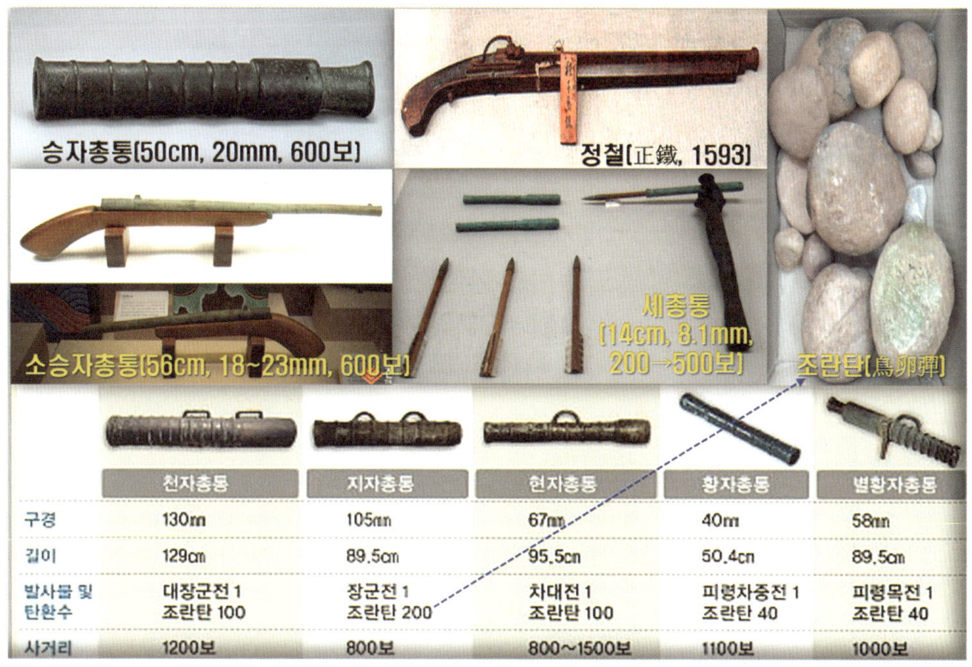

	천자총통	지자총통	현자총통	황자총통	별황자총통
구경	130mm	105mm	67mm	40mm	58mm
길이	129cm	89.5cm	95.5cm	50.4cm	89.5cm
발사물 및 탄환수	대장군전 1 조란탄 100	장군전 1 조란탄 200	차대전 1 조란탄 100	피령차중전 1 조란탄 40	피령목전 1 조란탄 40
사거리	1200보	800보	800~1500보	1100보	1000보

54) 일반 군선(軍船)은 전투 요원과 노나 키를 잡는 비전투요원(격군)이 같이 뒤섞여 있다 보니 동선(動線)이 겹치게 되어 전투와 배를 움직이는 데 문제가 많았다. 이를 보완한 산물이 판옥선이다. 2층 구조로 만들어 노를 젓고 배를 움직이는 격군(비전투요원)은 1층에 배치하여 피해를 줄이고, 2층에는 전투 요원들을 배치하여 전투에 집중할 수 있게 만듦으로써 기동력과 견고성뿐만 아니라 돛대와 방향키를 2개로 만들어서 속력이 빨랐다.

〈그림 3-7-16〉은 조선군의 육·수군의 대표적 무기

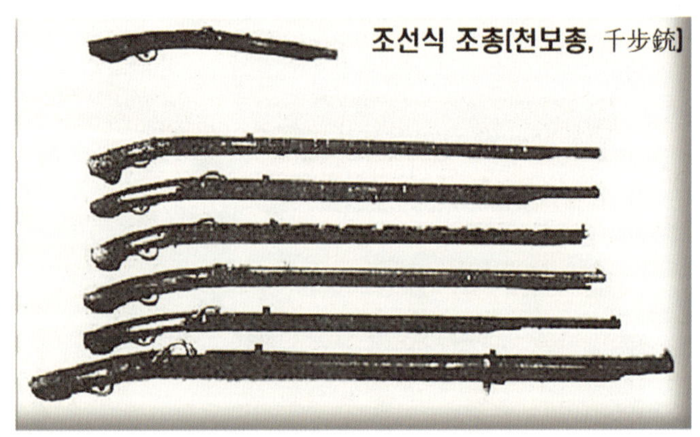

제1차 진주성 전투에서 사용된 총통은 천자·지자·현자·황자 총통이었으며, 무게는 수성(守城)용 직사포로서 무게는 80~300kg까지였다. 당시 조선은 화약 무기가 초보 수준이었지만, 대포는 수만 문이나 보유하고 있었고, 명나라에서 도입한 호준(虎蹲) 포를 운용하였다. 총통 중에서 휴대용 화포로 사용되었던 승자총통과 세총통은 주로 개인이 휴대하던 개인화기였다.[55] 특히 소(小)승자총통은 가늠자와 가늠쇠가 붙어 있는 데다가 반동이 심하여 조준할 수 있는 도구는 아니었다. 정철(正鐵, 조선식 조총)은 임진왜란이 발발한 이후 생산되어 대량으로 사용할 수 없었기 때문에 각궁(角弓, 전통활)이 수성전과 농성전에서 주력 무기로 사용되었다.[56] 당시는 군인들

55) 총통은 고려 시대에 개발되어 조선 시대에 활성화되어 사용하였던 화기를 총칭하는 의미이다. 화약을 이용하여 청동이나 철재로 제작된 통 속에 화살이나 탄환을 넣어 발사하는 무기로 고려 말기 최무선에 의해 최초로 등장하였다. 총통은 세 가지 부문으로 구성되어 있다. 부리와 약통, 밑 또는 자루로서 부리는 화살이나 탄환 등을 장전하는 기다랗게 생긴 원통으로 대나무 마디처럼 생긴 죽절(竹節)과 손잡이를 의미한다. 격목통은 약통과 부리 사이에 위치하며, 이 둘은 서로 통하게 되어있고, 격목을 단단하게 고정할 수 있도록 약통 방향으로 들어가면서 점차 좁아진다. 약통은 불을 붙이는 심지로 인하여 화약이 폭발 시 압력을 견딜 수 있게 하려고 부리 쪽보다 두텁게 만들어져(주조되어) 있다(육군사관학교 육군박물관(http://www.kma.ac.kr/kma05/kma05main.do); 허선도, 『조선시대 화약병기사연구』 (서울: 일조각, 1994). 등).

56) 각궁(角弓)은 물소 뿔을 재료로 하여 제작한 조선 시대의 대표적인 주력 활로 장수들의 기본 무기였다. 화살촉은

이 진급하려면, 활을 잘 쏘아야 했기에 선조 31년의 ≪무예제보≫에 따르면, "조선은 칼을 쓰는 법과 창을 사용하는 법은 전혀 배우지 않고 오로지 활을 잘 쏘는 방법만 연습했다."라는 구절에서 얼마만큼 중요하였는지 알 수 있다. 활의 사거리는 1보를 1.2m로 환산하므로 120보이니까 144m가 된다. 해군사관학교에 소장된 조선 시대의 수군(水軍) 교범 ≪수조규식≫에 따르면, 각종 총통은 200보(약 240m), 조총은 100보(약 120m), 활은 90보(약 108m)로 규정하고 있다. 실제 전투에서는 명중 여부가 중요하기에 최대 사거리보다 다소 짧은 사거리 내에서 활을 쏘고 있음을 알 수 있다. 세총통(Small Musket)은 나무 자루에 쇠집게와 비슷한 철 홈 자를 만들어 세총통을 집어넣고 사용하였다. 임진왜란 중 진주성 전투(일명 사천해전) 시에는 최초로 거북선을 투입하면서 총통(銃筒, 대포)을 사용하였다. 아래의 <그림 3-7-17>은 행주산성과 진주성 전투, 해전에서 사용되었던 대표적인 무기체계이다.

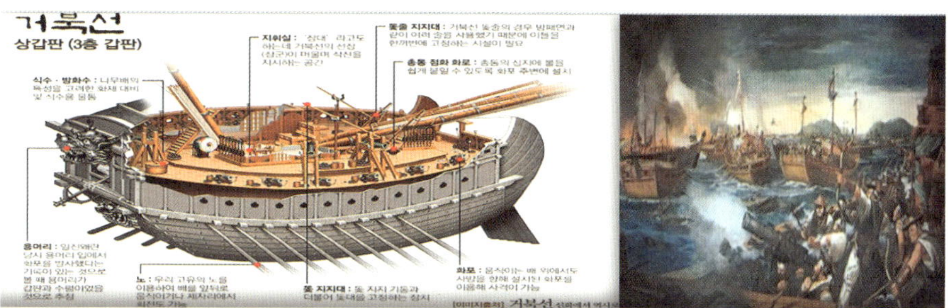

〈그림 3-7-17〉 행주산성 · 진주성 전투, 해전에서의 대표적 무기체계

보통 삼각형으로 만들었으며, 일반적으로 화살의 길이는 일반적으로 80~85cm이다.

대장군전은 초대형 화살로 최대 사거리가 960m였지만, 점차 개량하여 후기부터는 조란환(무쇠 철환)을 포함하여 최대 4,000m까지로 사거리가 늘어났다.[57] 화약통(Gunpowder case)은 화약을 담아 쓰는 통으로 거북 모양의 형태이었으며, 뚜껑은 일정하게 화약량을 계량(計量)할 수 있도록 제작되어 있다. 또한, 대장군전(大將軍箭)의 재료는 가시나무로서 천자총통과 같은 대형 총통에다가 장전하여 발사하도록 제작된 화살이다. 지름이 9.1~10.4cm, 길이가 10.5~12.5cm로 상당한 크기의 대형 화살촉을 사용하였다. 아래의 <그림 3-7-18>은 당시 사용되었던 곡사화기와 현대의 다연발식 대포의 시발점이 된 화차(火車)이다.[58]

〈그림 3-7-18〉 조선 시대 곡사화기와 화차

완구는 현대의 박격포와 비슷한 곡사화기로 성벽 내부를 포격할 때 진천뢰나 단석(團石, 조선 전기부터 후기에 이르기까지 완구(碗口)에 사용된 포탄)을 발사하는 화기로 사거리는 200~400m였으며, 해전에 주로 사용하였다.[59] 비격진천뢰는 금속 파편이 폭발하는 시한폭탄으로 일정 시간이 지난 후 자동으로 폭발하도록 제조되었다. 화약과 쇳조각을 집어넣은 후 대나무 통이 신관 역할을 하도록 만들어졌다. 조선의 화차는 현대의 다련장포와 유사한 화기로 총통이나 신기전을

57) '조란탄(鳥卵彈)'은 '새알처럼 생긴 돌'을 의미하며, 지름 2.5cm 이상 되는 동그란 돌을 화약 20량을 채워 30발 정도를 발사하는 원리로서 초기에 쇠가 부족하여 포탄 대신 사용하였다. '조란환(鳥卵丸)'은 '쇠로 만든 대포알'을 뜻하고 있다.

58) 화차(火車)의 경우 2008년 상영된 영화 『신기전』을 통해 영상을 접할 수 있다. 세종 30년(1448)에 조선이 새로운 화기 개발을 시도하자 명나라가 방해하는 과정을 그린 내용이다.

59) 대완구는 화약량이 30량(1량은 38.58g), 중완구는 13량, 소완구는 8량을 사용하였으며, 사거리는 모두 500보 내외였다.

단발 또는 연발로 발사하였으며, 철판포로 주조하여 당시의 유럽 대포보다 성능은 우수한 것으로 평가하고 있다. 아래의 <그림 3-7-19>는 조선 시대의 총통과 비격진천뢰의 발사 원리를 나타내고 있으며, <그림 3-7-20>은 조선의 판옥선(板屋船)과 일본(왜)군의 누각선(樓閣船) 외형이다.

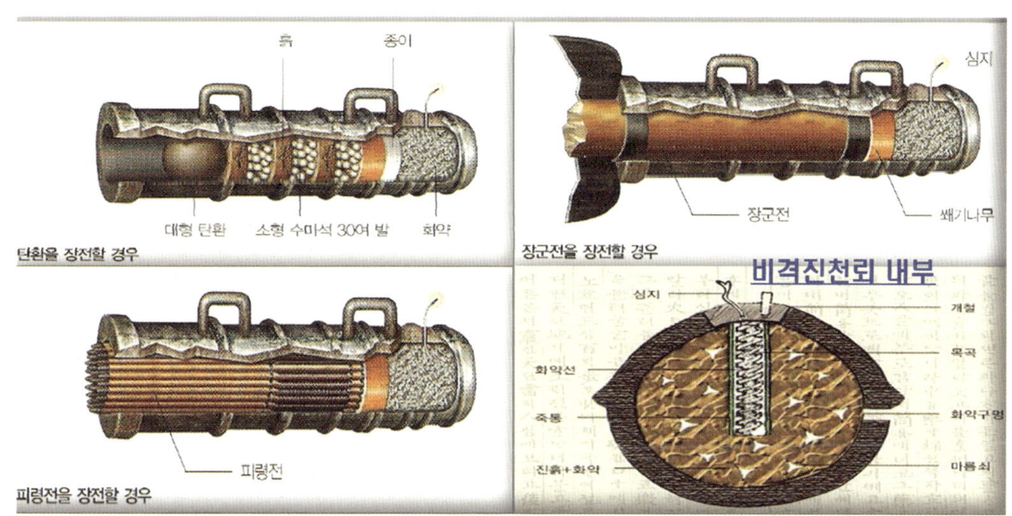

〈그림 3-7-19〉 조선 시대 총통과 비격진천뢰의 발사 원리

〈그림 3-7-20〉 조선의 판옥선과 일본의 누각선

조선 수군의 판옥선은 선체 길이가 20~30m였으며, 소나무 재질을 이용하여 단단하게 건조한 평저선(平底船, 바닥 부분이 평평한 선박)으로 속도는 느리지만, 안정감 있는 회전이 가능하였다.

전체는 3층으로 갑판이 이중 구조로 되어있어 전투 요원들은 2층 갑판에서 적을 내려다보며 유리하게 전투를 수행할 수 있다. 반면에 일본 수군의 누각선은 삼나무 재질을 이용하여 건조하는 과정에서 견고성이 약하였고, 첨저선(尖底船, 바닥 부분이 뾰족한 선박)이다 보니 속도는 빨랐으나, 회전 반경이 넓어 회전 속도가 느렸다. 따라서 해전에서 조선 수군의 판옥선과 부딪히면 깨지는 현상이 잦았다. 일본(倭)군의 유일한 화약 무기는 조총이었다. 아래의 <그림 3-7-21>은 당시 일본군이 사용하였던 조총이다.

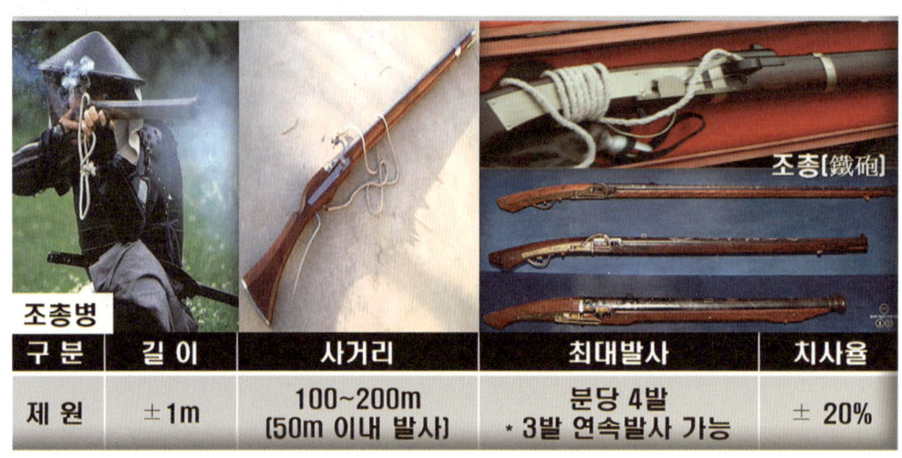

구 분	길 이	사거리	최대발사	치사율
제 원	±1m	100~200m (50m 이내 발사)	분당 4발 * 3발 연속발사 가능	± 20%

〈그림 3-7-21〉 임진왜란 당시 일본군의 조총과 제원

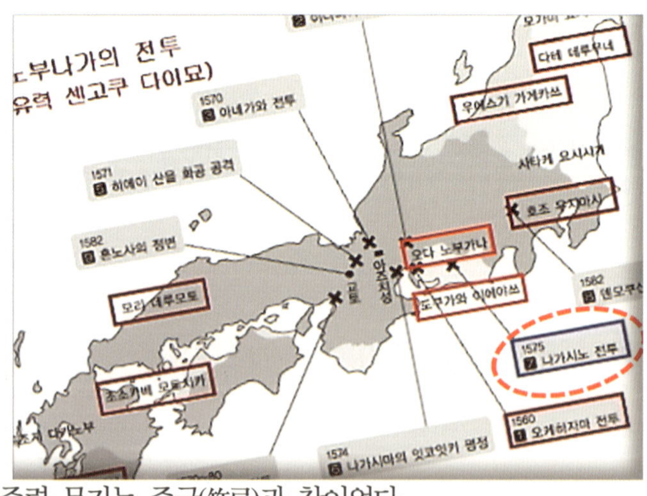

일본은 1543년 종자도(일본 서남단에 있는 다네가시마, 해안을 따라 철산지가 널리 분포되어 제철업이 발달한 섬)로 표류한 포르투갈 상인으로부터 조총의 제조기술을 최초로 전수(傳受)하였으며, 이는 1575년 오다 노부나가가 장조(일명 나가시노) 전투에서 조총으로 기마대를 격파하면서 그 가치가 증명되었다. 그러나 당시 일본군의 조총병은 보병 전체의 약 10~20%였고, 주력 무기는 죽궁(竹弓)과 창이었다.

명나라는 북병(北兵)과 남병(南兵)으로 구분하여 부대 편성과 전술이 각기 달랐다. 실제 명나라 시대는 이전 시대에 북방 유목민족의 침입에 대비하는 과정에서 전차병보다 기병을 중시하였다.

명・청 시대에는 화약 무기가 비약적으로 발전하면서 명나라 장수 척계광이 기병의 단독 전투보다 기타 병종과 화기가 같이 어울려 전투하는 합동 작전 방식의 군영(軍營)을 고안하여 시행하였다. 아래의 <표 3-7-1>은 명나라 북병과 남병의 차이점을 정리한 내용이다.

〈표 3-7-1〉 명나라 북병(北兵)과 남병(南兵)의 차이점

구 분	주요 운영 방식과 형태
북병(北兵)	・북방 유목민족(흉노족)의 전술에 대항하기 위한 기마 전술을 중심으로 숙련
남병(南兵)	・남부 해안을 침입・약탈하는 왜구에 대항하기 위한 보병 전술을 중심으로 숙련 * 장창(근접전 무기)과 화포를 운용

북병은 이여송 장군이 이끄는 요동 기병 즉, 주로 몽골과 여진족 등의 유목민족을 상대하기 위한 기병(騎兵)이었고, 남병은 절강성의 보병과 화약 무기로 무장한 중화기(重火器) 병으로 편성하였다. 근접전 위주의 전투를 수행하기 위하여 일본군과 같이 조총을 휴대하고 단병전이 가능하도록 부대를 훈련했다. 이를 활용한 병서가 당시의 명나라 무장인 척계광(戚繼光)의 『기효신서(紀效新書)』였다.[60] 아래의 <그림 3-7-22>는 남병의 주력 무기의 종류이다.

〈그림 3-7-22〉 명나라 남병의 주력 무기

60) 『기효신서』는 1560년에 명나라의 무장인 척계광이 최초 18권으로 간행하였고, 이를 바탕으로 내용을 추가하고 1588년에 14권으로 정리하여 출판되었다. 당시 조선에서도 임진왜란을 전후하여 류성룡이 건의하여 『기효신서』를 수입하여 훈련도감을 설치하고 주요 교범으로 활용하였다.

당시 명나라 남병의 주력 무기는 창과 칼, 활 등이었다. 『기효신서』의 주요 내용도 일본군과의 근접전에 대비한 소부대 단위로 운용하는 데 중점을 두고 발전되어 있으며, 12명 단위로 대(隊)를 편성하고 다양한 무기 사용이 가능하도록 작성되어 있다. 당시 명나라 남병은 포르투갈 상인으로부터 입수한 화포를 사용하였다. 아래의 <그림 3-7-23>은 당시 명나라가 주로 사용하였던 화포이다.

〈그림 3-7-23〉 명나라 남병이 주로 사용하던 화포의 종류

불랑기포(佛狼機砲, Frank라는 단어에서 유래된 말로 15세기경의 유럽국가를 총칭)는 임진왜란 중에 조선 수군이 활용한 화포이다. 자포(子砲)에 화약과 탄약을 채워 모포(母砲)에 장전하면, 연발 사격이 가능하였고, 포의 회전 및 발사각을 조절하여 조준 사격도 할 수 있었다. 호준포는 현대의 박격포 형태의 효시로서 일본군의 조총에 대응하는 용도로 사용하였으며, 동시 최대 200발까지 발사하였다. 화전은 화약에너지로 화살을 미사일과 같이 발사하여 일본군의 기선을 제압하였으며, 조선의 신기전과 같다.[61)]

61) '신기전(로켓 추진 화살)'은 '세종 30년(1448)에 제작된 로켓 개념의 무기'를 의미한다. 이와 관련된 내용은 2008년에 상영된 영화 『신기전』을 보면, 이해가 쉬울 것이다. 신기전은 현대 한국군이 보유하고 있는 방사포 즉, 다련장 로켓(MLRS)으로 1986년부터 운용하고 있는 'K-136 구룡'과 미군의 M270 MLRS를 개량하여 2015년부터 실전에 배치해 있는 '천무'를 들 수 있다. 천무의 경우 탄약 구경이 130mm와 230mm를 사용하고 있지만, 곧 사거리가 200~400km이고, 탄약 구경도 400mm급의 천무-2와 천무-3가 실전 배치될 예정으로 알려져 있다(강신, "㈜한화, 다련장 로켓포 '천무'…국산 무기 첨단화 주도," 『서울신문』 (2019. 10. 29.)(검색일자: 2020년 1월 23일),; 나무위키https://namu.wiki/w/%EC%B2%9C%EB%AC%B4%20%EB%8B%A4%EC%97%B0%EC%9E%A5%EB%A1%9C%EC%BC%93. 등.

강의 IX 국민 전쟁 시대의 진행 과정과 무기체계 발달의 상관성을 이해합시다.

강의 전 요구되는 사항

1. 당시 대내 · 외적 환경과 전쟁이 발발한 배경과 목적은?
2. 산업혁명이 군사적 측면과 무기체계 발달에 미친 영향은?
3. 무기체계와 전쟁 양상 변화와의 관계는?
4. 국민 전쟁 시대의 대표적인 무기체계는?
5. 니들건과 샤스포 소총, 기관총의 진화 과정과 특징은?
   * 전장식과 후장식의 특징과 차이점
6. 나폴레옹이 적용한 대포의 발전과 관계되는 군사연구가들이 주장하였던 무기체계와 운용방식은?
   * 그리보발, 브루셰, 기베르, 듀테일 등
   * 전장식 강선포와 후장식 강선포의 차이점
7. 철도와 전신, 참모제도의 발달과 무기체계 및 전술 발전의 확장성은?

제 8 절

국민 전쟁과 무기체계

1. 대내 · 외적 환경과 전쟁의 발발 배경

1860년대 末 미국 내부의 철도망

유럽지역은 18세기 후반에 농 · 수공업을 중심으로 하는 공장제 수공업 수준에서 벗어나 제조업을 중심으로 하는 공장제 기계화 공업으로 인해 생산량이 비약적으로 증가하는 산업화가 시작되었다. 초기에 영국을 중심으로 일어난 산업혁명은 자유롭던 소규모의 생산자를 몰락과 파산(破產, bankruptcy) 상태로 몰고 갔으나, 풍부한 자원과 노동력으로 인하여 점차 공업노동자를 대량으로 만들어냈다. 이는 공장 기계와 증기기관 등의 발명 시대를 도래시켰고, 대량 생산체제의 유지가 가능하도록 만들었다. 근대 초기와 달리 점차 사회 · 정치구조의 변화가 동반되기 시작한 결과로 보인다. 결국, 정치구조의 변화를 가져왔고, 사회 전반에서 산업화 · 공업화를 발전시켰으며, 과학 기술의 발달은 군사적 측면에서 무기체계의 발전과 대량생산 체계를 확보할 수 있는 기반체계를 굳건하게 만들었다.

초기 자본가들은 거리로 돈을 벌러 나온 어린이와 부녀자들의 값싼 노동력을 이용할 수 있었지만, 점차 노동자들이 단합하면서 현대의 노동운동으로 발전하였다. 이는 국민이 주도하는 운동으로 확산하면서 보통선거법의 필요성을 요구하기에 이르렀다. 참정권 운동으로까지 발전하게 되었고, 스트라이크는 더욱 확장되었다. 이러한 사회적 혼란 가운데서도 산업화 · 공업화의 발전은 무기체계의 발전으로 이어졌다. 이는 군사적 측면에서 징집된 국민군대에 필요한 장비와 물자의 대량생산이 가능하게 만들었다. 이를 통해 대규모 군대라도 문제없이 지원 및 장비와 물자를 제공해줄 수 있는 무기의 대량생산이 가능하게 되자 전쟁은 총력전 양상으로 변모하였고, 당연히 무기의 성능도 날로 발전되면서 전쟁의 양상은 새롭게 변화하였다. 이는 과학기술의 발달이 무기체계와 결부되어 나타난 필연적인 결과로 살상력과 파괴력을 증대시켰다.

대량생산 체제의 확립은 국민이 자발적으로 군대에 지원하도록 만들었고, 군대의 대규모화를 불러왔다. 이는 군사적 발전의 측면에서 크게 세 가지로 정리할 수 있다. 먼저, '철도와 전신(傳信)'을 들 수 있다. 원거리에 전투력을 투사(投射, 전투력을 내가 원하는 지역과 장소에 마음대로 갖다 놓을 수 있는 능력) 할 수 있는 여건이 마련되면서 원거리에서의 전투 수행도 가능하게 하였다. 철도는 초기에 장비 및 물자의 수송에만 한정되었으나, 점차 병력의 동원이나 수송 부문으로까지 확대되어 갔다. 크림전쟁(1853)과 미국의 남북전쟁(1861~1865) 시에도 원하는 지역으로의 집중과 이동을 할 수 있었기에 결과적으로 최종적인 승리를 확정 지을 수 있었다.[62] 당시의 전신(有線)은 다수 부대에 대한 지휘 통제능력을 혁신적으로 향상했다. 중세시대의 전쟁에서 지상부대의 간격은 통상 5~6km를 유지해야 할 정도로 제한되었지만, 나폴레옹 시대에 들어오면서 25~75km까지 확장되었다. 국민 전쟁 시대의 철도와 전신기의 발달은 지상군을 원하는 만큼 얼마라도 확장이 가능한 환경을 조성하였다. 전신기(電信機)는 크림전쟁에서 최초로 사용하였고, 미국은 남북전쟁에서 본격적으로 사용하였다. 이어서 발명된 전화와 라디오, 무선전화는 제1차 세계대전 말기에 프랑스군에 의해 항공기에서 최초로 사용되었다. 대규모의 군대를 동원하여 훈련과 보급문제를 해결하기 위해서는 관리할 조직이 필요하였으나, 이러한 문제들을 한꺼번에 해결하게 했다.

둘째, '참모제도'를 들 수 있다. 참모제도의 발달은 지휘관의 지휘 범위와 폭을 상당 부분 향상하였다. 참모제도가 가장 발달한 국가는 프로이센(또는 프러시아, 독일이 통일되기 이전이 명칭)이었다. 현대에서도 독일군의 참모제도가 제일 발달한 것으로 평가받고 있음을 인식하여야 한다. 프로이센은 1803년 참모본부(Great General Staff)를 창설하여 엘리트들을 참모본부에서 근무토록 하면서 여타의 참모장교들을 각 군단과 사단, 연대로 파견하여 각급 제대의 지휘관을 보좌하도록 하였다. 또한, 이들이 평시부터 전쟁계획의 수립 및 불의의 긴급사태에 대비하도록 업무를 추진하였다.

셋째, 이전까지의 전쟁에서 승리는 특정한 영웅에 의해서 이루어진 것이었다. 이때부터는 전쟁에서 승리를 가져오는 것이 특정한 영웅에 의해 이루어지는 것이 아니라 그를 보좌하는 참모조직과 뛰어난 수행 계획이 결정적이었다고 하여도 과언이 아니게 되었다. 나폴레옹 시대의 전쟁이 적이 있는 곳으로 집중하는 방식이었다면, 국민 전쟁 시대는 철도망을 이용하여 더욱 광범위한 포위를 통한 집중이 가능하였다. 미국의 남북전쟁 당시 초기는 유럽의 전쟁과 같이 마주 보고 전투를 진행하는 라인 배틀 위주로 전쟁이 진행되었다. 그러나 1863년 미니에 탄(원추형(圓錐形)

62) '크림전쟁(1853)'은 '제정 러시아가 흑해로 진출하기 위하여 터키와 영국, 프랑스, 사르디니아 공국의 연합군과 벌인 전쟁'으로 1856년 러시아가 패배함으로 인하여 남진 정책은 좌절되었다.

소총탄으로 최초의 현대식 탄약)이 발명되면서 사거리와 살상력이 획기적으로 증대되자 피해를 줄이는 게 급선무가 되었다. 따라서 참호(진지)를 이용하여 은・엄폐하거나, 낮은 자세를 유지함으로써 생존력을 보존하는데 관심이 집중되는 등의 변화를 가져왔다. 남부지역은 전통적인 농업자본으로 농장과 자유무역을 주(主)로 하였고, 북부지역은 공업자본으로 공산품을 소비하는 자영농(自營農)과 제조업을 보호 및 육성하는 보호무역 제도를 채택하고 있었다. 남북전쟁 당시 북부 인구는 1,900만 명이었다. 이에 비해 남부는 900만 명이었지만, 전체 인구 중에서 400만 명의 노예를 제외할 경우 500만 명 정도로 축소되었다. 전쟁 초기 산업생산량이 남부에 비교할 때 저조하였던 북부가 점차 남부를 앞지르게 되면서 철도를 이용하여 군수 장비와 물자, 병력을 무제한으로 수송함으로써 로버트 리(Robert Edward Lee, 1807~1870) 장군이 이끄는 소소한 전투에서 남군이 쟁취한 승리를 무력화시켰다.

2. 무기체계의 특성과 발달 과정

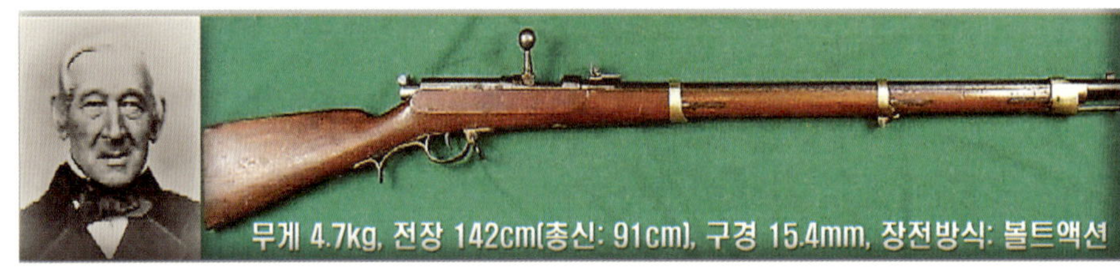

국민 전쟁 시대의 대표적인 무기체계의 3대 기술은 ① 강선, ② 뇌관, ③ 후장(後裝, 총포 뒤쪽으로 탄약을 장전하는 방식)이다. 1841년 프로이센의 요한 니콜라우스 폰 드라이제(Johann Nikolaus von Dreyse, ~1867)가 만든 췬틀나델게비어(Zündnadelgewehr Dreyse) 소총은 공이가 바늘 모양으로 되어있어서 니들 건(Needle Gun)으로 불렸다. 이 총이 제작된 1836년은 최초로 이전의 전장식(前裝式, 총구 쪽에서 탄약을 장전하는 방식)에서 후장식으로 변화된 시기였다.[63] 이전까지는 사수가 탄약을 장전하기 위해서는 서 있거나, 무릎을 굽힌 동작에서 나와야 했지만, 후장식으로 개량 생산하면서 해결되었다. 이때 탄환과 뇌관, 화약을 종이로 싼 탄피에 하나로 결합하여 묶은 탄약을 도입한 당시로 봐서는 혁신적인

63) 당시의 총은 '플린트 락(Flint lcok, 부싯돌을 때려서 격발) 방식'의 머스킷 소총이었다. 초기에 개발된 드라이제 소총 등을 비롯한 후장식 소총은 대량생산이 불가능하도록 비싸지만, 성능은 초기의 머스킷과 유사하였다. 그러나 1836년 드라이제가 추가로 보완하여 개발한 소총은 당시로써는 혁신적인 '볼트 액션(Bolt Action) 방식'으로서 '노리쇠를 수동으로 조작해 탄환을 장전-배출하는 작동방식'이었다. 이를 통하여 사격속도와 생존 가능성이 대폭 향상되면서 탄약도 뇌관과 장약, 탄두가 일체형인 종이 탄피를 사용하기 시작하였다. 일반적으로 드라이제 소총의 개발연도를 1841년으로 칭하는 것은 프로이센군에서 정식으로 드라이제 소총(당시 경(輕) 뇌관식 소총으로 명명)을 군납으로 받기 시작한 연도를 기준으로 했기 때문이다.

소총이었다. 엎드린 상태로 장전할 수 있게 함으로써 사수의 생존 가능성에서 획기적인 향상을 가져왔다. 점차 총신에 강선을 제작하자 회전력에 의해 살상력이 증대되는 효과도 가져왔다. 특히 1850년 미니에 탄 개발로 재장전 문제가 해결되다 보니 유럽지역의 전장에서 머스킷 소총은 점차 쇠퇴 일로에 접어들었다. 격발방식은 '플린트 락(부싯돌 격발방식)'에서 미니에 탄의 개발과 '뇌관 격발방식'이 결합함으로써 사거리가 이전(以前)보다 8배나 늘어난 반면에 오발률은 25배나 줄어드는 긍정적인 현상을 불러왔다.[64] 아래의 <그림 3-7-24>는 일체형 탄약을 등장에 따른 탄약의 격발요령과 뇌관의 위치다.

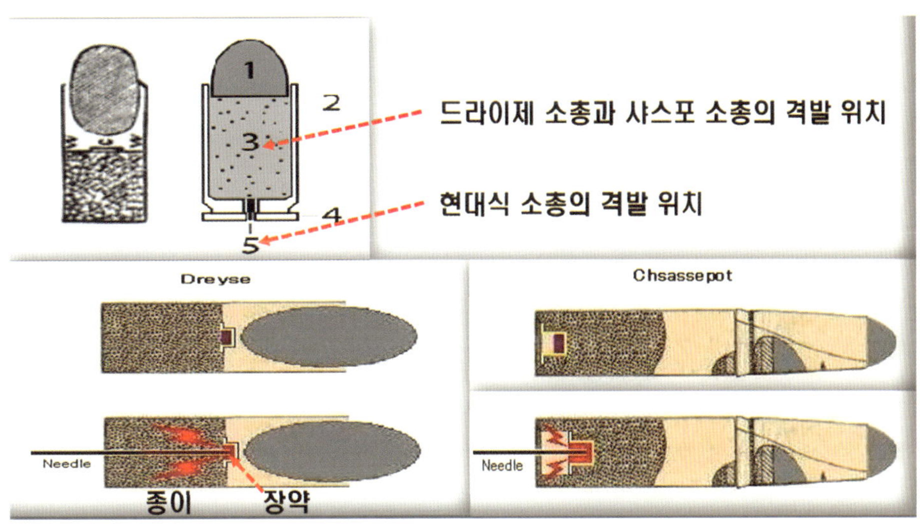

〈그림 3-7-24〉 일체형 탄약의 격발요령과 뇌관 위치

기존의 머스킷이나 후장식 소총들이 분당 1~3발에 그쳤다면, 드라이제 소총은 분당 10~12발을 발사할 수 있었으며, 사거리도 0.6~1.5km로 신장(伸長)되었다. 1841년 프로이센군의 제식소총으로 채택되었지만, 이후 7년 동안 실제로 군에서 사용되지 않았다. 하지만 드레스덴 폭동(1849)에 등장하면서 주목을 받게 되었고, 프로이센-덴마크와의 전쟁(1864)에서도 크게 위력을 발휘하면서 성능을 높이 평가받았다. 아래의 <그림 3-7-25>는 드라이제 소총과 샤스포 소총, 탄약이다.

64) 미니에 탄이 발명되기 이전까지는 상대의 눈이 보이는 거리까지만 사격할 수 있었다면, 미니에 탄이 발명된 이후의 사거리는 400야드(365m)까지 늘어났다. 이전의 방식이 가죽이나 천으로 싸거나 구경이 큰 물건을 총구에 박아 넣은 다음 강선에 끼워 맞추는 구조였다면, 미니에 탄은 격발과 동시에 총알의 뒷부분이 뭉개지면서 자동으로 강선에 맞춰지는 구조로 변화된 데서부터 일어났다고 봄이 타당하다.

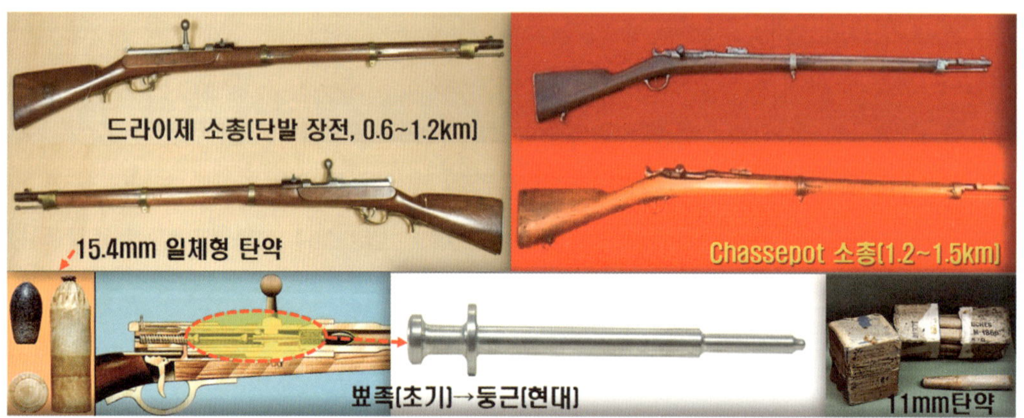

〈그림 3-7-25〉 드라이제 소총과 샤스포 소총의 탄약 구경

프로이센의 드라이제 소총은 세계 최초의 후장식 장전 방식을 채택한 소총이면서 볼트액션식의 장전 방식과 종이 탄피를 이용하여 탄환과 뇌관, 화약을 일체형으로 제작한 혁신적인 소총이었다. 초기의 드라이제와 샤스포 소총 모두 공이는 바늘(needle)과 같이 뾰족하였으나, 잘 부러지고 망가지는 단점으로 인하여 점차 현대의 공이와 같이 둥글고 조금 더 굵은 모양으로 개량되었다. 샤스포 소총은 당시 프랑스의 병기창 감독이던 발명가 앙트완 알퐁스 샤스포(Antoine Alphonse Chassepot, 1833~1905)가 드라이제 소총에서 영감을 얻어 제작한 소총이다. 드라이제 소총과 비교할 때 사거리에서 조금 더 멀리 나갔다. 아래의 <표 3-8-1>은 드라이제 소총과 샤스포 소총의 제원을 비교한 내용이다.

〈표 3-8-1〉 드라이제 소총과 샤스포 소총의 제원 비교

구 분	드라이제 소총	샤스포 소총
무게(kg)	4.7	4.635
전장(mm)	1,420	1,310
총신 길이(mm)	910	795
구경(mm)	15.4	11
최대 사거리(m)	600	1,200
분당 발사속도(회)	10~12	8~15

당시로는 소총 체계에서 획기적인 발전을 가져왔지만, 동시에 치명적인 단점도 갖고 있었다. 드라이제 소총은 종이 탄피를 쓰다 보니 발사를 반복하는 과정에서 약실이 잘 닫히지 않았다.

발사하는 과정에서 뜨거운 가스가 병사들의 얼굴 쪽으로 방출되어 화상을 입는 사례도 자주 발생하였으며, 바늘 모양의 공이는 쉽게 부러지는 현상 또한 발생하였다. 이러한 현상이 반복되자 드라이제 소총은 1871년 마우저(Mauser)사의 개발자 이름을 딴 드레이스 소총(Gewehr 71, 단발 후장식 소총)으로 대체되었다. 샤스포 소총도 유사한 문제로 인하여 1874년에 소총을 개발한 바질 그라스(Fusil Gras)의 그라스 볼트액션 소총(M80 Modèle, 전장식 소총의 시대를 마감하게 만든 소총으로서 최초로 후미에서부터 탄약을 장전하게 만든 후장식 소총)으로 교체되었다. 그라스 소총은 금속 탄피와 탄약을 사용하였으며, 제2차 세계대전까지도 사용되었다.

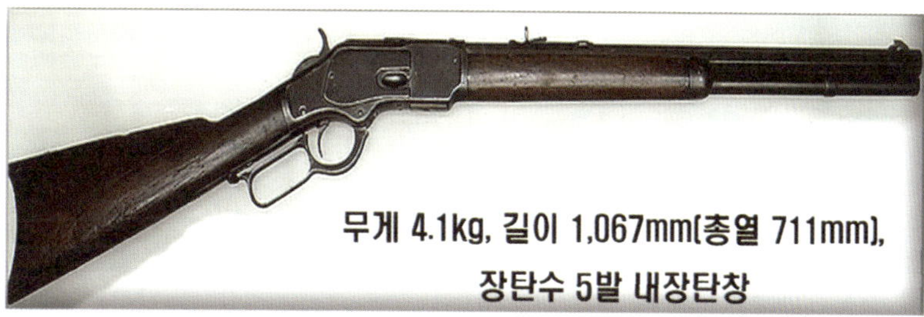

한편 미국의 윈체스터(Winchester) 사는 윈체스터 모델 1895 소총을 레버 액션(Lever Action, 핸드 가드 뒤쪽으로 탄환을 넣고 레버를 이용하여 장전하고 발사) 방식으로 개발하였으며, 오늘날까지도 민수용 소총으로 큰 성공을 이루었다. 특히 제1·2차 세계대전을 겪는 와중에 당시로써는 가장 어려운 군용 소총탄(7.62×54mm)을 사용하였다. 서부영화에 자주 등장하는 소총으로 19세기까지는 소총이 비약적으로 발전한 시대였다.

권총은 이미 17세기에 발명되었으며, 탄약통을 하나의 총신에 잇따라 장전하는 회전식 약실의 원리를 실용화한 사람은 미국의 총기제조업자였던 사무엘 콜트(Samuel Colt, 1814~1862)였다.[65] 최초의 권총은 리볼버(revolver, 回転式拳銃)로 불렸으며, 남북전쟁 시 사용하였다. 미국과 영국, 프랑스 등지에서 다양한 형태와 종류로 제작되었다. 최초의 형태는 파란(blue)색이었다. 아래의 <그림 3-7-26>은 리볼버 권총의 재질(材質)과 형태이다.

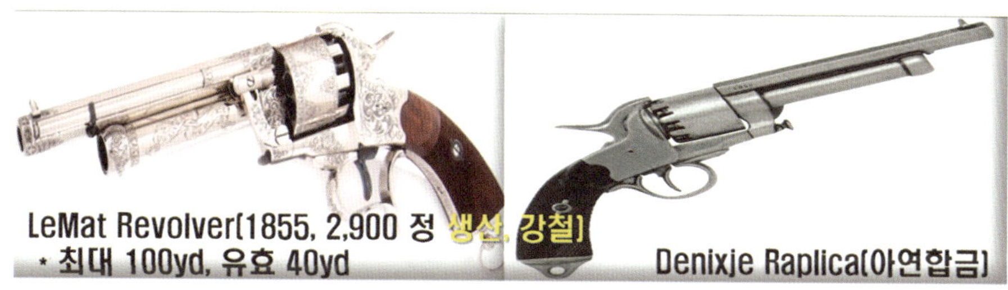

〈그림 3-7-26〉 리볼버 권총의 재질과 형태

65) 사무엘 콜트는 1835년에 특허를 취득하고 1836~1837년에 최초로 콜트식 자동권총과 6연발 권총을 발명하였다. 서부영화에 자주 나오는 권총이 바로 콜트식 자동권총으로 리볼버(revolver)로도 불렸다.

강철 재질로 제작된 르멧 리볼버의 경우 9연발 탄창이었으며, 최대 100야드까지 사격할 수 있었고, 레플리카 권총의 경우 재질이 아연합금이라는 외에는 유사하였다. 다음은 미국의 의사 겸 발명가였던 리차드 조던 개틀링(Richard Jordan Gatling, 1818~1906)이 공학에 몰두하면서 발명한 많은 도구 중 인류 최초의 기관총(1862, 일명 '악마의 무기 또는 악마의 전기톱')으로 불리는 개틀링 기관총이다.[66] 아래의 <그림 3-7-27>은 초기에 제작된 개틀링 기관총의 여러 가지 형태와 종류이다.

〈그림 3-7-27〉 개틀링 기관총의 모습

개틀링 기관총(Gatling gun)은 근대 초기에 만들어진 기관총으로 미국의 남북전쟁 시 주력 소총인 윈체스터 10정을 하나의 원통에 묶는 형태로서 1866년 미 육군의 정규무기(제식 기관총)로 채택되었다. 개틀링 기관총은 사수가 손잡이를 수동으로 돌려 동력을 공급할 경우 총열이 회전하면서 빠른 속도로 발사할 수 있는 방식이었다. 그러나 부피와 무게, 그리고 탄약의 소모량이 매우 많다는 어려움이 있었고, 사용 탄의 규격이 커질수록 장비도 매우 커진다는 점이 제한요인으로 대두되었다. 이후 영국의 발명가 하이럼 맥심(Hiram Stevens Maxim, 1840~1916)이 반동을 이용하여 자동으로 장전할 수 있는 기관총으로 개발된 것이 바로 맥심 기관총(Maxim gun, 1884)이다. 현대 전투기와 장갑차, 함정에 장착된 발칸포의 경우 초기 개틀링 기관총을 만든 메커니즘이 그대로 전수되어 발전된 산물로 분당 수천 발을 발사할 수 있다.

대포의 운용체계는 등장한 초기에 다른 화력 무기와 별반 차이가 없었으나, 현대에 이르면서 점차 다른 화력 무기를 능가하는 수십~수백km로의 사거리 신장(伸張), 포탄의 파괴력과 살상효과로 인하여 지상 전투에서 가장 유용한 화력지원 수단으로 자리매김하고 있다. 초기 대포는

66) 미국 남북전쟁 당시에 개틀링은 단순하게 "이것을 개발하면, 기관총 사수 한 명이 소총수 수십 명의 역할을 할 수 있으니 징집되는 사람의 숫자도 줄어들겠지! 그리고 압도적인 화력과 위력에 대다수 국가는 전쟁을 두려워할 것이다"라는 순진한 생각과 의도로 발명하였지만, 도리어 피해를 확대하는 결과를 가져왔다.

전장식이다. 이전의 대포는 당시의 기술로는 포미(砲尾, 화포의 꼬리) 부분에 밀폐장치를 설치하는 수준이 제한된 데다가 드는 비용도 문제였지만, 기동성이 저하된다는 점이 결정적 요인이었다. 특히 당시의 활강식 대포는 사거리가 1.4km이었으나, 강선식으로 진화되면서 3.7~4.5km까지 늘어났다. 그러나가 영국이 최초로 주철강 재질의 후장식 대포를 개발하였고, 보-불 전쟁(1870~1871) 시 후장식 강선 대포를 보유한 프로이센이 승리하게 되면서 분위기가 바뀌었다. 당시 프랑스는 프로이센보다 우수한 샤스포 소총을 보유하였으나, 전장식 대포를 갖고 있었다. 반면에 프로이센군의 비스마크르 재상과 대(大) 몰트케(Helmuth Karl Bernhard von Moltke, 1800~1891) 참모총장은 오스트리아 포병이 주철강(鑄鐵鋼)으로 제조한 후장식 대포에 감명을 받고는 소총의 약점을 극복하기 위하여 샤스포 소총의 사정거리 밖에서 후장식 대포를 사용하는 전투를 수행함으로써 승리를 가져올 수 있었다. 이러한 추세는 보・포・기병 중심의 전투에서 기병이 쇠퇴하였지만, 제1차 세계대전까지 기병의 명맥은 존속되어 졌다. 그러나 현대로 들어오면서 점차 보・포병만이 전장에서 생존하는 계기가 되었고, 기병은 전차로 대체되었다.

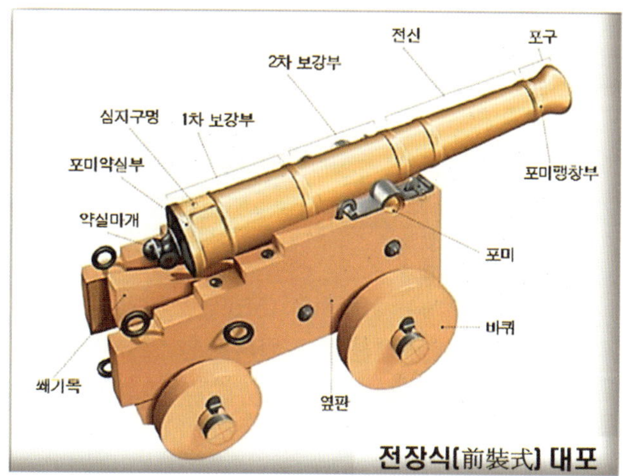

전장식(前裝式) 대포

15세기 말에 최초로 등장한 초기의 대포는 공성용(攻城用)이었으나, 점차 인명 살상용으로 확대되었다. 대포는 핵무기를 사용하지 않는 지상 및 해상전투에서 폭격과 함께 화력전의 대표적인 무기이다. 총과 대포는 발사하는 원리가 같다고 보면 된다. 초기에 제작되었던 포신은 철판이나 철봉(철로 된 원통형의 파이프)으로 제작된 간단한 형태였지만, 기간이 지나면서 점차 발전을 거듭하여 18~19세기에 이르게 되면, 주철로 포신을 만들고, 장약의 질도 많이 개선되었다. 이후 포신 내부에 홈(강선)을 제작함으로써 포탄이 회전하게 되었고, 정확한 방향의 유지가 가능하여 졌으며, 강도(剛度)도 높아졌다. 또한, 발사 간 반동을 흡수하기 위한 주퇴복좌기(駐退復座機, 포탄을 발사하게 되면, 자동으로 포신이 뒤로 밀려나게 만든 장치) 등을 개선했다.[67] 아래의 <그림 3-7-28>은 대포가 전장식에서 후장식 강선포로 진화한 형태이다.

67) 일반적으로 지상 화포의 최대 사거리는 구경(口徑)에 따라 차이가 난다. 구경이 100mm급은 사거리가 15km, 200mm급은 25km, 해군 함포의 경우는 400mm급이 35km 정도로 이해하면 될 듯싶다.

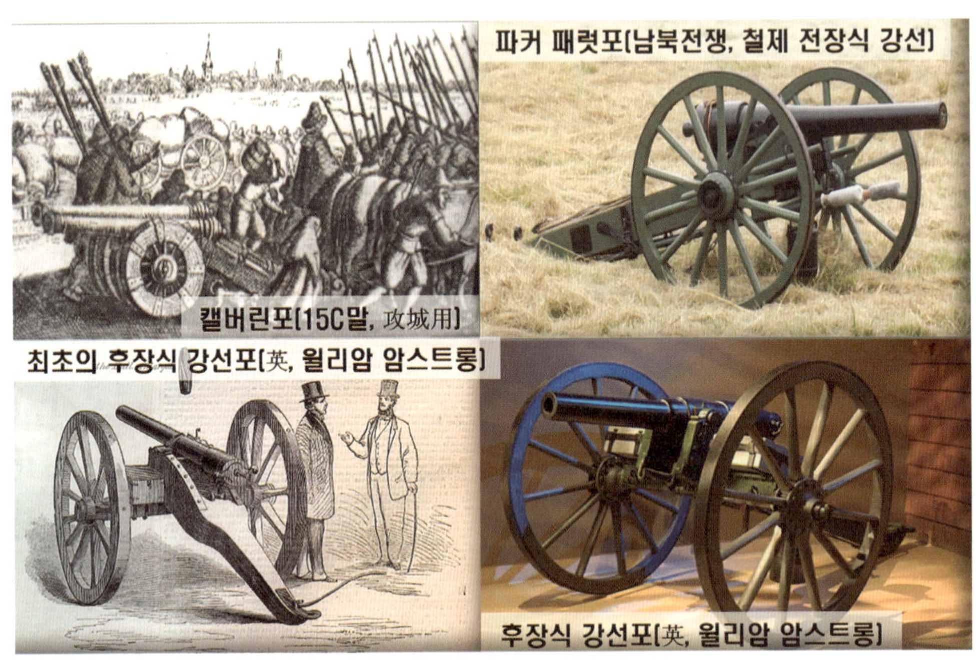

〈그림 3-7-28〉 전장식에서 후장식으로 진화한 대포의 형태

캐넌(cannon) 포나, 캘버린(Culverin) 포는 직사포(평사포)를 의미하며, 15세기 말 유럽지역에서 가장 왕성하게 운용한 주력 화포였다. 이는 조선 시대의 총통(銃筒)과 같은 용도로 사용되었다. 파카 패럿 포의 경우는 철제가 잘 깨지는 단점이 발생하자 북군의 경우는 주철과 연강 재질로 포신을 보강했고, 이후 강철제로 진화되었다. 1855년 영국의 윌리엄 암스트롱(William George Armstrong, 1810~1901)은 WG 암스트롱 사를 설립하고 영국 육군을 위해 대포를 개발하였다. 강철제이던 포신의 강선을 개량하여 몇 분이나 소요되는 장전(裝塡, 탄환을 재는) 시간을 1/10로 단축했다. 그리고 얇게 만든 여러 개의 포신을 포개는 작업을 통해 포신의 층(層)을 복합적으로 제작하였다. 이는 주조포(鑄造砲, 금속재료를 거푸집에 부어서 굳게 만든 포)에 비해 획기적으로 개량되는 성과를 가져왔다. 이후 육군과 해군 포로 발전되었다. 육군에서는 64mm 경야포와 76mm 기마포병포, 76mm 야포로, 해군에서는 95mm(20파운드) 야포와 121mm(40파운드) 요새포, 180mm(110파운드) 화포로 발전되었다. 당시 오스트리아도 오-프전쟁(1859) 이후에 활강식 대포를 강선식으로 교체하였으며, 보-오전쟁(1866) 시에는 736문의 강선식 대포를 보유하면서 세계 최강국의 지위 확보가 가능하였다.[68]

68) 소총은 조준 사격이 가능한 소구경의 화기이고, 대포는 20mm 이상의 화약 병기를 총칭하는 것으로 탄착점을 계산하여 사격하는 화기임을 의미하고 있다.

강의 X 양차(兩次) 세계대전 시대에 진행되었던 무기체계 발달의 상관성을 이해합시다.

강의 전 요구되는 사항

1. 당시 대내 · 외적 환경과 전쟁이 발발한 배경과 목적은?
2. 이전의 전쟁 양상과 제1차 세계대전 간 사용되었던 무기체계의 특징과 차이점은?
   * 새롭게 등장한 신무기의 종류와 특징
3. 제1차 세계대전 간 지상 · 해상 · 공중무기체계와 특징은?
   * 국가별 무기체계의 장점과 제한요인
4. 독일의 한스 폰 젝트(Hans von Seeckt)의 재군비 과정과 히틀러의 성향을 비교한다면?
5. 제2차 세계대전 간 지상 · 해상 · 공중무기체계와 특징은?
   * 국가별 무기체계의 장점과 제한요인
6. 제2차 세계대전 간 무기체계와 전술 변화의 상관관계는?
   * 소화기와 기관총, 전차, 항공기, 독가스, 잠수함, 항공모함 등의 개발과 진화 과정
7. 태평양 전쟁과 미국-일본 무기체계의 특성과 제한점은?

양차(兩次) 세계대전과 무기체계

1. 대내·외적 환경과 전쟁의 발발 배경

양차 세계대전(World War Ⅰ& World War Ⅱ)에 관하여 탐구하기 위해서는 먼저, 1870년에 진행된 보-불 전쟁을 언급하지 않을 수 없다. 이 전쟁은 베르사유 궁전에서 진행한 프로이센 빌헬름 1세의 독일제국 선포식으로 인하여 프랑스 국민의 감정과 자존심은 무참히 짓밟혔다. 특히 알자스-로렌 지방의 강제 할양(割讓)과 5,000만 프랑의 배상금을 지급하라는 요구는 아예 불이 붙은 데다가 기름을 부은 형국이었다.

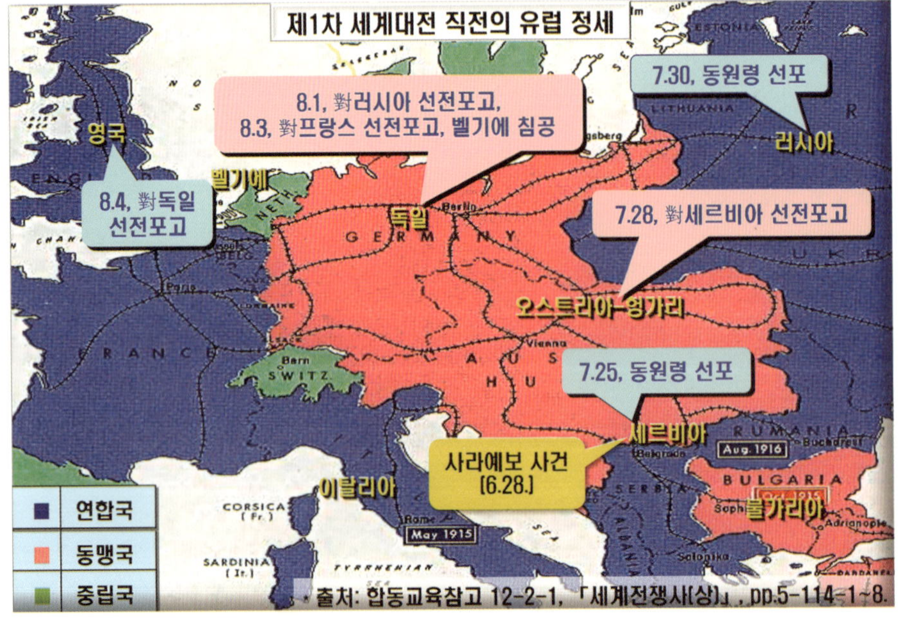

이후 독일의 비스마르크 재상은 프랑스를 유럽에서 고립시키기 위한 외교정책을 가속했고, 이를

위하여 독일을 중심으로 오스트리아·헝가리와 이탈리아가 참여하는 삼국동맹(1882)으로 발전되었다.[69] 러시아는 고립을 회피하기 위하여 프랑스와 노불동맹(1894)을 체결하면서 영국과 프랑스, 러시아의 삼국협상(1907)으로 이어졌고, 유럽지역은 재편성되었다. 1990년대 초 양(兩) 진영 간에 무려 10여 회에 달하는 무력분쟁이 발생하는 과정에서 발칸지역의 민족적 대립 양상은 오트만(Ottoman) 제국의 영향권에서 벗어나려는 노력으로 이어졌다. 범슬라브주의 국가로 러시아의 지원을 받는 세르비아와 범게르만주의 국가인 독일의 지원을 받는 오스트리아 사이에서 발생한 사라예보 사건을 빌미로 양 진영의 충돌 양상은 점차 격화되었다. 이후 1914년부터 진행된 제1차 세계대전에서 연합군은 1818년 승리를 가져왔고, 연합군 측의 프랑스는 베르사유 조약을 통해 똑같은 방식으로 독일에 복수하였다.

이전까지의 전쟁 형태와 양상보다 제1차 세계대전의 대표적인 특징과 양상은 총력전(Total War)과 참호(塹壕)·진지(陣地)전, 그리고 신무기와 신전술로 무장된 현대전(現代戰)의 세 가지 형태로 정리할 수 있다.

먼저, 총력전은 대량 생산체제가 완비되면서 물량전으로 진행되었다는 측면과 국민도 물자의 생산과 지원 등을 통해 전쟁에 참여하였다는 측면, 산업의 생산능력이 전쟁의 승패를 좌우하게 되면서 적국의 전투지역뿐만 아니라 후방에 있는 산업시설에 대한 병행 공격이 시작되었다는 측면이다.

둘째, 참호·진지전은 전쟁 사상이 공격보다 방어 사상으로 만연되었다는 측면으로서 적의 기관총과 소총 사격을 뚫고 공격할 경우 막대한 피해를 수반할 수밖에 없었다. 참호를 이용하여 공격을 기다리다가 이를 방어하면서 공격하는 게 유리하였기 때문에 최초로 야전삽이 개발되었으며, 전장(戰場)에서 위장(僞裝)의 중요성이 증대되면서 유니폼의 색깔(color)과 철모 등도 주변의 지형 여건과 유사하게 진화하였다.

마지막으로, 전쟁 말기에 이르면서 현대전의 형태로 진행되었다. 기관총과 전차, 비행기, 잠수

---

69) 당시 독일은 제2차 산업혁명으로 급속한 발전의 과정에 있었고, 영국과 프랑스는 견제 심리를 갖게 되었다. 이러한 와중에 영국 주도의 3C(남아프리카 케이프타운-이집트의 카이로-인도의 캘커타) 정책과 독일 주도의 3B(독일의 베를린-그리스의 비잔티움(현 터키의 이스탄불)-이라크의 바그다드) 정책은 충돌될 수밖에 없었다.

함, 화염방사기, 독가스 등의 신무기가 계속하여 등장하였고, 오스카 후티어(Osca von Hutier)의 종심 공격 전술에 대응하기 위하여 앙리 꾸로우(Henri Gouroud)의 종심방어 전술로 대표되는 신전술이 등장하였다.70)

오스카 후티어 장군(獨) 앙리 꾸로우 장군(프)

그러나 프랑스를 포함한 연합국이 제1차 세계대전을 일으킨 독일에 전적인 책임을 전가(轉嫁)하면서 발생한 결과는 이전(以前)과 반대로 독일 국민에게 엄청난 모욕감과 그들의 자존심을 건드렸다. 영토의 13%와 700여만 명에 달하는 국민을 강제로 상실당했다는 점을 포함하여 군비의 제한도 과도하였다. 특히 경제를 제재하는 중에 독일이 외국에 투자한 자산은 모두 연합국이 몰수하여 나눠 가졌으며, 배상금마저 1,320억 금화 마르크에 달했기 때문에 독일인들이 갖는 복수심과 절망감은 상상을 초월할 정도이었다. 이는 독일의 해당연도 GNP가 427억 금화 마르크임을 고려할 경우 너무 과중하였음을 느낄 수 있다. 이러한 강요된 평화 요구는 당시의 연합국가들 내부에서도 멀지 않은 장래에 세계대전이라는 또 하나의 불씨가 잉태되었음을 예견할 정도였다.

한스 폰 젝트 장군(獨) 아돌프 히틀러(獨)

여기에서 주목하여야 할 키-워드는 독일의 한스 폰 젝트(Hans von Seeckt, 1866~1936) 장군이 추진하던 비밀 재군비 작업과 아돌프 히틀러(Adolf Hitler, 1889~1945)가 복수극을 감행하기 위해 벌인 행위의 이면(裏面)들을 연합국에서 사전에 감지하였더라면, 참혹한 살육행위는 예방할 수 있지 않았을까 하는 관점이다. 알았더라도 그렇게 행동했을지는 의문이다. 왜냐하면, 히틀러가 주데텐란트(Sudetenland, 체코슬로바키아 내에 다수의 독일인이 거주하는 지역)를 강제로 병합하겠다고 발표하였을 때, 연합국들이 한 행동은 구호에 불과했기 때문이다. 뮌헨회담(1938)에서 프랑스를 비롯한 영국 네빌 체임

70) 후티어의 '종심 공격 전술'은 포병 전술을 침투하는 경보병대에 유리하도록 개조하여 만들었으며, '경보병대가 적의 강력한 방어지역을 우회 기동하여 포위한 다음 주력부대와 함께 공격하는 전술'이다. 즉 보병과 포병의 긴밀한 협동과 기습의 달성을 통해 적의 주(主) 전선을 돌파한다. 앙리 꾸로우의 '종심방어 전술'은 '방어진지를 편성하여 적 돌파부대에 대한 예비대의 역습을 강조하는 전술'로 후티어 전술에 대응하기 위한 전술로 보면 된다.

벌린(Neville Chamberlain, 1869~1940) 수상은 "여기 우리 시대의 평화가 있다"라는 정치적인 호언장담은 유명한 일화다. 당시 이러한 구호에 매달리지 말고 독일의 야욕에 대한 국제 사회의 단합된 강력한 경고와 억지에 관한 의지를 표명하였더라면 하는 진한 아쉬움이 있다.

독일은 폴란드 침공(invasion)을 원래 8월 26일 04:00로 계획하였으나, 그 전날 영국 정부가 "폴란드의 독립은 양국 동맹에 따라 정식으로 보장받는다"라고 발표하였다. 이를 의식한 독일이 계획대로 감행하지 못하였다는 점이다. 이후 7일이 지난 다음에야 침공을 시작했다는 점에서 기간 중 연합국들의 이합집산과 정치적인 득실에 좌고우면하던 행위들이 전쟁의 불씨에 기름을 부었다는 측면에서 볼 때 자유로울 수 없다. 이렇게 위태롭게 구가하던 유럽의 평화는 당연하게 독일에 의해 깨지고 말았다.

제1차 세계대전과 제2차 세계대전 시의 차이점은 크게 다섯 가지로 정리할 수 있다. 먼저, 이전과 달리 조직적 시스템에 의해 전쟁이 진행되었다. 기존의 진행 방식과는 다르게 지휘기구라는 시스템이 작동되었다는 측면에서 이전까지의 전쟁이 특정한 영웅이나 천재에 의해 승리를 달성하였지만, 조직이 작동되면서 불확실한 승리의 확률을 획기적으로 높였다는 점이다.

둘째, 산업생산과 능력이 확충되면서 전쟁의 규모가 무제한으로 늘어났다. 이때부터는 전쟁 장비 및 물자의 지원이 충분한지 아닌지가 전쟁의 승패를 판가름 짓게 되었다.

셋째, 과학과 산업기술의 발달은 새로운 무기를 개발할 수 있는 기본 토대를 제공하였으며, 점차 입체전 양상으로 진행되도록 만들었다. 지금까지의 지상과 해상에 한정된 2차원적 전쟁에서 공중이 추가로 포함된 3차원으로 전장이 확대되었다.

넷째, 국가들의 형태가 자본주의와 공산주의, 사회주의, 전체주의라는 이데올로기(Ideology)에 따라 전장별 특성이 다양하게 지배되었다.

마지막으로, 조건 없는 항복을 요구하게 되었고, 전범(戰犯)은 처형한다는 관례를 생성시켰다는 점에서 시사하는 바가 크다.

2. 무기체계의 특성과 발달 과정

기관총(Machine Gun)은 지속해서 속사(速射, 계속하여 빨리 사격할 수 있는)가 가능한 소구경 자동화기이다. 현대 보병 전투의 척추에 해당하는 핵심적인 무기체계로 현대전의 양상을 근본적으로 바꾸어 놓은 화기로 평가받고 있다. 실탄을 빠르게 지속해서 발사해 전투지역을 광범위하게 제압할 수 있다. 화력이 강한 기관총은 역할이 더욱 확대되어 보병 전투를 넘어 대공, 공중, 해상 등 다양한 전투에서 일익을 담당하고 있다. 제1차 세계대전은 기관총 전쟁으로 불리기도 할 만큼 기관총이 중심적인 역할을 하였다. 대표적인 무기체계로는 최고의 살인 기계로 불렸던 기관총과 전차, 곡사포, 독가스, 잠수함, 항공모함, 항공기의 일곱 가지 분야를 손꼽을 수 있다.

2.1. 기관총

리처드 J. 개틀링(1818~1903) 박사와 개틀링 기관총

최초의 기관총은 미국 남북전쟁 시기인 1862년경 리처드 J. 개틀링(Richard Jordan Gatling, 1818~1903)이 개발한 개틀링 기관총(Gatling gun)이다. 10개의 소총을 한 다발로 묶어 회전하면서 한 번씩 장전되고 발사하도록 만들었다. 이후 세계 최초로 완전 자동식 기관총을 만든 사람이 미국의 하이람 스티븐스 맥심(Hiram Stevens Maxim, 1840~1916)으로 그가 개발한 맥심 기관총(Maxim Marshine Gun, 1870)이 가장 많이 사용되었다. 물론 이 이전에도 여러 종류와 형태의 기관총이 있었지만, 자동 기관총으로 보기는 어려웠다. 하지만 맥심 기관총은 발사할 때 발생하는 폭발 가스를 이용하여 탄환을 발사시키는 시스템을 고안해냈다. 즉, 약실의 탄환이 발사될 때 생기는 반동 에너지와 스프링 지렛대의 힘으로 다음의 탄환을 자동으로 재장전시키는 방식이었다. 기존에 탄약을 보내는 과정에서 발생

하이람 스티븐스 맥심과 기관총

하는 송탄(送彈, 탄약을 내보내는 기능)이 잘되지 않는 현상을 감소시키기 위하여 현대의 군대에서 사용하고 있는 방식과 같이 총탄을 탄약띠에 연결하여 약실에 공급하는 급탄(給彈) 방식을 처음으로 채택하였다. 여기에 물로 채운 덮개를 총신에 부착시키는 수냉식 냉각법을 개발하여 총열이 과열되는 문제까지 해결하였다.

다만, 맥심 기관총은 중량이 너무 무거워 사용하기가 어려웠다. 기관총을 사용할 경우 2명 이상의 병사가 필요하였고, 정확도도 크게 믿을 수 없는 지경이었다. 따라서 제1차 세계대전이 개전한 이후에도 초기는 극히 제한적으로 사용하는 수준이었다. 그러나 영국군은 12시간 동안 연속으로 발사하여도 괴열 반응이니 고장 없이 시간당 1만여 발을 사격할 수 있을 만큼 개선하였다. 물론 시간이 지나면 총열을 교체하였으나, 주변이 확 트인 야지 전투에서는 확실한 효과를 달성하였으며, 제1차 세계대전을 교착 상태로 빠뜨린 주범이 바로 맥심 기관총이었다.

제2차 세계대전을 치른 이후 제트기의 발명과 새로운 야금술(冶金術, metallurgy, 광석에서 금속을 골라내고 정련시키는 기술)이 개발되면서 기관총류는 더욱 발전하였다. 탄약이 폭발할 때 생기는 가스를 이용한 자동장전장치를 움직이도록 만들게 되었고, 현대에 와서도 혁신적인 수준의 개량과 발전 노력은 계속되고 있다. 아래의 <그림 3-9-1>은 맥심 기관총과 빅커스 기관총의 여러 가지 형태이다.

〈그림 3-9-1〉 맥심 기관총과 빅커스 기관총의 형태

제1차 세계대전에서 사용되었던 기관총은 맥심 기관총이었다. 그러나 여기에서 혼동하지 않아야 할 사항은 영국제 맥심 기관총은 '빅커스 기관총'으로, 독일제 맥심 기관총은 'MG08'로 불렸다는 점이다.[71] 미군의 주력 화기로 사용한 브라우닝 M1917 기관총도 맥심 기관총을 개량한 산물이었다. 아래의 <표 3-9-1>은 맥심 기관총과 빅커스 기관총의 일반적인 제원이다.

71) 빅커스 기관총은 가벼운 금속 소재 사용으로 무게를 크게 줄였고, 작동하는 원리를 단순화시켰다. 그리고 표준 소총이었던 리-엔필드(Lee-Enfield) 탄환과 같은 303구경 브리티시 탄환을 사용하였다.

〈표 3-9-1〉 맥심 기관총과 빅커스 기관총의 제원 비교

구 분	맥심 기관총	빅커스 기관총
설계자	하이럼 맥심	빅커스사
제조연도	1883	1912
제조국가	영 국 * *미국 태생이나 영국으로 귀화*	영 국
탄 종(mm)	303 British(7.7과 동일)	7.7×56R
작동/냉각방식	반동/수랭식	반동/수랭식
장탄 수	탄띠 250발	탄띠 250발
전장(mm)	1,079	1,100
유효사거리(m)	2,700	740
중량(kg)	73(냉각수 제외)	30~50(완전배치 무장 시)
발사속도	분당 600발	분당 600발

빅커스 기관총은 빅커스 사가 맥심 사를 인수하여 맥심 기관총을 개량한 화기로 맥심 기관총은 분당 600발을 사격할 수 있는 반면에 이전의 개틀링 기관총은 분당 200발을 사격할 수 있었다. 그러나 유효사거리는 1,100m까지로 당시로써는 놀라웠지만, 중량이 360kg으로 너무 무거운 데다가 수동식이다 보니 크랭크를 돌리기가 힘들었을 뿐만 아니라 사격 자세가 제한적이었다. 반면에 맥심 기관총의 경우는 무게가 73kg에 불과하였고 상대적으로 이동과 정비에도 어려움이 없었으며, 장전 방식도 엎드리거나 구부려서 할 수 있었고, 별다른 힘을 들이지 않고도 방아쇠만 당기면 사격이 되는 기관총이었다.

이러한 맥심 기관총의 등장은 전장에서의 각종 전술에도 상당한 변화를 가져왔다. 보병들이 대열을 갖추고 정면으로 돌격하는 전술은 이제 자살행위 이외에 아무런 성과를 기대할 수 없었다. 보병들은 어쩔 수 없이 생존 가능성의 향상을 위해 참호를 구축하였고, 상대 보병들은 참호 외부로부터 돌격해야 하는 현실이 되었다. 다시 말해 공격보다 방어가 유리한 양상으로 변화되었다. 영국은 상황의 타개를 위하여 방어선을 돌파할 새로운 수단으로 결국 전차를 제작하였다. 맥심 기관총의 파괴력이 전차를 만들도록 한 것이다. 1914년 당시 독일군은 10만 정의 맥심 기관총을 보유하면서 막강한 전투력으로 무장하고 있었다. 결국, 영국은 더욱 경량화시킨 빅커스 기관총(Vickers Machine Gun, 1912)을 생산하게 되었고, 1915년 기관총 부대를 창설하였다.[72)]

---

72) 빅커스 기관총(1912)은 영국의 빅커스 사가 1896년 맥심 사를 인수한 뒤 초기의 맥심 기관총을 분석하여 개발한 기관총으로 독일군의 MG08 기관총이 경량화가 가능한 부품을 전부 경량화시킨 반면에, 빅커스 기관총은 노리쇠가 작동 간 약실 가스의 압력을 받는 방법으로 최소한의 경량화를 시도한 화기로 매우 견고하고, 냉각방식도 수

결과적으로 맥심 기관총은 강력한 살상력으로 인하여 방어제일주의 사상을 형성하는 데 결정적인 영향을 끼쳤다.

2.2. 전차

제1차 세계대전이 참호전으로 고착되면서, 철조망과 기관총, 참호의 세 가지 요인을 극복하기 위해서는 방호력과 기동력을 갖춘 새로운 무기가 필요하였다. 1915년 영국의 어니스트 던롭 스윈튼(Ernest Dunlop Swinton) 공병 소령이 무한궤도를 이용한 장갑차량의 개발을 건의하였지만, 실제 개발은 당시 해군 장관이던 윈스턴 처칠(Winston Churchill, 1874~1965)에 의해 육상전함으로 개발되었다. 리틀 윌리(Little Willie)가 바로 그 전차이다. 초기는 농업용 트랙터를 개량한 형태로 제작하여 트랙터에 화포와 기관총을 장착시켜 운용하였다. 전차가 만들어지기까지는 상당한 진통이 반복되었다. 당시 해군본부의 수석위원으로 있던 윈스턴 처칠과 군수부 장관이었던 로이드 조지(Lloyd George, 총리 역임)에 의해 육상선박위원회(Landship Committee)를 구성하되, 비밀리에 개발계획을 추진하기 위하여 대외적으로는 이 차량을 '탱크(tank)'라고 불렀으며, 이 명칭이 현대의 '전차'라는 이름으로 굳어진 것이다.

전차가 개발되면서 전장에 새로운 기동력과 충격력, 소총과 대포로부터 생존성을 보장받을 수 있는 장갑력이 제공되었다. 1917년 영국군은 캉브레 전투(Battle of Cambrai)에 MK-4 전차 497대를 투입하였다. 기능 측면에서 큰 성과를 없었지만, 독일군 측이 기관총에 만족하며 대비에 소홀하였다가 지금으로 보면 장난감과 같은 연합군 전차를 마주하게 되었다. 하지만 전선에 배치되어 있던 독일군이 전투다운 전투를 해보지도 않고 공포심으로 인해 무질서하게 전장을 이탈한 데서도 그 충격의 강도를 느낄 수 있다. 아래의 <그림 3-9-2>는 최초의 리틀 윌리 전차이다.

〈그림 3-9-2〉 최초의 전차 리틀 윌리

랭식이었다. 이 기관총은 보병의 전투용으로 대다수 사용되었지만, 해상의 함정과 항공기에도 탑재시켜 사용하였다. 제1차 세계대전 시 영국과 프랑스 연합군이 대규모로 활용하였다. 하이우드 방어 전투(1915. 8월) 간 12시간을 쉬지 않고 연속으로 사격하여도 고장이 나지 않으면서 더욱 유명해졌다가 1963년 정식으로 퇴역하게 된다.

리틀 윌리는 영국에서 MK-1 중전차가 개발되기 이전의 프로토타입(prototype, 시제품) 전차로 중량은 16.5톤, 전장×전고는 8.08×3.1m, 엔진 출력은 105마력(hp), 최대속도는 3.2km/H, 주 장갑은 6mm였다.[73)] 리틀 윌리는 무한궤도를 장착한 최초의 전투차량이었으나, 참호를 극복하지 못하여 실전에 투입되지는 못했다. 아래의 <그림 3-9-3>은 이후 개발되었던 현대 전차의 시조(始祖)로 대표되는 전차들이다.

〈그림 3-9-3〉 현대 전차의 시조 전차

프랑스의 르노 FT-17 전차는 1915년 에스티엔(Jean Baptiste Estienne) 중령과 루이 르노(Louis Renault)가 구상한 전차 형태로 1918년 세계 최초의 회전식 포탑을 탑재하였고, 조종석 뒤쪽에는 엔진을 위치시켜 현대식 전차의 기본 틀을 제시하면서 완성한 경전차이다. 독일이 개발한 판저캄프바겐 3호(pzkpfw III, 1939~1945)는 중형전차로서 포탑과 측면에 증가 장갑을 최초로 장착하면서 주력 전차로 계획되었으나, 4호 전차로 주력이 바뀌면서 보병지원용 전차로 활약하게 된다. 독일이 티거(Tiger, 일명

73) 전차는 무게와 탑재한 화포의 구경에 따라 경(輕)·중(中)·중(重)전차로 분류하고 있다. 일반적으로 경(輕)전차는 15~20t에 75~85mm 정도의 포를 탑재한 전차를, 중(中)전차는 무게 20~50t에 90~110mm 정도의 포를 탑재한 전차를, 중(重)전차는 무게 50t 이상에다가 120mm 이상의 포를 탑재한 전차를 의미한다. 여기서 정찰·대공 전차는 경전차로, 전투·구축전차는 중(中)전차로, 전투 지원 전차는 중(重)전차로 분류하고 있다.

판저 6호) 전차는 이전의 판저 시리즈 전차가 소련의 전차보다 약하다고 평가되면서 개량된 전차로 실제 판저 시리즈와 비교할 경우 외형에서부터 다르다. 한국에서 개발한 K21 경전차는 2010년대에 K21 장갑차량에 105mm 포를 탑재한 형태로 일부에서 중전차로 분류하고 있지만, 중량으로 판단할 경우 경전차이다. 아래의 <표 3-9-2>는 각종 전차의 제원을 비교한 내용이다.

〈표 3-9-2〉 각 국가의 전차 제원 비교

구 분	FT-17	판저-3	M4셔먼	티거	K21
개발국가	프랑스	나치 독일	미국	나치 독일	대한민국
종 류	경전차	중형전차	중(重)전차	중(重)전차	경전차
사용기간	1918~	1939~1945	1941~	1941~	2014~
중량	7톤	23톤	30톤	69.7톤	25톤
길이	4.88m	6.41m	5.89m	10.26m	8.5m
승무원	2명	5명	5명	5명	3명
최고속도 (시속)	7.7km	· 도로40km · 야지19km	34km	38km	70km

제2차 세계대전 초기까지는 영국과 프랑스 전차가 질적·수적으로 우세한 환경이었다. 제1차 세계대전 시 전차의 기동성과 충격력을 등한시하였던 시행착오를 깨닫게 된 연합군은 독일군이 보유한 전차가 2,439대인데 반하여 연합군은 4,204대를 보유하고 있었다. 특히 영국의 마틸다 전차와 프랑스의 소뮤아 전차는 독일군이 보유하고 있는 판저 1·2·3호 전차보다 우수하였다. 아래의 <그림 3-9-4>는 제2차 세계대전 당시 연합군의 마틸다 전차와 소뮤아 전차, 독일군의 판저 전차와 일반 제원이다.

〈그림 3-9-4〉 마틸다 · 소뮤아 전차와 독일군 전차의 형태와 일반 제원

실제 세계대전 간 전차를 효율적으로 개발하여 운용한 국가는 독일과 구소련이 대표적으로 제2차 세계대전 시 독일군의 하인츠 구데리안(Heinz Guderian) 장군이 전차에 무전기를 장착한 다음 만슈타인 장군의 지휘 아래 알덴느 숲을 가로지르는 전격전을 통해 실체를 알 수 있다. 독일군의 3호 전차는 바로 4호 전차를 주력으로 대체하면서 활용 기간은 길지 않았다. 당시에 경전차는 독일군의 판저 1 · 2호 전차로 무전기가 장착되었으며, 중전차는 T-34 전차와 판저 · 티거 전차, M4셔먼 전차에 국한하였으며, 이외에도 구축전차와 자주포, 반궤도 차량 등으로도 분류 및 활용하였다. 아래의 <그림 3-9-5>는 당시 중형전차를 대표하는 전차다.

〈그림 3-9-5〉 제2차 세계대전 시 대표적인 중형전차

1918년 영국의 풀러(J. F. C. Fuller, 1878~1966)가 수천 대의 전차를 대규모로 운용해야 한다고 주장한 이후 1940년 초가 되어서야 전차가 생산되기 시작하였고, 완전한 생산체계는 1940년 중반에 가능하게 되었다. 당시 최고 수준의 전차는 소련의 미하일 코시킨(1898~1940)이 수석설계자로 참여하여 개발 및 생산하였던 T-34(Tridsatchedverka) 전차로 경사장갑, 55km/H의 속도와 눈길에서도 미끄러지지 않는 안전성, 그리고 높은 명중률을 보였고, 생산 단가마저 낮았다. 이는 당시 하인츠 구데리안 장군의 "매우 걱정된다"는 말로 표현할 수 있다. 이에 대응하기 위해 독일군이 제작한 전차가 T-34 전차로 무전기를 장착하고 독일군식 지휘 통제와 운영 기법 등에 기반하여 구소련과의 전투에서 승리를 획득하였다. 그러함에도 구소련의 T-34 전차는 세계대전 이후 6·25 전쟁에서도 북한에 지원되어 활약하였다. 최근까지도 개발되고 있는 전차의 종류는 용도와 중량, 시대를 불문하고 다양하게 분류된다. 아래의 <표 3-9-3>은 다양한 전차의 종류와 명칭이다.

미하일 코시킨(蘇)

〈표 3-9-3〉 전차의 종류와 명칭

구분	용도별	중량별	시대별	
			양차 세계대전	현 대
명칭	• 교량전차 (AVLB) • 구난·구축전차 • 대공(對空)전차 • 수륙양용전차 • 전투공병전차 • 주력전차 • 퍼니전차(공병) • 무선전차(蘇)	• 탱켓전차 (Tankette) • 경전차 • 중형전차 • 중전차 • 초중전차	• 보병전차 • 순항전차 (기병전차) • 다포탑전차 (다주포전차)	• 1세대전차 • 2세대전차 • 3세대전차 • 3.5세대전차

먼저 시대별 분류 중 현대 분야는 현대의 전차를 분류한 항목으로 최근까지 사용하고 있는 주력 전차를 분류한 결과이다. 1세대는 제2차 세계대전 이후 등장한 전차로서 전투를 주 임무로 하는 목적으로 제작되었으며, 미국의 패튼50 계열과 구소련의 T-54·55, 영국의 센츄리온 전차 등을 들 수 있다. 2세대는 냉전기(Cold-War)에 등장한 전차로 주력 전차라는 용어를 주로 사용하

고 있으며, 미국의 패튼 60, 독일의 레오파르트, 구소련의 T-60 계열로 대표되고 있다. 3세대는 1970년대 이후에 등장한 미국의 에이브럼스, 구소련의 T-70 계열, 한국의 K-1 전차이다. 3.5세대는 1990년대 이후 등장한 미국의 에이브럼스 개량형과 프랑스의 르끌레르, 한국의 K-2 전차가 대표적이다. 아래의 <그림 3-9-6>은 용도와 중량, 양차 세계대전 간으로 분류할 경우 대표할 수 있는 전차의 여러 가지 형태이다.

〈그림 3-9-6〉 대표적인 전차의 형태와 모습

교량 전차(Armoured vehicle-launched bridge)는 공병이나 기갑부대가 보유하고 있으며, 기갑부대의 진격을 돕는 비전투용 전차로 전차의 차대를 이용하여 제작하기 때문에 통상 전차로 불린다. 구난전차는 고장 난 전차나 장갑차를 후방으로 견인하여 수리받을 수 있도록 하는 용도의 전차이다. 구축전차(Hunting Tank)는 적의 기갑차량을 전문적으로 파괴하기 위하여 기본기능을 일부 제한하여 제작한 전차이다. 대공 전차는 독일군이 전차 위에 대공포를 탑재하여 사용하던 전차로 차체 위에 대공포를 탑재한 차량으로 생각하면 된다. 전투 공병 전차(Combat Mobility Vehicle)는 전방에서 삽질하기 위한 목적으로 제작한 전차로 영국군이 개조해 운용하던 퍼니 전차의 개량형 시리즈이며, 장갑차량의 시조로 보면 된다. 주력 전차는 특정한 전차의 명칭이 아니라 21세기의 대다수 전차를 의미한다. 퍼니 전차(Funny Tank)는 제2차 세계대전 시 노르망디 상륙작전에 사용하기 위해 영국군이 개발한 특수한 전차를 의미한다. 무선전차(Tele Tank)는 초기 보병의 선두에서 기관총으로부터 보호받게 한다는 목적으로 제작되어 무선으로 운용하던 전차로서 초기에는 300~1,500m까지 조종할 수 있었으며, 현대의 병력수송장갑차(APC: Armored Personnel Carrier)로 발전되었다.

전차는 중량에 따라 경(Light, 소구경 전차포나 장갑차~중전차 사이)전차, 중형전차(Medium, 22~50t), 중전차(Heavey, 50t 이상)로 분류하고 있다. 경전차인 탱켓은 1925년 영국에서 개발한 최초의 1인용으로 전차를 닮은 일반 자동차 크기에 불과한 초소형으로 제작된 무한궤도를 장착한 장갑차량이다.

시대에 따라 분류되는 보병 전차(Infantry Tank)는 제1차 세계대전 초기에 활약한 전차이다. 속도는 느리지만, 장갑은 두껍게 제작한 전차로 보병과 함께 기동하며 화력지원, 적 전차를 차단하는 역할을 하였다. 순항 전차(Cruiser Tank)는 기병 전차의 상대적 개념으로서 보병의 진격과 방어전을 보조할 목적으로 제작된 전차로 1938년 영국에서 제작한 MK-1 전차가 대표적이다. 다포탑 전차는 말 그대로 포탑을 여러 개 탑재한 전차이다.

양차 세계대전을 거치면서 독일과 구소련은 자동차 기술의 향상을 통해 전차의 성능까지 개선하는 데 집중하여 세계에서 강력한 전투력을 갖춘 전차를 보유한 국가로 거듭날 수 있었다.

2.3. 곡사포

19세기로 진입하면서 후장식 곡사포(Howitzers)도 자연스럽게 등장하여 요새지 공격이나, 고지 후사면(後斜面)의 목표물을 정확히 명중시킬 수 있는 능력을 극대화했고, 방어용으로도 활용되기 시작하였다.[74] 현대에 이르기까지 계속 진화되는 과정에서 곡사화력의 운용 개념도 관측소(觀測

所, Observation Post)-사격지휘소(Fire Direction Center)-전포대(Fire Base)라는 3각 체계로 발전하였다. 이를 통하여 직접적인 전투가 진행되는 전방지역뿐만 아니라 적의 증원부대나 주요 지휘 통제 및 보급지원 기능 등이 있는 후방지역까지도 공격할 수 있게 되었다. 아래의 <그림 3-9-7>은 화포 종류별 탄도의 비교 도표이다.

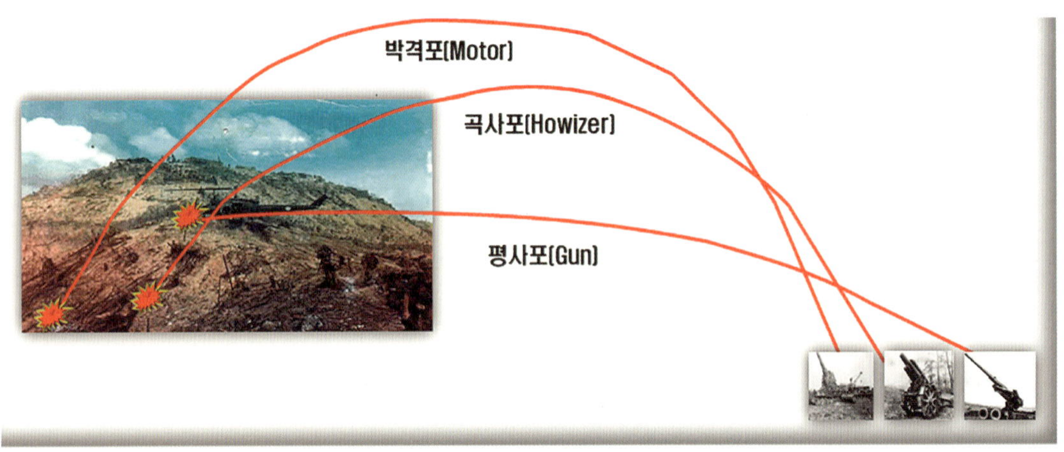

〈그림 3-9-7〉 화포 종류별 탄도의 비교 도표

근대시대 이전은 박격포(mortar)를 제외한 화포를 통칭하였던 명칭이 대포(Cannon)였다. 이 대포가 곡사포(howitzer)와 평사포(gun)로 분화되었고, 현대에서 일반적 의미로 사용하고 있는 대포이다. 대포는 탄착점과 각도를 통하여 구분할 수 있다. 전쟁의 시작과 동시에 위력을 발휘하였던 독일군의 주력 곡사포는 150・210mm 곡사포였다. 이들 포는 트랙터나 말(馬)을 활용케 하여 기동성이 우수하다는 평가를 받았으며, 당시 프랑스는 150mm 중(中) 곡사포도 일부 보유하였지만, 요새에서 대부분 사용하고 있던 75mm 직사포는 독일군이 보유한 곡사포에 상당한 고전을 면치 못하였다. 아래의 <그림 3-9-8>은 제1차 세계대전 당시 독일군이 보유한 곡사포의 종류다.

74) 화포(artillery)의 종류에는 곡사포와 평사포, 박격포가 있다. 포탄을 탄도 탄도를 평사포와 박격포 사이의 곡선으로 날려 보내 적을 포격하는 화기로서 평사포보다는 포신이 짧고, 추진 장약은 적으며, 포구 속도는 낮으며, 사거리가 짧은 특징을 갖고 있다. 독일군에서는 곡사포를 '하위츠(Haubitzer)'로 부르고, 일본군은 '유탄포(榴彈砲)'로 호칭하고 있다.

〈그림 3-9-8〉 제1차 세계대전 당시 독일군의 주력(主力) 곡사포

당시 유럽의 곡사포 표준구경은 105mm였으나, 구소련에서 처음으로 152mm 구경의 포를 제작하자 훨씬 긴 사거리와 어마어마한 화력에 놀란 유럽이 구소련의 152mm 포를 적극적으로 노획하여 사용하였다. 이는 제2차 세계대전 이후 이전까지 105mm를 표준구경으로 하던 데서 벗어나 현대의 155mm급 곡사포를 개발하는 계기가 되었다. 곡사포는 필요할 경우 개조하고 전차에 탑재하여 활용하였으며, 현재의 전차에 탑재된 대형 주포는 모두 이 형식을 준용하여 활용하고 있다는 점을 기억하여야 한다.

2.4. 독가스

제1차 세계대전이 계속 교착되는 와중에 1914년 10월 프랑스군이 진지전(참호전)을 타개하고 독일군을 몰아내기 위해 최초로 최루가스를 제한적으로 사용하였다. 다음 해 1월 말이 지나면서 독일군도 동부전선에서 최루가스를 사용하였으나, 혹한의 날씨가 이어지면서 실패로 끝났다.[75] 이후 물리학자인 프리츠 하버(Fritz Haber)에 의해 염소가스(鹽素, Chlorine)가 만들어졌다. 이후 독일 장군들의 반대에도 불구하고 1951년 4월 22일 제2차 이프르(Ypres, 제1차 세계대전 시 총 5회에 걸쳐 대규모 전투가 진행) 전투에서 독일군들은 수천 대의 전차를 동원하여 연합군 진지의 돌출부에 포격을 가하면서 약 5천 개의 가스통을 열고 송풍기(送風機)로 염소가스를 흘려보냈다. 다행스럽게 연합군이

75) 일부 책에 보면, 1915년에 발생하였던 제2차 이프르 전투에서 독일군이 최초로 염소가스를 사용하였다는 내용은 다소 어폐가 있지 않을까 싶다. 왜냐하면, 프랑스군이 1914년 8월에 이미 최루가스를 살포한 것이 공식적으로 기록되어 있기 때문이다.

이상한 노란 연기가 진지 일대로 몰려오자 병력을 신속하게 철수하여 피해는 없었고, 전선도 일정한 간격을 유지하였다. 독일군은 공격할 예비대가 부족했고, 그들 스스로가 염소가스에 대한 공포로 인하여 아무런 대책을 마련하지 못하였다. 당시 염소가스를 비롯한 각종 독가스를 개발 및 합성하였던 '프리츠 하버(Fritz Harber)는 독일계 유대인으로 '화학무기의 아버지'라고 불렸으나, 1934년 독일에서 추방되었다. 아래의 <그림 3-9-9>는 제1차 세계대전 당시 방독면을 착용한 병사들의 모습이다.

〈그림 3-9-9〉 당시 방독면을 착용한 병사들의 모습

2.5. 잠수함

예로부터 물속으로 잠수하여 항해가 가능한 배를 제작하기 위한 노력과 시도는 끊임없이 지속하여 왔다. 잠수함은 "수중으로 잠수하여 항해하면서 전투를 비롯한 다양한 군사 임무를 수행하는 함정"을 의미하고 있다. 1624년 네덜란드의 물리학자인 C. 반 드레벨(Cornelius (Jacobszoon) Drebbel, 1572~1633)이 수심 5m에서 자유롭게 항해할 수 있는 잠수정을 발명한 이래 1775년 미국 독립전쟁 기간 시 D. 붜시넬(David Bushnell)이 최초로 물속에서 자유롭게 떠오르며 잠수할 수 있고, 적함을 공격할 수 있는 잠수함정을 개발하였다. 이듬해인 1776년 9월 7일 당시에 하사관(현

재의 부사관)인 뷔시넬이 만든 잠수정 '거북이(Turtle)'를 에즈라 리(Ezra Lee)라는 병사가 조종했다. 영국군 함선 '이글호'를 격침하는 데 성공하지는 못했지만, 시도 자체로 역사적인 일대 사건이었다. 이후 완전하게 잠수하여 적함에 공격을 가할 수 있기까지는 100여 년의 기간이 지나고 나서였다. 이러한 토양 위에서 발달한 잠수함정은 대륙간탄도미사일(ICBM: Intercontinental Ballistic Missile)을 발사할 수 있도록 은밀성을 최적화시킨 전략무기로 평가받고 있다. 세계 최초로 적의 군함을 침몰시킨 잠수함은 1864년 북군의 신형 군함인 "하우저토닉호"를 어뢰로 공격하여 격침에 성공하였던 남군 소속의 H. L 헌리(Hunley)호가 평가받고 있다.

이후 19세기 말부터 주요 국가의 해군은 잠수함을 정식 군함으로 배치하기 시작하였다. 제1차 세계대전이 발발하기 직전 강대국들은 잠수함을 보유하고 있었으나, 비교적 작은 크기로 인하여 군사적인 가치를 획득하기는 어려웠기에 주로 연안 수색용으로 한정되었다. 이후 세계대전 간 잠수함을 공격하는 잠수함의 개념이 생긴 점에 주목하여야 한다. 초기의 잠수함은 평시에 해수면 위로 항해하다가 적의 함정의 발견 시 잠항하여 전투하는 수상 전투함과 유사한 '시거형(Sigar Type)' 선체를 채택하였다. 이후 수중에서 작전을 수행하는 비중이 늘어나면서 '눈물방울형(Tear Drop Type)' 선체로 진화되어 수중의 저항을 감소시키게 하였으나, 수상 항해 시에는 선체의 저항이 증가하는 단점 또한 갖고 있었다.76)

현대 잠수함의 시초는 1898년 아일랜드 출신인 미국의 존 홀랜드(John P. Holland)가 제작한 A-1호이다. 점차 음향의 소음을 감소시키기 위해 선체 외부에 음파를 흡수할 수 있는 고무를 코팅하거나, 특수강판을 사용하는 등의 진화 노력이 계속되었다.

제1차 세계대전까지만 하더라도 영국은 자신들이 최강의 해군력이라는 역사적 사실에만 몰입되어 즉각 독일에 대한 해상 봉쇄 작전을 펼치면서 전쟁물자의 진입을 막았다. 후기까지도 이 작전은 성공적으로 보였다. 당시 영국은 대형 전함 21척과 순양함 9척을 보유하고 있는 데 비해 독일군은 전함 13척과 순양함이 7척에 불과하였다. 그러나 독일군은 전함에 사거리가 긴 무기로

76) '시거형' 잠수함은 담배 형태의 일자형 잠수함을 의미하고, '눈물방울형' 잠수함은 고래의 몸통을 본떠서 만든 잠수함의 형태를 의미한다. 최초의 눈물방울형 잠수함은 美 해군의 게이토 급으로 1942년 6월 1일에 완공한 앨버코어(USS Albacore, AGSS-569) 잠수함이다. '앨버코어(Albacore)'라는 잠수함의 명칭은 다랑어의 일종인 '날개다랑어'를 뜻하고 있다.

영국군을 여유 있게 제압하였다. 이를 통해 충격과 공포에 빠진 영국군은 이제 자신들이 바다의 제왕이 아니라는 현실을 깨닫게 되었다. 1914년 독일군은 세계 최고의 잠수함을 보유하게 되었고, 영국은 대수롭지 않게 인식한 결과 때문에 독일군의 무제한 잠수작전이 아무런 제재도 받지 않고 수중을 장악하게 했다. 이는 1914년 9월 22일 영국의 대형 순양함 세 척이 독일군 잠수함인 U-9의 공격에 전원이 침몰당하는 참혹한 결과를 가져왔다.

잠수함은 제1차 세계대전 시에는 수심 100m 정도가 가능하였으며, 제2차 세계대전 시에는 고강도 합금(Alloy Metal)이 발명되면서 200m까지도 잠수할 수 있게 되었다. 현대의 잠항 수준은 250~400m 정도까지로 알려져 있다. 아래의 <그림 3-9-10>은 초기 잠수함의 명칭과 여러 가지 형태이다.

〈그림 3-9-10〉 초기 잠수함의 명칭과 모습

미국의 남북전쟁 간 북군은 1861년 프랑스에서 설계한 잠수함인 앨리게이터(Alligator) 호를 최초로 전투에 투입되었다. 이 잠수함은 압축공기와 공기정화 장치를 사용하였고, 남군의 함정에 폭약을 설치 및 폭파하는 특수부대의 출입시설을 최초로 고안하였다. 남군은 잠수함정 파이오니어(Pioneer) 호를 보유하고 있었으나, 전투에 투입하지 않는 대신에 다른 잠수함정인 헌리(Hunley) 호를 1864년 2월에 투입하여 항구를 봉쇄하고 있던 북군의 호사토닉(Housatonic) 호에 폭약을 설치하고 폭파하였다. 아래의 <표 3-9-4>는 북군의 엘리게이트 호와 남군의 파이오니어 호의 제원이다.

〈표 3-9-4〉 미국 남북전쟁 시 앨리게이터 호와 파이오니어 호의 제원 비교

구 분	전 장	직 경	승무원	추진방식
엘리게이트(북군)	14.3m	1.2m	20명	노 → 스크류
파이오니어(남군)	10m	-	7명	수동

1895년 아일랜드의 발명가인 홀랜드(J. P. Holland)가 개발한 홀랜드 A-1호는 수중으로 잠항(潛航) 시 배터리로 추진력을 내고, 수상에서는 내연기관을 추진함과 동시에 배터리를 충전하는 등 깊이에 따라 적응하도록 밸러스트(ballast, 일명 바닥짐) 탱크[77]와 잠망경, 어뢰발사관을 갖추게 되면서 지속해서 개량되어 대량생산으로 확대되었다. 이후 1900년 미국이 홀랜드-4호를 구매하여 해군 최초의 잠수함(USS Holland/SS-1)으로 취역시켰다. 이후 개량된 A-8호는 영국과 독일, 일본을 비롯한 다수 국가의 해군에 채택이 되어 현대 잠수함의 원형으로 불리고 있다.

1906년 독일은 U-1이라는 명칭의 잠수함으로 건조하였으며, 양차 세계대전에서 악명을 떨친 'U-boat' 시리즈가 여기에서 출발하였다. 독일의 'U보트'는 무제한 잠수작전 간 제1차 세계대전 말기에 미국 상선(商船)을 공격하는데 사용된 최초의 잠수함이다. 당시 38척을 보유하고 있던 독일은 말기에 334척과 226척을 건조하고 있었으나, 무제한 잠수함 작전을 실행함으로써 연합군의 해상경제에 상당한 손실을

77) '바닥짐'은 '옛날에 배에 돌을 실어 배가 균형을 잡을 수 있도록 하는 돌'을 의미하며, 선박이 커지고 기술이 발달하면서 돌 대신에 탱크에 물을 채우면서 '평형수'라 칭하고 있다. 즉, '배가 기울 때 배의 무게 균형을 잡는 균형추 구실'을 했음을 의미하고 있다.

U보트 Type-Ⅱ

초래케 하였다. 결국, 이로 인하여 미국을 참전하게 만드는 결과를 가져오면서 패전하였다. 이후 전개된 제2차 세계대전 시에는 더욱 발전된 U-boat Type-Ⅱ형을 개발하여 참전시켰다.

냉전 시대는 미국과 구소련을 중심으로 잠수함의 수중작전 기간, 잠수의 심도를 향상하기 위하여 치열하게 경쟁하였다. 미국은, 원자력의 무제한 항해능력을 보장받는 최초의 원자력(핵) 추진함인 '노틸러스 함'을 1955년 진수하는 데 성공하였다. 원자력 잠수함 이전의 재래식 잠수함은 배터리를 아끼기 위해 수상으로 적함에 다가가다가 적함이 시야(視野)에 들어올 때 잠수하였다. 속도는 배터리 절약의 문제로 인하여 2~3km/H에 불과하다 보니 속도가 빠른 항공모함이나 전함과는 교전할 수 없었다. 그러나 원자력 잠수함의 개발로 전장 환경이 달라지면서 공격 이후에 회피 및 공격이나 추격 시에도 빠른 속도로 인해 대응이 쉬웠다. 미국은 1959년 이후 비핵 잠수함의 건조를 중지하였다. 영국은 1963년 핵잠수함만 건조하기 시작하였고, 프랑스는 1971년에 최초로 핵잠수함을 건조하다가 1976년에 디젤-전기 잠수함 건조를 포기하고 핵잠수함만 건조하기 시작하였다.

노틸러스호[최초의 원자력잠수함, 美]

제2차 세계대전이 전개되는 과정에서 독일 잠수함 기술의 핵심은 스노클(snorkel)이었다. 1933년 네덜란드 장교인 얀 위처스가 발명한 기재(器材)는 수중에 있을 때 디젤 기관에 신선한 공기를 공급하는 배기관을 설치하는 것이었다. 1936년부터 네덜란드 해군이 스노클을 장착하였고, 이후 수면에 떠있는 잠수함을 판별할 수 있는 레이더가 발명되면서 1940년부터 독일 잠수함도 U-보트에 스노클을 장착하였다. 이를 통해 독일 해군의 U-보트는 노출되지 않았으나, 레이더를 장착한 연합군의 선박이나 항공기는 이를 쉽게 발견할 수 있게 되었다.

네덜란드 해군의 스노클 장착

잠수함은 선체의 규모와 이름으로 구분하고 있다. 수중배수량이 200~500t 이하는 소형 잠수정, 수중배수량이 1,000~3,000t 내외일 경우 소·중형 잠수함으로 불리고 있다. 추진방식은 일반적으로 재래식·핵 추진 방식으로 구분하고 있으며, 대다수는 재래식 추진방식의 잠수함 비율이 높게 차지하고 있다. 이들은 바다 밑으로 잠항(潛航)하거나 떠오를 수 있는 부상(浮上) 능력이 반드시 뒷받침되어야 한다. 이를 위해 바닷물을 함(艦)의 내부로 넣었다가 빼낼 수 있는 원리를 사용하기 위하여 '부력진차 또는 부력탱크(Ballast Tank)' 장치를 채택하고 있다. 아래의 <그림 3-9-11>은 잠수함의 잠항(潛航) 및 부상(浮上)하는 방법과 원리다.

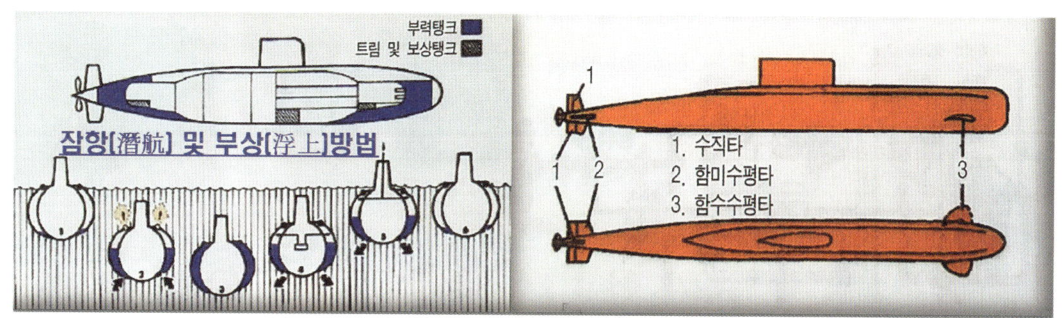

〈그림 3-9-11〉 잠수함의 잠항(潛航) 및 부상(浮上) 방법과 원리

잠항이 필요할 때는 바닷물을 부력탱크(전차) 내부로 넣으면 선체가 무거워지면서 잠수가 가능해지고, 바다 위로 떠 오를 필요가 있을 때 압축공기로 부력전차 내부에 있는 바닷물을 밀어냄으로써 선체를 가볍게 만드는 원리이다. 한편 잠항하는 동안에 지속해서 선체가 수평 상태를 유지할 수 있는 장치가 필요하였다. 이를 위해 잠수함에는 세 개의 타기가 부착되어 있다. 마치 항공기의 날개와 같은 기능을 하는 수직 타와 함미(艦尾)·함수(艦首) 수평 타로 잠수함의 수심 정도와 항행 방향을 조절하는 데 사용되고 있다.

2.6. 항공모함

항공모함(航空母艦, aircraft carrier)은 군함의 일종으로 선체와 주요 기관은 대형 순양함(巡洋艦, cruiser)과 유사하게 구성되어 있다.[78] 전투를 주 임무로 하는 일반적인 전투함과는 다르게 함재기(艦載機, 배에 싣고 다니는 항공기를 의미) 운용 임무를 전문적으로 수행하는 군함 즉, 항공기의 공항 역할을 하고 있다. 항공기를 많이 실을 수 있도록 설계되어 있고, 이·착륙을 위한 넓은 비행갑판과 어디든지 갈 수 있게 되어있다. 내부는 항공기와 헬기를 싣는 것뿐만 아니라 유도미사일과 어뢰, 지뢰 같은 무기도 운반할 수 있게 되어있다. 일반적으로 1921년 영국에서 순양함을 개조하여 제작한 것으로 항공모함으로 인정된 것은 1939년 22,450t의 퓨리아스(Furious) 함을 개조하고 나서였다. 아래의 <그림 3-9-12>는 최초의 항공모함인 영국 퓨리아스의 개량 과정이다.

〈그림 3-9-12〉 영국 퓨리아스 항모의 개량 과정

항공기를 항공모함에 싣고 작전을 수행하게 된 배경은 항공기가 초기부터 육상과 해상의 전함을 공격하는 최상의 무기로 평가받았기 때문이다. 제2차 세계대전 시에도 상륙작전에 따라 제해권 확보가 시급하여 항공기의 활약이 강력하게 요구되었지만, 항속거리가 제한되었고, 장착 무기의 중량도 제한되는 현실에 부딪혔다. 이로 인하여 항공기를 항공모함에 싣고 임무를 수행하게 함으로써 기존 전함의 전투력과 항공기의 속도, 기동성, 강력한 화력을 동반할 수 있는 조합을 완성했다.

초기는 제1차 세계대전 간 영국의 해군 항공대가 수평폭격이 가능하도록 제작하여 어뢰를 장착한 수상함 공격기(일명 뇌격기)가 일부 사용되었다. 공군도 운영하고 있었으나, 해군 항공대에 의해 대부분 수행되었다. 하지만 대함미사일이 개발되면서 뇌격기(雷擊機, 어뢰를 이용한 수상(水上) 공격에 특화된 항공기로 통상 수평폭격을 실시)는 폐기되었다. 항공모함은 이처럼 항공기의 이동수단 및 비행장으로의 역할을 담당하고 있으며, 기존에 전함 위주로 수행하였던 해전(海

78) 순양함은 영국이 1880년경에 최초로 근대적 순양함을 제작하면서부터 사용되고 있다. 항공모함보다는 작고 구축함보다는 크다. 일반적으로 함포의 종류에 따라 구분하고 있다. 중순양함은 배수량이 13,000t, 200mm 함포를, 경순양함은 배수량이 10,000t, 150mm 함포를 갖추고 있다. 구축함은 단독작전이 불가능하지만, 순양함은 단독작전이 가능하다. 그러나 최근 구축함의 크기와 장비가 비약적으로 발전함에 따라 순양함의 건조는 점차 감소하는 추세에 있다.

戰)의 양상이 항공모함을 중심으로 전환하면서 해전 판도에도 혁신적인 변화를 촉발했다. 또한, 항공모함을 중심으로 순양함과 구축함, 잠수함 등을 편성하여 해전과 공중지원 등의 다양한 임무 수행이 가능하게 되었다. 아래의 <그림 3-9-13>은 제2차 세계대전 직전부터 활성화되어 현대에 이르는 각 국가의 대표적인 항공모함의 특징과 일반 제원이다.

〈그림 3-9-13〉 주요 국가의 항공모함 특징과 일반 제원

항공모함이 등장한 시기는 함포 사거리가 30~40km에 도달하게 되면서 목표물을 관측할 필요성이 요구되면서부터이며, 관측기를 제압할 경우 적 전함과의 원거리 교전에서 상대적 우세를 확보할 수 있었다. 대포가 아무리 살상력과 피해반경이 클지라도 목표물에 정확하게 명중하지 못한다면, 소용이 없었기 때문이다. 이는 당시의 전략가들이 예측한 결과였다.

그라프 체펠린(Graf Zeppelin)은 나치 독일에서 건조한 항공모함으로 히틀러가 야심을 갖고 1945년까지 4대의 항공모함을 제작하기 위한 'Z 계획'의 산물이었지만, 실전에 투입되지는 못했다. 미국의 렉싱턴급 항공모함은 제1차 세계대전 이후 美 해군이 순양함 선체(船體, 배의 몸체)를 다른 급으로 건조한 최초의 대형 항공모함이다. 인디펜던스급 항공모함도 순양함을 개조한 것으로 제2차 세계대전과 6·25전쟁에 사용되었던 美 해군의 경항공모함이다. 미드웨이급은 디젤용으로서 美 해군에서 1941년 취역하여 1992년 퇴역한 항공모함으로 가장 오래 운영하였다.[79) 구소련이 건조하고 러시아가 사용하고 있는 쿠츠네초프 항공모함은 러시아의 유일한 항공모함으로 사거리가 625km(탄두 중량 1t)에 달하는 초음속 대함미사일을 탑재하여 상당한 방어력을 갖추고 있는 것으로 평가되고 있다. 중국 최초의 항공모함인 스랑(施琅) 호는 구소련의 파탄과 재정난으로 인해 건조가 중단된 65,000t급 바랴크(Varyag) 호를 우크라이나 정부가 구매하였으며, 이를 중국이 재구매하여 탄생한 재래식 항공모함으로 현재 러시아의 쿠츠네초프 항공모함과 같은 방식으로 운용되고 있다.

2019년 중국은 독자 기술로 건조한 70,000t급의 항공모함인 산둥함(001A형)에 Z-9 헬기와 KJ-600 조기경보기를 포함하여 40여 대의 함재기를 탑재할 수 있다.[80)]

2.7. 항공기

항공기는 제1차 세계대전 말기부터 전장에 투입되었으나, 초기는 폭격과 공중정찰 임무 등에 국한되었다. 그러나 항공기에 기관총과 무선전화기를 장착하게 되고, 이어서 방해받지 않고 적진으로 들어가 적진 상공에서 폭탄을 투하할 수 있게 됨을 인식하게 되면서 공격무기로 전환되었다. 이는 미국의 라이트 형제가 최초로 비행에 성공한 지 겨우 10여 년 남짓한 기간이 지나간

---

79) 중국에서 건조한 랴오닝(遼寧, Liaoning)호는 미국의 중형 항공모함으로 67,000t인 미드웨이급과 유사한 65,000t급의 항공모함이다.

80) 반종빈, "[그래픽] 중국 항공모함 '산둥함(001A형)' 제원," 『연합뉴스』 (2019. 12. 18.) (검색일자: 2020년 8월 5일.) .https://news.v.daum.net/v/20191218111031305?f=o ; 김재영, "중국 첫 국산 항공모함 '산둥호' 실제 취역…시주석 참석," 『뉴시스』 (2019. 12. 17.) (검색일자: 2020년 8월 5일.) http://www.newsis.com/view/?id=NISX20191217_0000863593&cID=10101&pID=10100

시점이었다. 이후 제2차 세계대전을 진행하는 동안 강력한 전략·전술 무기로 재탄생하였다. 독일군은 연합군의 지상 전력을 공격하는 전술 폭격에 중점을 둔 반면에 연합군은 적의 후방을 주로 공격하는 전략 폭격에 중점을 두고 투입하는 등의 주 임무 수행에 다소 차이는 있었다. 아래의 <그림 3-9-14>는 제2차 세계대전에 참전한 독일군의 대표적인 전투기이다.

〈그림 3-9-14〉 제2차 세계대전에 참전한 독일군의 전투기

독일군의 슈투카(Junkers Ju87 Sturz kampf flugzeug)는 약칭으로 Stuka, 융커스 Ju87 급강하 폭격기로 '악마의 사이렌'이라는 별칭을 보유)는 1937~1945년까지 활약하였으며, 제2차 세계대전 전반기에 위용을 떨친 수직 급강하 폭격기였다. 날개가 낮게 설계된 단발식 단엽기로 느린 속도로 인하여 임무 수행에 많은 제한이 있다. 이를 보완하기 위하여 메서 슈미트(Bayerische Flugzeugwerke Messerschmitt)사에서 개발한 전투기가 바로 독일 항공학계에서 항공기 엔지니어이자 최고의 권위자로 인정받던 메서 슈미트 박사(1898~1978) 등에 의해 개발된 메서 슈미트(Bf 109, 연합군 측에서는 Me 109로 호칭) 전투기였다. 메서 슈미트는 다른 전투기와 비교할 때 유난

히 납작하고 날씬한 디자인으로 설계되어 공중전에서도 피탄(被彈, impact) 면적이 줄어드는 이점을 갖고 탄생한 전투기이다. 아래의 <그림 3-9-15>는 제2차 세계대전 당시 사용되었던 미군의 대표적인 전투기이다.

〈그림 3-9-15〉 제2차 세계대전에 참전한 미군의 전투기

커티스 P-40 워 호크(Curtiss P-40 Warhawk) 전투기는 제2차 세계대전에 참전한 미 육군의 전투기이다. 1930년대까지 미국은 항공 기술력에서 유럽의 기술력에 미치지 못하였고, 이는 항공력의 중요성을 인식하지 못한 미국 군부의 인식도 한몫하였다. 미국은 당시만 하더라도 태평양이나 대서양을 건너와 美 본토를 위협할만한 폭격기를 보유한 국가는 없었기 때문에 전투기보다는 폭격기 개발에 관심을 두고 있었다. 이러한 분위기 속에서도 커티스 사는 단좌(單坐, 혼자 앉는) 전투기가 폭격기를 격추할 능력을 갖추고 있음을 예견하였다. 1937년 美 육군 항공대의 요구로 적 항공기를 요격하는 능력보다 해안 방어와 지상공격 능력을 중점을 두고 제작된 전투기가 바로 커티스 P-40 워 호크기로 제2차 세계대전에 최초로 투입하였던 전투기이다.

P-47 썬더볼트(Republic P-47 Thunderbolt) 전투기는 1939년 리퍼블릭 에비에이션사(Republic Avation Company)에서 제작하여 1941년 생산되었으며, 영국 기지에 실전 배치된 전투기로서 조종실을 장갑으로 보호되었고, 50구경의 기관총 8정을 탑재하였다. 이 전투기는 美 공군에서 1955

년까지 지상공격용으로 사용되었다.

P-38 록히트 라이트닝(P-38 Lockheed lightning) 전투기는 미 록히드사에서 개발한 쌍발 전투기로 육군 항공대에서 운영하였으며, 내구력이 좋았다. 그러나 최고속도가 676km/H로 기동성 측면에서 다른 전투기들에 비교할 경우 그렇게 성능이 좋은 전투기는 아니었지만, 미 육군 항공대에서 요구한 조건에 부합하는 전투기였다.

P-51 머스탱(North American P-51 Mustang) 전투기는 1940년 영국이 독일 공군에 대항하기 위해 노스 아메리칸 사에서 제작한 전투기로서 초기에는 지상공격이나 저고도에서의 적 전투기 격파, 고속 정찰기 등에 사용하였다. 제2차 세계대전 당시의 美 육군 항공대와 6·25전쟁 시의 미 공군에서 운용하였던 프로펠러형 전투기이기도 하다. P-51D 형은 개량형으로 가장 많이 생산되었다. 아래의 <그림 3-9-16>은 당시 미군의 대표적인 폭격기이다.

〈그림 3-9-16〉 제2차 세계대전에 참전한 미군의 폭격기

B-17 플라잉 포트리스(Flying Fortress)는 미 육군 항공대에서 이전의 주력기종이었던 B-10을 대체하기 위하여 1935년 개발한 중(重)폭격기로 전략폭격기이다. 제2차 세계대전 중반까지 주력으로 활약했으며, '하늘의 요새'라고도 불렸다. 플라잉 포트리스의 주 임무는 독일의 주요 공업지대에 대한 폭격과 태평양 전쟁 간 일본군의 군사적 주요 거점을 폭격하는 데 있었다. 이 기종은

1942년 B-24로 대체되면서 퇴역하였다. 제2차 세계대전을 배경으로 하는 모든 영화에 등장하는 폭격기로 유명하다.

B-25 미첼 중(中)폭격기(B-25 Mitchell Bomber,s Italy Vesuvius Volcano Ashes, 애칭은 '미첼')는 머스탱 중폭격기의 제작사인 노스 아메리칸 사에서 1937년에 개발을 완료한 기종이다.[81)]

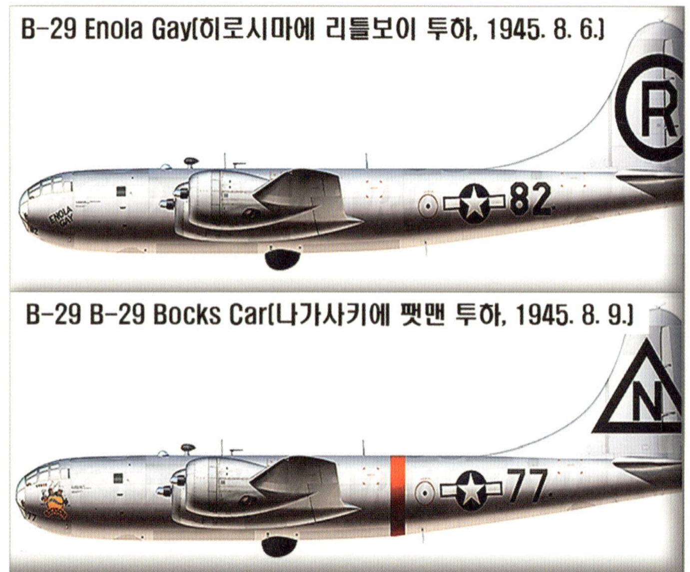

보잉 B-29 중(重) 폭격기(Boeing B-29 Superfortress)는 날아다니는 요새로도 불리는 전략 폭격기로서 실전에서 대량운용된 기종으로 1943년부터 생산되었으며, 제2차 세계대전 동안 가장 컸던 항공기이자 세계 최초의 핵 폭격기다. 히로시마와 나가사키에 원자폭탄을 투하한 폭격기이다. 6·25전쟁 시 다부동 전선에서의 '융단폭격' 임무를 수행한 98대의 주인공이기도 하다. 특히 1976년 유엔사령부가 임진각 북측의 미루나무를 절단하는 과정에서 촉발된 위기사태 시에도 한반도로 출격한 사례가 있다. 아래의 <그림 3-9-17>은 기타 국가들을 대표하는 전투기이다.

81) 애칭인 '미첼'은 항공장교였던 윌리엄 미첼(William (Billy) Mitchell, 1879~1936) 준장의 이름으로 <제공권>의 저자인 이탈리아의 줄리오 두헤와 더불어 20세기 초반 미 공군력의 군사적 가치를 전파하는데 공헌한 선구자로 전략 폭격이 전쟁의 양상을 바꿀 수 있다고 주장하였다. 미국의 군용기 중 개인 이름이 애칭으로 사용된 것은 'B-25 미첼'뿐이다.

〈그림 3-9-17〉 제2차 세계대전에 참전한 각 국가의 대표적인 전투기

P-39 에어 라코브라(Bell P-39 Airacobra)는 벨(Bell) 사의 신기술로 개발한 전투기로서 美 육군 항공대가 적의 폭격기를 요격할 전투기의 개발을 요청하여 제작된 저공 전투기이다. 당시 일본의 제로센이나 독일의 메서 슈미트가 개발한 Bf-109는 고공 전투기였기 때문에 고전을 면치 못하였지만, 獨蘇 전쟁에서는 아직 저공 항공전이 한창이었고, 여기에 적합한 기종임을 확인한 구소련이 미국에 긴급하게 랜드리스(Lend-Lease, 무기대여법)를 요청하였다. 미국이 이를 수락함으로써 P-39 에어 라코브라가 소련 공군의 주력 전투기로 활약하게 되었음은 일반적 사실이다.

스핏파이어(Spitfire)는 영국의 수퍼마린사(Supermarine Company)에서 개발한 전투기로서 독일의 메서 슈미트에 대항하기 위해 제작된 전투기였다. 이를 통해 Bf-109와의 공중전 과정에서도 조종사의 수준에 따라 승패가 결정이 났기 때문에 독일 전투기의 천적으로 평가받았다.

제로센(A6M 영식(零式)) 함상 전투기는 제2차 세계대전 당시 일본군의 주력 전투기로 미군 전투기보다 빨랐고, 항속거리가 길었으며, 선회 반경도 미군 전투기의 두 배인 200m로 미군 조종사들에게는 공포의 대명사였다. 그러나 1942년 과달카날 전투에서 제로센의 약점을 파악하고 '태치 위브(Thach Weave)' 전술을 활용하면서 우세로 돌아서게 되었다.[82)]

가미카제(Kamikaze, 神風)는 태평양 전쟁 기간 말기에 일본군이 시행한 자폭 전술이다. 전술기로 적의 군함에 폭탄을 실은 기체와 충돌시키는 공격 전술로 1945년 3월 26일부터 시작되었다. 기체는 목재와 캔버스(올이 굵고 튼튼한 천)를 사용하여 제작하였다. 이륙과 동시에 항공기 바퀴(랜딩 기어)는 자동으로 떨어져 나가도록 설계되었으며, 무장은 800kg 1발뿐이었다.

82) '태치 위브(Thach Weave)' 전술은 미 해군의 비행사인 존 태치(John Thach)가 고안하였던 공중전 전술이다. 공중전에서 60m 간격으로 두 대가 각기 서로 다른 반대 방향으로 선회하는 방식이다. 제로센 전투기가 선회해서 미군 전투기 1대의 꼬리를 물게 되면 다른 미군 전투기가 곧바로 제로센 전투기의 꼬리를 뒤따라 무는 방식을 통해 장갑 능력이 약한 제로센 전투기에 불리하였다.

2.8. 기타

원자탄(일명 핵무기)은 영국에서 가장 먼저 연구를 진행하였으며, 결정적인 역할을 한 물리학자는 케임브리지 대학의 제임스 채드윅(James Chadwick)으로 알려졌다. 프랑스 파리 출생의 원자물리학자인 이렌 졸리오퀴리(Irène Joliot-Curie, 1897~1956)와 남편인 장 프레데리크 졸리오퀴리(Jean Frédéric Joliot-Curie, 1900~1958)가 실험을 통해 발견한 감마선(gamma ray)이 중성을 띤다고 하여 중성자(neutron)로 명명하였다. 이러한 진전 속에서 美 전쟁성은 영국과 캐나다가 참여하는 원자탄 개발계획(일명 매해튼 프로젝트, manhattan project)을 주관하였다.

1945년 7월 뉴멕시코주의 앨러모 사막에서 세계 최초로 플루토늄 폭탄의 폭발실험(일명 트리니티 실험)이 성공적으로 진행되었다. 이후 트루먼 대통령의 결정에 따라 다음 달인 8월 6일과 9일에 일본의 히로시마와 나가사키에 원자폭탄이 투하되었다. 이로써 제2차 세계대전은 일본의 무조건 항복으로 종결지었다. 그러나 원자탄을 개발하는 과정에서 구소련(러시아)이 먼저 기반작업을 하는 점을 수상하게 여긴 트루먼 대통령은 조사를 명령하게 되었고, 이후 국가 간 원자탄 우위 경쟁은 불붙게 되었다.

독일 태생의 유대계 물리학자인 후크(Klaus Huchs) 박사는 1943년까지 영국의 원자탄 개발 연구팀에서 근무하면서 구소련의 첩자로 활동하고 있었다. 1943년 영국과 미국이 원자탄을 공동으로 개발하자는 비밀 계획인 '맨해튼 프로젝트(manhattan project)'를 위해 뉴멕시코주에 있는 비밀연구소에 근무하는 과정에서 구소련에 관련 정보를 전달하였다. 포츠담 회담(1945)에서 트루먼 대통령이 스탈린에게 원자탄을 언급하지만, 별 반응이 없는 것을 이상하게 여기면서 조사가 시작되었다. 미 FBI가 영국의 MI6와 공조하면서 영국으로 귀국한 후크 박사의 혐의를 확인하고 체포하면서 관련 자료가 구소련으로 넘어간 사실이 확인되었다. 당시 구소련은 이를 통해 원자탄의 기반을 이미 확보한 상태로 알려져 있다.

강의 XI 최근 전쟁과 다가오는 시대에 예상되는 과학 기술과 무기체계의 발전을 이해합시다.

강의 전 요구되는 사항

1. 대내 · 외적 환경과 전쟁 또는 분쟁이 끊이지 않고 발생하는 배경은?
2. 현대의 지상 · 해상 · 공중 무기체계의 특징은?
   * 주요 국가의 무기체계와 한국군 · 북한군의 무기체계 특징
   * 소화기-기관총-대전차무기-박격포-야포-전차
   * 정밀무기와 대량살상무기(WMD)
   * 함정-잠수함
   * 항공기(제트전투기-무인기)
3. C4ISRPGMs의 정의와 의미는?
   * 유 · 무선 통신장비
   * C4I 체계와 과학기술, 무기체계와의 연계성
4. 미래전의 새로운 패러다임과 특징은?
   * 1~4세대 전쟁의 의미와 차이점
5. 미래전 무기체계의 탄생 배경과 특징은?
   * 미래 보병체계-사이버 · 전자전-정밀 교전-비대칭전
6. 미래전 中 사이버전과 전자전의 차이점 및 특징은?
7. 대량살상무기(WMD)의 범주와 특징은?
8. 비대칭전에 사용되는 무기체계의 종류와 특징은?

제 10 절

최근의 전쟁과 다가오는 시대 전쟁의 무기체계

1. 전쟁 양상의 변화와 확장의 가속화

제2차 세계대전과 냉전기를 연속적으로 겪으면서 체득한 결과는 핵무기의 사용이 인류의 멸망을 앞당길 수 있다는 절박감과 공포심이 각 국가에서 공통된 인식을 하도록 만들었다. 이에 따라 전쟁의 양상도 변화를 맞이하였다. 아래의 <그림 3-10-1>은 현대전쟁의 양상 변화를 도식화한 개념도이다.

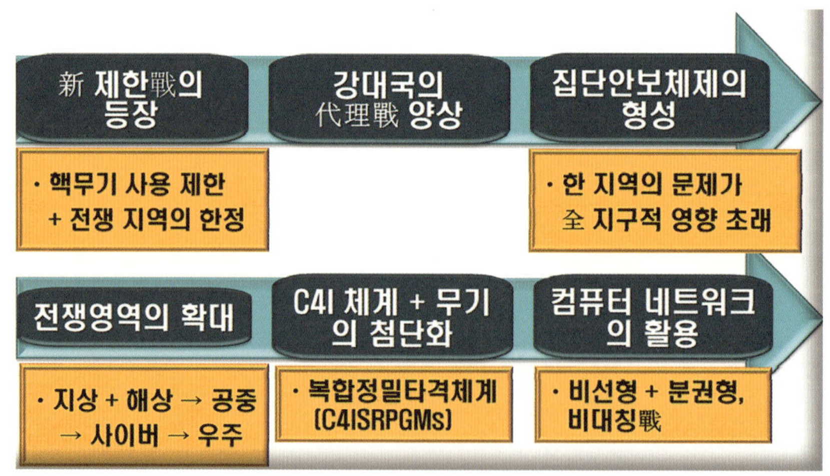

〈그림 3-10-1〉 현대전쟁 양상의 변화

현대전쟁의 양상이 변화되는 단계는 여섯 가지로 정리할 수 있다. 먼저, 새로운 제한전(制限戰, limited war) 개념이 등장하면서 자연스럽게 핵무기의 사용을 억제하게 되었고, 전쟁 지역도 필요에 따라 한정함이 필요하였다.[83] 특히 핵무기를 가진 강대국에 의한 전쟁의 직접적인 불씨는

83) 제한전은 두 개 이상의 국가나 세력이 국력을 총동원하는 총력전과 다르게 동원하는 군사력과 전장(전투 현장의 준말), 공격 수단 등을 제한한 상태에서 진행되는 전쟁을 의미한다. 그러나 6·25 전쟁의 경우 남과 북의 입장에서는 총력전이었고, 이를 배후에서 지원 및 지도하는 美蘇의 입장에서는 대리전 또는 제한전의 성격을 갖고 있었음을 이해하게 되면, 현실적 측면에서 어느 하나의 개념으로 구분하기가 상당히 어렵다.

대단히 위험하다는 인식 아래 점차 대리전(代理戰, proxy war) 양상으로 전환되었다.[84] 이러한 환경과 여건 속에서 재래식 무기체계를 사용하여 전쟁과 분쟁으로 치달았던 이전의 전쟁 양상과는 달라졌다. 최근의 전쟁은 과학기술의 혁신적인 발전에 따라 전쟁의 형태와 방법 및 수단, 그리고 주변 상황은 더욱 복잡 다변화되었고, 다양하게 진행되면서 무기체계의 특성도 변화를 거듭하였다. 특히 제2차 세계대전 말기에 일본에 투하한 핵무기로 인해 참혹한 대량살상의 피해를 보게 되면서 더욱 정밀 과학무기의 발전추세는 두드러졌고, 다가오는 시대에도 이러한 현상은 계속 증폭될 것으로 보인다.

둘째, 양차 세계대전을 겪고 난 이후 美-蘇 양쪽 진영 간에 진행되었던 냉전기(冷戰期, Cold War)는 서서히 특정한 지역의 사소한 문제라도 전 세계 국가들에 절대적인 영향을 초래하게 됨을 인식하게 했다.[85] 이는 결국 클라우제비츠(Carl von Clausewitz, 1780~1831)가 주장한 절대안보 개념에서 점차 벗어나 집단안보 개념으로의 변화와 확장을 가져오게 했다.

셋째, 전쟁 영역의 엄청난 확장을 들 수 있다. 고대로부터 근대 이전까지의 전쟁은 지상과 해상전투 위주의 2차원에서 진행되었으며, 해상전투는 지상 전투를 보조하는 개념으로 진행되는 양상이었다. 그러나 과학기술이 발달하면서 전장과 무기체계에도 혁신을 불러왔다. 지상과 해상 위주의 2차원 전투방식에서 공중을 포함한 3차원의 전투가 진행되더니 사이버와 우주를 포함하는 5차원으로까지 확대되었다. 앞으로 전투 공간이 어떻게, 어디로 확장될지는 과학기술의 혁신 수준에 달려 있다. 발달한 과학기술과 무기체계가 접목된 새로운 무기체계의 등장은 상대국가가 이에 대응하기 위한 무기체계를 등장시키기 때문이다. 이는 국가와 국가 간 상호 작용과 반작용으로 반복되면서 끊임없이 무기체계의 정밀성과 과학성, 확장성을 불러왔음이다. 이제 다가오는 전쟁의 승패는 또 어떠한 종류의 무기체계가 등장할는지, 어떻게 사용하는지에 따라 결정될 것이다.

넷째, C4I 체계와 무기체계의 첨단화 현상이다. 중세 이전까지 전쟁을 지휘하고 통제하는 방식은 절대군주(총사령관)가 직접 명령을 하달한 이후부터 전투가 시작될 때까지는 직접 할 수 있는

84) 핵무기를 보유한 강대국 간 직접 충돌할 경우 전 세계가 전쟁에 휘말리게 되는 최악의 시나리오를 초래할 수 있으므로 강대국 입장에서 차악(次惡)의 형태로 선택하는 개념 중의 하나가 대리전쟁이다. 6·25 전쟁과 중동전쟁은 미-소의 직접적인 대리전 양상이었고, 소련-아프가니스탄 전쟁은 미국이 아프가니스탄을 지원하는 간접적인 대리전의 양상이었으며, 이라크-이란 전쟁은 아랍국가들에 의한 의도적인 대리전으로 볼 수 있다.

85) 냉전기는 직접 무기를 사용하지는 않았지만, 국제 사회가 경제나 외교 등의 수단을 활용하여 벌인 날카로운 대립 기간을 의미한다. 제2차 세계대전 말기 독일이 동·서독으로 분리되자 베를린을 분할 점령하는 과정에서 촉발되어 확대된 현상이다. 美-蘇 간 직접적인 대립 구도이었으나, 점차 미국이 주도하는 NATO(북대서양 조약기구)와 구소련의 주도로 탄생한 WTO(바르샤바 조약기구)의 대결 양상으로 전개되는 역사를 만들었다. 1991년 구소련이 멸망하면서 현재는 신(新) 냉전기(Cool War)로 불리고 있다. 이전의 냉전기(Cold War)는 안보와 경제를 통합하는 사고방식이고, 최근의 신 냉전기(Cool War)는 경제와 안보를 분리하여 접근하려는 사고방식이다.

일이 없었다. 따라서 최고 지휘관과 전투 현장과 괴리되는 현상이 발생하였다. 그러나 증기기관차의 발명과 무선전화기가 개발되고, 전차와 항공기, 잠수함, 항공모함 등이 등장하게 되면서 점차 전장이 가시화(可視化)되었다. 이를 통해 전장 상황을 근(近) 실시간대로 공유하게 되었으며, 정보와 네트워크가 연계되면서 정보전도 가능하게 만들었다. 또한, 정보체계 수단 자체를 파괴할 수 있는 사이버전으로까지 전장을 확장하는 패러다임까지 발전되었다. 최근은 복합정밀타격체계(C4ISRPGMs, 複合精密打擊體系)로까지 첨단화되었으며, 더 확장성을 갖고 있음이 사실이다.[86]

다섯째, 컴퓨터 네트워크의 활용성이 확대되었다는 점이다. 이는 비선형전(非線型戰, Nonlinear Warfare)과 분권형, 그리고 비대칭전(非對稱戰爭, Asymmetric Warfare)이 가능하도록 만들었다. 전쟁의 영역 즉, 전장 공간이 확장되었기에 전면전이나 정면 공격을 굳이 하지 않더라도 승리를 획득할 수 있게 되었다.[87]

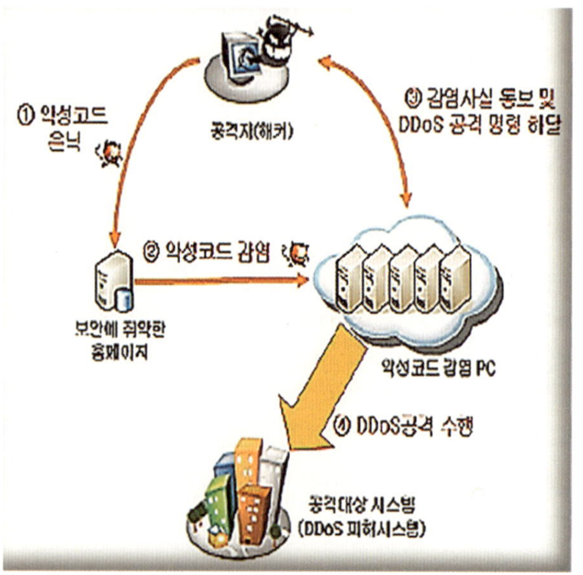

21세기 IT 기술의 급격한 발달과 확장은 통신위성이나 광섬유 케이블 등을 통해 접속이 가능한 네트워크에 의해 全 세계화되어 경제와 금융, 에너지 교통・통신, 국방(군사) 등 국가와 사회의 전 분야에 정보와 지식을 공유하였다. 이러한 개인적・사회적・국가적 활동은 사이버(cyber) 가상공간에서 모두 가능해졌다. 이전과 비교하면 무한한 양과 질을 보장할 수 있는 정보와 지식을 생산 및 가공하거나, 저장할 수 있게 되었으며, 빛의 속도 이상으로 정보의 처리가 가능하다. 아울러 공간과 시간의 제약이 이전보다 훨씬 덜하다는 점도 특징적인 측면이다. 이는 군사시설 파괴에 그치지 않고 민간시설도 표적이 될 수 있음을 단적으로 의미하고 있다는 점에

86) C4ISR은 지휘・통제・통신・컴퓨터・정보(Command, Control, Communications, Computers, Intelligence)와 감시정찰(Surveillance and Reconnaissance)을 의미하는 것으로 지휘와 통제, 통신, 컴퓨터, 정보에 감시와 정찰정보체계에다가 정밀타격체계인 PGMs(Precision Guided Munitions)를 결합한 용어이다. 지휘, 통제, 통신, 컴퓨터, 정보, 감시, 정찰 및 정밀 유도무기로 센서(Sensor)에서 발사자(Shooter) 까지 연결하는 자동화 체계로 감시정찰・정보체계와 정밀 타격체계, 지휘 통제 체계를 실시간에 디지털로 연동시킨 무기체계나 이와 관련된 하부 체계를 의미한다.

87) '비 선형전(非 線型戰)'은 '피・아 화기의 사거리, 명중률 및 파괴력의 증대, 정보 및 지휘 통제능력이 발전하는 과정에서 전장 종심이 확대되고, 전・후방에서 동시적 전투가 시행됨에 따라서 일정한 전선이 없이 전개되는 전쟁'이며, '비대칭전'은 '상대방이 효과적으로 대응하지 못하도록 상대방과는 다른 질적・양적 차원의 전략과 전술을 채택하고, 또 다른 기술적 수단과 방법, 차원에서 진행하는 전쟁'을 뜻하고 있다.

유념할 필요가 있다.[88)]

전쟁은 점점 더 더더욱 새롭고 혁신적인 형태의 패러다임으로 우리에게 다가올 것이다. 아래의 <그림 3-10-2>는 다가오는 전쟁에서 형성되는 새로운 패러다임을 정리한 내용이다.

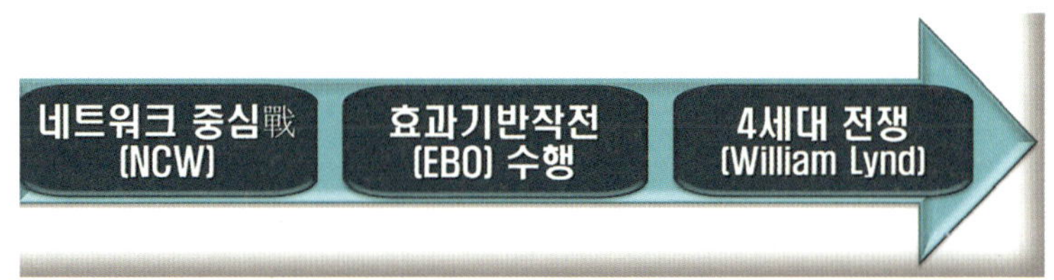

〈그림 3-10-2〉 다가오는 전쟁의 새로운 패러다임

새로운 패러다임은 세 가지로 정리할 수 있다. 먼저, '네트워크 중심전(Network Centric Warfare)'은 전투 공간에서 파악이 가능한 모든 요소를 효과적으로 연계하여 정보의 우월성을 먼저 확보하기 위한 전쟁이 가능하게 되었다. 이는 무기체계를 중심으로 진행하였던 현대전쟁의 양상을 근본적으로 변화시켰다. 지난 1991년 美 국방부에서 처음으로 채택하고 시행되었던 걸프전쟁과 이후의 코소보 전쟁(1999), 아프가니스탄(2001) · 이라크 전쟁(2003) 등을 통하여 진행했다. 핵심표적에 대하여 신속하고 결정적임과 동시에 공격적인 성격을 보유하고 있기 때문이다. 지휘 통제 측면에서의 C4 체계와 정보 · 감시 · 정찰의 ISR 체계, 정밀유도무기(PGMs) 등이 발전함으로써 전장 환경이 급속하게 바뀌는 변화의 속도를 이것이라고 보면 된다.

둘째, '효과기반작전(Effects-Based Operations)'은 일부에서 작전의 적실성에 대한 이견(異見)이 존재하지만, 결국 효과기반작전은 미군의 군사교리에서 핵심적인 부분을 차지하고 있다는 최근의 주장도 존재하고 있다.[89)] 따라서 이 효과기반작전은 달성하고자 하는 결과, 즉 효과를 기준으로 군사력을 운용하는 방식과 수단을 결정하는 일련의 군사적 기획 및 실행 과정을 의미하고 있다는 측면에서만 이해하면 좋을 듯싶다. 실제 미군은 제1차 걸프전에서부터 이라크전쟁을 수행하는 과정에서 핵심 분야를 선별하고 집중적으로 타격하는 체계를 정립하였다. 상대국가의 전쟁 수행 체계의 무력화가 가능하였던 이유도 정밀유도무기 체계(PGMs)와 연계하여 수행한

88) 위문희, "국방부 "국방망 해킹, 악성코드 39개 중 20개가 북한이 쓰던 코드"," 『중앙일보』 (2016. 12. 7.) (검색일자: 2020년 7월 9일); 김소연, "전력산업계, 5년간 사이버 공격 위협 1000건 달해," 『원자력 신문』 (검색일자: 2020년 9월 9일). 등

89) 전광호, "미국 군사교리에서의 효과기반작전," 『인문사회 21』 10권 1호 (서울: (사)아시아문화학술원, 2019), pp. 673~688.; 2008년 당시 美 합동 전력 사령관이었던 제임스 매티스(James N. Mattis, 2016~2018까지 국방장관 역임) 대장이 "효과중심작전 용어의 사용 자체를 금지한다."라고 지침으로 선언한 바가 있음도 참고했으면 한다.

결과로 보면 된다.

셋째, 미국의 군사 전문가인 윌리엄 린드(William Lynd)가 1989년 주창한 '4세대 전쟁(4th Generation Warfare)'을 들 수 있으며, '21세기에 등장한 새로운 형태의 비정규 · 비대칭 전쟁'이라고 정의할 수 있다.

'1세대 전쟁'은 고대로부터 19세기 전반까지 진행되었던 총력전 형태의 전쟁을, '2세대 전쟁'은 19세기 후반까지로 발전된 대량생산 체계 중에서 화력과 기동형태가 확장된 양상으로, '3세대 전쟁'은 적의 심리적 마비 달성 등을 비롯한 기동전 형태의 변화로 정리할 수 있다.

'4세대 전쟁'의 특징은 다섯 가지 정도로 정리할 수 있다. ① 전쟁의 주체가 정상적인 국가보다 테러집단, 마약 등을 취급하는 범죄 집단, 체제에 불평불만을 가진 집단 등 국제사회와 연계된 비국가 행위자들이다. ② 전장의 범위가 어느 특정 지역 또는 국가 등에 한정되어 있지 않고 초국가적이며 전체 사회를 포함하고 있다. ③ 전쟁에 투입하는 전력(戰力, force)은 AK-47, 칼, 폭발물 같은 저렴하고 단순한 재래식 무기에서 미사일과 지뢰를 비롯한 화학무기와 원자폭탄까지 망라하고 있다. ④ 병력을 운용하는 측면에서 사회 전체에 분산된 소규모 집단들로 구성되어 있다. ⑤ 전쟁의 목표는 1~3세대 전쟁에서와 같은 지형 탈취나 물리적 파괴 등의 외형적 부분에 중점을 두는 게 아니라 적대 국가의 내부 붕괴를 겨냥하고 있다.

이처럼 '4세대 전쟁'은 기존의 개념 즉, 군사력 균형이나 억제전략, 전술 교리, 교육 훈련, 장비 등을 비롯한 모든 분야에서 새로운 사고와 발상의 대전환을 요구하고 있다. 새로운 전쟁의 양상은 우리가 경험해 온 정규전 양상과는 거리가 멀다. 인도주의란 아예 없고, 군인과 민간인, 군사시설과 비군사시설의 구분이 없으며, 정해진 전선(戰線)도 없다. 오직 적대 국가 및 세력에게 최대한의 인적 · 물적 피해와 심리적 충격에 집중한다. 그리고 사회적 혼란을 일으킬 수 있는 사회기반시설에 대한 파괴나 새로운 수단을 취하면서 시스템을 정교화할 뿐이라는 점을 바로 볼 수 있어야 한다.[90]

앨빈 토플러(Alvin Toffler, 1928~2016)는 『전쟁 반전쟁(2014)』에서 세계의 변화를 가져오는 폭력사태를 줄이기 위하여 군사 · 경제력, 정보력을 전략적으로 적용함을 반전쟁으로 강조하

90) 인도네시아의 발리 클럽에 대한 폭탄 테러(2002. 10. 12.)와 스페인 마드리드의 연쇄 폭탄 테러(2004. 3. 11.), 파리 시내 동시다발 테러(2015. 11. 13.) 이외에도 테러 및 사회 혼란 행위가 끊이지 않고 있다.

고 있다. 새로운 하이테크 기술은 군사적 전환 가능성이 매우 크기 때문에 첨단기술에 의한 전쟁을 언급하고 있다. 美 브루킹스연구소 군사문제 전문가인 피터 W. 싱어(Peter W. Singer)는 『하이테크 전쟁』에서 로봇 전쟁을 언급하는 등 다가오는 시대의 전장을 예상한다.

2. 주요 무기체계의 특성과 발달

최근의 전쟁에서 실전화(實戰化)되어 있는 무기체계와 다가오는 전쟁에 대응하기 위하여 연구 및 개발하고 있는 무기체계 중 화력 무기 분야는 소화기와 대전차무기, 박격포와 화포를 중심으로, 기동장비 분야는 전차와 항공기에서 전투기와 무인 항공기를 중심으로, 대량살상무기(WMD)는 현재 개발된 수준과 개발 중인 신무기를 중점적으로 제시하고자 한다.

2.1. 소화기 · 기관총

2.1.1. 개인 및 공용화기

적의 병력 또는 경장갑 차량을 제압하기 위해 사용하며, 일반적으로 용도 및 특성에 따라 여섯 가지로 분류하고 있다. 아래의 <표 3-10-1>은 개인화기의 종류이다.

〈표 3-10-1〉 개인화기의 종류

구 분	주요 내용
권총(handgun)	리볼버, 권총, 기관 권총
소총(rifle)	돌격 · 저격소총, 카빈 소총
기관단총 (submachine gun)	소총보다 짧고, 총구속도는 낮으나, 발사속도가 빠름.
기관총 (machine gun)	· 경기관총 : 7.62mm 미만의 탄약과 양각대 사용 · 범용기관총 : 7.6~12.7mm 탄약과 삼각대 사용 · 중기관총 : 12.7mm 이상 탄약과 삼각대 사용
특수화기	산탄총, 수중총

유탄발사기 (grenade launcher)	· 유탄총 : 개인화기에 단발 사격 가능 · 유탄기관총 : 차량에 탑재 및 지상 겸용으로 연속사격이 가능 · 소총 부착식 유탄발사기 : 소총 총구에 직접 장착하여 사용

2.1.2. 주요 국가별 개발 현황

▲ 미국

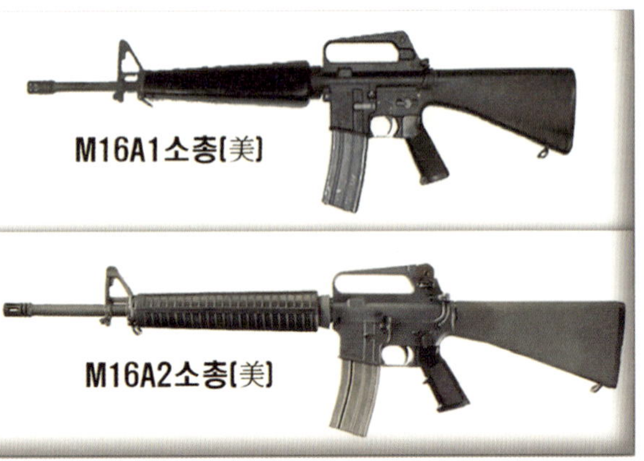

1980년대부터 소화기를 포함한 모든 분야에서 성능의 개량과 신무기의 개발을 추진했으며, 복잡한 무기체계를 통합 운용하기 위하여 노력하고 있다. 권총은 1989년 구경 9mm M9 PDW(Personal Defense Weapon) 표준권총을 채택하고 있다. 기관단총은 독일의 헥클러 & 코흐(Heckler & Koch) 사에서 美 해군 SEAL팀 전용으로 개발한 MP5N 해군 모델과 이스라엘의 Uzi Gal을 기반으로 하여 생산된 루거(Ruger) 9mm MP-9 기관단총을 사용하고 있다. 특히 일반 소총이나 카빈(CAR) 소총은 베트남 전쟁에서 사용한 5.56mm M16A1과 M16A2 소총을 표준화기로 사용하고 있다.

기관총은 5.56mm M249 SAW 기관총과 7.62mm M60E3 · 7.62mm M60E4 기관총을 사용하고 있다. 아래의 <그림 3-10-3>은 이들 총기의 여러 가지 외형(外形)과 종류다.

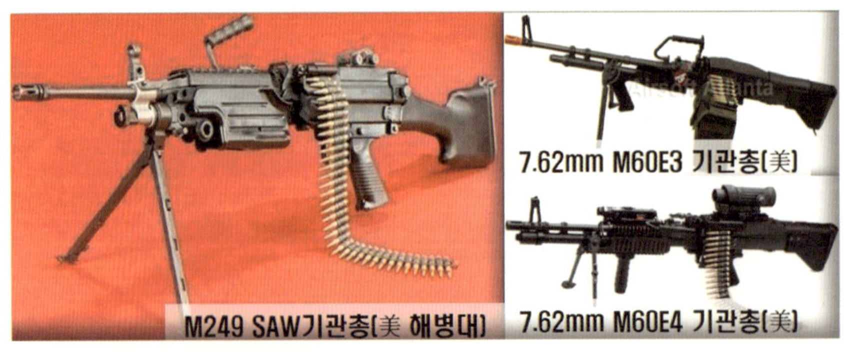

〈그림 3-10-3〉 미군 기관총의 외형과 종류

유탄발사기는 40mm MK19 Mod3 유탄 기관총의 경우 폭발 탄약은 총구속도 약 240m/s로 발사 가능하며, 유효사거리는 1,500m이다. 총기 중량은 34kg, 거치대의 중량은 63kg이며, 전장은 1,095mm인 직사화기로 신속성과 파편효과 및 관통 능력이 우수하다. 40mm M79 수동식 유탄 총은 단시간 내에 여러 발을 사격하기는 다소 제한되고 있다.

40mm MK19 Mod3 유탄기관총

▲ 유럽

유럽의 소화기는 운용성과 경제성이 뛰어나며, 소총은 미국을 비롯한 다수의 국가에서 운용하고 있다. 아래의 <그림 3-10-4>는 독일군의 G11 소총과 G3・G36 계열의 발사 원리와 소총의 형태, 종류이다.

〈그림 3-10-4〉 독일군 소총의 발사 원리와 종류

소총을 생산하는 대표적인 국가는 독일과 오스트리아, 벨기에 등이다. 독일은 G11 소총 구매계획이 차질을 빚게 되자 7.62mm G3 소총으로 교체하였다가 1996년부터 5.56mm G36 소총을 채택하여 사용하고 있다. 오스트리아는 1977년부터 5.56mm AUG 소총을 채택하고 있으며, 좌・우

사수용으로 변환이 가능하고, 소총의 전장(길이)이 기존 화기의 ⅔ 수준에 지나지 않다 보니 운용하기에 편리하다. 이후 1997년에 5.56mm AUG-42 · AUG-43 소총 모델을 개발하여 기능을 추가하였다. 아래의 <그림 3-10-5>는 오스트리아군 AUG 소총의 종류다.

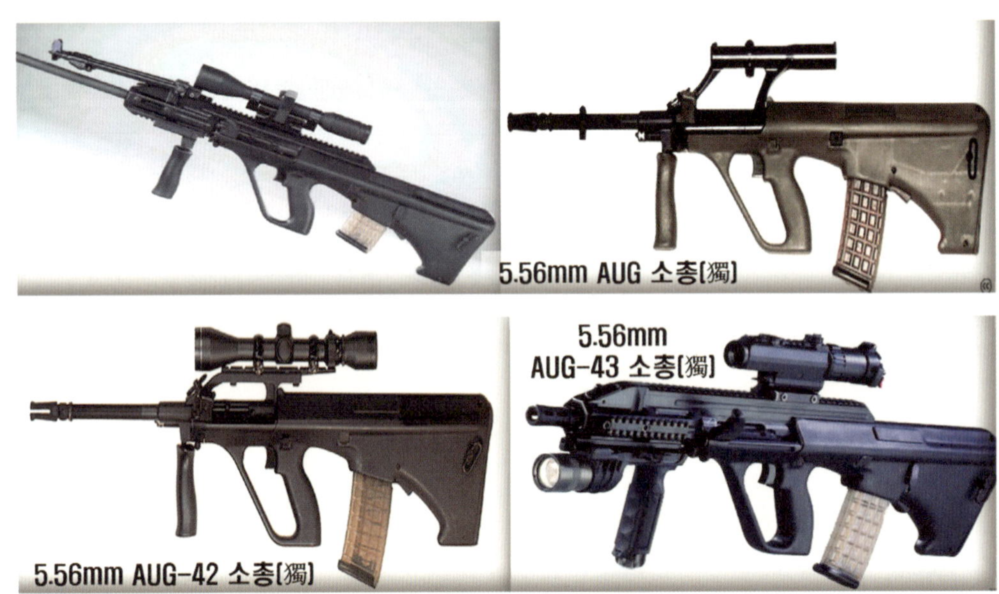

〈그림 3-10-5〉 오스트리아군 AUG 소총의 종류

AUG-42 · AUG-43 소총의 경우는 AUG 소총에 광학조준경을 장착하였고, 총열은 407mm와 508mm의 2개를 선택하여 장착할 수 있도록 개발한 모델이다.[91]

벨기에는 7.62mm FAL 소총을 생산하였고, 1987년부터 소(小)구경이 대세로 떠오르자 5.56mm 구경으로 전환한 신형 FNC 소총과 F-2000 소총을 채택하고 있다. 최근에는 불펍(Bullpup)형 설계로 전장(全長)을 더 단축하였고, 다양한 부수 장치를 장착한 아래의 <그림 3-10-6>은 벨기에군

91) 'AUG(Armee Universal Gewehr)'는 육군의 다목적 소총으로 오스트리아의 슈타이어(Steyr Mannlicher)가 1970년대 초 군용으로 사용할 새로운 돌격 소총을 불펍 형으로 개발한 소총으로 진정한 불펍의 시대를 연 개척자로 인정받고 있다.

소총의 종류다.[92)]

〈그림 3-10-6〉 벨기에군 5.56mm FNC 소총과 F-2000 소총의 종류

F-2000 소총은 설계 단계에서부터 기본적으로 유탄발사기를 부착하여 사용하기가 쉽도록 설계하였다. 상단부에는 사격통제장치인 스코프(scope)가 부착되어 있어서 유탄을 발사했을 때 명중률이 뛰어나다.

기관총은 기존의 소총을 기반으로 하여 주로 총열의 길이를 연장하여 사용하고 있다. 대표적으로는 독일의 HK 21E · HK 23E, MG3 기관총, 오스트리아의 LSW 기관총, 벨기에의 M2HB · BRG-15 기관총 등이 있다. 아래의 <그림 3-10-7>은 독일과 오스트리아, 벨기에군

92) '불펍(Bullpup) 형'이란 '노리쇠를 포함하는 작동 기구와 탄알집을 방아쇠가 있는 후방에 위치시킴으로써 같은 총열 길이를 유지하면서도 총 전체의 길이를 축소하는 설계 방식'을 뜻하고 있다.

기관총의 종류이다.

〈그림 3-10-7〉 독일과 오스트리아, 벨기에군 기관총의 종류

유탄발사기는 보병이 운용하는 개인화기보다 긴 유효사거리와 넓은 살상반경, 곡사형식으로 엄폐하고 있는 적에게도 타격이 쉬우므로 탄약기술 분야에 첨단 과학기술이 접목된 다양한 유탄발사기들이 활약하고 있다.[93] 한국군의 경우 M16A1 소총에 부착하는 M203 유탄발사기가 있고, K2 소총에 부착되는 K201 유탄발사기가 있으며, 단독으로 운용하는 M79 유탄발사기 등이 있다. 독일의 하프라(HAFLA) DM34, HK79, 40mm GMG 발사기와 러시아의 AGS-17 · AGS-30 유탄발

93) 무거운 유탄발사기들은 종종 탄띠로 급탄(給彈)하는 방식을 사용하고 있으며, 보병을 지원하기 위하여 차량에 장착하거나, 삼각대를 이용하여 발사하고 있다. 다른 소화기류에 비하여 정밀하지 않지만, 지역 단위로 사격하거나, 진압용으로 활용하기도 한다. 다수의 유탄발사기는 소총에 장착하는 발사기들과 같은 수류탄을 사용하고 있다.

사기가 있다. 아래의 <그림 3-10-8>은 독일과 러시아에서 사용하고 있는 유탄발사기의 종류다.

〈그림 3-10-8〉 독일과 러시아 유탄발사기의 종류

유탄발사기(擲彈發射器, Grenade Launcher)는 유탄(擲彈)을 발사하는 장치로 수류탄을 직접 손으로 투척하여 날아가는 비거리와 정확도의 한계를 극복하기 위하여 개발된 무기이다. 총류탄을 업그레이드한 모델로 보면 된다. 자체가 하나의 총기가 되는 방식, 다른 총기에 부착하여 사용하는 방식으로 구분하고 있다.

▲ 한국

미국은 제2차 세계대전과 6·25 전쟁에 사용하던 M1 소총의 사거리 문제와 중량, 수동식이라는 한계를 극복하기 위하여 1958년 5.56mm 구경의 AR-15 자동소총을 개발하였다. 이 자동소총은 베트남 전쟁에서 시험평가를 거쳐 성공하게 되자 1963년 M16 소총으로 명칭을 바꿨다. 이 M16 소총은 1967년부터 미군의 주력 소총으로 채택되었다. 아래의 <그림 3-10-9>는 한국군이 사용하고 있는 개인화기이고, <표 3-10-2>는 개인화기의 기본적인 제원이다.

〈그림 3-10-9〉 한국군 개인화기의 종류

당시 한국군의 주력 소총은 M1 소총과 칼빈(CAR) 소총이다. 이후 베트남 전쟁에 파병하면서부터 미군으로부터 M16 소총을 보급받았다. 이후 한국도 장비 현대화를 위하여 이 소총을 도입하였고, 1985년까지 M16A1 소총을 면허 생산하면서 한국군의 주력 소총으로 채택하였다. 최근 K2 소총으로 보급되면서 M16은 예비군용 소총으로 전환되었다. K2 소총은 M1A1 소총을 대체하기 위하여 국내에서 개발한 자동소총으로 1985년부터 전력화되었다. 현재는 한국군의 개인 기본화기로 사용하고 있다. K11 복합형 소총은 2008년 한국이 세계 최초로 개발한 차세대 소총으로 5.56mm 보통탄과 적(敵)의 3~4m 상공에서 폭발시킬 수 있도록 20mm 공중폭발탄을 장착하여 발사할 수 있는 능력이 가능하도록 설계되어 있다. 그러나 문제가 드러나 2019년 사업 중지가 결정되었다. 이외에도 2019년 북한군 열병식에서 언론매체에서 확인할 수 있었던 한국군의 K11 복합 소총과 유사한 소총으로 추정하고 있지만, 가짜라도 이러한 총기를 휴대하고

열병식에 참석했다는 점에서 지속하여 확인하고 대처할 필요가 있다.[94)]

〈표 3-10-2〉 한국군의 M16A1 · K2 소총, K11 복합형 소총의 일반 제원

구 분	M16A1 소총	K2 소총	K11 복합형 소총
길 이(cm)	99	98	86
구 경(mm)	5.56	5.56	5.56/20
중 량(kg)	3.1	3.26	6.1
최대사거리(m)	2,653	2,653	-
유효사거리(m)	460	600	500
최대발사속도	700~800발/분	700~900발/분	-
기 타	-	-	· 탐지거리: 500m · 주 · 야간 조준경 · 소총: 가스 작동식 · 유탄발사기: 노리쇠 장전식

기관단총은 K1A 기관단총과 K7 소음기관단총을 사용하고 있고, 유탄발사기로는 K201 유탄발사기와 K7 고속 유탄발사기를 사용하고 있다. 아래의 <그림 3-10-10>은 한국군이 사용하고 있는 기관단총과 유탄발사기의 종류이고, <표 3-10-3>은 이 기관단총과 유탄발사기의 기본적인 제원이다.

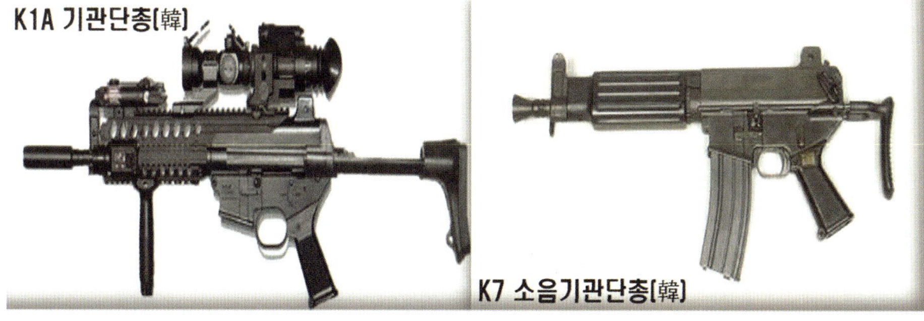

94) 이일우, "김정은의 '장난감 열병식'," 『서울신문』 (2017. 4. 18.) (검색일자: 2020. 1.8.).; "北 특수전부대, 패러글라이더로 한미연합사 침투훈련," 『연합뉴스』 (2017. 10. 10.) (검색일자: 2020. 1. 8.). 등 다수

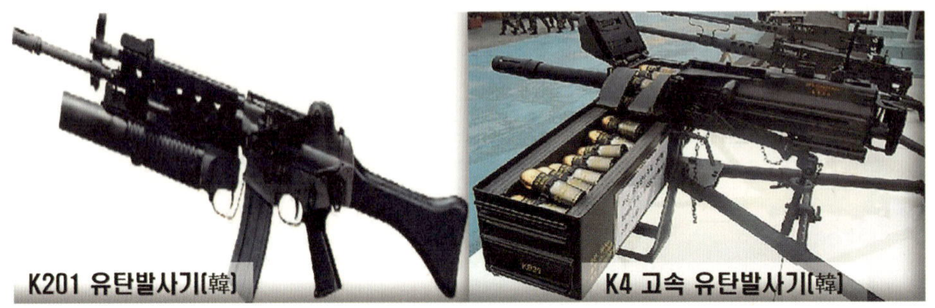

〈그림 3-10-10〉 한국군의 기관단총과 유탄발사기의 종류

K4 고속 유탄발사기는 K4 유탄 기관총으로 명명하고 있다. 따라서 아래의 도표에서는 K4의 경우(/)를 통하여 유탄발사기와 기관총 제원을 분리하여 제시하였다.

〈표 3-10-3〉 한국군의 기관단총과 유탄발사기의 일반 제원

구 분	K1A	K7	K201	K4
길 이(cm)	64.5	61	38.2	41.2/107.3
구 경(mm)	5.56	9	40	40
중 량(kg)	2.9	3.4	1.88	34.4
최대사거리(m)	2,453	–	400	2,212
유효사거리(m)	250	100~200	–	1,500
최대발사속도	700~900발/분		–	지속: 40발/분, 급속: 60발/분
기 타	–	소음 : 110~115db	–	탄띠 급탄방식

기관총(Machine Gun)은 1957년 미군이 개발하였던 M60 다목적 기관총과 K3 경기관총과 K6 중(重)기관총을 사용하고 있다. 아래의 <그림 3-10-11>은 한국군이 사용하고 있는 기관총의 외형과 종류이고, <표 3-10-4>는 기관총의 기본적인 제원이다.

〈그림3-10-11〉 한국군이 사용하고 있는 기관총의 외형과 종류

〈표 3-10-4〉 한국군 기관총의 일반 제원

구 분	M60 기관총	K3 경기관총	K6 중기관총
길 이(cm)	110.5	103	165.1
구 경(mm)	7.62	5.56	12.7
중 량(kg)	10.4	6.85	37
최대사거리(m)	3,725	-	6,800
유효사거리(m)	1,100	800	1,826
최대발사속도	550발/분	700~1,000발/분	450~600발/분
기 타	분대 지원, 공용	견착・고정사격이 가능	신속한 총열 교환이 가능(5초 소요)

▲ 북한

북한군은 AK(Automatic Kalashinikov) 계열의 소총과 기관총을 사용하고 있다.[95] AK 돌격용 소총은 1947년 구소련의 미하일 칼라쉬니코프(Mikhail kalashnikov, 구소련군 전차부대 부사관)가 최초로 개발하였다. 최근까지도 중동과 아프가니스탄 지역 등에서 사용되고 있으며, 특히 가격이 저렴하고 튼튼하지만 단순하게 제작되었다는 장점이 주목받으면서 러시아가 세계에 가장 많이 수출한 수출품의 하나로 인정받고 있다. 개발된 이래 가벼운 무게와 긴 유효사거리, 잔 고장이 없다는 장점이 AK 시리즈를 양산할 수 있는 기반이 되었다고 하여도 과언이 아니다. 현재 북한군은 58식(AK-47) 보총과 68(AK-47 개량) 보총, 88식(AK-74) 보총, AK-74형 돌격용 소총을 사용하고 있다. 기관총은 73형・74・81・88형 기관총을 사용하고 있다. 아래의 <그림 3-10-12>는 북한군이 사용하고 있는 소(보)총의 외형과 종류다.

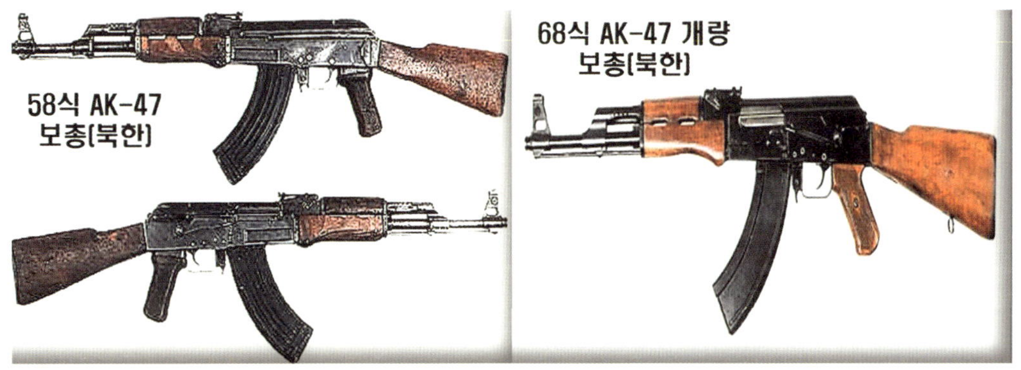

95) 일반적으로 'AK 소총'을 부를 때 '아카보 소총'으로 부르곤 하지만, 정식 용어는 '아카 보총'이 정식 용어이다.

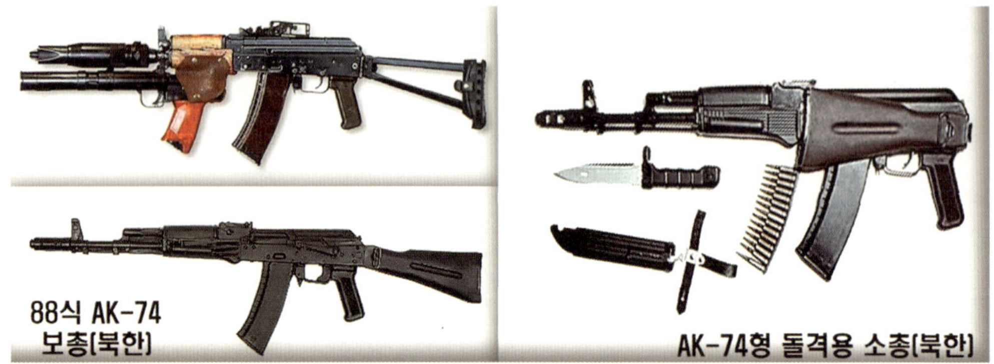

〈그림3-10-12〉 북한군이 사용하고 있는 소(보)총의 종류

특히 88식 AK-74 보총은 탄환을 소구경으로 개선하면서 탄두 크기를 줄이는 과정에서 발사 시 느끼는 반동을 상당 부분 감소시켰다. 발사 이후에도 공기저항이 그만큼 감소하므로 명중률이 향상되었다는 점이다. 또한, AK-47에서 사용하였던 목제 개머리판과 총열받이를 플라스틱으로 대체함으로써 경량화 수준도 향상되었다.

반면에 한국군의 K2 소총은 길이가 970mm로 88식 AK-74 보총보다 2.7cm가 더 길고, 중량은 3.26kg으로 상대적 측면에서 판단 시 다소 무겁다. 탄약은 5.56×45mm 탄을 사용해 탄약은 좀 더 크고, 장탄 수는 20발과 30발의 두 가지 유형이다. 전반적으로 K2 소총이 더 크고 무거우며, 탄약을 장전하는 측면에서 불리하지만, 연사(連射, 연달아 사격함을 의미) 속도와 유효사거리가 더 길다는 장점을 갖고 있다.[96] 아래의 <표 3-10-5>는 북한군 소(보)총의 일반 제원이다.

〈표 3-10-5〉 북한군 소(보)총의 일반 제원

구 분	58식 AK-47 보총	68식 AK-47 보총	88식 AK-47 보총
길 이(cm)	89	87	94.3
구 경(mm)	7.62		5.45×39 소구경고속탄
중 량(kg)	4.3	3.61	3.03
장탄 수(발)	30		
최대사거리(m)	1,500	800	1,000

96) 68식 AK-47 보총은 1960년대에 생산되면서 58식 보총을 대체하여 사용되었으나, 1980년대에 이르러 88식 AK-74 보총으로 대체된 보총이었다. 일반적으로 초기에는 부착식 개머리판이었으나, 점차 접철식 개머리판이 부착되면서 일부에서는 이를 68-1식 AK-47 보총으로 부르고 있다.

유효사거리(m)	300	350	500
최대발사속도	600발/분		650발/분
사용부대	후방 및 예비군	경보병·특수·행정	주력 소총
기 타	–	AK-47 개량형	접철식

북한군은 73형과 74형 기관총, 88형 기관총, 그리고 분대를 지원하는 81형 분대 지원 기관총을 보유하고 있다. 아래의 <그림 3-10-13>은 북한군이 사용하는 대표적인 기관총의 종류이고, <표 3-10-6>은 북한군이 사용하고 있는 대표적인 기관총의 일반적인 제원이다.

〈그림 3-10-13〉 북한군이 사용하고 있는 기관총의 종류

〈표 3-10-6〉 북한군 기관총의 일반 제원

구 분	73형 기관총	74형 기관총
길 이(cm)	119	87
구 경(mm)	7.62	
중 량(kg)	10.6	3.61

최대 사거리(m)	3,600	1,000
유효사거리(m)	1,000	800
최대발사속도	600~700발/분	650발/분
유효발사속도	150발/분	–
송탄 방식	2중(탄창과 탄띠)	

2.2. 유·무선 통신장비

2.2.1. 개요

軍의 통신장비는 지상-해상-공중-수중을 비롯하여 다양하고도 험준한 환경과 여건 속에서 정상적으로 송·수신할 수 있어야 함이 기본이다. 이에 따라 통신하면서 단절(斷切)이나, 오류(誤謬)가 발생하지 않도록 현대의 정보통신 기술을 총괄적으로 집약한 상태에서 사용하고 있다. 軍 통신장비는 여섯 단계의 부호를 활용하여 사용하고 있는데, 아래의 <표 3-10-7>은 통신장비의 명칭을 부여하는 순서와 번호다.

〈표 3-10-7〉 통신장비의 명칭 부여 순서와 번호

구분	형 태			④ 사용 목적	⑤ 고유 번호	⑥ 개량 순서
	① 시스템	② 설치	③ 장비			
	AN	V	R	C	165	A
주요내용	A: 육군(Army), 공군(Air Force) N: 해군(Navy) * 미군/NATO군 표준장비만 해당 * 동일 장비의 국내생산 시 K추가 *국내 개발 장비는 미해당	G: 지상 (Ground), 일반 (Genaral) P: 휴대용 (Pack, Portable) T: 유선 전화 (Telephone) U: 일반, 지·해·공(General Utility) V: 차량 (Vehicular)	A: 열복사선 R: 레이더 (Radar) R: 무선 (Radio) T: 유선 전화 (Telephone) V: 가시 광선 (Visual)	A: 보조장비 C: 통신 (Communi-cation) M: 정비·시험장비 N: 항법보조 R: 수신 (Receiving) S: 탐지	–	–

2.2.2. 유선 전화기의 송·수신 원리

전화(電話)는 그리스어의 원격(Tele)과 음성(Phone)의 합성어로서 먼 거리에 있는 사람과 이야기를 나눈다는 뜻이 있다. 즉, 전화는 '공기 중에서 복잡한 진동인 음성을 고체를 통해 전달할 수 있고, 이 진동을 전기적 신호로 변환시켜 전선(電線)을 통해 전송하게 만든 장치'이다. 미국의 그레이엄 벨(Alexander Graham Bell, 1847~1922)이 최초의 실용전화기를 선보였다. 핵심은 인간의 음성을 전류로 바꾸고 전류를 다시 음성으로 바꾸는 일종의 변화기술 여부에 달려 있다. 이처럼 전화기의 송·수신이 가능한 이유는 '음성-전류 진동-음성'으로 변환되어 전달되는 과정을 그치기 때문이다. 송화기(送話機)는 음성을 전기적인 진동으로 변환하는 장치이고, 수화기(受話器)는 전기적 에너지를 음성으로 변환시켜주는 장치를 의미한다. 송화기에 대고 말을 하면, 얇은 금속 진동판이 진동하게 되고, 그 진동의 강약에 따라 전류가 변화하게 된다. 수화기에 도달한 전류는 수화기 속에 있는 전자석과 영구 자석의 극성 차이에 따라 밀고 당기는 힘이 발생하게 되고 이는 진동판을 진동시켜 음성이 재생되는 원리이다.

교환기(交換機)는 전화기를 사용하는 다수 가입자의 통신선로 설치를 최소화하도록 도와주는 역할을 담당하면서 통화가 될 수 있도록 해주는 연결장치를 의미한다. 만약에 교환기가 없다면, 모든 전화기는 직통(Hot-Line)으로 연결될 수밖에 없으므로 상당한 비용이 소요된다. 아래의 <그림 3-10-14>는 송·수화기의 원리와 교환기의 기능을 설명하는 개념도이다.

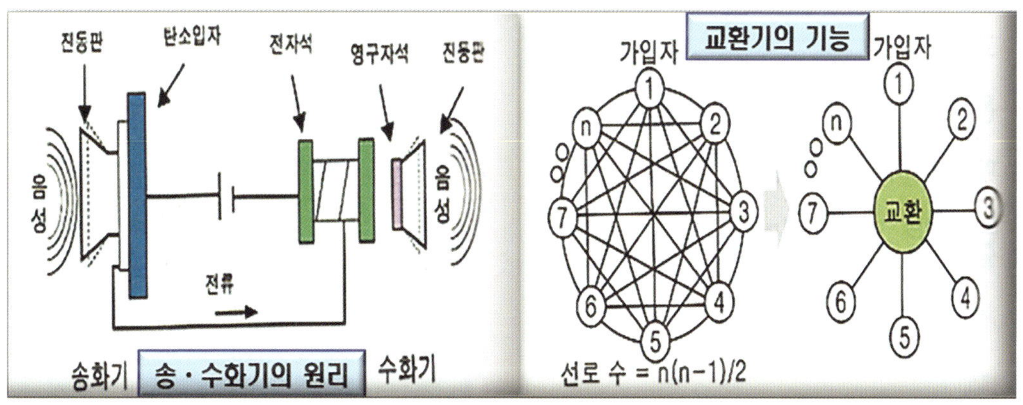

〈그림 3-10-14〉 송·수화기의 원리와 교환기의 기능 개념도

교환기의 기능을 예로 들면, 7개 명의의 가입자가 직통으로 연결되어야 할 때 n(n-1)/2의 계산 때문에 21개 회선이 필요하게 되므로, 결과적으로 100대의 전화기는 4,950개의 회선이 필요하게 된다. 따라서 가입자가 많은 지역의 중심이 되는 지점에 교환기를 설치할 경우 선로 수가 훨씬 줄어들게 되어 경제적 측면에서 교환기의 운용개념이 발전되어 왔다.

2.2.3. 무전기의 송·수신 원리

무전기는 중계장치가 없이도 무전기에 있는 단말기 자체의 기능을 통하여 송신과 수신을 할 수 있도록 설계되어 있다. 음성신호를 전파로 변환시켜 각 주파수에 실어 보내고 다른 한쪽에서는 그 전파를 받아 다시 음성신호로 변환시켜 상대방이 들을 수 있다.[97] 따라서 휴대전화의 사용이 불가능한 지역에서도 무전기는 통화가 가능하게 된다. 아래의 <그림 3-10-15>는 음성신호를 무선으로 전달하는 과정을 나타내는 개념도이다.

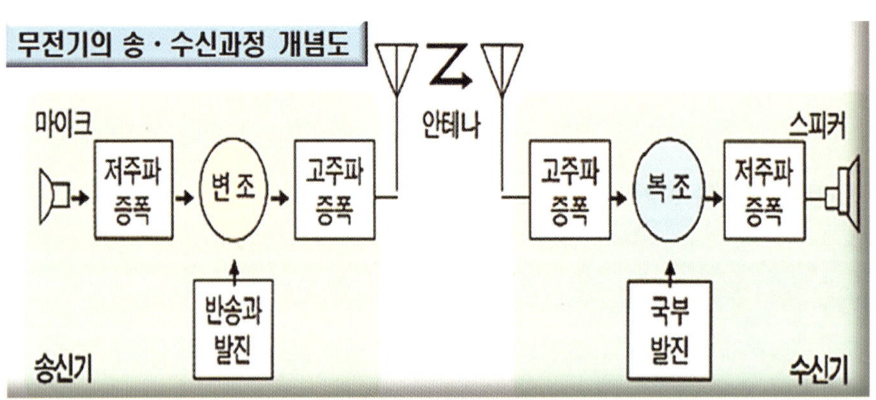

〈그림 3-10-15〉 무전기의 송·수신 과정 개념도

송신기에서 음성을 전기적 신호로 변환시켜 전기적 신호를 운반하는 반송파(Carrier Wave)에 싣는 변조(modulation) 과정을 거친 다음 안테나를 통하여 전파를 방사(radiation)하게 된다.[98] 수신기는 전자파를 안테나로 수신하려 반송파에 실려 있는 전기적 음성신호를 추출하는 복조(demodulation) 과정을 거쳐서 스피커를 통하여 음성을 다시 재현하게 된다.

---

97) 전파는 빛과 같이 전자기파로 30만km/s의 속도로 이루어지며, 음파의 88만 배로 감쇠(減衰, 힘이나 세력 따위가 점차 줄어들면서 약화하는 상태)가 적어 장거리 전송이 가능하게 되어있다.

98) 변조는 FM과 AM 방식으로 구분하는데, 반송파와 신호를 합성할 때 어떠한 방식으로 하는가의 차이를 의미하며, FM은 주파수 변조(Frequency Modulation)이고, AM은 위상변조(Amplitude Modulation)를 뜻하고 있다.

2.2.4. 軍에서 사용하고 있는 주요 통신장비

▲ TA-512K 전술용 전자식 전화기

한국군은 1970년대 초기에 미군이 사용하고 있던 TA-312 전화기(신호기를 돌리면 나는 소리가 '딸딸딸'이라고 나기에 일명 '딸딸이')를 인수하여 사용하다가, 1974년 국방과학연구소(ADD) 등에서 국산화에 성공한 KTA-312 전술용 전화기를 개발하여 사용해 왔다.[99] 이후 1993년 국내 개발에 성공한 TA-512K 전자식 전화기가 보급되면서 한국군의 주력 통신장비로 운용하고 있다. 이는 휴대용 야전 전술용 전화기로 공전·자석·전자식으로 운용할 수 있고, 군에서 운용 중인 모든 군용 및 상용 교환기에 가입할 수 있도록 설계되어 있다. 아래의 <그림 3-10-16>은 한국군이 초기에 사용하였던 KTA-312와 TA-512K 전자식 전화기이다.

〈그림 3-10-16〉 한국군의 초기 KTA-312와 TA-512K 전자식 전화기

▲ TTC-630K 디지털 단말기(DMT)[100]

디지털 단말기(DMT)는 전술 통신 체계망에서 사용하는 비화(祕話) 전화기 및 데이터 통신용 모뎀(Modem)이다. 디지털 단말기는 음성통신과 데이터 통신을 비롯하여 자체적으로 점검할 수 있고, 서비스 기능까지 포함되어 있으며, 전술용 전자식 교환기와 이동 무선 결합기·단말기에

99) TA-512K는 BA-30 배터리 3개를 사용하며, 통달 거리는 8~30km인데 비해 중량(무게)은 2.8kg에 불과할 정도로 가볍다. 재다이얼과 착신 신호, 송·수화기가 이탈 시 경보가 울리게 되어있고, 통신회선에 장애가 발생할 때도 자동으로 선로를 점검할 수 있는 기능 등이 다양하게 추가되어 있다.

100) 디지털 단말기는 Digital Multirole Terminal로서 통상 DMT로 부른다. 전술 통신체계에서 운용되는 단말기의 하나로 일반 전화기에서 음성으로 통화하는 기능과 데이터 통신을 위한 모뎀 기능, 암호 모듈을 삽입할 경우 음성과 데이터 통신용 암호 장비로 사용이 가능한 다기능 단말기를 의미한다.

연결하여 운용하는 방식이 가능하도록 설계되어 있다. 전술 C4I 체계나 LAN용 데이터 모뎀으로도 사용하고 있다. 음성통신 기능은 전자식 교환기와 다중 집선기(多重集線機, RSC)에 연결할 경우 1.6km까지 통화가 가능하다.[101)]

▲ TTC-95K 전술용 전자식 교환기

TTC-95K 전술용 전자식 교환기는 연대급 부대를 비롯하여 사단 및 군단급 제대의 교환기로 1999년에 처음으로 보급되었다. 차량에 탑재 및 기존 병영시설 내에 설치하여 운용하고 있다. 초기는 P-85K 무전기를 사용하다가 얼마 전까지 PRC-95K 무전기로 대체되었다. 최근에 PRC-96K로 교체되고 있다. PRC-95K 무전기는 전술적 측면에서 기동이 요구되고 실시간으로 자동 교환이 요구되어 데이터 통신의 기능 강화가 요구될 때 효과적이다.

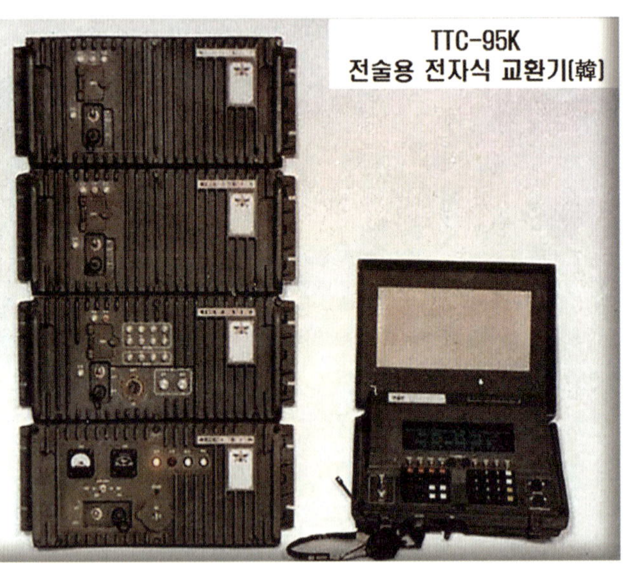
TTC-95K
전술용 전자식 교환기(韓)

또한, 차기 전술 통신체계의 노드(NODE) 교환기로도 사용하고 있으며,[102)] 격자망으로 구성되고 최적의 우회경로를 자동으로 선택하는 기능과 추론하는 고유방식에 따라 다양한 서비스 기능을 제공하고 있다. TTC-95K 교환기는 디지털 시분할(時分割) 교환방식을 사용함으로써 기존의 자석식과 자동식 전화기, 디지털 가입자를 자동 및 반자동으로 하는 교환 업무를 수행할 수 있다. 타 교환대와는 접속하되, 간선(幹線, main line, 주요 구간 사이를 연결하는, 중심이 되는 선)으로 운용하고 있으며, 전신타자기, 전송 장비, 선로 결합 장비, 무전기 세트, 속도 변환기 등의 유·무선 전송 장비와 연결하여 운용할 수 있도록 설계되어 있다. 참고로 회선 수는 가입자의 규모에 따라 30회선부터 120회선, 240회선으로 가변(可變, 사물의 모양이나 성질을 바꾸거나 달라지는 상태)하여 설치

101) '다중 집선기(RSC)'는 'Remote Subscriber Concentrator'의 약자로 '노드 또는 부대의 교환기로부터 떨어져 있는 독립 대대급 부대나 소규모 밀집 지역에 유·무선을 설치하여 운용하는 소형 전자식 회선 집중기'를 뜻한다.

102) '노드'는 교환을 진행하고 있는 회선들의 접합부로서 각종 공중 정보망의 데이터 교환점을 의미한다. 예를 들면, 군부대가 훈련을 나가면, 과거와 다르게 도심지가 발달하여 있고, 유선을 연결하기가 어려우면, 통신대대장이 전화국과 협조하여 훈련장 가까운데 있는 지점에서부터 유선을 끌어오게 된다. 바로 유선을 끌어오게 협조한 그 지점을 '노드'라고 보면 된다.

및 운용할 수 있고, 자체적인 고장진단 기능 등도 내장되어 있다.

▲ PRC-96K 무전기

PRC-96K 무전기는 소부대 지휘 통제용으로 분대에서부터 중대까지 보급되었으며, 1990년에 처음으로 보급되었다. 개발된 VHF/FM 휴대용 무전기로 구형 P-85K 무전기에 비교할 경우 무게와 크기를 줄였으며, 주파수의 범위, 채널 수, 통달 거리를 2~5배가량 향상했다. 비화(祕話, 보안을 유지하면서 통화가 가능한 상태나 수준) 기능도 추가하여 무전을 교신할 때 보안성의 유지가 가능하다. 자체진단 기능을 추가시켜 송·수신 상태를 직접 확인할 수 있다. 이어폰(H-960K, earphone) 및 마이크 헤드(EM-96K)를 운용할 수 있다 보니 전장 소음의 영향을 적게 받고 기도비닉이 요구되는 적지 종심 작전부대에서 사용하기 쉽도록 설계되어 있다. 아래의 <그림 3-10-17>은 한국군이 초기에 사용하였던 P-85K 소부대 휴대용 무전기와 PRC-96K 소부대에 보급되는 휴대용 무전기이다.

〈그림 3-10-17〉 한국군의 초기 P-85K · PRC-96K 휴대용 무전기

PRC-96K는 1990년부터 분대~중대급 편성 장비로 보급되었다. 통달 거리는 1.6~3.2km로 560개의 채널 수를 갖고 있으며, 소부대 지휘 통제용으로 사용하기 효과적이다.

▲ PRC-999K 차기 FM 무전기

PRC-999K 차기 무전기는 1992년 처음 보급된 휴대용 FM 무전기이다. 이전에 사용하던 P-77 무전기를 대체하기 위하여 국내에서 개발한 전술 제대의 지휘용 무전기로써 무전기를 세트화시켜 중대급 이상의 부대에서 휴대하여 사용하고 있다. 아래의 <그림 3-10-18>은 한국군의 PRC-999K 차기 FM 무전기이다.

〈그림 3-10-18〉 한국군의 PRC-999K 차기 FM 무전기

PRC-999K 차기 무전기는 30~87.975km 범위에서 25kHz 간격으로 2,320개의 채널을 사용할 수 있으며, 2대의 무전기 세트에 차량 및 휴대용 중계 케이블을 활용한 중계 운용이 가능하다.[103] 통달 거리는 약 8km이고, 원격조정기 세트(C-939K)를 이용하며, 야전선으로는 3.25km까지 떨어져 있더라도 원격으로 조정 및 운용하는 방식으로 지휘소의 은·엄폐 등을 비롯한 융통성 있는 통신 운용에 실효적인 장비로 평가받고 있다.

PRC-999K 차기 무전기는 고정된 주파수를 사용하거나, 코드분할다중접속(CDMA)을 활용하여 데이터 통신과 음성통신이 가능하도록 설계되어 있다. 또한, 자체적인 점검과 전자전에 대비한 전자방해 대항기술(Electronic Counter-Countermeasures, 일반적으로 ECCM으로 호칭) 모듈이 장착되어 있고, 무전기 내부의 모든 정보를 제거할 수 있도록 하는 소거(掃去, wipe-out, 완전제거) 기능, 컨트롤러와 케이블을 사용하여 원거리에서도 무전기를 조종할 수 있도록 설계되어 있다. 즉, 기존의 PRC-77 무전기가 단일채널 방식이었다면, PRC-999K 차기 무전기는 주파수 도약방식으로 설계되어 적의 도청 및 전파탐지를 매우 어렵게 만드는 대(對) 전자전 능력을 갖추었기 때문에 통신보안 측면에서도 상대적으로 유리한 무전기이다.

▲ PRC-999K 차기 FM 무전기

VRC-946K 계열의 무전기는 VHF 대역의 무전기로 전자전을 극복할 수 있는 주파수 도약이 가능하고, 주파수의 예치 기능과 디지털 데이터 통신 기능을 갖춘 첨단 장비로서 지휘 통제와

103) 중계 운용 방법은 두 무전기 간의 거리가 기본 통달 거리보다 멀거나, 산악 및 협곡 등과 같은 전파를 주고받는데, 장애물이 있어서 통신할 수 없는 지형적인 조건에서 상대적으로 나은 중계를 위해 운용하는 방법을 의미하고 있다.

주파수 변조 방식의 FM 무전기 중계용으로 사용하고 있다. 아래의 <그림 3-10-19>는 차량용 주파수 변조(FM) 무전기인 VRC-946K와 VRC-949K 무전기이다.

〈그림 3-10-19〉 한국군의 차량용 VRC-946K와 VRC-949K FM 무전기

장비는 VRC-946K, VRC-947K, VRC-949K, VRC-964K의 4개 모델로 구분하고 있으며, 군용 소형차(찦차)와 트럭, 전차와 장갑차 등에 설치하여 데이터 장비와의 연동이 가능하다. 특성은 주파수 변조 방식의 VHF 대역 무전기로서 음성 및 데이터의 주파수를 고정하는 방식이나 도약시키는 방식으로 송·수신이 가능하다. 또한, 통달 거리는 약 20km 이상으로 P-999K와 같으며, 연동이 가능하다. 특히 VRC-964K 무전기는 휴대 및 차량용 모두 가능하며, 약 8km 정도의 통달 거리를 갖고 있다. 구성품으로는 지게, 무전기, 안테나, 송·수화기, 배터리 등이 포함되어 있으며, 중량은 충전식 배터리(니켈-카드뮴 전지)를 장착할 경우 약 15kg으로 P-7 무전기의 6.2kg에 비하여 2배 이상이 무겁다.

▲ PRC-950K · VRC-950K 무전기

PRC-950K 휴대용 무전기는 AM 무전기로 1997년에 처음으로 보급되었다. VRC-950K 무전기는 진폭(AM) 변조 방식의 도약형 휴대용 장거리 무선통신용으로 구형인 KAN/URC-87과 AN/GRC-165 HF 무전기를 대체하는 기종으로 개발되었다. 최적 주파수를 자동으로 측정할 수 있는 자동측정 기능(LQA)과 측정된 주파수 중에서 최적의 주파수를 자동으로 선택 및 연결하여 주는 자동 통화 연결 기능(ALE)을 갖추고 있다. 또한, 대(對) 전자전 기능을 이해 EP 기능이 장비 내부에 장착되어 있고, 다양한 작전환경에 따라 PRC-950K 무전기는 휴대용으로, VRC-950K 무전기는 차량용으로 구분하여 운용할 수 있다. 배터리와 수동 발전기 등을 개발 보급하므로 다양한 전원 공급방법에 따라 열악한 전장 환경 가운데서도 실효성이 높은 무전기로 통달 거리가 적게는 몇십km에서 많게는 100km 이상까지 가능하다. 아래의 <그림 3-10-20>은 한국군의 PRC-950K · VRC-950K 무전기이다.

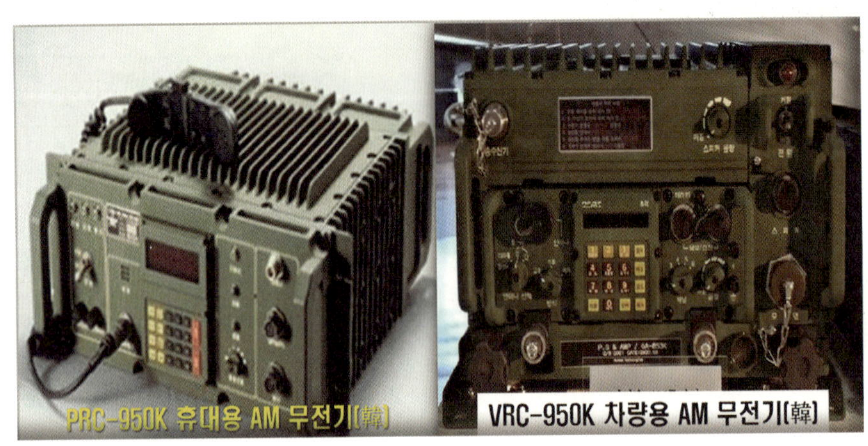

〈그림 3-10-20〉 한국군의 PRC-950K · VRC-950K 무전기

PRC-950K 휴대용 AM 무전기는 적지종심 작전부대를 비롯한 주요 제대에서 운용하며, VRC-950K 차량용 AM 무전기는 대대급 이상 부대의 통신목적 차량에 설치하여 운용하고 있다.

▲ VRC-680AK 이동 무선 단말기

VRC-680AK 이동 무선 단말기는 대대급 이상 제대에서 사용하는 이동 무선 전화기인 MST(Magnetic Secure Transmission)를 의미하는 것으로 음성과 데이터 통신이 가능하다. 음성신호는 각종 잡음에 강하기 때문에 제한된 전장 환경에서 통화가 가능하도록 디지털 신호로 변환되며, 데이터 통신은 이동 무선 단말기의 데이터 연결구에 데이터 통신 단말기를 접속하여 사용하도록 설계되어 있다.

RC-680AK 이동 무선 단말기는 적의 탐지 및 통신 방해에 신속하게 대응할 수 있도록 주파수 도약방식을 적용하고 있으며, 장비의 운용에 필요한 중요한 정보는 비휘발성 기억장치에 넣은 상태로 사용하고 있다. 또한, 망 접속에 의한 통신 가능 여부를 확인할 수 있도록 관련 기능을 내장시켜 통신에 적합한 위치를 선정하는 데 쉬운 것으로 평가받고 있다.

▲ TMMR 전술용 다대역 다기능 무전기

다대역 다기능 무전기이자 대용량 무전기인 'TMMR'은 차세대 디지털 무전기라는 뜻으로 'Tactical Multiband Multirole Radio'의 약자이다.104) 기존에 한국군이 사용하던 주력 무전기는 1990년대에 제작한 아날로그 방식의 음성 전용 무전기로 대대급 이하 부대에서 사용하던 PRC-999K 무전기이다. 네트워크전(NCW) 중심으로 급속하게 변화하고 있는 전장 환경에서 음성만 송・수신이 가능하였던 단순한 무전 기능에서 진화하여 음성뿐만 아니라 대용량 데이터의 빠른 송・수신은 물론 동시 통화까지 가능한 최첨단 기능을 결합한 무전기로 구성되어 있다. 즉, 소프트웨어(Software)를 통해 주파수 대역별로 운영이 가능하다. 또한, 소프트웨어 업그레이드를 통한 지속적인 성능개선이 가능함으로써 기존 무전기들보다 효율성과 경제성이 높다.

주요 기능 및 특징은 첫째, 다대역・다채널・다기능 네트워크를 중심으로 설계된 무전기로 휴대용은 2채널, 차량용은 3채널 방식이되, 동시에 송・수신이 가능하다. 둘째, 다중대역을 지원하기 위하여 HF, VHF, UHF로 운용하고 있다. 셋째, 전술 인터넷을 기반으로 하여 자동으로 위치를 보고하는 기능과 무선 LAN에 접속할 수 있는 기능도 갖추었다. 넷째, FM 무전기인 PRC-999K와 AM 무전기인 PRC-950K와 상호 연동이 가능하다. 다섯째, 하드웨어의 변경이 없어도 재구성할 수 있다. 여섯째, 새로운 기능 및 서비스 추가가 쉬운 구조로 설계되어 있다. 특히 휴대용 TMMR은 2채널, 차량용 TMMR은 3채널의 송・수화기를 탑재하고 있으므로 차 한 대당 2~3명을 동시에 운용할 수 있다. 아래의 <그림 3-10-21>은 한국군의 휴대용과 차량용 TMMR 무전기이다.

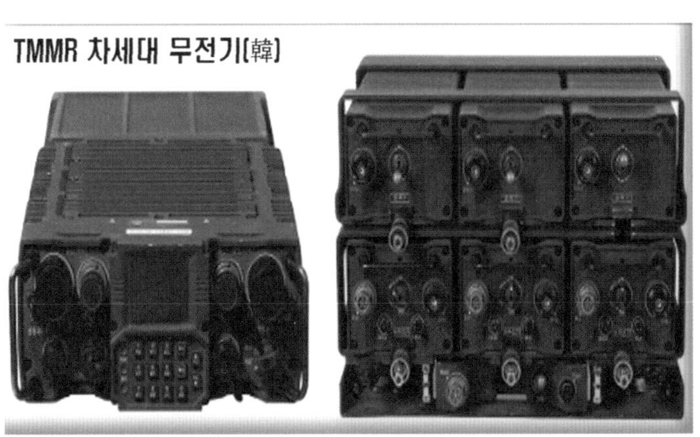

〈그림 3-10-21〉 한국군의 휴대・차량용 TMMR 무전기

104) 김우보, "LIG넥스원 개발 참여 '차세대 무전기' 초도양산 계획 결정," 『서울경제』 (2018. 11. 7.) (검색일자: 2020년 1월 25일). ADD가 주관하여 자체 개발한 신형 다기능 무전기이자 차세대 디지털 무전기이다. 그러나 일부에서 작전 요구 성능(ROC)은 영하 32도에서까지 사용할 수 있도록 개발되었는데, 개발된 전지가 영하 20도까지만 견딜 수 있게 제작되어 무전기 성능 측면에 다소 문제가 있다는 주장도 있음을 참고하면 좋을 듯싶다.

▲ KAN/GRC-512V 다중채널 무선중계기

KAN/GRC-512V다중채널 무선중계기(韓)

KAN/GRC-512V 전술 다중장비는 캐나다의 CMC 사에서 설계한 무선장비로써 1세대 다중채널 무선중계기인 GRC-103이 1980년 초부터 1997년까지 軍에 전력화되었고, 차기 전술 통신체계가 전력화되면서 3세대 무전기인 GRC-512 장비로 전력화되어 운용한 장비이다. 디지털 방식으로 되어있는 GRC-512의 경우는 어떤 전자전 상황 가운데서도 통신망의 생존 가능성을 높일 수 있도록 TD(Time Duplex) 방식을 적용한 차세대 전자방해 대항기술(ECCM) 무전기이다. 중량은 45kg이고, 통달 거리는 48km이다.

▲ TICN 대용량 전송 장비(HCTR)

TICN 대용량 전송장비(HCTR, 韓)

한국군의 무기체계에서 전술 정보 통신체계(TICN) 사업은 IP에 기반을 둔 통합 네트워크로 연결하여 대용량의 음성과 영상을 실시간 대의 전송(電送)이 가능한 사업이다. 또한, 수직과 수평적 전장의 상황 공유가 가능한 전술 정보통신체계이다. TICN 대용량 전송 장비는 수년 전에 보병연대급 이상 부대에 처음으로 보급되었으며, 통달 거리도 약 30km 이상으로 활용도가 높은 것으로 알려져 있다. 현대의 전장은 가시화되어 있으므로 지휘관의 지휘 통제 및 신속하고 정확한 의사소통과 결심을 지원할 수 있다. 특히 기동하는 중에도 데이터의 전송은 물론 전시에 유・무선망이 파괴되더라도 지휘 통제 및 전술 통신체계를 유지할 수 있는 장점을 보유하고 있다.

2.3. 대전차무기

2.3.1. 주요 국가의 대전차무기

대전차무기는 적의 장갑차량이나 전차를 파괴 및 무력화시키는 데 사용하는 무기들을 의미한다. 현대 무기체계에 비할 바 없지만, 제1차 세계대전 때인 1916년 솜므(Somme) 전투에서 처음으로 등장한 전차는 여러 가지의 결함에도 불구하고 독일군에게 엄청난 전장 공황(Panic)을 촉발하였다. 이후 전차의 위력에 대응하기 위해 대전차 소총, 총류탄, 고폭탄 등의 개발과 사용이 활성화되기 시작하였다. 제1차 세계대전에 전차가 등장하면서 전차나 장갑차량을 파괴하기 위해 개발된 무기가 바로 대전차무기였다. 이에 따라 초기에 등장한 대전차무기는 기관총탄에 텅스텐 철심을 넣고 사용하였다. 대전차총과 대전차포가 연이어 개발되었고, 무반동총과 대전차 로켓, 대전차미사일이 등장하기 시작한다. 이때 개발되었던 전차와 무반동총, 대전차 로켓, 대전차 유도미사일 등의 모든 무기체계는 결과적으로 상대하는 적의 전차를 파괴하거나, 적의 공격으로부터 아군의 전차를 방호하는 목적을 갖게 되었다. 전차의 기동력과 화력·충격력에 대응하기 위해 보병과 기갑·항공 등의 병종(兵種)에서 다양한 형태로 발전되어 왔다. 보병용 대전차무기는 보병이 전투시의 전난에서 적 전차와 우연히 만났을 경우 적 전차를 공격하거나, 적 전차로부터의 근접 방어를 위한 대(對)전차 전용 무기체계이다.

한국군은 6·25 전쟁 초기까지만 하더라도 전차를 보유하지 못하였으며, 북한군이 T-34 전차 242대를 앞세워 불시에 침공하였을 때도 후퇴할 수밖에 없었다. UN 결의로 겨우 3.5인치 대전차포를 사용할 수 있게 되었다. 이후 보병과 전차를 비롯한 각 군종(軍種)·병종(兵種)별로 다양하게 대전차 전력을 개발하여 보유하게 되었다. 대전차무기는 다양하게 분류하고 있으며, 아래의 <표 3-10-8>은 대전차무기의 분류 방식이다.

〈표 3-10-8〉 대전차무기의 일반적 분류

구 분	주요 분류 내용
중 량	경(輕, LAW))·중(中, MAW)·중(重, HAW) 대전차무기
사거리	단거리·중거리·장거리 대전차무기
화기의 종류	무반동총, 대전차 로켓, 대전차 미사일
운반수단/방식	휴대용, 차량 탑재형, 헬기 탑재형

▲ 단거리 대전차무기

세계 주요 국가에서 사용하고 있는 휴대형 단거리 대전차무기는 MQ1 Predeter, Apilas, Eryx, LAW80, Panzerfaust-3T, Alcotan-100, RPG-29 등이다. 아래의 <그림 3-10-22>는 주요 국가에서 사용하고 있는 단거리 대전차무기의 형태와 종류이고, <표 3-10-9>는 주요 국가의 육군에서 사용하고 있는 단거리 대전차무기의 기본적인 제원이다.

〈그림 3-10-22〉 주요 국가의 육군에서 사용 중인 단거리 대전차무기의 종류

〈표 3-10-9〉 주요 국가의 단거리 대전차무기의 일반 제원

구 분		MQ1 Predeter	Apilas	Eryx	LAW 80	Panzerfaust-3T	Alcotan-100	RPG-29
개발국가		미국	프랑스	프랑스	영국	독일	스페인	러시아
구경(mm)		140	11	136	94	110	100	105.2
중량 (kg)	체계	9.09	8.9	13	10	12.2	13.98	18.2
	탄	–	4.3	9.5	4.6	3.9	9.02	6.7
길이 (cm)	체계	88.9	127	90.5	100, 150	135	162	100
	탄	–	92.5	90	82.7	67.2	127	–
탄속(m/s)		300	293	300	245	250	265	300
유효사거리 (m)		600	400	600	500	800~900	600	500
탄두형식		EFP	HEAT	Tandem	HEAT	Tandem	Tandem	HEAT
관통력 (mm)		–	680	900	700	693	632	750
체계특성		소모성, 관성유도, 상부공격, 실내사격	소모성	SACLOS 실내사격	소모성	비소모성 실내사격	소모성	비소모성
개발연도		2002	1982	1989	–	1987	2001	1989

미국의 중 저고도 무인 다목적기인 MQ1 프레데터(Predeter)는 초기 정찰기로 개발되었으나, 현재는 무인 정찰 및 목표 타격용으로 운용하고 있다.[105] 2001년 최초로 헬파이어 미사일을 장착시켜 무인 공격기로 실전에 투입되었다. 공격 성과가 효과적으로 평가되어 2005년에 정식으로 MQ1 프레데터(Predeter)로 명칭을 부여하였다. 독일의 초기 판저파우스트(Panzerfaust) 대전차 로켓은 장갑차나 전차에 대한 효과가 없기에 낮게 평가받다가 탄두를 새로 개발이 완료된 Panzerfaust-3T 대전차 로켓부터 인정받게 되었다. 러시아의 RPG-29는 폭발식 반응장갑(ERA)을

105) MQ-1 프레데터는 특정한 무인기의 명칭이 아니라, 4대의 기체와 지상통제실(GCS), 위성중계실을 통칭하는 시스템으로 55명으로 운용되고 있다. 초기는 RQ-1으로 불리다가 2005년 MQ-1으로 공식 명칭이 바뀌었다. R은 정찰(reconnaissance)이고, M은 멀티롤(Multi-role)로 다목적을 의미하고 있으며, 무장을 탑재하여 공격 임무까지 병행하고 있다.

장착한 장갑차량에 대응하기 위함이다[106]. 미군의 대전차무기 계열과 같은 후미 장전식이고, 발사관을 두 부분으로 분리할 수 있다. 발사 시스템은 RPG-16과 유사한 전기식으로 HEAT Tandem 탄두로 8개의 안전핀이 설치되어 있다.

▲ 중거리 대전차무기

세계 주요 국가에서 사용하고 있는 중거리 대전차무기는 Dragon-2A, Javelin, Milan-2T, LAW80, Bill-2, Spike-MR 등이다. 아래의 <그림 3-10-23>은 주요 국가에서 사용하고 있는 중거리 대전차무기의 형태이다.

〈그림 3-10-23〉 주요 국가의 육군에서 사용 중인 중거리 대전차무기의 종류

106) ERA는 Explosive Reactive Armor의 약자로 '폭발식 반응장갑'을 의미한다.

아래의 <표 3-10-10>은 주요 국가의 육군에서 사용하고 있는 중거리 대전차무기의 기본적인 제원이다.

〈표 3-10-10〉 주요 국가의 중거리 대전차무기의 일반 제원[107)]

구 분		Dragon-2A	Javelin	Milan-2T	Bill-2	Spike-MR
개발국가		미국	미국	프랑스	스웨덴	이스라엘
용 도		대전차				
구경(mm)		–	127	125	150	115
중량 (kg)	체계	27.7	22.4	36.7	–	26.1
	탄	14.8	11.8	7.1	10.7	13
길이 (cm)	체계	–	120	120	–	120
	탄	115	108	91.8	90	–
탄속(m/s)		174	–	220	200	–
유효사거리 (m)		1,500	2,500	2,000	2,000	2,500
탄두형식		Tandem				
관통력 (mm)		890	750	970	600	900
체계특성		유선 SACLOS	I&R Seeker, 상부·전면공격	유선 SACLOS	유선 SACLOS, 상부공격	I&R Seeker, 상부·전면공격
개발연도		1989	1996	1991	1988	1999

▲ 장거리 대전차무기

세계 주요 국가에서 사용하고 있는 장거리 대전차무기는 헬파이어(Helfire)-Ⅱ, 토우(Tow)-2A/B, 호트(HOT)-2T, 매패츠(MAPATS)[108)], 스파이크(Spike)-LR/ER 등이다. 아래의 <그림 3-10-24>는 주요 국가에서 사용하고 있는 장거리 대전차무기의 형태이고, <표 3-10-11>은 주요

107) 'SACLOS(Semi-Automatic Command to Line of Sight)'는 유선 유도방식으로 '적외선 플레어를 장착시켜 조준경이 적외선을 감지하면 사수가 조준경을 움직이는 방향으로 날아갈 수 있도록 와이어(유선)를 통해 명령 신호를 전달하는 시스템'을 의미하고 있다.

108) 'MAPATS'는 'Man Portable Anti-Tank System'의 약자로 '보병이나 차량, 헬리콥터가 사용할 수 있도록 고안한 튜브(Tube) 발사 방식으로 사람이 휴대할 수 있는 대전차 유도탄 시스템'을 의미하고 있다.

국가의 육군에서 사용하고 있는 장거리 대전차무기의 기본적인 제원이다.

〈그림 3-10-24〉 주요 국가의 육군에서 사용 중인 장거리 대전차무기의 종류

〈표 3-10-11〉 주요 국가의 장거리 대전차무기의 일반 제원

구 분	Helfire-Ⅱ	Tow-2A/B	HOT-2T	MAPATS	Spike-LR/ER
개발국가	미국	미국	EU공동	이스라엘	이스라엘
용 도	대전차				
구경(mm)	177.8	152.4	150	148	/-145

중량 (kg)	체계	–	92.89	–	–	26.1
	탄	45.75	12.4	27.5	18.5	14/34
길이 (cm)	체계	–	–	–	–	–
	탄	162.5	128/121.9	130	145	167
탄속(m/s)		초음속	200	250	315	115/150
유효사거리 (m)		7,500	3,750/4,500	4,000	5,000	4,000/6,000
탄두형식		HEAT	Tandem/EFP	Tandem	HEAT	Tandem
관통력(mm)		1,400	800	1,250	800	900/1,000
체계특성		반능동 Laser Seeker 헬기탑재용	유선SACLOS 2A: Tandem, 2B: EFP/ 상부공격	유선 SACLOS	Laser Beam편승, SACLOS	IR CCD Seeker, 상부・전면공격
개발연도		1993	1987	1992	1986	1999

미국의 TOW(Tube launched, Optically tracked, Wire command link guided)는 유선 유도와 광학 추적, 그리고 튜브 발사식 미사일의 의미이다. 美 육군은 사거리를 늘린 TOW 2B 파생형을 TOW 2B(ER)라는 명칭을 붙였으나, 지금은 TOW 2B Aero라고 불린다. TOW 2B(ER)은 2004년까지 생산되었지만, 제식 명칭과 번호는 할당받지 않았다. 기존의 토우 미사일을 약간 개조한 미사일로 긴 케이블을 장착하고 있다. 이스라엘의 매패츠(MAPATS) 대전차미사일, 미국에서 생산한 토우 미사일을 기반으로 하여 러시아 AT-3(Sagger)을 포함하여 개발한 대전차미사일로 와이어 대신 레이저 유도(레이저 빔) 방식을 채택하였으며, 미사일을 표적까지 유도하는 역할을 하고 있다. 이스라엘의 Spike-LR(long range, 장거리) 미사일은 중량만 14kg이고, 사거리는 4,000m로서 보병이나 차량에 거치하거나, 차량에 탑재하여 사용하고 있다. Spike-ER(extended range, 사거리 연장형) 미사일은 NT-Dandy 또는 NT-D로 불리고 있으며, 중량은 34kg, 사거리는 8,000m로서 보병, LCV, 헬기로 사용하고 있다.

2.3.2. 한국군의 대전차무기

한국군이 대전차무기의 효율성을 체득한 시점은 6・25 전쟁기였다. 구소련이 제공한 T-34 전차로 밀고 내려오는 북한군을 격퇴할 대전차무기가 아예 존재하지 않았기 때문이다. 한국군은 90mm와 106mm 무반동총, TOW 대전차미사일, 판저-3(PZF-III), 메티스-엠(Metis-M), 현궁을 주력

대전차무기로 사용하고 있다. 아래의 <그림 3-10-25>는 한국군이 주력 무기로 사용하고 있는 대전차무기의 종류이고, <표 3-10-12>는 한국군의 대전차무기에 관한 기본적인 제원이다.

〈그림 3-10-25〉 한국군이 사용하고 있는 대전차무기의 종류

〈표 3-10-12〉 한국군의 대전차무기에 관한 일반 제원

구 분	90mm 무반동총	106mm 무반동총	TOW	PZF-Ⅲ	Metis-M (AT-13)	현 궁
개발국가	미국	미국	미국	이스라엘	이스라엘	한국
용 도	대전차					

구경(mm)		90	106	152	단거리 대전차 무기 참조	130	–
중량(kg)		17	198.85	18		23.8	24
길이(cm)		134.6	340.3	116		98	–
사거리(m)	최대	2,100	7,700	65~4,500		80~2,000	2,500 ~3,000
	유효	200~300	1,100				
발사방식		공이식	폐쇄식	반자동 유선유도		유선유도, SACLOS	3세대 파이어&폴겟 방식, 탑어택
발사속도		분당 1발 최대 6발	분당 1발 6초당 1발	–		–	마하1.7
관통력(mm)		–	420	550~850		850	900
개발연도		제2차 세계대전		1970		1970	2015

90mm 무반동총은 원래 무반동총이 아니라 무반동포라는 명칭이 타당하다. 미국이 제2차 세계대전 이후 개발하여 1960년대 초기부터 사용하다가 1970년에 군원(軍援, 군사원조의 줄임말) 장비로 한국군이 인수하였으며, 1970년대 밀에 국방과학연구소(ADD)가 개발한 대전차무기이다. 90mm 무반동총은 거치·견착식으로서 판저-3(PZF-Ⅲ)로 교체 중이다.

106mm 무반동총은 미국이 제2차 세계대전 이후 개발한 대전차무기로서 총가(銃架, 총을 거치하는 받침대)에 의해 직·간접적인 사격 방식을 채택하고 있으며, 폐쇄기는 막음 나사식으로 차량에 탑재하여 사용하고 있다.

TOW는 한국 육군이 1975년에 실전 배치한 최초의 대전차미사일이다. 미군이 1970년대 토우를 처음 실전 배치한 이래 한국을 비롯하여 일본과 독일, 이스라엘 등 40여 개 국가에서 사용하고 있다. 반자동 유선 유도방식을 채택하고 있으며, 다양한 특수차량에 탑재하여 사용하고 있다. 장갑차와 전차뿐만 아니라 헬기에도 장착하고 있으며, 베트남 전쟁기에 처음 실전에 투입된 대전차미사일이다. 한국군의 경우 코브라 공격헬기에 TOW 2A 대전차미사일이 장착되어 있다. 러시아가 1961년 생산 배치한 RPG-7을 북한군도 보유하고 있으며, 상당히 인정받고 있는 대전차미사일임을 기억하여야 한다.

메티스-엠(Metis-M, 러시아의 AT-13 대전차 유도미사일) 미사일은 최대 사거리가 1.5㎞ 정도로 단거리 대전차미사일로 분류되는 보병 휴대용 대전차미사일로서 한국 정부가 불곰사업을 통해 들여온 대전차무기이다.[109] 특히 보병이 휴대하여 발사 시 최대 사거리가 2km이지만, 헬기에 장착하여 발사 시 4km로 TOW의 3.75km보다 더 길어진다. 러시아는 2016년 Metis-M1이라는 모델을 새로 개발하여 실전 배치하고 있다. 한국군이 사용하고 있는 장비와의 차이점은 중량이 13.8kg으로 경량화되었고, 관통력이 기존에서 약 100mm 정도 더 강화되었다는 점이다.

세계 최초의 대전차미사일은 독일이 제2차 세계대전 말기에 개발한 X-7 로트 캐팬(Lotkappchen)이다. 최초로 실전에 배치된 대전차미사일은 1950년부터 프랑스가 운용하고 있는 SS-10을 들 수 있다. 아래의 <그림 3-10-26>은 세계 최초로 개발 및 실전 배치되었던 독일과 프랑스의 대전차미사일의 종류다.

〈그림 3-10-26〉 세계 최초 대전차미사일의 종류

한국군의 현궁(Raybolt) 대전차미사일은 노후화되고 있는 90mm와 106mm 무반동총, TOW 대전차미사일을 대체하기 위하여 2007년 국내에서 독자적으로 개념 연구를 시작한 이래 2017년부터 전력화되고 있는 대전차 유도무기이다.[110)]

현궁은 보병용 대전차 유도무기로는 최초로 독자 개발한 무기체계로 다양한 첨단 핵심 기술을 적용하였다. 발사하기 전에 표적을 포착하고, 발사 이후에도 추적을 수행하는 적외선 영상 탐색기가 있다. 탄두 및 신관은 주(主) 장갑을 관통하여 파괴하는 원리를 적용하였다. 아래의 <그림 3-10-27>은 한국군의 현궁 대전차 유도무기이다.

---

109) '불곰사업'은 한국 정부가 1995년 러시아에 빌려주었던 차관 10억 불을 러시아제 무기로 돌려받기 위한 사업의 명칭이다. 도입된 무기체계의 수량은 정확하지 않지만, 1995년부터 시작된 1차 불곰사업 간 70여 기, 2차 불곰사업(2003) 시 150기의 발사기가 도입되었으며, 전방 사단에서 사용하고 있던 106㎜ 무반동총을 대체하였다. 정확한 명칭은 9K115-2 Metis-M 대전차미사일이다.

110) '현궁(Laybolt)'은 '보병 휴대용 중거리 대전차미사일'로, 한국 최초의 국산 대전차 유도무기이며, 2017년 현재 전(全) 세계에 존재하는 유사 무기체계 중에서 가장 최근에 개발된 3세대 대전차 유도무기이다.

〈그림 3-10-27〉 한국군의 현궁 대전차 유도무기

현궁은 미군의 3세대 중거리 대전차미사일인 재블린(Javelin)과 이스라엘의 스파이크(spike)와도 유사하나, 관통 능력과 유효사거리가 상대적으로 더 뛰어나다. 보병대대급 대전차 유도무기로 K-21 보병 전투 장갑차량 등의 전술 차량에 탑재하고 있다.

2.3.3. 북한군의 대전차무기

북한군의 대전차무기는 RPG 계열과 AT 계열의 대전차미사일로 구분할 수 있다. RPG-7 대전차 로켓 발사기는 AK-47 자동소총과 더불어 구소련이 생산한 대표적인 무기이다.

RPG-7 대전차 로켓 발사기는 1960년대에 등장한 대전차무기로 튼튼하면서도 조작법이 간단한데다가 가격이 저렴하고 임무 수행 성과도 뛰어난 것으로 평가받게 되었다. 이후 전 세계의 거의 모든 전장과 분쟁지역에는 대부분 등장하는 무기이다. 세계에서 가장 많이 생산된 무기이기도 하다. 한국군도 3세대 전차인 K-21 전차 이전의 세대 전차들은 RPG-7에 취약한 것으로 평가되고 있기도 하다. 특이한 점은 탄두가 발달하면서 보병을 표적으로 하는 대인(對人) 탄두가 존재하고 있음이다. 일반고폭탄이 탑재되다 보니 사거리는 짧지만, 중형 박격포의 파괴력과 더 높은 명중률을 가지다 보니 시가전(市街戰)에도 유용하게 활용되고 있다. 현재 중동지역에서 활동하는 무장 저항단체나 테러집단(IS 포함) 등의 주력 무기로 봐도 무방하다.

구소련이 1947년에 개발하여 1949년 양산하기 시작한 무기로 초기형은 RPG-2 모델이며, 초기에 최대 사거리는 200m에 불과하였다. 1949년부터 본격적으로 생산하였다. RPG-7 대전차 로켓은 RPG-2의 후속 모델로 테러집단(IS) 및 게릴라 세력들이 사용하는 대표적인 무기이다. 북한군은 이외에도 RPG-16 · 18 · 22 대전차 로켓과 개량형인 RPG-26과 RPG-29N 대전차 로켓 등으로 계속 진화되고 있다. 중국군은 69식 화전통(火箭桶)으로 명칭을 개량하였고, 북한군은 7호 발사관이라는 명칭을 사용하고 있다. RPG 대전차 로켓은 처음 발사 시 추력제(推力制)가 조선 시대의 신기전과 마찬가지로 흑색 화약을 이용한다. 흑색 화약이 발화되어 그 에너지를 이용하여 10m 정도 날아가면 탄두 자체의 로켓에 점화하여 500m 정도를 날아간다. 단점은 발사 시 발생하는 후폭풍으로 인하여 사수의 위치가 노출되기에 밀폐된 공간에서 사용할 경우 안정성과 전기식 뇌관으로 인하여 방전이 일어난다는 점이다. 아래의 <그림 3-10-28>은 북한군이 사용하고 있는 RPG 계열의 대전차 로켓에 관한 외형과 종류이고, <표 3-10-13>은 북한군의 RPG 대전차 로켓에 관한 일반 제원이다.

〈그림 3-10-28〉 북한군이 사용하고 있는 RPG 계열 대전차 로켓의 종류

〈표 3-10-13〉 북한군의 RPG 대전차 로켓에 관한 일반 제원

구 분	RPG-7	RPG-16	RPG-18	RPG-22
개발국가/용도	구소련(러시아) / 대전차			
구경(mm)	40	64	64	72.5
중량(kg)	7	9.4	2.2	2.8
길이(cm)	95	110.4	105	85
최대사거리(m)	920	800	900	250
유효사거리(m)	200	500	200	200
발사속도	115m/s			
관통력(mm)	600~700			· 강판: 400 · 벽돌: 1,200
개발년도	1961	1970년대 초	-	1985
기 타	-	-	미군의 M72LAW와 유사	-

북한군의 대전차미사일은 구소련에서 개발한 AT-3 Sagar(9K11 Malyutka), AT-4 Spigot 등을 사용하고 있다. 아래의 <그림 3-10-29>는 AT 계열의 대전차 유도미사일 종류이다.

〈그림 3-10-29〉 북한군이 사용 중인 AT 계열의 대전차 유도미사일 종류

아래의 <표 3-10-14>는 북한군이 사용하고 있는 AT 계열의 대전차 유도미사일의 일반적인 제원이다.

〈표 3-10-14〉 북한군의 AT 계열의 대전차 유도미사일에 관한 일반 제원

구 분	AT-3 Sagar (9K11 Malyutka)	AT-4 Spigot (9P135 Fagot)
개발국가/용도	구소련(러시아) / 대전차	
구경(mm)	40	120
중량(kg)	12	12.5
길이(cm)	95	103
최대사거리(m)	3,000	2,500
유효사거리(m)	500	70
발사속도	115m/s	930m/s
관통력(mm)	600~700	
유도방식	유선 유도	반자동 유선 유도
개발년도	1961(1963~ 운용)	1962(1970~ 운용)

다른 공산권 국가에서도 추가로 AT-14와 AT-15 등의 대전차 유도미사일을 도입하여 사용하고 있다.[111] 러시아는 AT-16 대전차 유도미사일을 배치하여 사용하고 있으며, 한국군이 사용하고 있는 메티스-엠(Metis-M) 대전차 유도미사일은 바로 러시아의 이전 모델인 AT-13 대전차 유도미사일과 같은 기종이다.

9M133코넷 대전차미사일(러)
AT-14코넷 대전차미사일(러)
• 중량 27kg, 사거리 100~5000m

특히 AT-14 코넷 대전차 유도미사일은 한국군이 불곰계획으로 도입하게 된 AT-13 메티스-엠 대전차 유도미사일보다 혁신적으로 개량된 대전차 유도미사일임을 직시할 필요가 있다. 그 이유는 일반적으로 전차포의 사거리는 3km 이내이다. AT-14의 경우 단가도 미국의 재블린이 한 발당 1억여 원이지만, 고작 300~500만 원이면 구매할 수 있다. 특히 최대 사거리는 5km이다. 즉, 한국군의 전차포 사거리 바깥에서 조준과 발사를 할 수 있으며, 장갑 관통 능력은 1.2m이기 때문에 K-21 전차를 주력으로 하는 한국군의 관점에서 볼 때 북한군이 보유하게 된다면, 상당히 곤혹스러울 수 있다.

〈표 3-10-14〉 북한군의 AT 계열의 대전차 유도미사일에 관한 일반 제원

구 분	AT-3 Sagar (9K11 Malyutka)	AT-4 Spigot (9P135 Fagot)
개발국가/용도	구소련(러시아) / 대전차	
구경(mm)	40	120
중량(kg)	12	12.5
길이(cm)	95	103
최대사거리(m)	3,000	2,500
유효사거리(m)	500	70
발사속도	115m/s	930m/s
관통력(mm)	600~700	
유도방식	유선 유도	반자동 유선 유도
개발년도	1961(1963~ 운용)	1962(1970~ 운용)

111) 'ATGM'은 'Anti Tank Guided Missile'의 약자로서 '유선 유도식 대전차 유도미사일'을 뜻한다. 유선을 통하여 미사일의 뒤에서 풀려나오는 얇은 선(線, line)을 통해 지령(指令)이 보내어지며, 발사 간 연기가 발생하지만, 전자 대응수단에 제한을 받지 않고, 기상에 거치하거나 헬기로도 운용할 수 있다.

2.4. 박격포

2.4.1. 주요 국가의 박격포 개발 현황

자연적·인공적인 장애물 지대를 설치하고 적과 대치하고 있는 상태에서 적을 살상 및 공격할 수 있는 화포를 개발하기 위한 노력은 14세기부터였다. 1313년 독일의 베르트홀드 슈바르츠(Berthold Schwarzg)가 커다란 원형 모양의 탄환과 절구통 형태의 포를 고안하였다. 이를 계기로 1451년 오스만튀르크 제국의 모하메드 2세가 유사한 무기를 개발하였다. 1992년 임진왜란 당시 조선군이 사용하였던 완구를 이용하여 비격진천뢰를 발사하였는데, 이 완구도 일종이 박격포였다.

박격포는 대포의 한 종류이다. 직사화기나 곡사화기로 사격할 수 없는 가까운 거리에 있는 적을 공격하는 용도로 운용하고 있다. 야포와 비교하면 중량이 가볍고 휴대하기도 간단하여 공격과 방어 작전을 수행하는 데 다소 쉬운 측면이 많다. 특히 발사 후 야포에 비하여 심한 곡선을 그리면서 떨어지는 관계로 200~6,000m 이내의 근접된 거리의 구릉 및 언덕에 은·엄폐한 상태일지라도 공격하기에 좋은 표적이 되고 있다.

제1차 세계대전 초기의 주역이었던 기관총에 대응하기 위하여 독일에서 개발하였고, 러·일 전쟁 간 일본군이 처음으로 박격포를 사용한 사례도 있다. 박격포는 제2차 세계대전이 진행되는 동안 지상군 사상자의 약 50%가 박격포에 의해 사상(死傷)되었다는 통계가 발표되면서 국가들의 박격포에 대한 중요성과 필요성을 인식하면서 개발과 진화가 추진되었다.

1970년대 이후 사거리 연장과 경량화를 위주로 성능이 대폭 개선되면서 급속하게 발전되었다. 첨단 과학기술과 문명의 발전은 전장 환경을 변화시켜 전쟁 초기 표적의 획득 단계에서부터 식별된 표적에 집중적으로 대량 공격해야 하고, 신속하게 진지를 변화하여야 생존 가능성과 전투의 효과도 배가(倍加)될 수 있다는 인식과 겹쳐지면서 차량탑재형 또는 포탑형 자주 박격포의 등장이 현실화하였다.

전통적인 박격포는 프랑스가 1900년대 초기에 개발한 바 있으며, 이후 미국을 비롯한 전 세계로 파급되었다. 박격포는 초기 보병이 휴대하여 운반하는 구경 60mm와 81mm 박격포 계열에서 1980년대 이후 120mm, 160mm 대구경 박격포로 진화되었고, 최근에는 107mm(4.2인치)와 240mm 박격포가 등장한 상태이다. 현재 주력 박격포의 구경은 120mm급이므로 견인형과 차량탑재형으로 발전되어 사용하고 있다. 한국군은 1960년대 말까지 미군의 60mm, 81mm, 4.2인치 박격포를 도입하였으며, 1970년대부터 기술을 도입하여 자체적으로 생산하고 있다. 이후 60mm 한국형 박격포와 81mm 한국형 박격포를 제작하였다.

미국은 베트남 전쟁을 수행하는 과정에서 81mm 박격포(중량 30kg)가 무거워 보병이 기존의 진지에서 이탈하여 박격포를 사용하기에 제한되다 보니 60mm M19 구형 박격포를 다시 꺼내어 사용하는 어려움을 겪었다. 1970년대에 연구와 개발(R&D)을 시작하여 소총중대용 화기로 개량한 사거리가 3.1km인 60mm M224 박격포를 배치하였다. 당시로써는 혁신적인 알루미늄을 사용하였고, 포탄의 위력을 증대시키기 위하여 탄두를 M734 전자 신관으로 개량하였다. 1980년대 초기는 보병대대의 화력 지원용 화기로 사거리가 4.7km인 81mm M27A1 박격포를 영국의 81mm L16A1을 개조한 M252 박격포로 대체하였다. 1990년대 초기는 보병연대 화력 지원용 화기인 4.2인치 박격포(사거리 5.7km)를 이스라엘에서 생산한 120mm K-6 활강식 박격포(사거리 7.2km)를 토대로 하였다. 견인형이 M120으로, M113 장갑차량 탑재형은 M121로 개조하였다.

81mm 한국형 박격포

60mm 한국형 박격포

러시아를 비롯한 동구권(東歐圈) 국가들은 이전부터 박격포의 전술적 가치를 중요하게 인식하고 있었기에 박격포의 개발과 개량을 주도적으로 추진하였다. 특히 러시아는 가장 다양한 박격포를 개발한 국가로 82mm 구경 이외에 107mm, 120mm, 160mm 등은 물론이고 전 세계에서 유일하게 240mm와 420mm 대구경 박격포를 보유한 국가로 모든 박격포를 대(大)구경으로 전환하였다. 160mm 이상의 대구경 박격포는 핵 투발 능력을 갖추고 있다. 더욱이 곡사포와 혼용된 형태의 박격포인 모터와 하위츠(motor & howitzer) 포까지 사용하는 것으로 알려져 있다.

보유하고 있는 82mm 2B14 Pondos 경량박격포의 경우 4.27km의 최대 사거리와 현대식 재료와 기법을 적용하였음에도 불구하고 휴대하여 운반하는 전통적인 방식을 채택하고 있지만, 42kg인 중량은 부담스럽다. 1971년 배치한 82mm Vasil 2B9 자동박격포는 상당한 우수성이 입증된 화력 장비이다. 1981년 박격포와 곡사포의 특성을 통합하여 합친 박격포(motor & howitzer)로는 견인형(牽引型)으로 통일시킨 120mm 2B16(NONA-K)를 조합한 박격포(Combination Gun)와 같은 포를 궤도형 장갑차량에 장착한 포탑형 자주 박격포인 120mm 2S9(NONA-S)가 있다. 이 박격포들은 사거리가 증가하였고, HEAT탄을 직접 사격할 수 있다. 아래의 <그림 3-10-30>은 미군이, <그림 3-10-31>은 러시아군이, <그림 3-10-32>는 프랑스군이 사용하고 있는 박격포의 종류다.

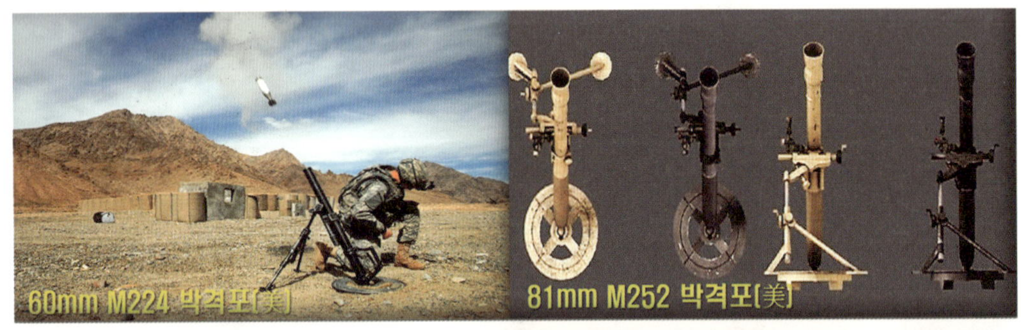

〈그림 3-10-30〉 미군이 사용하고 있는 박격포의 종류

미군은 1915년 최초의 현대식 보병용 박격포인 스토크스(Stokes) 박격포가 탄생한 이후 지금까지 기본적 구조나 기능은 크게 바뀌지 않았다. 그 이전까지 존재하던 박격포는 일반적으로 고각 발사가 가능한 전장식(前裝式) 화포로 포병의 영역이었다.

〈그림 3-10-31〉 러시아군이 사용하고 있는 박격포의 종류

현대에 들어오면서 155mm 곡사포 못지않은 위력을 가진 4.2인치 박격포나 120mm 박격포는 차량에 탑재하여 운용하는 보병용 화기다. 81mm 박격포도 때에 따라 보병이 휴대하여 행동할 수 있으나, 차량을 이용하는 것이 더욱 효율적이다. 따라서 60mm 박격포는 중대급 부대의 화력 지원용 공용화기로서 도보로 이동하는 소부대가 운용할 수 있는 최대의 무기라 할 수 있다. 러시아군의 박격포는 나폴레옹 전쟁 시 발달한 야포(field-gun)의 등장으로 잠시 쇠퇴하였다. 이후

러일전쟁(1904~1905) 시 공성전이 부활하게 되면서 신기술을 적용한 대(大)구경 공성용(攻城用) 박격포로 재탄생하였으며, 박격포는 제1차 세계대전 당시에 참호전(진지전)에 투입되었다. 대구경인 탓에 화력은 매우 우수했으나 기동성은 크게 떨어지는 취약점이 드러났다.

〈그림 3-10-32〉 프랑스군이 사용하고 있는 박격포의 종류

중국의 PLZ05A Tracked 120mm 자주 박격포와 러시아의 2S31 VENA 자주 박격포는 같은 형태

와 방식을 갖추고 있다. 6·25전쟁 당시 한반도로 투입되었던 중공군(당시 명칭은 중국 인민지원(志願)군)의 제2차 공세 간 공군을 투입하지 않고 박격포 부대를 대규모로 동원하여 화력지원에 집중했다는 점은 주목할 만한 사실이다. 아래의 <표 3-10-15>는 주요 국가에서 사용하고 있는 박격포의 일반적인 제원이다.

〈표 3-10-15〉 주요 국가의 박격포에 관한 일반 제원

<table>
<tr><th rowspan="2">구 분</th><th rowspan="2">모 델</th><th rowspan="2">배치
연도</th><th colspan="5">주요 특성 및 제원</th></tr>
<tr><th>사거리
(km)</th><th>중량
(kg)</th><th>사각
(도)</th><th>사통
장치</th><th>운반
형태</th></tr>
<tr><td rowspan="5">미 국</td><td>60mm M224</td><td>1977</td><td>3.5</td><td>21.1</td><td rowspan="4">45
~85</td><td rowspan="4">광
학
식</td><td rowspan="2">휴 대</td></tr>
<tr><td>81mm M252</td><td>1984</td><td>5.7</td><td>42.3</td></tr>
<tr><td>120mm M121</td><td>1994</td><td>7.2</td><td>–</td><td></td></tr>
<tr><td>120mm M327</td><td>2004</td><td>7.2</td><td>사격시
145
이동시:
321</td><td>견 인</td></tr>
<tr><td>120mm FCS</td><td>2017</td><td>12~</td><td>–</td><td>-3~85</td><td rowspan="2">전자식</td><td rowspan="2">장갑차
탑재</td></tr>
<tr><td>스웨덴</td><td>120mm AMOS</td><td>2002</td><td>10
RAP: 13</td><td>포탑:
3,300</td><td>-5
~85</td></tr>
<tr><td rowspan="4">러시아</td><td>82mm 2B14</td><td>–</td><td>4.1</td><td>41.9</td><td>45~85</td><td rowspan="2">광
학
식</td><td>휴 대</td></tr>
<tr><td>120mm NONA
SVK-M</td><td>–</td><td>8.8
RAP:
12.5</td><td>390</td><td>직·곡
사</td><td>견 인</td></tr>
<tr><td>120mm 2S12
Sani</td><td>1981</td><td>0.5
~7.1</td><td>190.5</td><td>45
~80</td><td>전자식</td><td>견 인</td></tr>
<tr><td>120mm 2S31
VENA</td><td>2007</td><td>13
RAP: 18</td><td>19500</td><td>-4
~85</td><td></td><td>장갑차
포탑</td></tr>
<tr><td rowspan="4">프랑스</td><td>TDA 60mm
Light</td><td>1963</td><td>2.0</td><td>14.8</td><td rowspan="4">45
~85</td><td rowspan="3">광
학
식</td><td rowspan="2">휴 대</td></tr>
<tr><td>TDA 81mm
Light</td><td>1961</td><td>5.0</td><td>42.5</td></tr>
<tr><td>TDA 120mm RT</td><td>1973</td><td rowspan="2">8.1
RAP: 13</td><td>627</td><td>견 인</td></tr>
<tr><td>TDA 120mm
2R2M</td><td>2003</td><td>탑재장
치:
1,500</td><td>전자식</td><td>장갑차
탑재</td></tr>
</table>

2.4.2. 한국군

한국군은 1970년대 초 미국의 군원(軍援, 군사원조 장비의 줄임말)으로 들여온 60mm와 81mm M29A1, 4.2인치 M30을 국내에서 모방하여 개발하였으나, 1980년대에 60mm KM181과 81mm KM187 박격포를 자체적으로 개발하였다.

박격포는 보병제대에 편제되어 공격 및 방어 간 필요할 경우 즉각적으로 다양한 융통성을 발휘할 수 있는 곡사화력이다. 보병 전투에서 박격포는 가장 위력적인 무기로서 외부의 지원 없이 자체적으로 화력을 지원할 수 있으며, 높은 각도로 포탄이 날아가기 때문에 산(山)이 많이 산재(散在)되어 있는 한국의 지형에 특히 적합한 무기이다. 그리고 박격포는 구조가 단순하기에 사용이 편리하고 짧은 훈련으로도 사격과 정비를 할 수 있는 등의 상당한 수준의 효과를 얻을 수 있다. 특히 탄두를 발사하여 비행시키는 포신, 포신을 일정한 위치에 맞도록 조정 및 고정해주는 포다리, 사격 후의 충격력을 지면에 흡수하는 포판, 포의 자세를 나타내는 조준구로 구성되어 있다. 박격포는 이동수단과 장전 방식, 그리고 포열의 강선에 따라 세 가지로 분류한다. 아래의 <표 3-10-16>은 일반적으로 박격포를 수단과 방식, 강선에 따라 분류하고 있는 기준이다.

〈표 3-10-16〉 박격포의 일반적인 분류기준

구 분	이동수단	탄약 장전 방식	포열 강선
분 류	· 휴대 운반형 박격포 · 차량 견인형 박격포 · 자주형 박격포	· 포구 장전식 박격포 · 포미 장전식 박격포	· 활강식 박격포 · 강선식 박격포

한국군은 박격포를 세 가지로 분류하고 있으며, 아래의 <표 3-10-17>은 한국군의 중량에 따른 박격포 분류 방식이고, <표 3-10-18>은 박격포탄과 포병 탄의 살상면적을 비교하였다.

〈표 3-10-17〉 한국군의 중량에 따른 박격포 분류

구 분	구 경(mm)	중 량(kg)	유효~최대사거리
경(輕)박격포	60 이하	18 이하	500~2,000
중(中)박격포	60~100	34~68	2,000~5,000
중(重)박격포	100~	68~	5,000~

경(輕) 박격포는 주로 소총 중대급에서 소대 화력지원 임무를 수행하게 되어있고, 중(中) 박격포는 대대급 부대에서 중대 단위의 전투를 지원하고 있다. 중(重) 박격포는 중량이 무거워 보병이 운반하기 어려우므로 차량에 탑재하거나, 포병이 운용하고 있는 대포와 같은 방식으로 운용하고 있다. 차량에 탑재하여 사용하고 있는 방식의 자주 박격포는 전차와 장갑차량을 포함하여 기갑과 기계화 보병부대에 근접하여 화력을 지원하는 역할을 담당하고 있다.

〈표 3-10-18〉 한국군의 박격포탄과 포병탄 살상면적

구 분	구 경	탄 종 (고폭탄)	살상면적(㎡)	
			지상폭발	1m 상공폭발
박격포	4.2인치(107mm)	M239	552	838
	120mm	M44V1	720	1,244
포병탄 (곡사포)	105mm	HE M1	425	650
	115mm	HE M107	500	816

아래의 <그림 3-10-33>은 한국군이 사용하고 있는 박격포의 종류다.

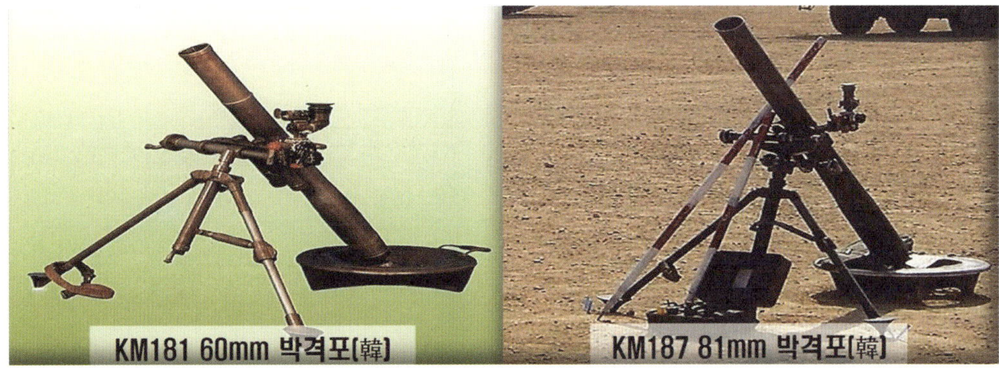

KM181 60mm 박격포[韓]

KM187 81mm 박격포[韓]

K242A1 4.2인치 박격포탑재 장갑차[韓]

K242A1 4.2인치 자주박격포[韓]

〈그림 3-10-33〉 한국군이 사용하고 있는 박격포의 종류

한국군은 과거 미군에서 지원을 받았던 M21 · M2 60mm 박격포와 M19 60mm 개량 박격포를 사용하였다. 또한, M29A1 81㎜ 박격포와 개량된 M252 81㎜ 박격포를 같이 운용하였다가 1985년에 KM171과 KM181 60㎜ 박격포로, KM187 81mm 박격포로 개선했다. 현재는 보병부대와 전투경찰에서 사용하는 화기로 중대 단위에 KM-181 60mm 박격포를, 대대급 단위에서는 KM-187 81mm 박격포를, 연대 단위에서는 4.2인치(107mm) 박격포를 운용하고 있다. 기계화부대는 중대 단위에 81mm 자주 박격포를, 대대 단위에 4.2인치 자주 박격포를 운용하고 있다. 보통 중대는 3개 박격포 소대를 편성하고 있으며, 각 소대 단위로 4개 분대에 1문씩 배치하고 있다.

한국군과 미국, 일본 프랑스 등은 81mm 구경을 사용하지만, 러시아를 비롯한 공산권 국가들은 상대적으로 1mm가 더 큰 구경의 82mm 박격포를 사용하고 있다. 전투 간 상대 진지에 남은 81mm 포탄을 구경이 넓은 자신들의 박격포에 재사용할 수 있기 때문이다. 120mm 신형박격포는 노후화된 4.2인치 박격포를 대체하기 위하여 2011년부터 개발을 시작하여 2019년도에 사격 통제장치와 항법장치 등의 최첨단 구동 시스템을 일원화시키면서 완료되었다.[112] KM187 81mm 박격포-Ⅱ 개량형은 2019에 개발을 완료하였다. 아래의 <표 3-10-19>는 한국군 박격포의 일반적인 제원이다.

112) 신인호, "軍, 120㎜ 자주 박격포," 『국방일보』 (2019. 8. 19.) (검색일자: 2020년 1월 10일).;김수한, "軍, 120㎜ 자주 박격포 개발 성공," 『헤럴드 경제』 (2019. 6. 27.) (검색일자: 2020년 1월 10일).; 김수한, "신형120㎜ 자주 박격포 개발 성공…사거리 2.3배, 화력 1.9배 늘어나," 『국민일보』 (2019. 6. 27.) (검색일자: 2020년 1월 10일). 외 다수

〈표 3-10-19〉 한국군 박격포의 일반 제원

<table>
<tr><th rowspan="2">구 분</th><th rowspan="2">구 경
(mm)</th><th rowspan="2">길 이
(cm)</th><th rowspan="2">중 량
(kg)</th><th rowspan="2">사거리
(m)</th><th colspan="2">발사속도(발/s)</th><th rowspan="2">장전
방식</th></tr>
<tr><th>최대</th><th>유효</th></tr>
<tr><td>KM181
60mm 박격포</td><td>60</td><td>96.7</td><td>19.5</td><td>44~
3,590</td><td>30</td><td>18</td><td rowspan="3">포구
장전식</td></tr>
<tr><td>KM187
81mm 박격포</td><td>81</td><td>130.0</td><td>42.5</td><td>72~
4,737</td><td rowspan="2">20</td><td rowspan="2">10</td></tr>
<tr><td>KM187
81mm
박격포-Ⅱ
개량형</td><td>81</td><td>155.0</td><td>42.0</td><td>78~
6,325</td></tr>
<tr><td>4.2인치
박격포</td><td>107</td><td>152.4</td><td>포신: 70.9
포판: 90.0</td><td>920~
6,600</td><td>18</td><td>9</td><td>차량
탑재형</td></tr>
<tr><td>120mm
자주박격포</td><td>120</td><td>-</td><td>144</td><td>7,200~
12,000</td><td>8</td><td>3</td><td>차량
탑재형</td></tr>
</table>

한편 한국군의 K242A1 4.2인치 박격포 탑재 장갑차는 포가(砲架, 포신을 얹을 수 있는 받침대)를 설치하여 장착되며 수륙양용 궤도차량으로 기동력과 화력을 겸비하였고, 장갑차에서 4.2인치 박격포 사격이 가능하도록 후면 상부에 박격포 해치(Hatch)가 있으며, 그 뒤에 램프가 있다. 사격 간 적의 소화기 사격에서 보호받기 위해 해치만 열어 놓고 사격하지만, 훈련 시에는 병력의 안전을 위해 램프를 열어 놓고 사격을 한다. 120mm 자주 박격포는 연대급 지원화기로 운용하기 위하여 개발한 박격포로서, 아직 제식(정식) 명칭은 정해지지 않아서 현재 쓰는 120mm 자주 박격포라는 임시 명칭을 부여하고 있다. 야전부대에서는 K200A1 궤도형 장갑차량[113]에 장착하여 운용하고 있으며, 미국의 기존 4.2인치(M30) 박격포보다 사거리는 최대 2.3배, 화력의 파괴력 분야도 상당 부분 증가하였다. 아래의 <그림 3-10-34>는 한국군의 박격포를 탑재하는 차량의 종류이고, 아래의 <표 3-10-20>은 박격포 탑재 차량의 일반적인 제원이다.

〈그림 3-10-34〉 한국군의 박격포 탑재 차량 종류

113) 박격포를 탑재하는 차량으로는 120mm 자주 박격포는 K200A1 궤도형 장갑차, 4.2인치 박격포는 K242 장갑차, 81mm 박격포는 K281 장갑차가 탑재하고 있다.

〈표 3-10-20〉 한국군 박격포 탑재 차량의 일반 제원

구 분	중 량 (t)	주 무장	속 도(km/H)		등판 능력	도 하
			야 지	수 상		
K200A1 장갑차	13.2	12.7mm 기관총 1 7.62mm 기관총 1	74	7	31도	가 능
K242 장갑차 K28A1 장갑차	13.2	12.7mm 기관총 1	74	7	-	가 능

2.4.3. 북한군

6·25 전쟁 시 구소련과 중국에서 최초로 지원받은 60·82·120mm 박격포를 사용했으나, 모방 생산을 통해 대체하였다. 저격여단 등 특수전 부대는 60mm 박격포를, 대대급 단위에서는 82mm 박격포를 운용하고 있다. 중대는 박격포를 운용하지 않고, 특수전 부대가 휴대하여 기습 사격 및 이탈 시 운용한다. 아래의 <그림 3-10-35>는 박격포의 종류이고, <표 3-10-21>은 박격포의 일반적인 제원이다.

60mm 박격포[북한군 항공육전대]

82mm 박격포[북한]
82mm 자주박격포[북한]
120mm 박격포[M1938 유사형, 북한]
120mm 자주박격포[북한]

〈그림 3-10-35〉 북한군이 사용하고 있는 박격포의 종류

〈표 3-10-21〉 북한군 박격포의 일반 제원

구 분		구 경 (mm)	중 량 (kg)	사거리 (m)	발사속도(발/s)		장전 방식
					최대	유효	
60mm 박격포		60	20	200~1,530	20	15	포구 장전식
82 mm	박격포	82	56	100~3,040	25	15	
	자주박격포	82		9,800~12,000	8	4	차량탑재형
120 mm	박격포	120	42	460~5,700	15	12	포구 장전식
	자주박격포	107		515~6,850	18	9	차량 탑재형
160mm 박격포		120	1,170	630~5,150	3		

북한군의 60mm 박격포는 중국의 63식 박격포를 모방하여 생산한 것으로 특수부대의 중대급 단위에서 운용하고 있다. 82mm 박격포는 제2차 세계대전 당시에 연합군들의 박격포가 81mm 구경이었기에 노획하여 사용하려는 목적에서 구소련이 82mm 구경으로 제작한 M37 박격포를 모방하여 생산하였으며, 북한군의 보병대대에서 사용하고 있다.

120mm 박격포는 구소련의 M1943 박격포를 모방하여 생산하였으며, 보병연대 박격포 대대에서 사용하고 있다. 160mm 박격포는 구소련의 M43 박격포를 모방하여 생산하였으며, 포병군단의 160mm 박격포 연대에서 사용하고 있다. 포탄의 중량만 하여도 40kg에 달하고, 3m 높이에서 포탄을 주입하여야 하며, 발사 시 충격을 감당할 수 있도록 삼각대(base plate)가 너무 깊이 파묻히지 않게 반동 시스템을 갖추었다. 북한군의 82mm와 120mm 자주 박격포는 한국군의 K-242A1 자주 박격포에 대응하기 위해 운용하고 있다.

한편 한국군의 K242A1 4.2인치 박격포 탑재 장갑차는 포가(砲架, 포신을 얹을 수 있는 받침대)를 설치하여 장착하였고, 수륙양용 궤도차량으로 기동력과 화력을 겸비하고 있다. 또한, 장갑차 내부에서 4.2인치 박격포 사격이 가능하도록 후면의 상부에 박격포 해치를 설계하였고 그 뒤에는 램프가 있다. 장갑차는 사격 간 적의 소화기 사격으로부터 보호받기 위해 박격포 해치만 열어 놓고 사격하지만, 훈련 시에는 병력의 안전을 위해 램프를 열어 놓고 사격을 한다.

2.5. 야포[114)]

2.5.1. 주요 국가의 야포 개발 현황

1346년 크레시 전투(Battle of Crecy) 이후 화포는 각종 전투에 없어서는 안 되는 무기로 존재하였다.[115)] 야포는 화포를 분류하는 네 가지의 방식 중 용도에 따른 분류에 해당하는 것이며, 일반적으로 포병에서 운용하고 있는 포를 의미한다. 화포 무기체계는 화력지원 무기체계의 하나로서 포병이 주로 운용하는 무기체계로 화포의 바탕을 이루는 견인포와 자주포를 지칭하고 있다. 통상적으로 견인포와 자주포를 통합하여 '곡사포'로 부르고 있다. 주요 국가에서 개발 및 추진하고 있는 견인포와 자주포를 중심으로 알아보자.

---

114) '화포(火砲)'는 일반적으로 크기 및 중량(무게)으로 인해 한 사람이 다룰 수 없는 포열(砲列, train of artillery)을 가진 화기를 지칭한다. 넓은 의미로 보면, 권총, 소총 등의 소화기에서부터 곡사포, 평사포 등의 대구경 화기에 이르기까지를 망라하고 있다.

115) 크레시 전투(Battle of Crecy)는 백년전쟁이 한창이던 때인 1346년 프랑스의 크레시(Crécy) 지역에서 잉글랜드군과 프랑스군이 맞붙은 전투를 의미하며, 처음으로 잉글랜드군이 승리한 전투이다. 수적 우세를 자랑했던 프랑스군은 전투 초기 영국군을 밀어붙였지만, 영국군의 장궁(長弓)은 프랑스군들의 기사들에게 화살을 집중적으로 퍼부으면서 승기를 확보하였고, 연이은 화포의 공격에 전의를 상실했다. 당시 화포는 전투에서 결정적인 승패를 가져올 만큼 강력하지는 못하였으나, 화포가 발사할 때 내는 엄청난 포성(砲聲)은 프랑스군의 기세를 제압하는 이상으로 위력적인 성과를 가져왔다.

▲ 견인포

'견인포(Howitzer Cannon)'는 1313년 중국에서 전해진 흑색 화약을 독일에서 이를 추진 장약으로 개발하여 청동 포신을 가진 화포로 발명하였으며, 이후 전장에서 주요한 화력수단으로 사용되기 시작하였다. 15세기 초 처음으로 철제로 포신을 제작하였으며, 점차 진화되면서 15세기 말에 유효사거리가 500m에 이르는 75~100mm 구경의 포가 개발되었다. 1693년에 포미 장전식의 포가, 1815년에는 150~300mm 구경의 포가 개발되었다. 1879년 프랑스에서 처음으로 현재의 포 형태인 주퇴복좌기를 부착한 75mm 강선포가 개발되었다.

미군은 지역 및 기계화부대의 임무 수행에 부합되도록 견인포와 자주포를 전부 105mm 구경으로 표준화시켰다. 이와 동시에 신속배치군의 작전 수행에 착안하여 경량급 화포를 제작함으로써 기동성을 갖추게끔 하기 위하여 최근 신속배치군의 작전용으로 기동성이 우수한 105mm를 배치하였다. 점차 견인포와 자주포 모두 155mm 구경으로 표준화하였으며, 사용하고 있는 주력 화포로는 105mm M102 견인포, 155mm M198과 155mm M777 견인포, 8인치(203mm) M115 견인포가 있다. 아래의 <그림 3-10-36>은 미군이 사용하고 있는 대표적인 견인포의 종류이고, 아래의 <표 3-10-22>는 미군 견인포의 일반적인 제원이다.

〈그림 3-10-36〉 미군이 사용하고 있는 대표적인 견인포의 종류

〈표 3-10-22〉 미군 견인포의 일반 제원

구 분	구경(mm)	중량(kg)	사거리(m)	발사속도(발/s)
105mm M102	105	1,470	11,500	3~10
155mm M198	155	7,163	18,150~30,000	2~4
155mm M777	155	4,128	24,000~40,000	2~5
8인치(203mm) M115	203	14,515	460~5,700	2분당 1발

105mm M102 견인포는 1966년 베트남 전쟁에서 최초로 운용하였으며, 1968년 표준화된 장비이다. 일반 헬기로 공중 투하가 가능한 직접지원 화포이다. 155mm M198 견인포는 1978년부터 생산된 화포로 군단급 포병부대와 특수여단에 대한 직접 및 일반지원 용도로 표준화시킨 장비로 중형 헬기인 치누크(CH-47)로 공수가 가능한 7,163kg의 중량을 보유하고 있다. 155mm M777 견인포는 2005년부터 美 해병대에 배치되었으며, 지상무기 중 세계 최초로 고가의 티타늄 합금을 사용한 모델로서 신속하게 기동하거나 해외 전개 임무를 수행하는 부대에서 주로 운용하고 있다. 8인치(203mm) M115 견인포는 1920년대 중반에 생산된 장비로 NATO 국가들과 미국의 동맹국들에 대량보급된 장비로 한국군은 1966년 미국에서 수입하였다.

러시아는 76mm로부터 180mm까지 다양한 구경의 포를 개발하였으며, 기본적으로 122mm, 130mm, 152mm 견인포와 군단급 부대의 일반지원 용도로 운용하고 있는 180mm 견인포가 있다. 122mm D-30 곡사포와 130mm M46 평사포, 152mm 2A36(M1976) 곡사포, 180mm S-23 평곡사포가 있다. 아래의 <그림 3-10-37>은 러시아군의 대표적인 견인포의 종류이고, <표 3-10-23>은 러시아군 견인포의 일반적인 제원이다.

〈그림 3-10-37〉 러시아군의 대표적인 견인포 종류

〈표 3-10-23〉 구소련(러시아) 견인포의 일반 제원

구 분	구경(mm)	중 량(kg)	사거리(m)	발사속도(발/s)
122mm D-30	122	3,210	15,400~21,900	7~8
130mm M46	130	8,450	~27,150	5~6
152mm 2A36(M1976)	152	9,800	27,000~43,800	5~6
180mm S-23	180	14,515	30,400~43,800	1~2

122mm D-30 곡사포는 1960년 초기에 구소련(러시아)군에 배치되었으며, 130mm M46 평사포는 1954년에 등장한 장비로 중동전쟁과 베트남 전쟁에 참여하였다. 152mm 2A36(M1976) 곡사포

는 1985년 처음 등장하였다. 180mm S-23 평곡사포는 1955년 처음 등장한 장비로서 초기는 203mm로 인식되었으나, 중동전쟁을 치르는 과정에서 180mm급으로 판명되었다. 이 야포는 2S5 Giatsint-B 야포로 명명되고 있다. 중국도 러시아와 유사한 85mm, 100mm, 122mm, 130mm, 152mm, 203mm 등 다양한 구경으로 운용하고 있으며, 일부 구경의 포는 북한군에 공급되어 사용되고 있다.

▲ 자주포

'자주포(Self-propelled Howitzer)'는 '스스로 주행(走行)이 가능한 포'를 의미하는 것으로 무한궤도를 비롯한 차체에 야포를 탑재하고 있다.116) 일반적으로 전차와 비교하면 장갑은 얇고, 구경은 상대적으로 더 큰 구경의 대포를 탑재한다. 따라서 별도로 견인할 차량은 필요 없으므로 사격진지의 변환이 쉽고 장갑화된 차체는 적의 포병 공격에 대한 생존 가능성이 다른 화기에 비해 상대적으로 높은 편이다. 사격통제장치도 자동화되어 포 방열에 걸리는 시간이 짧다. 이로 인하여 전차 및 기계화 보병 등과 함께 편조(編組, Task Organization)되어 보다 효과적인 화력지원 임무를 수행하기가 쉽다.117) 세계 최초의 자주포는 1920년 독일군이 전차의 차체에 야포를 장착하면서부터 시작되었다. 이후 미국이 1959년 155mm, 1960년 8인치 자주포를 개발하면서 포병의 주력 무기체계로 채택하여 개발되고 있다. 세계적으로 가장 널리 사용되고 있는 자주포는 미국이 개발한 155mm Paladin M109A6 최신 자주포이다. 아래의 <그림 3-10-38>은 미국의 대표적 자주포인 155mm Paladin M109A6와 신형 NLOS-C(Non-Line-of-Sight Cannon) 계열의 자주포다.

155mm M109 팔라딘 자주포(美)

116) 대포의 종류에 따라 자주 곡사 · 유탄 · 박격 · 대전차 · 대공포 등으로, 목적에 따라 자주 곡사화기로 불린다. 제2차 세계대전에서 전차와 포병이 작전을 함께 수행하면서 보병 · 전차를 지원하고 있다.

117) '편조(編組, Task Organization)'란 지휘관이 전투편성을 시행하면서 특정한 임무나 가업을 달성하기 위하여 구성한 부대로 함정과 항공기로 포함하여 편성할 수 있다.

〈그림 3-10-38〉 미군의 대표적인 자주포 종류

155mm Paladin M109A6 자주포는 중량이 28톤, 길이가 9.8m, 분당 8발의 발사를 할 수 있으며, 15초당 3발, 지속 사격할 경우 3분당 1발을 사격할 수 있다. 최고속도는 64km/H, 주행거리는 350km이고, 승무원은 5명이 임무를 수행하고 있다. 미래 포병 전투체계인 중량 20톤급 자주포의 하나인 NLOS-C 시리즈의 신형 자주포는 FCS의 구성요소로 24발의 자동장전장치로 C-130 수송기로 수송할 수 있도록 중량은 20t 이하이며, 사거리는 30~40km로서 분당 6~10발의 사격이 가능하고, 155mm 39 구경장 궤도형으로 야지 주행속도가 80km/H로 구성되어 있다.

러시아군은 자주포 분야에 대한 중요성을 강조하고 있으며, 미군보다 10배 이상의 자주포를 보유하고 있다. 서방 진영이 105mm, 155mm, 8인치인데 비하여 러시아군은 120mm, 122mm, 130mm, 152mm, 180mm, 203mm 등의 다양한 구경의 자주포를 구성하고 있다. 특히 서방측의 주력 구경이 155mm인데 비해 러시아는 152mm가 주력 구경으로 기존에 사용하던 152mm 포탄을 공통으로 사용이 가능한 체계로 진행되고 있다는 점에 유념할 필요가 있다. 중국도 122mm, 152mm, 155mm, 203mm 구경의 자주포를 보유하고 있으며, 1988년 155mm 45 구경장 PLZ45 자주포를 개발한 선례가 있다. 외형상으로는 미국이 운용하고 있는 M109A2와 유사한 형태이다.

2.5.2. 한국군

▲ 견인포

'견인포(牽引砲, Towed Artillery)'는 '스스로 기동하지 못하여 다른 기동수단에 의지하여 움직이는 포'로서 차량에 견인하여 움직이므로 '이동포(移動砲)'라고도 부른다. 1970년대 자주국방의 기치 아래 기본화기인 총포를 국산화하기 시작하였다. 1970년대 초에 미군 화포를 모방하여 105mm KM101A1, 155mm KM114A2를 개발 및 생산하기 시작하였다. 1980년대 초기에는 105mm KH178과 155mm KH179를 독자 기술로 생산하였다. 현재까지 105mm와 8인치는 모방 개발한 형태와 군원(軍援) 방식으로 이양받은 상태에서 사용하고 있다. 아래의 <그림 3-10-39>는 한국군의 대표적 견인포인 105mm KH178, 155mm KH179, K-9 Thunder 155mm이고, <표 3-10-24>는 한국군의 대표적인 견인포에 관한 일반적인 제원이다.

〈그림 3-10-39〉 한국군의 대표적인 견인포 종류

〈표 3-10-24〉 한국군의 대표적인 견인포에 대한 일반 제원

구 분	구경(mm)	중량(kg)	사거리(m)	발사속도 (발/s)	개발 연도
105mm KH178	105	2,650	14,700~18,000	2~15	1984
155mm KH179	155	6,890	22,000~32,000	2~4	1983

105mm KH178 견인포는 후방지역이나 산악지역에서 임무를 수행하고 있는 보병사단에 배치되어 있으며, 보병연대를 직접 지원하기 위해 3개 대대를 편성하고 있고, 사단을 일반지원하게끔 1개 대대를 편성하여 운용하고 있다. 155mm KH179 견인포는 치누크(CH-47C/D) 헬기 또는 C-130 수송기로 공수작전이 가능하다. 특히 차량탑재형은 지형조건에 제한 없이 화력지원이 가능하다는 이점(利點)을 갖고 있다.

▲ 자주포

한국군이 사용하고 있던 K55 자주포는 2004년 이전에 한계점을 인식하여 개선을 시작하였으며, K55A1 장약과 탄약을 개량하여 사거리도 증가시키고 발사속도도 개선하였다. 개선된 K55A1은 미국의 M109A6 팔라딘과도 대등한 성능을 보유한 것으로 평가받고 있다. K-9 · K-9A1 · K-9A2 Thunder 155mm 자주포는 세계시장에서 호평받고 있는 독일의 PZH 2000과 경쟁하고 있다. 최근 대(對) 포병 레이다가 진화됨에 따라 포격한 후 진지 전환은 대단히 중요한 요소가 되었다. 아래의 <표 3-10-25>는 한국군의 대표적인 자주포에 관한 일반적인 제원이고, <그림 3-10-40>은 한국군의 대표적 자주포인 K55, K55A1, K-9 Thunder 155mm이다.

〈표 3-10-25〉 한국군의 대표적인 자주포에 대한 일반 제원

구 분	구 경 (mm)	중 량 (kg)	사거리 (m)	발사속도 (발/s)	장전방식
K55	122	3,210	18,000~23,500	2~3	수동식
K55A1	130	8,450	24,000~32,000	4	
K-9 Thunder 155mm	155	4,700	~40,000	2~6 * 15초 이내 3발	자동식
K-9A1/K-9A1 Thunder 155mm					

〈그림 3-10-40〉 한국군의 대표적인 자주포 종류

K55 자주포는 미국의 M109A2 자주포를 국내에서 면허 생산한 장비로 화학전에 대비하여 NBC 시스템도 탑재하고 있다. 1986년부터 육군과 해병대에서 사용하고 있다. 한국군은 세계에서 가장 많은 M109 계열의 자주포를 운용하고 있으며, 그다음으로 미군이 사용하고 있다. 이외에도 미국에서 들여온 M1 · M110 자주포와 M115 8인치 자주 유탄포를 사용하고 있다.

다련장 로켓은 냉전기(Cold War)에 막강한 화력을 보유하고 있던 구소련의 화력에 대응하기 위한 미국과 영국, 프랑스, 독일과 이탈리다 등에 의해 진행하였던 일반지원 로켓 체계(General

Support Rocket System)라는 계획을 갖고 공동으로 개발하였던 무기체계를 의미한다. 다련장 로켓 개발 초기의 운용개념은 정확도가 미흡하였던 문제점을 개선하기 위해 빠른 발사속도와 대량화력을 집중함으로써 적의 집결지와 경장갑 및 물자, 인원에 대한 표적 등을 제압하기 위한 일반적인 화력지원 무기체계로 설정되었다. 1990년대부터 사거리 300km급 전술유도탄 에이태킴스(ATACMS, Army Tactical Missile System)가 개발됨에 따라 단순한 대량의 화력 무기체계에서 정밀 화력 무기체계의 역할로 진전(進展)되었고, 지상화력의 주력 무기체계로 발전하고 있다. 점차 고(高)기동・장(長)사정・고(高) 위력화 추세로 발전함에 따라 화력 집중에 의한 대량파괴와 더불어 적의 병력과 화력체계에 치명적인 타격을 가할 수 있는 정밀파괴 능력을 갖추고 있다.

한국군의 경우 전시 초기에 공군의 제공권과 항공지원에 대한 제한, 그리고 기동부대와 적 부대와 거리가 너무 근접될 뿐만 아니라 북한군의 300mm 장거리 방사포에 대한 대응이 정치적인 여건으로 인하여 제한될 경우 사용하기 쉬운 화력 무기로 차기 다련장 로켓인 K-239 천무를 운용하고 있다.[118]

2.5.3. 북한군

북한군은 자주포를 '자행포(自行砲)'로 부르고 있으며, 최근 한국군의 155mm K-9 자주포와 외양이 유사하지만, 구경은 152mm인 것으로 추정하고 있는 일명 '곡산포(일명 주체포)'가 등장하였는데, 이전에 자주포는 개방형 포탑으로 인하여 방호력이 크게 저하된 것으로 평가받았다.[119] 그러나 '곡산포'는 이전과 다르게 밀폐형 포탑을 채택하였다.[120] 현재 북한의 주력 화포는 122mm M1938 견인 곡사포이다. 구소련군의 M1938을 중국에서 54식으로 모방 생산하였다가 북한이 이를 다시 모방하여 생산하였을 정도로 공산권 국가에서는 애용하고 있는 모델이다.

포병의 전력구조는 자주화 전력이 50% 이상으로 견고하게 구축되어있는 갱도 진지에서 종심(縱深)지역에 대한 지원사격을 할 수 있고, 대량사격이 가능하다는 장점을 갖고 있다. 북한군의 자주포는 100mm M1985와 122mm M1977, 130mm M1975, 152mm M1974, 170mm M1978/M1989로 분류할 수 있다. 아래의 <그림 3-10-41>은 북한군이 사용하고 있는 자주포의 종류이고, 아래의 <표 3-10-26>은 북한군이 사용하고 있는 자주포의 일반적인 제원이다.

---

118) '다련장'이란 'MLRS(Multiple Launch Rocket System)'로 불리며, 1979년 미국이 소련을 중심으로 하는 바르샤바 조약기구와 대응 시에 대비한 포병 전력의 격차를 줄이기 위하여 개발한 장비로서 고성능 사격통제장치와 이동식 발사대를 통합한 혁신적인 포병의 화력 무기체계이다.

119) '170mm 자행포'는 1978년 미군의 정찰위성에 의해 곡산 지방에서 최초로 포착되었기에 '곡산포'라는 명칭을 붙였다. 최대 사거리가 54~60km까지 이르기 때문에 상당한 위협이 된다.

120) 박희준, "북한 신형 자주포 vs 한국 K93," 『글로벌 이코노믹』 (2019. 5. 11.) (검색일자: 2020년 1월 14일).

〈그림 3-10-41〉 북한군의 대표적인 자주포 종류

〈표 3-10-26〉 북한군의 대표적인 자주포에 대한 일반 제원

구 분	구경 (mm)	속 도 (km/H)	항속거리 (km)	사거리 (m)	발사속도 (발/s)
100mm M1985	100	45	360	~16,200	8~10
122mm M1977/M1991	122	40	400	15,300~21,000	7~8

130mm M1992	130	40	400	40,000~34,000	6~8
152mm M1974/1985	152	55	450	~17,400	6~8
170mm M1978/M1989	170	30~40	250 ~350	~60,000	0.4

북한군의 자주포 전력은 대다수 자주포가 개방형 포탑이다 보니 상대적으로 방호장치가 취약한 점으로 평가되고 있다. 122mm M1977 자주포는 북한군의 자주포 중에서 가장 오래되고 노후화된 자주포이며, 다만 개량된 M1991의 경우는 포탑이 밀폐형이며, 소련제 D-74형 주포를 사용하고 있다. 130mm M1992 자주포는 해안포를 장착하고 있다. 170mm 자주포는 '곡산포'로 과거 '서울 불바다' 발언이 나오게 만든 포병 화기이다.

북한군의 경우 다련장 로켓과 연대급 부대와 산악부대에 배치한 107mm와 122mm, 170mm 방사포, 240mm 방사포, 300mm 신형 방사포, 400mm 신형대구경 조종 방사포를 운용하고 있다. 2019년 8월 2일 새벽 400mm 방사포 시험사격을 하였고, 2019년 8월 24일과 9월 10일, 10월 31일 세 차례에 걸쳐 평안남도 개천 비행장에서 600mm 초대형 방사포 시험사격을 진행하였다. 400mm 신형대구경 방사포는 무한궤도 포차를 활용하고 있고, 60km/H의 속도로 달릴 수 있다. 이를 통해 미군의 정찰위성을 회피할 수 있고 은폐(隱蔽)도 가능하며, 얕은 하천에서 자력으로 도하가 가능하다. 600mm 방사포는 정밀유도 기능과 조준 사격으로 전략거점을 선별(選別)할 수 있어 정밀타격이 가능하다. 아래의 <그림 3-10-42>는 북한군이 운용하고 있는 방사포의 종류이고, <표 3-10-27>은 북한군 방사포의 일반적인 제원이다.

107mm M1992 방사포(북한, 견인형)　107mm M1992 방사포(북한, 차량탑재형)

〈그림 3-10-42〉 북한군이 운용하고 있는 방사포의 종류

〈표 3-10-27〉 북한군 방사포의 일반 제원

구 분	구 경 (mm)	발사 관수	사거리 (km)	발사속도 (발/s)	발사 방식
107mm M1992 방사포	107	18~24	~8	9~12	차량 탑재형
122mm 1985/M1989 /M1993 방사포	122	12	~43	12~20	
170mm M1989 개량 방사포	170	6	~54	2	
240mm M1991 방사포	240	22	43~60	22~35	
300mm 신형 방사포	300	8연장	70~500	마하 6~7	
400mm 신형 대구경 방사포	400	6연장	200	마하 6.9	
600mm 신형 초대형 방사포	600	4연장	200~350	-	

북한군의 170mm 방사포는 M1989를 개량하였는데, 일명 또는 KN-08 미사일로 부른다. 240mm 방사포는 M1991을 개량한 산물로 한국군과 주한미군에서 북한의 포병 화력 중 가장 위협적인 화력 무기로 평가하고 있다. 지름은 240mm이고, 발사관은 12개 또는 22개를 묶은 다음 대형 트럭에 실어 이동할 수 있도록 개발하였다. 1990년 이전까지는 단 1문도 배치되지 않았으나, 2000년대 초기 430여 문을 증가 배치하였다. 사거리는 43~60km로 휴전선 일대에서 서울 지역을 직접 공격이 가능하다. 12 연장인 M1985형과 22 연장인 M1991형의 두 가지로 구분하고 있는데, M1991형의 경우 350m×950m 지역을 초토화할 수 있다고 알려졌다.

2019년 시험 발사에 성공한 300mm 신형 방사포는 북한판 이스칸데르형 또는 KN-09 미사일이라고도 하는데, 비행의 마지막 단계에서 한국군의 요격에 대하여 회피가 가능한 급상승 회피기동을 하는 등의 능력을 갖추고 있는 것으로 평가하고 있다.[121] 신형 400mm 대구경 조종 방사포는 실전에 배치될 경우 미사일 자체적으로 수평과 변칙 기동을 비롯하여 동시에 수십 발에서 수백 발까지의 발사가 가능하므로 현재의 한국군과 주한미군의 능력으로는 요격할 수 없다는 점이 안타깝다. 최근 시험사격이 끝난 600mm 초대형 방사포는 300~400km 떨어져 있는 승용차를 조준 연발 사격으로 파괴할 수 있음이 확인된 바 있다.[122]

121) 유용원, "北, 최근 300mm 방사砲 시험. 단거리 미사일보다 위협적," 『조선일보』 (2014. 3. 3.) (검색일자: 2020년 1월 14일).; 조성은, "300mm 신형 방사포 첫 공개.. 깜짝 신무기 없었다," 『국민일보』 (2015. 10. 12.) (검색일자: 2020년 1월 14일) 외 다수.

122) "[심층분석] 한국형 아이언 돔, '서울 불바다' 北 장사정포 완벽히 막아낼 수 있나," 『뉴스핌 (http://www.newspim.com/news/view/20200814000713)』 (2020. 8. 17.) (검색일자: 2020년 9월 3일) 외 다수.

2.6. 전차

2.6.1. 미국 전차의 계열별 진화단계

제2차 세계대전 이후 미국과 구소련(러시아)을 중심으로 비약적으로 발전을 거듭하였다. 전차는 주력 전차(Main Battle Tank)로 개발된 이후부터는 세대를 기준으로 분류하고 있는데, 1세대로부터 3.5세대 또는 4세대 전차까지 구분되어 분류하고 있다. 미군의 전차는 세대별·형태별로 발전되어 왔다. 구체적으로 제시하면, M1→M2/M3→M4→M48→M60→M1A1의 형태로 진화되었다고 보면 된다. 그럼 먼저, M 계열의 진화 과정을 알아보자. 아래의 <그림 3-10-43>은 M1 계열의 에이브럼스 전차이다.

〈그림 3-10-43〉 M1 계열 전차의 종류

M1 에이브럼스 전차는 베트남 전쟁의 영웅이었던 크레이튼 에이브럼스(Creighton Williams Abrams Jr.) 장군의 이름에서 유래되었다. 복합장갑과 서스펜션, 사격통제장치, 열열상장비 등의

많은 부분에서 개량된 상태로 배치되었다. 이어서 나온 전차가 1985년도에 개발된 M1A1 에이브럼스 전차로 주포로 120mm 활강포를 탑재하였다. 복합장갑으로 방어력을 대폭 증가시키고 HA(Heavy Armer, 열화우라늄 장갑인 방탄 재료) 형식으로 상륙작전까지 수행할 수 있도록 전자 장비를 장착하여 8.5피트(2.59m)까지 수중 도하가 가능하도록 설계되어 있다.123)

M1A2 에이브람스 주력전차(美)
(중량 62t, 주포 120mm 활강포, 최고속도 42.25m/H, 2세대 열화우라늄 복합장갑, 엔진 1,800마력)

M1A2 전차는 M60 패튼 전차의 후계로서 1970년대 미국의 크라이슬러사를 인수한 제너럴 다이내믹스 사가 개발하여 1979년에 실전 배치한 미국의 3세대 주력 전차이다. 현재 현역과 주(州) 방위군에서 운용하고 있는 최신 버전이다. 한국군의 T-80U 전차와 같으며, 제트기 엔진 소리가 나는 가스터빈 엔진을 사용한다. 일반 항공기에 장착한 터보팬이 가스터빈이다. M1A3 에이브럼스 주력 전차(MBT)도 실전에 배치되어 운용하고 있다. 이는 M1A2C 전차의 기능을 대폭 개선하여 가스터빈 엔진은 1800마력이며, 항속거리는 450km이다. 특히 인공지능(AI)과 자율화, 첨단 센서 등을 포함한 미래 기술을 대폭 적용하고 있다. 아래의 <그림 3-10-44>는 M2-M3-M4 계열의 브래들리 전차이다.

M1A3 에이브람스 주력전차(美)
(중량 66.9t, 주포 120mm 활강포, 최고속도 69km/H, NEA복합장갑, 엔진 1,800마력)

M2 브래들리 보병전투차량1(美, 1981~)
중량 22.6톤, 주포 25mm기관포, 부무장 7.62mm 기관총, 최고속도 66km/H
M2 브래들리 보병전투차량2

123) M1 전차의 열화우라늄(HA) 장갑은 방어력이 철보다 +2.5배의 강도를 보유하고 있으며, 방사선도 막아주기 때문에 핵전쟁에도 대비할 수 있는 완벽한 전차로 평가되고 있다.

〈그림 3-10-44〉 M2-M3-M4 계열의 전차

M2 브래들리 보병 전투차량(IFV)은 보병 전투를 지원하기 위한 개념에서 개발된 미 육군의 장갑차량으로 제2차 세계대전 당시 제12 집단군 사령관이었던 오마 브래들리(Omar Nelson Bradley, 6·25 전쟁 시 인천상륙작전에 관하여 맥아더 장군과 논쟁하던 당시의 합참의장) 장군의 이름에서 따온 명칭이다. 1981년 이후 배치되었으며, 걸프 전쟁 이후에 개조되었다. M3 리 전차는 제2차 세계대전 기간 중 사용되었던 미군의 중형전차로 남북전쟁 당시 남부 연합군 사령관인 로버트 E. 리(Robert E. Lee) 장군의 이름에서 따온 명칭이다. 이러한 전차 명칭은 영국에서 별도로 설계하면서 당시 리 장군과 대적하였던 북부연방 사령관인 율리시스 S. 그랜트(Ulysses S. Grant) 장군의 이름을 따서 M3 그랜트 전차로 불렸다. 당시 미 육군은 75mm 전차포를 탑재한 중형전차를 개발하는 와중에 75mm 전차로만 탑재하여 긴급하게 개발하였던 전차이다. 그러나 문제점들이 심각하게 발생하면서 바로 M4 셔먼 전차로 교체되었다. M4 셔먼 전차의 명칭은 미국의 남북전쟁 당시 북부 연방군의 윌리엄 T. 셔먼(William Tecumseh Sherman) 장군의 이름을 따온 데서 비롯되었다. 제2차 세계대전 기간 가장 저렴하게 제작하였지만, 가장 많이 사용한 전차로 미국민들의 자존심을 세워준 전차였다. 아래의 <그림 3-10-45>는 M46-M47 패튼 전차다.

〈그림 3-10-45〉 M46-M47 패튼 전차

M46 패튼 전차는 6·25 전쟁 중인 1951년 중부 전선에서 처음 사용되어 1957년까지 운용되었으며, 미 육군의 주도로 제작한 중(中)전차였다. 제2차 세계대전 시 美 제3군 사령관이었던 조지 S. 패튼(George S. Patton Jr.) 장군의 이름에서 유래된 전차였다. 패튼 전차가 당시 중량이 비교적 가벼웠던 북한군의 소련제 T-34/85 전차보다 M46 패튼 전차의 성능이 월등히 우수했던 측면이 있었음도 간과할 수 없다.

M47 패튼 전차는 M46 전차의 차체와 포탑의 형태를 개조하고 전면 장갑의 경사각을 높인 개량형으로 1952년에 개발이 완료된 전차였다. 한국에서는 당시 육군과 해병대에서 운영하였다. M47 패튼 전차는 M 계열의 전차가 대량생산 체계로 정착된 이래 최초로 M12 입체식 거리측정기(stereoscopic ballistic computing range finder)가 장착되었다. 아래의 <그림 3-10-46>은 M48 계열의 패튼 전차이다.

〈그림 3-10-46〉 M48 계열의 패튼 전차

M48 패튼 전차는 M47 전차를 기반으로 새로운 포탑에 90mm 전차포를 장착한 기본형으로 개발되어 대량 생산된 전차로 원래의 명칭은 T-48 전차였으나, M48로 변경하였다. 이를 개량한 전차가 M48A1-M48A2-M48A3-M48A4-M48A5로 명명되고 있는 최근의 전차들이다.

M48A1 전차는 기관포를 내부에서 작동할 수 있도록 하였다. M48A2 전차는 엔진과 변속기의 성능을 개량 및 향상하였고, 차체 후방부(後方部)와 포탑을 재설계하였으며, 파생형 전차 유형이 다수 있다. M48A3 전차는 M60 전차의 디젤 엔진을 장착하였으며, M48A4 전차는 포탑을 개량해 M48A3 차체 자체(自體)에 장착한 방식이었으나, 크게 활용되지는 못하였다. M48A5 전차는 105mm 주포와 중량을 대폭 향상하였다. 한국군은 2002년부터 지상군 페스티벌에 참여하고 있다.[124] 아래의 <그림 3-10-47>은 M60 계열의 슈퍼 패튼 전차이다.

---

124) 한국 육군은 1960년대 후반에서부터 M47 전차의 후속으로 M48A1 패튼 전차와 주한미군이 보유하고 있던 M48A2C 패튼 전차 195대를 인도받아서 운용하였다. 1970년대 중반에 M48A1 패튼 전차를 대량 구매하면서 독자적인 개량 사업을 통해 M48A3K와 M48A5K로 업그레이드하였다.

〈그림 3-10-47〉 M60 계열의 슈퍼 패튼 전차

M60 계열의 전차는 모두 슈퍼 패튼 전차로 불리고 있으며, M48 계열의 전차를 개량하였다. M60A1 전차는 가장 먼저 개량되었던 전차로서 1961년 미군 최초의 주력 전차로 가장 많이 전투에 참여하였다. 1972년 등장한 M60A2 공수 전차는 중량 57.2t, 주포가 M162 건-런처(gun-launcher)로 발전되었으나, 내부의 유폭 위험이 증가하여 단기간에 폐기된 전차였다.[125)]

125) M60A2 공수전차(空輸戰車, 일명 체로키)는 M60 패튼 전차의 파생형으로 대전차미사일과 일반 포탄을 함께 발사할 수 있는 M162 152㎜ 건-런처(발사통)를 갖추고 있다.

1974년 등장하였던 또 다른 파생형인 M60A2 전차는 유선으로 유도할 수 있는 대전차미사일을 장착한 '스타쉽(Starship) 패튼 전차'였지만, 기존의 M60 모델과는 많이 다른 형태를 갖추고 있다. M60 계열 전차들의 문제점이 많이 대두하게 되면서 구소련과의 격차가 벌어짐을 우려한 미국은 설상가상으로 1970년대 당시 개발 중이던 MBT-70 계획이 무산되자 이를 대체하려는 목적에서 제작하였던 전차가 M60A2 스타쉽 전차였다.126) 이러한 명칭은 파격적으로 제작한 총알에 맞음 경사의 주조식 포탑과 이전의 전차 포탑과는 다르게 우주선을 연상시키는 형상으로 나오다 보니 '스타쉽'이라는 별칭을 얻게 되었다. 이 와중에 일본의 수입회사에서 스타쉽 전차를 플라스틱 모델 제품 중에 미국 인디언 부족 이름을 사용하였던 특정한 제품을 모델로 하는 '체로키'라고 개명하여 판매하였다. 한국에서도 일부 전차는 같은 이름으로 불렀던 적이 있다.

M60A2 공수전차(美)
알루미늄 차체로 제작 단가가 저렴

MBT-70 전차

M60A3 전차는 M60A1 전차의 문제점인 화력 통제장치의 개선하고 최신형 탄도 컴퓨터 시스템을 도입하여 명중률을 높였고, 레이저 거리측정기까지 장착하였다.

M60-2000(또는 120S) 전차는 미국의 제너럴 다이나믹스사(General Dynamics Land Systems)가 개발하였으나, 아직 양산까지는 되지 않고 있다. '120'이라는 숫자는 120mm 활강포를 의미하는 것으로 'S'는 속도(speed)와 생존성(survivability)을 의미하고 있다.

2.6.2. 세대별 전차의 종류

제2차 세계대전 이후 가장 비약적으로 전차를 발전시킨 국가는 미국과 구소련(러시아)이다.

---

126) 1950년대 구소련의 115mm 활강포를 장착한 T-62 전차 등의 개발에 불안감을 느끼던 미국은 제2차 세계대전 당시 최강의 전차 제작국이었고, 경제가 급성장한 서독과 합작하여 최고의 전차를 개발하려 했던 계획의 산물이 바로 MBT-70 전차였다. 그러나 가격이 너무 높아 제작이 무산되었다. 하지만 이러한 시도는 현대의 미 주력전차인 M1A1 에이브럼스 전차와 최신형인 M1A2·M1A3 에이브럼스 전차에 이르기까지, 그리고 프랑스의 레오파드2 전차를 탄생시켰다.

이에 근거하여 이들 국가를 중심으로 기타 국가들의 대표적인 전차들을 같이 알아보자. 전차는 1세대로부터 현재의 3.5 또는 4세대로까지 발전하고 있다. 이러한 세대별 전차의 분류는 제2차 세계대전 이후부터 공식적으로 이루어졌다. 아래의 <그림 3-10-48>은 각 국가에서 1세대를 대표하는 전차의 종류다.

〈그림 3-10-48〉 1세대를 대표하는 전차의 종류

1세대 전차는 중형(重型) 전차 등급 이상의 중량을 가진 전차 중에서 제2차 세계대전이 종결된 이후에 양산(量産)을 시작하였지만, 전쟁이 끝난 다음에야 실전에 투입한 전차들이다. 미국의 경우 M48 계열의 전차를 들 수 있고, 구소련의 경우 T-54 전차가 이를 대표하고 있다. 1세대 전차는 주포가 90mm 또는 100mm 강선포와 광학식 조준경, 그리고 기초 단계의 거리측정기까지 탑재하고 있다. 아래의 <그림 3-10-49>는 각 국가에서 2세대를 대표하는 전차의 종류다.

〈그림 3-10-49〉 2세대를 대표하는 전차의 종류

2세대 전차는 주로 냉전 시대에 제작된 주력 전차(MBT)를 의미하고 있으며, 주전장은 유럽지역의 평야를 포함하는 넓고 평평한 야지(野地)가 주 활동 공간이자 영역이었다. 주포는 105mm와 112mm 강선포, 활강포가 혼재되어 있다. 공식적으로 주력 전차 명칭을 최초로 사용한 전차는 미국의 M60 패튼 전차였다. 이들 전차는 야시장비와 아날로그식 탄도 계산 컴퓨터, 컴퓨터 사격 통제장치가 탑재되어 있으며, 폭발성 반응 장갑, 그리고 현대식 복합장갑으로 생존 가능성을 향상했다는 점을 특징으로 들 수 있다. 특히 핵전쟁 상황에서의 생존 가능성 향상과 더불어 기동성을 확보하기 위해 노력하였다. 구소련의 T-72 전차와 T-80 전차, 영국의 치프틴(Chieftain, 챌린저1 이전의 주력 전차) 전차, 프랑스에서 제작한 AMX30 공병 전차와 독일 연방군이 운용했던 레오파르트(Leopard) I 전차 등을 포함할 수 있다.

2세대 전차는 현대에도 다양한 상황과 맞물리면서 전차 개발 능력이 부족한 국가들이 여전히 구매 및 사용하고 있다. 장갑과 동력 기술이 어느 정도 발전된 1970년대는 일본의 74식 전차나 영국의 빅커스 주력 전차와 같이 포탑

부문을 중심으로 어느 정도의 방호력이 가능하도록 설계하였으며, 동시에 충분한 기동성도 지닐 수 있도록 설계한 사례들이 나오기 시작하였다. 이러한 전차들의 경우 기존 서구 지역의 전차가 사용하던 기계식 탄도 계산기와 영상 합치식(合致式) 거리측정기에서 벗어나 혁신기술을 접목(接木)시켰다. 바로 컴퓨터 탄도 계산기와 레이저 거리측정기 등 최신의 사격 통제 장비들의 장착이 그 산물이다.

M551 공수전차(美, 1966~1970)
경(輕)전차로 저고도 낙하산을 포함한 공중강하

그러나 2세대 전차라고 하여 경전차의 개발을 마감한 것은 아니었다. 공수 전차 또는 정찰 전차로 계속 남아 활동하고 있었다. 미군은 경전차는 아니었지만, 이에 근사한 M551 셰리든(Sheridan)을 개발하였고, 영국 또한 FV101 스콜피온(Scorpion) 전차를 개발하였다. 경전차의 수색 정찰 임무 수행도 끝난 게 아니었다. 걸프전(1991) 당시 제82 공수사단 소속 M551 셰리든이 수색 정찰 임무를 수행하였기 때문이다. 아래의 <그림 3-10-50>은 3세대를 대표한 전차의 종류다.

M1A1 에이브람스 전차(美, , 1985~)
주포 105mm 강선포, 중량 63t,
최대속도 48~67.7km/H

M1A2 에이브람스 전차(美, 1992~)
주포 120mm 활강포, 중량 68.7t,
최대속도 66.8km/H

T-80 전차1(蘇, , 1984~)
주포 125mm 활강포, 대공기관총, 중량 50t, 최대속도 70km/H

〈그림 3-10-50〉 3세대를 대표하는 전차의 종류

3세대 전차는 1970년대 이후에 등장한 전차로서 기동력은 2세대 전차 수준이지만, 중장갑화와 헌터-킬러(Hunter-Killer) 작전 방식을 지원하도록 설계되었다.127) 주(主)전장에서 은폐(隱蔽, concealment 또는 masking)와 엄폐(掩蔽, cover)를 할 수 있도록 다수의 장애물 등이 산재(散在)되어 있는 도시지역이었다.128) 이 시기는 美-蘇 간 전략무기 제한협정(Strategic Arms Limitation Talks)으로 핵전력 분야에서 균형이 맞춰짐에 따라 핵전쟁의 가능성이 급격히 감소하게 되면서 재래식 전쟁의 발발 가능성은 증대되던 시기였다. 이들 전차는 복합장갑이 기본적으로 설계되어 있고, 컴퓨터에 의한 사격통제장치와 120mm 전차포를 탑재시킴으로써 한층 강화된 화력을 특징으로 하고 있다. 특히 2km 이내에서는 정밀사격이 가능하며, 이전의 중(重)전차보다 더 큰 중량으로도 주력 전차 이상의 기동력을 갖추었다. 특히 M1A1 에이브럼스 전차는 1979년 크라이슬러 방위사업부(Chrysler Defence)가 설계하여 1981년에 최초로 실전에 배치되었으며, 40여 년 동안 주력 전차로 활동하고 있는 우수한 기능을 보유한 전차이다. 여기는 한국군의 K1 전차(일명 88전차)와 K1AI 전차가 포함되어 있다. K1 전차는 미군의 M1 에이브럼스 전차를 기반으로 제작되었던 것을 도입하여 제작한 전차로 16bit의 디지털 컴퓨터가 탑재되어 있다. K1A1 전차는 독일의 레오파르트II 전차와 영국의 챌린저 I 전차, 이스라엘의 메르카바(MKIII) 전차, 일본의 90식 전차와

127) 헌터 킬러 작전에서 '헌터(Hunter)'는 일반적으로 표적을 탐지하는 임무를 수행하고, 킬러(Killer)는 표적을 파괴하는 임무를 수행하는 형태로 되어있는 팀 전술을 의미한다. 헌터와 킬러가 분리된 상태이다 보니 공격을 받는 측에서는 대응이 상당히 제한된다. 전자전기(헌터)가 SAM 미사일의 레이더 파장을 탐지하여 전파하면, 공격기(킬러)가 목표를 타격 및 폭격하는 작전을 수행하는 방식이다.

128) 은폐나 엄폐는 두 용어 모두 보이지 않도록 숨거나 덮어서 가린 상태를 의미한다. 군사적 측면에서 은폐는 적의 관측과 직사화기의 사격으로부터는 보호되나, 적의 곡사화력으로부터는 보호받지 못하는 상태이다. 엄폐는 자연이나 인공적인 장애물에 의해 적의 관측과 직사화기 사격으로부터 보호되는 반면에 곡사화력으로부터는 부분적으로 보호되는 상태를 뜻한다(합동참모본부, 『합동・연합작전 군사용어 사전』 (서울: 문광인쇄소, 2014), pp. 305, 349~350.).

90식 전차(日)
중량 50.2t, 주포 120mm 강선포, 부무장 7.62/12.7mm 기관총, 최고속도 70km/H

99식 전차(中)
주포 125mm 활강포, 중량 50~58t, 최고속도 70~80km/H

중국의 99식 전차와 경쟁할 수 있다. 3세대 전차가 등장한 이후 곧 냉전기가 종식되었다. 이후 이전의 양차 세계대전이나 국가 간 대규모의 전면전이 발생할 가능성은 희박하지만 전 세계 곳곳에서 저강도 분쟁이 수시로 발생하고 있다. 따라서 더 강력한 전차의 필요성이 줄어들었기 때문에 계속 개량하면서 활약 중이라고 보인다. 이러한 과정에서 데이터 링크나 자동 장전장치 등을 갖추고 개발 및 개량이 완료된 전차들을 3.5세대 전차라고 부르기도 한다. 하지만 엄밀하게 말하자면, 3.5세대 전차는 3세대 전차의 개량판일 뿐이지 아직 3세대 전차로 보아야 한다. 아래의 <그림 3-10-51>은 3.5세대 또는 4세대를 대표하는 전차의 종류다.

M1A2 SEP 에이브람스 전차(美, 1986~)
주포 120mm 활강포, 중량 68.7t, 최대속도 66.8km/H

K2 Black panther 전차(韓, 1992~)
주포 120mm 활강포, 중량 55t, 최대속도 50~70km/H

르끌레르 전차(프, 1986~)
주포 120mm 활강포, 중량 54.5t, 최대속도 66.8km/H

레오파드 2A6 전차(獨, 2001~)
주포 120mm 활강포, 중량 60.9t, 최대속도 72km/H

〈그림 3-10-51〉 3.5세대 또는 4세대를 대표하는 전차의 종류

3.5세대 전차는 1990년대 이후 등장한 전차로 3세대 전차의 개량형으로 볼 수 있지만, 기존의 시스템과는 차이가 크게 난다. 우선 강화된 복합장갑과 열화우라늄, 개선된 사격 통제장치, 통합 전장 관리 능력, 정비시스템의 고도화로 보는 게 타당할 것이다. 도시지역 위주로 활동함에 따라 3세대 전차의 C4I 시스템과 데이터 링크 등의 기능을 추가하고, 대전차무기에 대한 방호수단을 탑재 및 장착시켰음을 특징으로 하고 있다. 특히 외부에 탑재한 기관총도 무인(無人) 조작이 가능한(RWS) 방식으로 개량되어 병력이 외부로 노출되어 도시의 구조물에 의지하고 있는 적 공격에 노출되지 않도록 제작되어 있다.

미국의 M1A2 전차의 경우는 하부 장갑을 강화하였으며, 열 영상장비(CITV), 관성항법장치(POSNAV), 무기 통제 시스템 등의 많은 부분에서 기능을 강화한 대표적인 전차이다. 헌터 킬러 능력도 획기적으로 업그레이드된 상태가 우수하여 사우디아라비아와 쿠웨이트가 도입하였다. K-2 흑표(black panther) 전차는 한국의 독자 기술로 개발한 주력 전차로 미국의 M1A2 SEP 전차나 프랑스의 르끌레르(Leclerc) 전차, 독일의 A6EC 레오파드 등의 주력 전차와도 어깨를 나란히 하고 있다. 다만, 독일에서 도입한 변속 기아 파워팩 등의 문제로 신뢰성 측면에서 아쉽다.[129)]프랑스의 르끌레르 전차는 전차의 모든 기기와 장비들이 한 대의 컴퓨터가 통제하는 시스템으로 기존의 3세대 전차와 큰 차이가 있다. 독일의 레오파르트 전차는 냉전기에 개발하였던 레오파르트Ⅱ를 개량하는 방향으로 발전시킨 전차로 기존의 44 구경장인 120mm 활강포를 55 구경장으로 교체하면서 공격력과 기동력을 대폭 강화하였고, 장갑도 한층 업그레이드시킨 전차이다.[130)]

영국의 챌린저Ⅱ 전차는 2000년대 초에 등장한 전차로 120mm 활강포와 하부 장갑을 강화했다.

129) 정현용, “국민 기대 모은 K-2 흑표 전차, 2009 · 2010년 잇따른 결함,” 『서울신문』 (2019. 7. 18.) (검색일자: 2020년 1월 6일).

130) ‘구경장’이란 ‘포구의 지름과 포신의 길이 비율’을 의미하고 있다. 일반적으로 20~30 구경장은 곡사포를, 30~50 구경장은 평사포를 의미하였지만, 최근에는 크게 의미를 부여하지 않고 있다.

반면에 이스라엘의 메르카바(Merkava) 전차는 2004년부터 실전에 배치되어 활약하고 있는 전차로 중량이 65t으로 1,500마력의 파워팩을 장착하고 있으며, 특히 TV 카메라 4대를 설치하여 외부를 감시하는 데 유리하고 능동방어 시스템으로 무장되어 있다.

2.7. 항공기

항공기가 본격적으로 발전된 시기는 제2차 세계대전 말기의 제트엔진에 대한 개발을 진행하면서부터 시작되었다. 1903년 미국의 노스캐롤라이나주의 키티 호크에서 윌버(Wilbur)와 오빌 라이트(Orville Wright) 형제에 의해 하늘을 나는 꿈을 현실로 바꾸었다. 이후 1905년 사상 최초로 실용비행기인 플라이어(Flyer) 3호를 완성했다. 항공기는 1세대로부터 5세대까지로 분류하고 있다. 항공기는 최초로 개발된 이후 10여 년이 지난 다음 제1차 세계대전 말기부터 전쟁에서 활약하기 시작하였다. 항공기 분야에서는 가장 많이 활약하고 있는 제트전투기와 무인 항공기 드론을 중점적으로 살펴보고자 한다.

2.7.1. 제트전투기

제트전투기((A Jet Fighter)는 말 그대로 '제트 기관으로 추진되는 전투기'임을 뜻하고 있다.[131] 초기 전투기의 주요 역할은 정찰이었다. 전투기 중 요격기는 적기를 요격하여 격추하는 데 적합하도록 설계하였다. 주간 전투기는 야간전투기에 장착된 비행 장치를 제거하여 무게와 공간을 절약하게 만든 비행기다. 반면에 야간전투기는 야간에 비행할 수 있도록 정교한 레이더와 항법장치 등 특수한 비행 장치를 구축하였다. 고공 전투기는 적 지역에서 적기를 식별하여 격추할 수 있도록 항속거리가 길어야 한다. 아래의 <그림 3-10-52>는 1세대 대표 전투기의 종류다.

131) 『국방과학 기술용어 사전』(2018.10.2.).

〈그림 3-10-52〉 1세대를 대표하는 전투기의 종류

1세대 전투기는 1944년 메서 슈미트(Messer schmitt)가 개발한 Me-262 전투기부터였다. 제2차 세계대전 말기에 독일에서 제작되었으며, 이후 영국에서도 제작하였다. 그러나 제트엔진 성능의 한계로 인하여 전투에 투입하거나, 제대로 된 성능을 발휘하기는 제한적이었다. 이에 대응하기 위해 미국도 제트전투기 개발에 집중하였으며, Bell P-59 Air comet(P-80 슈팅 스타)은 미국이 최초로 성공한 전투기였다. P-80 슈팅 스타는 비행할 때 생기는 소음으로 인하여 '쌕쌕이'로도 불렸다. F-86 전투기는 6·25 전쟁 기간 동안 한반도에 투입하여 활약하였던 후퇴의 전투기이다.

전쟁 기간 미군의 P-80 · 86 세이버 전투기와 MIG-15 전투기는 공중전으로까지 전선을 확장했다.

독일의 Me-262 전투기는 최초로 실용화된 제트 기종으로 영국에서 제작한 글로스터 미티어(Gloster Meteor) 전투기보다 더 빠르고 강하게 평가받았으며, 제2차 세계대전 기간 최강의 전투기로 인정받았다. 전쟁의 막바지에 실전에 배치되다 보니 불리한 전세를 역전시키진 못하였지만, 초기나 중반에만 참전시켰더라도 연합군이 승리하지 못했을 거라는 평가가 중론이었다. 실제로 이 전투기를 격추할 전투기가 연합군 측에 존재하지 않았다. Me-262 전투기는 독일의 항공기 공학자이자 설계가인 메서 슈미트(Willy Messerschmitt, 1898~1978)가 개발하여 본격적으로 제트 전투기의 시대를 열게 했다. 영국에서 설계한 Gloster E.28의 설계는 추후 연합군 측에서 최초로 활약하였던 글로스터 미티어(Gloster Meteor)의 설계로 이어졌다. 구소련이 제작한 MIG-15 전투기는 영국제 롤스로이스 엔진을 장착한 기종으로 현재 북한군이 운용 중이다. 상승력과 회전력, 기동성이 우세하였으며, 6 · 25 전쟁 당시 UN군의 B-29 편대를 격추하는 기량을 대외적으로 과시한 바 있다. 제2차 세계대전 당시에도 미국의 P-80 슈팅 스타 전투기로 MIG-15 전투기를 격추하였다는 사례는 어느 조종사의 기량이 뛰어난가에 달려 있었다고 하여도 과언이 아니다. 대표적인 1세대 전투기는 [132]독일군의 Me-262 전투기 외에 영국의 글로스터 미티어(Gloster Meteor) 전투기, 美 공군 최초의 제트전투기인 P-80 슈팅 스타(Shooting Star) 전투기, 구소련의 MIG-15 전투기 등을 들 수 있다. 아래의 <그림 3-10-53>은 1.5세대를 대표하는 전투기의 종류이다.

F-86 도그 세이버(美, 초기형)　F-86H, F형 전투기(美)

132) P-80 슈팅 스타는 1944년 미 공군에서 최초 비행이 이루어진 다음 1945년 초기부터 대량생산에 들어간 전투기이다. 원래는 1942년 벨(Bell)사의 XP-59 제트전투기가 먼저 개발되어 비행에도 성공하였으나, 채택되지 않았으며, 이로 인하여 P-80 슈팅 스타가 최초의 명예를 가졌다. 해군에서는 함재기로 개조하여 운용하기도 했다. 6 · 25 전쟁 간 참전하였으나, 공중전보다 지상공격 임무에 주로 운용되었다. 명칭도 초기는 P-80이었다가, 점차 F-80A와 F-80C로 표준화되었다.

〈그림 3-10-53〉 1.5세대를 대표하는 전투기의 종류

1.5세대 전투기는 1세대 전투기보다 빠르고 공중전용 레이더 화력 제어 시스템을 장착했다는 특징이 있다. 그러나 초기형 공중전용 레이더와 화력 관제 시스템을 탑재하였을 뿐이고, 1980년대 이후에 등장하는 2세대 전투기와의 간격이 워낙 짧아서 해당하는 전투기의 기체가 별로 없는 게 사실이다. 다만 F-86F 전투기는 최초로 미사일을 사용한 전투기이다. 1.5세대를 대표하는 전투기로는 미국의 F-86 도그 세이버 초기형 전투기와 F-86H · F형, F-4D-1 전투기, 구소련의 MIG-17 전투기, 스웨덴의 J-29F 전투기 등이 있다. 1.5세대 전투기는 국가에 따라 다소의 차이는 있지만, 대체로 1980년대까지 사용되다가 2세대 전투기가 생산되면서 서서히 활동을 멈췄다.

2세대 전투기는 항공 기술의 혁신, 6 · 25전쟁 간 공중전을 통해 얻은 교훈, 핵전쟁 환경에서 효율적으로 작전을 수행하여야 한다는 측면에 중점을 두고 시작되었다. 이에 따라 기술혁신을 통하여 최초로 음속을 돌파하는 전투기를 양산할 수 있었다. 이후 수평 비행에서 초음속의 속도를 유지하는 기능은 공통 기능으로 인식되었다. 아래의 <그림 3-10-54>는 2세대를 대표하는 전투기의 종류이다.

〈그림 3-10-54〉 2세대를 대표하는 전투기의 종류

2세대는 초음속 비행능력을 보유하고 있으며, 단거리 공대공 미사일은 물론 레이더 사격 통제 장치의 장착을 특징으로 들 수 있다. 2세대를 대표하는 전투기로는 미국의 F-100C 슈퍼 세이버(Super Saber) 전투기, 소련의 MiG-19 파머(Farmer) 전투기, 프랑스의 쉬페르 미스테르(Super Mystere) 전투기, 스웨덴 사브사에서 개발한 J-35 드라켄(Draken) 전투기 등이 있다. 아래의 <그림 3-10-55>는 3세대를 대표하는 전투기의 종류이다.

〈그림 3-10-55〉 3세대를 대표하는 전투기의 종류

3세대 전투기는 고성능 다목적 레이더, 중거리 공대공 미사일 운용능력, 공중급유를 통한 장거리 비행능력을 지닌 점을 특징으로 들 수 있다. 2세대 전투기와 비교하여 기동성을 대폭 향상했으며, 지상공격 분야에서도 상당한 정도의 성능 향상이 이루어졌다. 그러나 아직은 아날로그 방식이 채택되었다. 3세대 선두주자 전투기는 미국의 F-4 전투기다. 미국의 육해공군이 모두 채택할 정도로 다용도로 사용됐다. 하지만 소련은 음속의 3배인 MIG-25 전투기, Su-15 전투기, Su-17 폭격기 등이 있다.[133] 프랑스는 미라주 F1 다목적전투기를 실전 배치하여 1980년대 중・후반의

전쟁에서 상당한 활약을 하였다. 아래의 <그림 3-10-56>은 4세대를 대표하는 전투기의 종류이다.

〈그림 3-10-56〉 4세대를 대표하는 전투기의 종류

4세대 전투기는 1970년대에서 1980년대 사이에 생산되어 1980년에서 2010년까지 사용된 전투

133) 음속(音速, sound velocity)과 마하((Mach)는 같은 뜻으로 소리가 퍼져 나가는 속도를 의미하며, 마하 1은 340m/s 이므로 이를 시속으로 바꾸면 약 1,224km/H에 해당한다.

기를 의미한다. 아날로그 컴퓨터의 고성능 레이다 시스템과 디지털 기술을 접목하여 컴퓨터가 제어하는 고성능 레이더 시스템으로 중거리 미사일을 운용하고 있는 점을 특징으로 들 수 있다. 미국은 제공권(制空權, Air Supremacy) 장악에 활용하려는 목적으로 F-14 톰캣(Tomcat), F-15 이글(Eagle), F-16 팰컨(Falcon), A-10 썬더볼트(Thunderbolt) 전투기 등을 개발하고 있다.[134) F-14 톰캣 전투기는 전적으로 함대방어용으로 설계된 공중전 전용기체다. 또 미 해군은 F-4 팬텀을 대체할 다목적전투기로 F/A-18 호넷(Hornet) 전투기를 개발하기 시작했다. F/A-18 호넷에는 항공기용 초기 디지털 시스템이 탑재됐다. 미 공군은 다목적으로 사용할 수 있는 F-15를 4년에 걸쳐 개량하여 새로운 F-15E를 탄생시킨다. 아래의 <그림 3-10-57>은 4.5세대를 대표하는 전투기의 종류이다.

F/A-18E/F 수퍼 호넷 전투기(美 해군) F-15SE 전투기(美)

유로파이터 타이푼(Eurofighter Typhoon) 다목적전투기(英, 獨, 이탈리아, 스페인)

134) 제공권(制空權, Air Supremacy)은 모든 전쟁 지역에서 적 공군력의 간섭을 배제할 수 있는 절대적인 공중 우세의 정도를 의미한다. 아군의 공군력은 마음먹은 대로 활동할 수 있는 반면에 적의 공군력은 마음대로 활동하지 못하게 만드는 능력이라고 이해하면 된다(합동참모본부, 『합동·연합작전 군사용어사전』 (서울: 문광인쇄소, 2014), p. 462.).

〈그림 3-10-57〉 4.5세대를 대표하는 전투기의 종류

4.5세대 전투기는 현재 각 국가가 개발하거나, 운용 중인 전투기로 AESA를 장착하고 제한되지만, 스텔스 기능이 포함되어 있다. 일반적으로 기존의 기체를 개조한 경우와 새로 개발한 기체의 두 가지 경우가 있다. 아래의 <그림 3-10-58>은 5세대를 대표하는 전투기의 종류이다.

〈그림 3-10-58〉 5세대를 대표하는 전투기의 종류

5세대 전투기는 스텔스 기능이 가장 큰 특징으로 아직 실전에 배치되어 주력 전투기로 활동하지 않는다. 다만 미국의 경우 2004년부터 생산하기 시작한 F-22 랩터나 F-35가 이제 실전에 배치된 상태이다.

미국은 이미 1980년대 초반부터 스텔스 기능을 연구했으며, 스텔스 1세대는 SR-71 블랙버드(Black Bird) 전투기이고, 스텔스 2세대는 F-117A와 B-2A 스피릿(spirit) 폭격기를 들 수 있다. 스텔스 3세대는 최신 기종으로 손꼽히는 록히드마틴사의 F-22 랩터와 F-35 라이트닝(Lightning) 전투기, 러시아의 MIG-35 펄그럼-E 전투기이다. 랩터는 장소와 시간, 그리고 전투의 성격 등과 상관없이 제공권을 장악하기 위해 개발된 랩터는 단독으로 공대지 공격능력까지 갖추고 있다. 현재 미국 등의 국가들은 무인기(UAV)로 개발이 확장될 것으로 전망하고 있다.

2.7.2. 무인 항공기

무인 항공기(無人 航空機, Unmanned Aerial Vehicle, 일명 드론(drone)은 조종사가 탑승하지 않은 상태에서 비행할 수 있는 비행체를 의미한다. 즉, 지상에서 원격으로 조종하는 기기, 사전에 프로그램이 되어있는 경로에 따라 자동・반자동으로 비행하는 기기, 인공지능(AI)을 탑재하고 스스로 환경을 판단하여 임무를 수행하는 비행체와 지상 통제 장비(GCS) 및 통신장비(데이터 링크), 지원 장비 등의 전체 시스템을 종합적으로 총칭(總稱)하고 있다. 현대전에서 무인 항공기가 없는 상태에서의 지상군 운용은 상상하기 어려운 현실이 되었다.

무인 항공기는 운용 목적에 따라 무인 공격기, 무인 전투기, 무인정찰기, 기상관측용 무인기, 화생방탐지용 무인 항공 등으로 분류하고 있다. 무인 공격기는 적의 레이더나 전차 또는 화포 등을 탐지하여 자폭형의 공격 임무를 수행하고 있는 비행체를 의미한다. 무인 전투기는 미사일 등으로 무장하고 공대지(空對地) 또는 공대공(空對空) 전투 임무를 수행하는 비행체이다. 무인정찰기는 적진 깊숙이 침투한 다음 다양한 정보를 실시간대에 수집 및 전파하고, 필요할 때 정밀공격을 유도하는 기능을 수행하는 비행체이다. 무인 항공기는 항속거리와 능력에 따라 근거리(Close Range), 단거리(Short Range), 중거리(Medium Range) 또는 체공형(Endurance) 등으로 분류할 수 있다. 아래의 <표 3-10-28>은 무인 항공기를 비행 반경에 따라 분류한 방법이다.

〈표 3-10-28〉 무인 항공기의 비행 반경에 따른 분류 방법

구 분	작전반경	사용 제대	특 성
근거리(CR)	50km	사・군단	발사 및 회수가 용이, 소수 요원으로 가능, 유지비 경감
단거리(SR)	150km	군단급	합동 및 연합작전을 지원
중거리(MR)	650km	군단급 이상	근실시간대 고화질 영상정보의 제공, 종심지역 활동이 가능
체공형 (Endurance)	5,500km	전략 제대	인공위성을 대체

무인 항공기 또는 무인 비행체는 전파를 이용해 원격으로 조정하는 RC(Remote Control), 사람이 탑승하지 않는 UAV(Unmanned Aereial Vehicles), 사람이 원격으로 조종하는 RPA(Remotly Piloted Aircraft)로 구분할 수 있다. 최근 대다수의 무인 항공기는 발사 통제 장비가 외부에 자리를 잡고 있다. 조종 인원에 의해 비행체를 활주로나 발사대를 이용하여 이륙시킨 다음, 지상 통제 및 추적 장비를 활용하면서 내부 조종장치에서 통제권을 인수하여 비행을 조정 및 통제하는 운용방식을 채택하고 있다.

무인 항공기는 지상 통제 및 추적 장비에 대하여 가시선(可視線)을 확보하기 어려운 경우는 가시선 확보가 가능한 지역에 지상 중계 장비를 추가로 운용하여 중계 거리를 연장하는 방식으로 임무 수행을 보장하고 있다.[135] 임무를 종료하면, 발사 통제 장비가 다시 통제권을 인수하고 낙하가 예상되는 지역으로 유도하여 활주로로 착륙하게끔 되어있다. 다만, 활주로가 없는 야지(野地)에 착륙해야 할 경우는 낙하산을 이용한 비상착륙을 시도하고 있다.

아래의 <그림 3-10-59>는 북한의 장사정포 진지를 폭격하기 위한 무인 항공기의 개념도다.

135) '가시선(可視線, Line of Sight)'은 공격부대가 적에게 접근하거나 적을 격멸시키기 위하여 사격과 기동을 시행할 때에 사용하는 직접사격의 전통적인 형태를 의미한다. 가시선에 표적을 위치시킨다는 의미는 사격하는 플랫폼이나 병사로부터 엄폐(掩蔽)되어 있지 않은 상태로서 센서와 사수에게 같이 적용하고 있다.

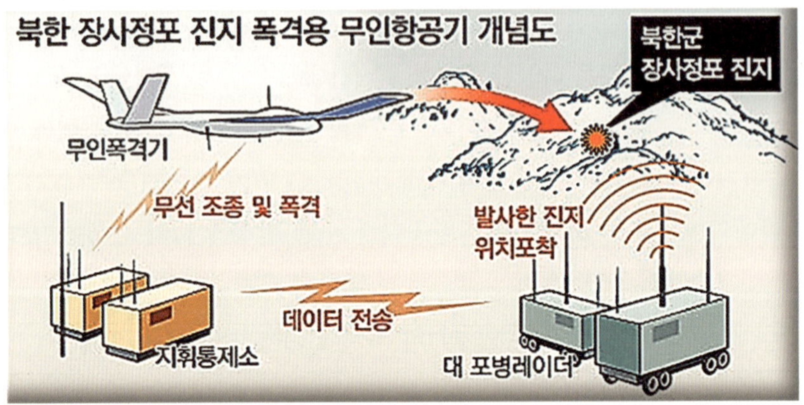

〈그림 3-10-59〉 북한 장사정포 진지 폭격용 무인 항공기의 개념도

美 국방부 장관실(OSD)의 UAV 로드맵에 의하면, "조종사를 태우지 않고, 공기역학적 힘으로 부양하고 자율적으로 또는 원격조종으로 비행을 하며, 무기 또는 일반화물을 실을 수 있는 일회용 또는 재사용할 수 있는 동력 비행체"를 의미하고 있다.

스페리 에어리얼 토페도[1918, 英]
[Sperry Aerial Torpedo]

1918년 미국에서 피터 쿠퍼와 엘머 스페리가 스페리 에리얼 토페도(Sperry Aerial Torpedo)라는 무인 항공기를 개발했다. 공중에서 수평으로 비행할 수 있는 기술을 개발을 적용했고, 300파운드의 폭탄을 싣고 비행할 수 있었다. 제1차 세계대전을 거치면서 무인 항공기가 중요한 전투 무기로 인식되기 시작하였다. 제2차 세계대전 당시 나치 독일이 전투용 무인 항공기 V-1(Vergeltungswaffe-1, 일명 제트추진 순항미사일)을 실전에 투입했고 성공적으로 결론이 나게 되자 미국은 이를 파괴하기 위한 무인 항공기를 개발하였다. 당시만 하더라도 무인 항공기는 전투 목적이었지만, 베트남 전쟁을 거치면서 적진을 감시하는 목적으로 사용되기 시작하였다.

제트추진 순항미사일 Vergeltungswaffe-1[1944, 獨]

1960년대 미국은 AQM-34 Ryan Firebee라는 제트추진 무인 항공기를 개

발하여 DC-130에서 공중에 투입되었으며, 조종은 DC-130에서 하도록 하였다. '파이어비(Firebee)'는 감시용 무인 항공기의 효시라고 할 수 있다. 1970년 미국은 베트남 전쟁에 투입되어 임무를 수행하는 중에 RC-121 유인 항공기가 계속 격추당하고, 조종사가 사망하게 되자 적의 미사일 반경에서 벗어날 수

있고, 동시에 높은 고도에서도 임무를 수행할 수 있는 무인 항공기를 개발하는데 착수했다. 이를 통해 생산하였던 AQM-34 라이언 파이어비(Ryan Firebe, 제트추진 무인기)의 83%가 다시 기지로 복귀하는 데 성공하면서 무인 항공기로서의 신뢰성을 높였다.

대다수 국가에서 1970~1980년대에 활발한 연구가 이루어지면서 관련된 중요한 기술들이 개발되기 시작하였다. 특히 이스라엘 공군이 주도적으로 노력하였으며, 1980년대 후반부터는 미국을 비롯한 국가가 이스라엘제 무인 항공기를 도입할 정도로 성공하였다. 한국군은 1990년대부터 국방과학연구소에서 개발에 착수하여 2004년 이후 정찰용 무인 항공기 '송골매'를 운용하고 있다. 아래의 <그림 3-10-60>은 1960년대를 대표하는 무인 항공기 모델의 종류다.

〈그림 3-10-60〉 1960년대 무인 항공기를 대표하는 모델의 종류

1970~1980년대 이스라엘 공군은 미국의 AQM-34 라이언 파이어비(Ryan Firebee) 기술에 감명받아 1970년 비밀리에 미국에서 Firebee 12대를 구매하여 기만 정찰기로 발전시킨 개량형 무인

항공기가 바로 Firebee 1241이다. 이 무인 항공기는 Decoy라는 새로운 종류의 무인 항공기였다. 대표적인 모델로는 Scout, Pioneer, Firebird 2001, Pathfinder, DarkStar, RQ-1 Predator, RQ-4 Global Hawk, Helios가 있다.

1990년대 무인 항공기는 미국과 유럽에서부터 아시아와 중동 전역에 이르기까지 군용첨단무기 발전에 중요한 역할을 했고, 지구환경을 감시함으로써 평화에 이바지했다. 이전(以前) 모델들은 지속하여 업그레이드를 시키면서 사용하였다.

2000년대에 들어서면서 군사용 무인 항공기의 성능은 첨단기술을 혁신적으로 접목하면서 괄목할만한 성장을 이루었고, 점차 군사적인 목적 이외에도 영상 촬영이나 물건 배송, 통신, 환경 분야에 이르기까지 다양한 분야로 퍼지고 있다. 특히 미군이 사용하고 있는 글로벌 호크(Global Hawk)는 현재 최고 성능을 평가받고 있는 무인정찰기이다. 최대 20km 상공까지 비행할 수 있고, 지상 30cm의 물체까지 식별할 수 있다. 또한, 35시간 동안 운용이 가능하고, 작전반경은 3,000km에 이른다. 첨단 합성 영상레이다(SAR)와 전자 광학·적외선 감시장비(EO/IR) 등으로 날씨에 상관없이 주·야간 정보를 수집할 수 있으며, 지상에 있는 조종사의 명령에 따라 비상시에도 임무 수행이 가능할 뿐만 아니라 이륙·임무 비행·착륙 등을 자동으로 수행한다. 한국군도 글로벌 호크 RQ-4기 4대를 도입하고 있다.[136] 아래의 <그림 3-10-61>은 1970~1990년대를 대표하는 무인 항공기 모델의 종류다.

136) 양낙규, "글로벌 호크 도입… 정찰능력 대폭 강화," 『아시아경제』 (2019. 12. 23.) (검색일자: 2020년 1월 21일).; 변지희, "F-35 이어 글로벌 호크 도입도 쉬쉬?… 軍, 언론 포착되고서야 확인," 『조선일보』 (2019. 12. 23.) (검색일자: 2020년 1월 21일). 외 다수.

〈그림 3-10-61〉 1970~1990년대 무인 항공기를 대표하는 모델의 종류

2000년대 들어서면서 군사용 무인 항공기는 첨단 과학기술을 접목하여 군사적인 목적 이외에도 촬영 · 배송 · 통신 · 환경 등 여러 분야로 확산되고 있다. 대표적인 모델로는 RQ-4A Global Hawk, BAE Taranis, Helicam, Prime Air, Solara-50 등이 있다. 아래의 <그림 3-10-62>는 2000년대를 대표하는 무인 항공기 모델의 종류다.

〈그림 3-10-62〉 2000년대 무인 항공기를 대표하는 모델의 종류

미군이 2000년부터 본격적으로 실전에 투입하고 있는 Global Hawk는 최고 성능의 무인정찰기이다. 최대 20km 상공까지 비행할 수 있고, 지상 30cm의 물체를 식별할 수 있는 전략무기로 분류되고 있다. 35시간 동안 운용이 가능하고, 작전반경은 3,000km에 이르며, 비행속도는 초음속으로 스텔스 기능을 갖추고 있다. 또한, 첨단 합성 영상레이다(SAR)와 전자 광학・적외선 감시장비(EO/IR) 등을 장착하여 기상(氣象)과 상관없이 주・야를 불문하고 정보 수집이 가능한 것으로 평가받고 있다. 특히 솔라라(Solara)-50은 2만m 상공에서 비행이 가능하다.

이외에도 미국의 경우 MQ-1 프레데터(Predater), 2007년 전력화시킨 MQ-9 리퍼(Reaper), 그리고 바로 윗 단계의 발전형인 프레데터(Predator)-C Avanger가 있다. 또한, 스텔스 기능의 강화를 위해 모든 무장은 내부로 되었고, 길이도 1.5m 길어졌으며, 제트엔진을 강화하였다. 아래의 <그림 3-10-63>은 MQ-9 리퍼(Reaper), 프레데터(Predator)-C Avanger 무인기이다.

〈그림 3-10-63〉 미국의 MQ-9 리퍼(Reaper)와 프레데터(Predator)-C Avanger 무인기

2013년 실전에 배치된 X-47 UCAV(Unmanned Aircraft System) 등이 등장하면서 무인 전투기 시대를 알렸다. 최근에 실전 배치된 X-47B는 최신 스텔스 무인 전투기로 탄소 복합소재를 활용하였으며, 공중급유가 가능하여 96시간 동안 지속하여 작전을 수행할 수 있게 되어 있다. 중국의 경우 2013년 최초로 스텔스 무인 전투기 시험비행을 한 리젠(利劍, 날카로운 검) 무인 전투기가 있으며, 2019년 신중국 건국 70주년을 기념하는 국경절 열병식에서 WZ-8 고고도 무인정찰기와 GJ-11 Sharp Sword 초음속 무인기를 등장시켰다. 아래의 <그림 3-10-64>는 중국군의 신형 무인 항공기이다.

〈그림 3-10-64〉 중국군의 신형 무인 항공기

WZ-8은 초음속 스파이 드론으로 DR-8이라고 불리며, 첨단 모델로 41.1km 상공에서 마하 3.42인 4,186km/H로 비행하면서 1,770km의 작전반경을 가지고 정찰할 경우 한국 공군의 대응은 상당 부분 제한될 것이다. GJ-11 샵 스워드(Sharp Sword)는 美 해군의 X-47B와 유사하며, 길이는 10m, 날개의 폭이 14m로 정보 수집을 주 임무로 수행할 것으로 추정하고 있다. 이를 통해 중국도 스텔스 기능을 보유한 대형 스텔스 무인 전투기 보유국이 되었다.

무인 항공기는 비행 반경과 고도, 크기, 그리고 비행 및 임무 수행 방식에 따라 네 가지로 분류하고 있다.

첫째, 비행 반경에 따라 분류하는 방식이다.

① 근거리 무인 항공기(Close Range)는 약 50km 이내에서 활동할 수 있으며 사단급 이하 부대를 지원하는 전술 무인 항공기이다.

② 단거리 무인 항공기(Short Range)는 약 200km 이내에서 활동할 수 있으며 군단급 이하 부대를 지원하는 무인 항공기이다.

③ 중거리 무인 항공기(Medium Range)는 약 650km 이내에서 활동할 수 있는 무인 항공기이다.

④ 장거리 체공형(Long Range)은 약 3,000km 내외에서 활동할 수 있으며 전략 정보지원 임무를 수행하고 있다.

둘째, 비행고도에 따라 분류하는 방식이다.

① 저고도 무인 항공기(Low Altitude UAV)는 6,200m(20,000ft) 이하에서 저고도 비행을 하는 무인 항공기로 전자광학 카메라(EOC), 적외선 감지기 등을 탑재하고 있다.

② 중고도 체공형 무인 항공기(Medium Altitude Endurance)는 13,950m(45,000ft) 이하의 무인 항공기로서 대류권 비행을 하며 전자광학 카메라, 레이다 합성 카메라 등을 탑재하고 있다.

③ 고고도 체공형 무인 항공기(High Altitude Endurance)는 13,950m(45,000ft) 이상의 무인 항공기로 성층권을 비행하는 기종으로 레이다 합성 카메라 등을 탑재하고 있다.

셋째, 크기에 따라 분류하는 방식이다.

① 마이크로형 무인기(Micro-Air Vehicle)는 15cm 이내의 크기로 한 사람이 손으로 던지는 활동을 통하여 운용하는 방식이다.

② 미니형 무인기(Mini-UAV)는 1~2명이 휴대 및 운용하는 방식이다.

③ 유기체형 무인기(Organic Aerial Vehicle)는 장비를 탑재한 차량 대에 운용 요원이 같이 타고 이동하면서 운용하는 방식이다.

④ 소형 무인기는 SR급 이상의 무인기를 운용하는 방식이다.

⑤ 중형 무인기는 MALE급 이상의 무인기를 운용하는 방식이다.

⑥ 대형 무인기는 HALE급 이상의 무인기를 운용하는 방식이다.

넷째, 비행이나 임무 수행 방식에 따라 분류하는 방식이다.

① 원시 정찰기는 초기의 무인정찰기 형태로서 발사하고 나면, 인위적인 조종 없이도 사전(事前)에 프로그램된 비행로를 따라 비행하게 되며, 장착된 카메라를 사용하여 촬영한다. 비행이 끝난 다음에는 녹화된 VCR 테이프를 회수하여 정보를 얻는 방식이다.

② 무인 공격기는 적이 레이다 방공망 파괴에 많이 사용하는 형태의 공격기로 일정한 상공에

서 비행하면서 적 레이다가 작동할 경우 레이다 신호를 잡고 따라가 자폭하게 만드는 방식이다.

③ 무인정찰기는 통제소의 가시(可視)거리 내에서 원격으로 조종하고, 실시간에 표적 정보를 수집하기 위하여 사용하는 방식이다. 현재 무인 항공기는 대다수 정찰 목적으로 사용하고 있다.

한국 육군은 레바논 분쟁과 걸프 전쟁(1991)을 통하여 정찰용 무인 항공기의 중요성을 인식하고 1991년부터 국내에서 개발을 시작하였으며, 2002년에 실전 배치한 송골매(RQ-101)와 2009년 대한항공에서 개발한 사단급 KUS-9 무인정찰기에 대한 시험비행을 완료하였다.[137] 2015녀부터는 이스라엘에서 들여온 헤론 송골매는 국방개혁에 따라 사단급 무인기로 전환되었고, 나이트 인트루더(Night Intruder) 300/100, KUS-9 사단급 무인기 시대가 도래하였다. 아래의 <표 3-10-29>는 한국군의 군단·사단급 무인기의 일반적인 제원이고, <그림 3-10-65>는 한국군이 사용하고 있는 군단급 무인기인 송골매(RQ-101), 서쳐(Searcher)-Ⅱ와 사단급 무인기인 Night Intruder 300/100, KUS-9의 외형과 북한군 무인 항공기의 형태다.

〈표 3-10-29〉 군단·사단급 무인기의 일반 제원

구 분	길이 (m)	넓이 (m)	체공 시간(H)	최고시속 (km/H)	최고운용 고도(km)	최대 작전 반경(km)
송골매 (RQ-101)	4.6	6.4	6	185	2~4	80
서쳐-Ⅱ	5.85	8.54	18	200	6.1	100
Night Intruder 300	3.9	-	6	-	4.5	200
Night Intruder 100	3.4	4.1	6	90~180	3	60
KUS-9	3.4	4.2	6	200	4	80
IAI 헤론	8.5	16.6	52	207	10	+200

137) 송골매의 'R'은 정찰을 의미하고, 'Q'는 무인기를 의미한다. 국내에서 개발한 군단급 무인기로 비조(飛鳥)로 불리며 영어로는 Night Intruder-300이다. 2009년 개발을 완료한 사단급 무인정찰기인 Night Intruder-100의 시험비행도 완료하였다(박정호, "Night Intruder 100, 다가오는 무인기 시대," 『노컷뉴스』 (2009. 10. 19.) (검색일자: 2020년 1월 13일) 등).

〈그림 3-10-65〉 한국군의 군단·사단급 무인기와 북한군의 외형

서쳐-II는 이스라엘에서 도입한 무인 항공기로서 광학카메라와 합성 개구면 레이더(SAR)를 탑재하고 있다.[138] 헤론은 서북도서와 수도권을 정밀하게 감시할 목적의 무인기로 250kg까지 다양한 장비를 탑재할 수 있으며, 광학카메라와 합성 개구면 레이더(SAR), EL/MI-2022 해상레이

138) '합성 개구면 레이더(Synthetic Aperture Radar)'는 '항공기나 인공위성 등에 탑재해 이동하면서 목표물에 부딪혀 반사되는 신호를 컴퓨터 등을 이용해서 분석 및 합성한 다음 이를 영상으로 보여주는 원격 검출용 감지 장치'를 의미하는 것으로 재난·재해 모니터링과 국토 측량, 자원 탐사, 군사용 등의 목적에 사용하고 있다.

다까지 탑재할 수 있다. 특히 200km 떨어진 지상통제소와도 실시간 데이터 전송이 가능하고 항공기나 인공위성으로 통한 데이터 송·수신도 가능하다.

이에 반하여 북한군은 러시아에서 연대와 사단급 부대의 정찰용으로 개발된 프첼라(Pchela)-1T 무인정찰기를 운용하고 있으며, 날개 길이가 3.3m이고, 단발식 엔진으로서 100~180km/H, 최대 작전반경은 60km, 최대 운용 고도는 3km로 확인되고 있다. 러시아에서 개발하여 운용 중인 프첼라-1T(Yakovlev Pchela-1T) 무인 정찰 시스템은 1993년 러시아로부터 도입하였고, 이를 연대·사단급 부대의 정찰에 사용하려는 목적에서 소형 무인정찰기를 운용하고 있다.

2.8. 헬기(Helicopter)

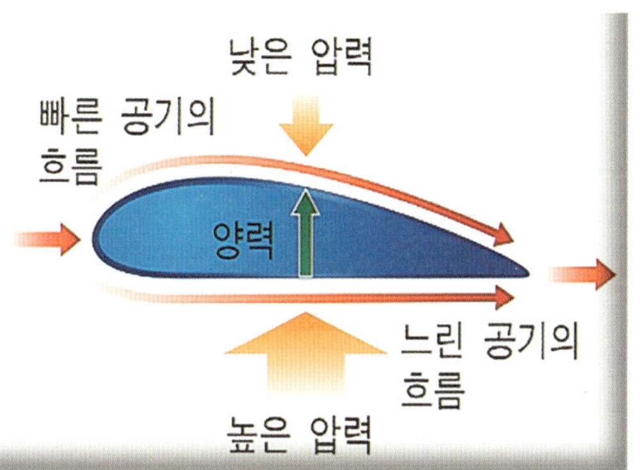

'헬리콥터'는 프랑스어인 'hélicoptère'에서 유래한다. 그리스어인 'helix(회전하는)'와 'pteron(날개)'을 합친 합성어로 이해하면 된다. 헬기는 일반 고정익 항공기(Fixed wing Aircraft, 일반적으로 알고 있는 수송·전투기 등을 지칭) 와는 달리 비행기의 날개와 프로펠러 역할을 맡는 로터(rotor, 회전 날개) 2~5장을 회전시킨 힘으로 양력(lift)[139]을 얻어 비행하는 회전익 항공기(rotor craft)를 뜻하며, 일반적으로 '헬기'라고 알려져 있다. 얄궂게도 헬기가 진가(眞價)를 인정받은 곳은 전쟁터였다. 고정익 항공기처럼 넓은 활주로가 필요하지 않고, 산맥이나 사막, 정글을 불문하고 종횡무진으로 어디든 이동할 수 있는 수단이 많지 않은 상태에서 곧바로 전쟁에서의 전천후 무기로 태어난 것이다. 헬기는 제2차 세계대전에서부터 제한적으로 사용되다가 6·25전쟁을 통해 관측 및 연락, 환자 수송, 탐색과 구난 등의 임무를 본격적으로 수행하였다. 이후 베트남 전쟁에서 드디어 무장 병력을 전선으로 수송하면서 작전적 측면에서의 '공중강습작전(Air Assault Operation)'이라는 용어가 등장하게 되었다.[140]

1493년 르네상스를 대표하는 천재 미술가이자 과학자인 레오나르도 다빈치(Leonardo da Vinci, 1452~1519)가 최초로 나사 모양의 날개로 된 동력 수직 비행체를 설계하였고, 1907년 프랑스의 공학자인 파울 꼬르뉘(Paul Cornu, 1881~1944)는 최초로 사람을 신고 자유 비행할 수 있는 헬기를

---

139) '양력(양력, lift)'은 '유체 내부의 물체가 수직 방향으로 힘을 받게 되는 것'을 뜻한다.

140) '공중강습작전(空中强襲作戰)'은 '지상부대와 육군 항공부대를 통합하여 편성된 특수 임무 부대(Task Force)가 공중으로 기동하여 부여된 과업(task)을 달성하는 작전'을 의미하고 있다.

Igor I. Sikorsky의 VS-300

설계와 설계·제작하였다. 1930년경에 프랑스와 독일에서 시험적으로 제작한 이후 1941년 러시아 혁명이 일어나고 미국으로 망명한 항공기 설계자인 시코르스키(Igor I. Sikorsky, 1889~1972)가 현대 헬기 모형인 주(主) 로터와 꼬리 회전익을 적용하는 최초의 VS-300(일명 R-4로 생산 대수는 131대) 헬기를 실용화시키는 데 성공하였다.

헬기는 로터(rotor)와 임무 형태에 따른 두 가지의 형태로 구분하고 있는데, 아래의 <표 3-10-30>은 헬기의 형태와 대표 기종(機種)을 포함하여 구분한 내용이다.

〈표 3-10-30〉 헬기의 형태와 대표 기종(機種)

구 분	형 태	주 요 내 용	대표 기종
로 터 (rotor)	단일 회전익	·양력과 추력을 하나의 로터에서 얻는 전형적인 형태	UH-1H, UH-60, AH-1S, AH-64D
	동축 회전익	·하나의 축에 로터 2개를 서로 반대 방향으로 돌게 하는 형태	KA-50, KA-52
	양축 회전익	·로터의 회전력이 상쇄될 수 있도록 반대 방향으로 도는 두 개의 독립된 로터를 보유	CH-47 Chinook, V-22 Osprey
	NOTOR 헬기	·꼬리 내부에서 고압 공기를 생성하여 주(主) 로터의 토크를 상쇄하기에 꼬리 로터가 없는 형태	MD520N, MD600N
임 무	정찰 헬기	·첨단 열상장비 등을 탑재하여 적의 핵심표적을 탐지-식별할 목적으로 운용	BO-105
	기동 헬기	·공격작전을 위한 소규모의 병력 수송이나 작전 지휘 등의 다목적으로 운용	UH-1H, UH-60, KUH-1 수리온
	공격 헬기	·대전차 미사일, 로켓, 기관포 등을 탑재하여 적의 핵심표적을 공격하는 목적으로 운용	500MD, AH-1S Cobra, AH-1Z Viper, AH-64E Guardian, KA-52
	수송 헬기	·대규모 병력이나 화물 수송을 목적으로 운용	CH-47 Chinook

군용 헬기의 명칭은 국가에 따라 다르게 사용하고 있으며, 미국식과 러시아식 명칭을 일반적으로 많이 사용하고 있다. 아래의 <표 3-10-31>은 미국식 헬기에 사용하고 있는 임무부호의 종류다.

〈표 3-10-31〉 미국식 헬기의 임무부호 종류

A(attack)	C(crago)	H(search & rescue)	O(observation)
공격용	수송용	수색용	관측용

Q(done)	T(trainer)	S(anti-submarine)	U(Utility)
무인기	훈련용	대잠(對潛)용	다목적용

조금 더 구체화한 내용은 맨 뒷부분에 추가시킨 '공군 항공기의 분류와 명명(命名)하는 방법'을 활용하면 이해가 쉬울 듯하다.

2.8.1. 정찰 헬기

▲ BO-105 헬기

BO-105 헬기는 1967년 2월 16일 독일의 뵐코브(Bolkow) 사에서 개발한 경량 쌍발 엔진의 다용도 헬리콥터이다. 메서슈미트-뵐코브-블롬(MBB) 사에서 생산하고 있으며, 1991년에 유로콥터로 합병되었다. 아래의 <그림 3-10-66>은 BO-105 헬기 모형과 일반 제원이다.

크기(m)	전장 14.55×전고 4.42
전폭(Armament)	3.87m
최대속도(km/H)	180
항속거리(M/L)	526
주(主) 로터 직경(m)	12.6
꼬리 로터 직경(m)	1.1
무장	12.7mm 기관총, 2.75" 로켓
탑재능력	승무원 5명

〈그림 3-10-66〉 BO-105 헬기 모형과 일반 제원

한국 육군의 BO-105 헬기는 독일의 유로콥터(Eurocopter) 사로부터 기술도입생산을 통해 정찰용으로 운용하고 있다. 상용(商用) 헬기인 유로콥터사의 BO-105 CBS-5에 임무 장비를 추가 장착한 한국 육군의 고유모델이다. 주(主) 로터는 '힝글리스 타입(Hingeless Type)'으로 조종 성능이 우수하다.

2.8.2. 기동헬기

▲ UH-1H 헬기

UH-1H 헬기의 제식 명칭은 '이로쿼이(Iroquios)'로서 6·25 전쟁에서 장비와 병력의 긴급 철수 등의 필요에 따라 美 육군에서 1959년 UH-1HA를 최초로 전력화하였다. 아래의 <그림 3-10-67>은 UH-1H 헬기 모형과 일반 제원이다.

크기(m)	전장 2.7×전고 3.58
최대중량(kg)	4,309
최대속도(km/H)	205
항속거리(km)	465
무 장	M60기관총, 로켓
탑재능력	승무원 2, 무장병력 7, 화물 1,814kg

〈그림 3-10-67〉 UH-1H 헬기 모형과 일반 제원

UH-1H는 병력 수송과 강습작전, 화물 및 무기 수송, 대(對)잠수함전 및 대(對)기갑 공격 임무를 수행하였으며, 구조용은 HH-1H, 전자전기인 EH-1H로, 부상병 후송 작전을 위한 UH-1V로 개조하였다. 한국군에서는 1968년도에 지휘 통제와 병력 및 화물 수송용으로 사용하기 위해 도입하였으며, 50여 년간 한국군의 주력 기동헬기로 운용하였지만, 2020년 7월 말부로 2013년에 초도 배치하기 시작한 수리온이 7년 만에 부대 배치를 완료하면서 퇴역한 기종이다.

▲ UH-60 헬기

UH-60 헬기는 1972년 美 육군이 베트남 전쟁을 교훈 삼아 UH-1H 대체할 수 있는 다목적

전술수송 항공기체계의 개발에 착수하면서 UH-60A를 개발하고 제식 명칭은 '블랙호크(Black Hawk)'이며, 美 육·해·공군에서 다목적으로 사용하고 있다. 아래의 <그림 3-10-68>은 UH-60 헬기 모형과 일반 제원이다.

크기(m)	전장 15.2×전고 3.7
최대중량(kg)	10,421
최대속도(km/H)	361
항속거리(km)	600
무 장	M60 기관총, 하이드라 로켓, AGM-114 Hellfire 미사일
탑재능력	승무원 3, 무장병력 11

〈그림 3-10-68〉 UH-60 헬기 모형과 일반 제원

UH-60 헬기는 미군은 수송용 등의 다목적용으로, 한국군은 주로 기동헬기로 사용하고 있으며, 최초 한국군은 UH-60L의 낮은 사양 형태로 도입하였다. 이후 대한항공에서 조금 더 개량한 형태의 S-70-18(UH-60P 또는 HH-60P) 블랙호크를 150여 대를 생산하였다.[141] S-70-22(VH-60P)를 면허 생산하여 공군에서 VIP 수송용으로 사용하고 있다.

▲ KUH-1 수리온(Surion) 헬기[142]

KUH-1 수리온(Surion) 헬기는 2006년부터 노후화된 소형 공격헬기인 500MD와 UH-1H를 대체하기 위해 유럽코터 사에서 기술도입으로 개발하여 2013년도에 전력화한 최초의 한국형 중형 기동헬기이다. 조종석 전체가 디지털 계기로 갖춰져 있고, 연료 탱크는 피탄(被彈) 때도 멈추지 않도록 설계되어 있다. 아래의 <그림 3-10-69>는 KUH-1 수리온(Surion) 헬기 모형과 일반 제원이다.

141) 'HH-60P'는 공군에서 수색 및 구조용으로 사용하고 있다.

142) 'KUH'는 'Korean Utility Helicopter'의 약자이고, '수리온'은 독수리의 '수리'와 숫자 일백(100)을 뜻하는 '온'을 결합한 명칭으로서 한반도 전역(全域)에서 작전 수행이 가능하다.

크기(m)	전장 19.0×전고 4.4
최대중량(kg)	8,709
최대속도(km/H)	239
항속거리(km)	440+
무 장	7.62mm 기관총 3정
탑재능력	승무원 4명, 무장병력 9명, 화물 2,289kg

〈그림 3-10-69〉 KUH-1 수리온(Surion) 헬기 모형과 일반 제원

KUH-1 수리온(Surion) 헬기는 산악지형이 많은 한반도 상황을 고려하여 고공 제자리비행이 가능하도록 설계되었다. 최대 2700m까지 상승하고 제자리비행을 할 수 있으며, 분당 상승속도는 518m까지 도달할 수 있다. 특히 적의 공격을 방어할 수 있도록 채프(chaff), 플레어(flare) 살포기, 레이저·레이더 미사일 경보 수신기를 탑재하고 있으며, 야간 및 악천후 작전이 가능하도록 전방감지 적외선 장비(FLIR)도 탑재하고 있다. 수리온의 주 임무는 공중강습작전이지만, 이외에도 ① 기본형, ② 상륙기동형, ③ 의무후송형, ④ 민수용(경찰) 등으로 활약하고 있다.

2.8.3. 공격헬기

▲ AH-1S 코브라(Cobra) 헬기

AH-1S 코브라(Cobra) 헬기는 美 육군이 베트남 전쟁에서 대지(對地) 공격용으로 개발하였으며, 1967년부터 실전에 배치되었다. AH-1J는 AH-1 계열 공격용 헬기 中 최고 수준이다. 대지 공격능력과 전자장비를 한층 업그레이드하였으며, 주(主) 로터가 4엽이고, 꼬리 로터도 3엽이다. 한국군은 1988년도에 최초로 도입한 이래 AH-1S와 AH-1F 기종을 보유하고 있다. AH-1F 코브라(Cobra)는 C-NITE형으로 야간작전 수행이 가능하다. 아래의 <그림 3-10-70>은 AH-1J 바이퍼(Viper) 헬기 모형과 일반 제원이다.

크기(m)	전장 17.8×전고 4.3
최대중량(kg)	5,580
최대속도(km/H)	315(순항 265)
항속거리(km)	507
무 장	20mm 발칸, 40mm유탄, 2.75" 로켓, Tow 8기
탑재능력	승무원 4명, 무장병력 9명

〈그림 3-10-70〉 AH-1S 코브라(Cobra) 헬기 모형과 일반 제원

AH-1S 코브라(Cobra) 헬기는 산악지형이 많은 한반도 상황을 고려하여 고공 제자리비행이 가능하도록 설계되었다. 최대 2700m까지 상승하고 제자리비행을 할 수 있으며, 분당 상승속도는 518m까지 도달할 수 있다. 특히 적의 공격을 방어할 수 있도록 채프(chaff), 플레어(flare) 살포기, 레이저・레이더 미사일 경보 수신기를 탑재하고 있으며, 야간 및 악천후 작전이 가능하도록 전방감지 적외선 장비(FLIR)도 탑재하고 있다. 그러나 노후화된 기종으로 단발성 엔진이기에 생존 가능성 측면이 약간 떨어지고, 이륙중량의 제한으로 인해 헬파이어 미사일 장착이 어려워 Tow 대전차미사일을 탑재하고 있지만, 관통력 측면에서 헬파이어 미사일보다는 떨어진다고 평가받고 있다.

▲ AH-64E 가디언(Guardian) 헬기

AH-64E 가디언(Guardian) 헬기는 초기는 AH-64D 블록3로 불리웠고, 이후 AH-64E로 재명명된 명칭이다. 美 육군이 AH-1 코브라 헬기의 후속기종으로 1985년에 전력화하여 1989년 파나마 침공 당시에 최초로 투입되었다. 1991년 걸프전에서 이라크군의 기갑전력을 초토화함으로써 공포의 대상이었다. E형은 초기의 A형보다 한층 더 업그레이드한 센서와 무장 능력을 갖추고 있다. 30초 이내에 1,000여 개의 위험 표적 중 128개의 물체를 식별하여 16개를 조종사에게 자동으로 알려준다. <그림 3-10-71>은 AH-64E 가디언Guardian) 헬기 모형과 일반 제원이다.

AH-64E 가디언(Guardian) 헬기는 로터로 전달되는 엔진 출력을 담당하는 신형 트랜스미션(T700-GE-701D)과 전자장비의 개선, 무인기 조종능력과 고도의 네트워킹 능력을 대폭 향상한 기종이다. 공격할 예정 루트에 무선 헬기와 무인 항공기(UAV)를 먼저 띄워 놓고 상황인식 정보 등을 미리 획득함으로써 생존 가능성과 공격의 정확도가 더 높아졌다.

크기(m)	전장 17.7×전고 4.6
최대중량(kg)	9,570
최대속도(km/H)	378
항속거리(km)/작전시간(H)	483/3
무 장	M230 30mm 기관포, AGM-114(헬파이어) AIM-9 사이드와인더 단거리 공대공 미사일
탑재능력	승무원 4명, 무장병력 9명

〈그림 3-10-71〉 AH-64E 가디언(Guardian) 헬기 모형과 일반 제원

▲ KA-52 앨리게이트(Alligator) 헬기

KA-52 앨리게이트(Alligator) 헬기는 러시아군이 KA-50을 기본으로 AH-64에 대항하기 위해 개발된 병렬복좌형 헬기이다. 나토(NATO) 코드명으로는 '호컴 B((Hokum B)', 러시아식 코드명은 '앨리게이터(Alligator)'이다. 영어로 '블랙 샤크((Black Shark)'라고 불린다. 100m 거리에서 23mm 탄을 막아낼 정도로 방탄 능력이 뛰어나며, 생존 가능성이 엄청나게 높다. 서방의 중(重) 공격용 기종인 아파치(Apache)나 타이거(Tiger)'보다 우수하다. 전차는 12km, 전투기는 15km, 공대공 미사일은 5km 외에서 탐지할 수 있다. 1980년대 설계를 시작하여 1995년 전력화되었다. 아래의 <그림 3-10-72>는 KA-52 앨리게이트(Alligator) 헬기 모형과 일반 제원이다.

크기(m)	전장 13.5×전고 4.9
최대중량(kg)	10,800
최대속도(km/H)	310
항속거리(km)/체공시간(H)	520/1.4
무장	30mm 기관포, AT-9 스파이럴 대전차미사일, Vympel R-73 공대공 미사일, Kh-25 반능동 레이저 유도 전술 공대지 미사일
탑재능력	승무원 2명

〈그림 3-10-72〉 KA-52 앨리게이트(Alligator) 헬기 모형과 일반 제원

2.8.4. 수송 헬기

▲ CH-47 치누크(Chinook) 헬기

CH-47 치누크(Chinook)[143]는 1950년대 중반 美 육군이 다양한 전장(戰場) 이동 임무를 수행할 수 있는 대규모 무장 병력의 침투 및 수송, 부상병 후송, 주요장비 및 군수물자의 이동과 투하 능력을 갖춘 헬기가 필요함에 따라 1965년부터 전력화시킨 기종이다. 원래 CH-34와 CH-37 헬기의 수송 능력을 확대하기 위해 신행한 신형 수송 헬기 사업으로서 YHC-1A로 제식 명칭을 부여하여 시행하다가 여의치 않자 동체(胴體)를 확장한 모델 114를 보잉사가 미 육군에 제안하여 채택되었다. 아래의 <그림 3-10-73>은 CH-47 치누크(Chinook) 헬기 모형과 일반 제원이다.

크기(m)	전장 15.9×전고 5.7 (로터 포함 30.18)
최대중량(kg)	24,493
최대속도(km/H)	287
항속거리(km)	1,208
무 장	7.62mm 기관총 3정
탑재능력	무장병력 33~44명

〈그림 3-10-73〉 CH-47 치누크(Chinook) 헬기 모형과 일반 제원

베트남 전쟁에 최초로 실전에 투입한 CH-47 치누크(Chinook) 헬기는 이후 다양한 전장을 거치면서 개량하였다. 1982년 등장한 CH-47D는 엔진을 3,750마력의 T55-L-712 터보 샤프트 엔진으로 교체하고, 복합소재인 주(主) 로터를 채택하자 성능이 향상되어 초기형 CH-47에 비해 2배 증가한 최대이륙중량을 갖고 있다. 2006년 CH-47D의 성능을 다시 업그레이드(Upgrade)시켜, 이듬해 7월부터 美 육군에 배치된 CH-47F 헬기는 통합 디지털 조종 체계와 공통형 항공전자구조 체계를 채택하고 있다.

143) 'CH-47 치누크(Chinook)' 헬기는 미국 보잉사에서 제작한 기종으로 '치누크(Chinook)'의 유래는 북미 인디언 부족의 이름에서 따왔다.

2.9. 함정(艦艇)

함정은 병력과 무장을 탑재하고 전투 및 전투 지원 임무를 주목적으로 하는 선박을 의미하며, 군사 목적으로 사용하는 모든 배를 함정 또는 군함(軍艦)이라고 부른다. 따라서 함정이란 선박 형태를 갖춘 무기체계라고 할 수 있다 보니 두 가지의 특성을 동시에 갖고 있다. 함정은 기본・기능 임무에 따라 분류하고 있으며, 아래의 <표 3-10-32>는 함정의 분류기준이다.

〈표 3-10-33〉 함정의 분류기준

기본 임무			기능 임무			
항공모함	CV	Aircraft Carrier	A	공기부양정 (Air Cushion)	K	화물 수송
순양함	C	Cruiser	B	탄도유도탄 (Ballistic Missile)	L	톤수가 적은 함정(Light)
구축함	DD	Destroyer	C	연안(Costel) 지휘(Command)	M	중・소형
호위함	FF	Frigate	D	Dock 보유	N	원자력 추진기관
초계함	P	Patrol, Corvette	E	탄약 수송 호위(Escort)	O	대양작전(Ocean) 유류수송(Oil)
고속정	P	Patrol Boat	F	고속(Fast)	S	구조・소해・조사
상륙함	L	Amphibious Ship	G	유도탄 (Guided Missile)	T	훈련(Training) 수송(Transport)
기뢰전함	M	Minewarfare Ship	H	헬기 탑재(Helo) 기뢰 탑재 (Mine Hunting)	X	개발 시험 中
지원함	A	Auxiliary Ship				
잠수함(정)	SS	Submarine				

예를 든다면, 첫째, SSN은 기본임무에 따라 잠수함이지만, 기능 임무에 따라 원자력 추진기관이므로 원자력추진 잠수함임을 의미하고 있다. 둘째, DDH는 헬기를 탑재한 구축함을 의미한다. 미국의 경우 항공모함은 유명인사의 이름(니미츠함, 케네디함, 포드함 등)을 항모(航母)의 이름으로 붙이고, 핵잠수함은 주(州)의 이름(펜실베니아함, 켄터키함, 미시간함 등)을 붙이고 있다. 반면에 한국군 함정의 경우는 종류에 따라 명칭을 부여하는 기준이 틀리다. 아래의 <표 3-10-33>은 한국 해군이 함정의 명칭을 부여한 기준이다.

〈표 3-10-33〉 한국 해군의 함정 명칭 부여 기준

구 분	명칭 부여 기준	부여된 명칭(사례)
구축함	국민으로부터 추앙받는 왕 또는 장수	세종대왕, 광개토대왕, 충무공 이순신, 을지문덕
잠수함	나라를 빛낸 위인	장보고, 손원일, 김좌진, 윤봉길
호위함	광역시·도, 도청 소재지	서울, 부산, 인천, 충남
초계함	중·소 도시	천안, 목포, 광명, 속초, 안동
상륙함	주요 명산(名山)의 봉우리	고준봉, 성인봉, 비로봉, 향로봉
군수지원함	주요 호수	천지, 대청, 화진

함정의 명칭은 개발 중인 경우와 실전에 배치할 때의 명칭이 다르다. 먼저, 개발 중일 경우의 명칭에서 KDX-1을 예로 든다면, 'K'는 국가부호인 'Korea'이고, 'D'는 구축함을 의미하는 'DD', 'X'는 개발 중이라는 의미에서 'experimental', '1'은 개발의 일련번호를 의미하고 있다. 이는 결과적으로 한국에서 건조하는 구축함으로서 개발 중인 첫 번째 유형의 함정을 뜻하고 있다.

둘째, DDH-1은 개발이 완료된 함정의 이름으로 이것을 대상으로 예로 든다면, 'DD'는 기본임무를 의미하며, 'H'는 헬기 탑재인 'Helo'를, '1'은 일련번호를 의미하고 있다. 다시 말해 개발이 완료되어 실전에 배치한 첫 번째 헬기 탑재 구축함을 뜻하고 있다.

2.8.1. 수상함

수상함(水上艦, surface vessel)은 잠수함과는 대비되는 의미로 사용되고 있으며, 물 위에 떠서 전투하는 군함으로 전투함과 지원함으로 구분하고 있다.[144] 전투함은 거포(巨砲)를 사용하는 함포의 지원을 통하여 지상 목표를 타격하는 전함과 함재기를 탑재하여 강력한 공격능력을 갖추고 있는 항공모함을 비롯하여 순양함과 구축함 등을 포함하는 각종 유형의 함정으로 구성되어 있다. 지원함은 상륙전 함과 기뢰전 함을 비롯한 각종 유형의 함정으로 구성되어 있다. 아래의 <표 3-10-34>는 수상함을 분류하는 기준이다.

144) 수상함(水上艦, surface vessel)이란 잠수함(潛水艦, submarine)과 대비되는 의미로 사용하고 있으며, 물 위에 떠서 물 위에서 전투하기 위한 목적의 군함을 뜻한다.

〈표 3-10-34〉 수상함의 분류 기준

구 분		배수량(t)	주요 활동 및 특성
전투함	전 함	30,000~	· 다수의 대구경 함포를 탑재, 두꺼운 장갑으로 공격·방어력을 갖춘 주력 함정 * 항공모함의 등장으로 점차 쇠퇴
	항공모함	30,000~ *3만 이하는 경항공모함	· 항공기 탑재 및 이·착륙과 정비·보급, 관제 및 통신 시설 등을 갖춘 해상의 비행장 역할을 수행
	순양함	10,000~	· 전함과 구축함의 중간으로 원거리에서 단독임무 수행이 가능, 주무장: 유도탄
	구축함	3,000 ~7,000	· 함포와 대공·대함 유도탄, 어·폭뢰, 대잠헬기 등으로 무장하고 대공·대함·대잠 작전을 독자적으로 수행하는 다목적 전투함
	호위함	1,500~	· 대공·대함 유도탄, 다기능 레이더, SONA, 헬기, 유도탄·어뢰 기만체계 탑재, 수송·상륙함 등에 대한 호위임무를 수행
	초계함	±1,000	· 호위함보다 작은 크기, 해상 순시 및 초계임무, 연안 경비, 대함·대공·대잠전과 대기뢰전 등을 수행
	고속정	200~500	· 기동력이 뛰어나며, 기습 공격과 항만 방어 등을 수행 * 어뢰정, 순찰정, 유도탄정 등 유형이 다양
지원함	상륙전함	9,000~ 25,000	· 상륙작전을 지휘통제, 병력 수송, 군수보급 지원 등을 수행, 전쟁 이외의 다목적 지원임무를 수행
	기뢰전함	400 ~3,000	· 기뢰 부설-탐색-소해 등의 임무를 수행 * 기뢰부설함, 기뢰탐색함, 탐색소해함 등
	지원함	2,000 ~4,000	· 해상작전을 위한 유류와 식품, 탄약과 수리 부속 등을 지원하는 임무를 수행 * 보급유조함, 수리지원함, 해난구조함, 예인함, 병원선 등

▲ 전투함

전투함(戰鬪艦 또는 戰艦, Battle Ship)은 제2차 세계대전 이전까지는 해상세력의 주력이었던 군함으로 두꺼운 장갑에 다수의 대구경 포를 탑재하고 빠른 속도와 원거리 작전의 수행이 가능한 항속거리를 가진 함정이다. 그러나 점차 잠수함과 항공모함에서 이·착륙이 가능한 항공기로 해전 양상이 변화하며 제2차 대전 이후 퇴역하였다. 미국은 전함에 각종 전자장비와 레이더 시스템을 장착하고 토마호크 미사일과 하푼 대잠미사일을 탑재하고, 무인정찰기까지 추가하였다.

항공모함(航空母艦, aircraft carrier)은 군함의 일종이며, 항공기를 탑재하여 이·착륙시킬 수 있는 능력과 정비·보급을 포함하여 항공관제, 통신 시설 등의 기지시설을 완비한 군함으로 수상의 이동항공기지 임무를 수행하고 있다. 적 항공기나 수상·수중을 비롯한 지상의 표적을 공격하는 전투기까지 지휘 통제함으로써 해군 기동부대의 중심 세력으로 자리매김하였다. 항공모함은 시속 30노트(1노트는 1,852m) 이상의 속력으로 항해할 수 있으며, 초기인 제2차 세계대전 당시만 하더라도 30,000t 규모를 인정하였으나, 최근에는 100,000t 규모에 이른다. 항공모함은 추진능력을 중심으로 디젤-전기추진 방식과 원자력추진 방식으로도 구분하고 있으며, 크기를 기준으로 80,000t급 이상은 대형, 40,000t급은 중형, 30,000t급 이하는 경(輕)항공모함으로 분류하고 있다. 항공모함 전단의 구성은 순양함 1~2척, 구축함 2~5척, 보급함과 원자력추진 공격잠수함 등으로 되어있으며, 자제적으로 방어용 대공 유노탄과 대공포 등을 운용하면서 호위는 수상 전투함에 의지하고 있다. 미국은 니미츠급(CVN-68, Nimitz class aircraft carrier)과 제럴드 R. 포드급(CVN-78, Gerald R. Ford class aircraft carrier) 항공모함으로 구분할 수 있다. 니미츠급이란 1967년 건조된 핵 추진 잠수함을 의미하며, 제럴드 R. 포드급은 2007년부터 건조한 차기 원자력 잠수함으로 스텔스 기능을 갖추고 있음을 의미하고 있다. <그림 3-10-74>는 미국이 보유하고 있는 니미츠급과 제럴드 R. 포드급 항공모함이고, <표 3-10-35>는 미국의 항공모함과 일반적인 제원이다.

〈그림 3-10-74〉 미국의 니미츠급과 제럴드 R. 포드급 항공모함

〈표 3-10-35〉 미국 항공모함과 일반 제원

구 분		주요 제원		
		세부항목	니미츠급	포드급
니미츠급	니미츠(CVN-68)	배수량(t)	97,000	100,000
	아이젠하워(CVN-69)			
	칼 빈슨(CVN-70)	길이(m)	317	333
	데오도어 루즈벨트(CVN-71)	선폭(m)	77	78
	에이브러햄 링컨(CVN-72)			
	조지 워싱턴(CVN-73)	속도(노트)	30+	30+
	스테니스(CVN-74)			
	해리 트루먼(CVN-75)	승선인원(명)	3,200	4,539
	로널드 레이건(CVN-76)	항공기(대)	80+	75+
	조지 부시(CVN-77)			
포드급	제럴드 R. 포드(CVN-78)	건조대수(척)	10	건조 중
	존 F. 케네디(CVN-79)	취역연도	1975	2016 ~2025
	엔터프라이즈(CVN-80)			

니미츠급은 현재 10척이 운용되고 있으며, 포드급은 2016년부터 시작되어 20256년에 마무리가 될 계획에 있다.

미국 외에도 영국은 2017년도에 취역한 퀸 엘리자베스(Queen Elizabeth) 항공모함이 있고, 프랑스는 2002년 취역한 샤를 드골(Charles de Gaulle, R91) 항공모함이, 러시아는 2017년 개수(改修, 고쳐 수리)한 쿠즈네초프(Kuznetsov) 항공모함이, 중국은 2019년 국내 기술로 건조한 산둥(山東, 001A) 항공모함을 보유하고 있다.

특히 러시아의 쿠즈네초프 항공모함은 1990년 구소련(러시아)의 경제적 어려움으로 인해 취역이 어려웠음에도 불구하고 항공모함에 대한 강력한 희망으로 인하여 존재하고 있는 유일한 항공모함이다. 중국의 1번 항공모함인 랴오닝(일명 바리야그)은 우크라이나가 구소련으로부터 구매하였지만, 재정 문제로 인해 포기하자 중국이 재구매하여 개보수한 결과물이다. 아래의 <그림 3-10-75>는 영국과 프랑스, 러시아, 중국이 보유하고 있는 항공모함이고, <표 3-10-36>은 영국과 프랑스, 러시아와 중국 항공모함의 일반적인 제원이다.[145]

145) 연합뉴스, "중국 새 항공모함 산둥호로 명명…남중국해에 배치키로," 『연합뉴스』 (2017. 2. 1.) (검색일: 2020년 1월 15일).; 김혜원, "'중국산 1호' 항공모함 진수 '초읽기'," 『아시아경제』 (2017. 3. 28.) (검색일: 2020년 1월 15

〈그림 3-10-75〉 영국과 프랑스, 러시아, 중국의 항공모함

〈표 3-10-36〉 영국과 프랑스, 러시아, 중국 항공모함의 일반 제원

구 분	퀸 엘리자베스	샤를 드골	쿠즈네초프	산 둥
배수량(t)	72,000	43,000	55,000	70,000
길이(m)	284	261.5	305	315
선폭(m)	39	64.4	77	75
속도(노트)	30+	27	30+	31
승선인원(명)	3,000	2,464	3,200	4,539
함재기(대)	40~60	40	41	30~32
추진동력	전기추진	원자력	디 젤	
이륙방식	캐터필드식		스키점프식	
취역연도	2017	2001	1991	2019 ~2020

일). 등 다수.

한국은 1980년대 초기부터 한국형 구축함 사업(KDX)을 추진하고 있으며, 1998년 광개토대왕함을 건조하고, 을지문덕과 양만춘함을 건조하였다. 4,000t급 구축함으로는 충무공 이순신함과 문무대왕함, 대조영함, 왕건함 등이 임무를 수행하고 있다. 이들 중 문무대왕함은 한국 해군 최초의 스텔스 기능을 갖춘 구축함으로 생화학과 방사선 공격 등으로부터 보호받을 수 있게 설계되어 있다. 대조영함은 4,500t급으로 SM-2와 RAM 대공미사일을 탑재시켜 대공 방어능력을 갖추고 있다. 이지스(aegis, 아이기스의 영어식 발음으로 십자군이 사용하던 방패) 체계를 갖추고 있는 DDG 구축함은 7,600t급의 세종대왕함과 율곡 이이함, 서애 류성룡함이 있다. 아래의 <그림 3-10-76>은 이지스 구축함인 DDG-911, Guided Missile Destroyer) 세종대왕함과 충무공 이순신함, 광개토대왕함, 그리고 북한의 나진급 호위함이고, <표 3-10-37>은 세종대왕함과 북한의 나진급 구축함의 일반적인 제원이다.[146)]

〈그림 3-10-76〉 세종대왕함과 충무공 이순신함, 광개토대왕함, 나진급 구축함

146) "북한, 새 소형 구축함 2척 배치…38노스의 위성사진 분석 결과," 『JTBC 뉴스』 (2014. 5. 16.) (검색일: 2020년 1월 16일).

〈표 3-10-37〉 세종대왕함의 일반 제원

구 분		배수량	길이×폭	최대속도	항속거리	승조원
세종대왕함	내 용	7,650t	16m×21m	30노트/H (55.5km/H)	9,900km	300명
	무 장	• 127mm 함포, 대공·대잠미사일, 대지(對地)순항미사일, 이지스 전투체계, 대잠헬기 2대				
나진급함	내 용	1,300	76m×11m	-	-	-
	무 장	• 대잠수함 로켓 발사관 4기, 구경 30m 근접방어무기, 대잠헬기 등을 탑재				

2.8.2. 잠수함(정)

▲ 개요

잠수함(潛水艦, submarine)은 수중에 잠항하여 적의 수상함이나 잠수함을 수색 및 공격하는 임무를 수행하는 군함을 의미한다. 잠수함의 시초는 1620년 미국이 독립전쟁을 진행하는 과정에서 항구에 정박해있는 영국 군함들을 침몰시키기 위하여 목재(木材)로 만든 잠수정을 이용 및 침투한 다음 침몰에 성공하게 되면서 시작되었다. 이후 제1차 세계대전에서 본격적으로 사용되었으며, 무제한 잠수작전을 진행한 독일의 U-Bote는 제2차 세계대전의 승패에 중요한 변수로 작용하였음은 익히 알고 있는 사실이다. 최초로 수중 항해를 한 잠수 선박은 1624년 네덜란드 물리학자인 코로넬리우스 반 드레벨(Cormellius van Drebbel)에 의해 제작되었다. 아래의 <그림 3-10-77>은 최초로 제작된 터틀(Tuttle) 잠수정의 외형과 내부 구조이다.

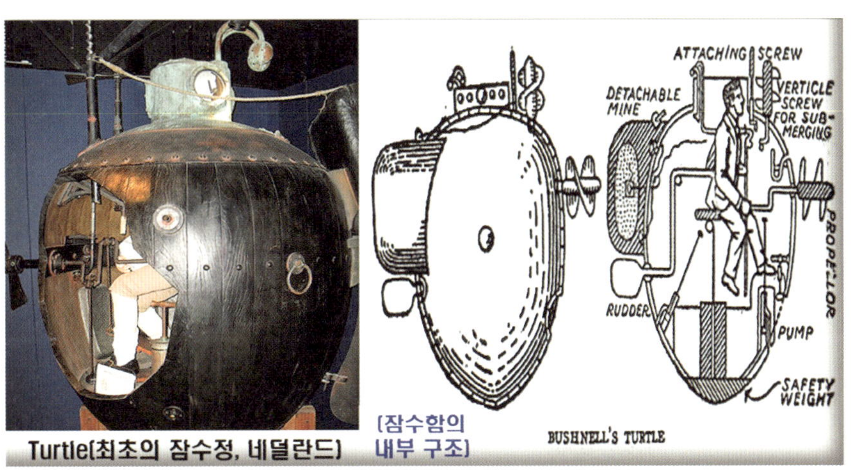

〈그림 3-10-77〉 터틀(Tuttle) 잠수정의 외형과 내부 구조

그는 목재로 된 선체에 기름을 칠한 가죽을 덮어씌우고 12개의 노를 사용하였으며, 영국의 템스강에서 수심 약 3m 깊이에서 2마일을 잠항하는 데 성공하였다. 전투에 참전한 최초의 잠수정으로는 1774년 미국 뉴욕주 의사이자 공학도인 데이빗 부시넬(David Bushnell)이 전쟁에 사용할 구조용 잠수함으로 '부시넬 터틀'을 만들었다. 미국의 독립전쟁 시 영국 군함을 공격하였던 1인용 잠수정은 영국 군함을 공격했던 독립군의 명칭인 '터틀(Turtle)'이다. 이 잠수정은 이후 남북전쟁 시에도 북군의 군함에 피해를 발생시켰다. 선체는 참(Oak)나무를 사용하여 거대한 호두 형태로 제작하였으며, 잠수 간 발로 밸브를 조작하여 물을 집어넣었고, 물 위에 떠 오를 때는 펌프를 이용하여 물이 배출되도록 만들었다. 적의 군함을 공격할 때는 상부에 설치해 있는 송곳으로 적함의 밑바닥에 구멍을 뚫은 다음 시한폭탄을 부착하여 폭발시키는 수동식이었다.

잠수함은 선체가 수압에 견딜 수 있도록 원통형의 내압 구조로 되어있으며, 가판에 함교탑이 우뚝 솟아있다. 탑의 내부에 잠망경(潛望鏡, periscope)과 레이더, 무선안테나 등이 설치되어 있다.[147] 잠수함은 선미(船尾, 배의 후미)에 붙어 있는 프로펠러로 추진하며, 방향은 선미에 있는 함미타(艦尾舵)로 조정하여야 한다. 잠수함이 물속으로 잠항을 하게 되면, 선체는 매우 높은 압력을 받게 되므로 내압 구조는 강도가 높은 두꺼운 공업용 강재(鋼材)를 사용하게 된다. 또한, 잠수함 내부에 있는 격실은 좁은 공간을 활용하여 최대의 실효성을 거둘 수 있게끔 설계되어 있다. 아래의 <그림 3-10-78>은 디젤 잠수함과 원자력 잠수함의 내부 구조와 기능별 역할을 중심으로 위치되어 있는 격실이다.

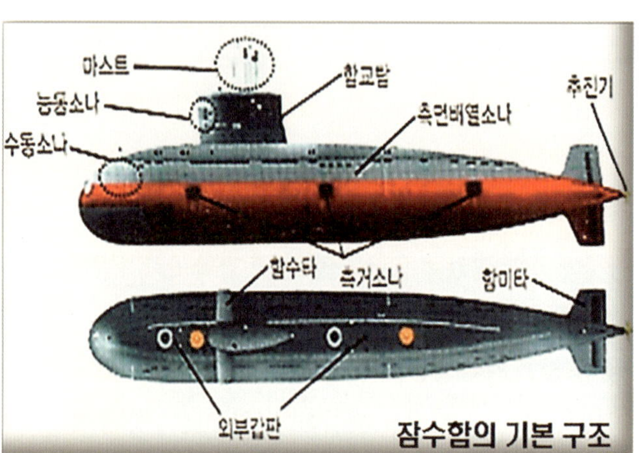

잠수함의 기본 구조

147) 잠망경(潛望鏡)은 잠수함이나 참호 등에서 해상 및 지상의 목표를 살필 수 있도록 제작된 반사식 망원경으로 잠수함의 내부에서 끝부분만을 수면 위로 올린 상태에서 해상을 관찰하도록 제작된 특수한 망원경을 뜻한다.

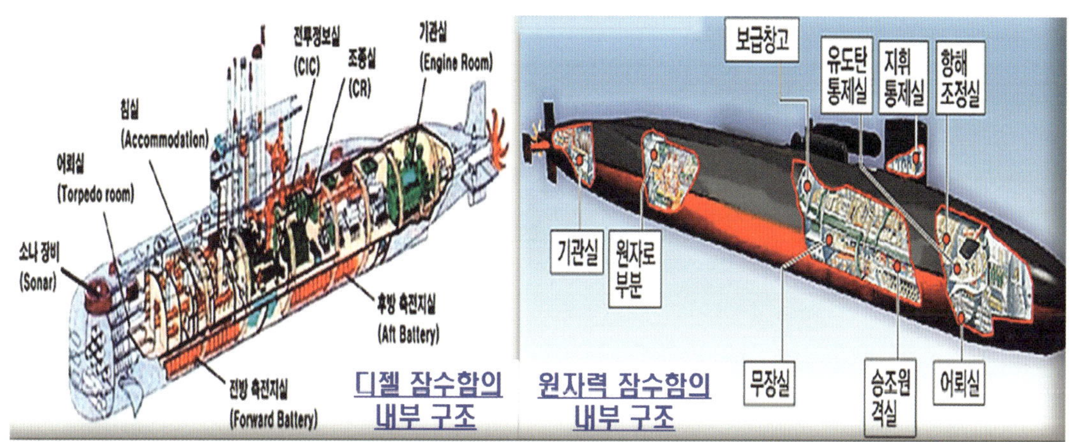

〈그림 3-10-78〉 디젤 추진과 원자력추진 잠수함의 내부 구조

잠수함의 잠항(潛航, 물속에서 항행) 및 부상(浮上, 물 위에 떠 오름)하는 원리는 자체적으로 무게를 조정하기 위하여 물과 공기의 양을 조절할 수 있도록 부력 탱크(ballast tank)를 갖고 있다. 부력탱크에 물을 채우면 잠수할 수 있게 되고, 물을 빼내고 공기를 주입할 경우 부력이 증가하며 물 위로 부상하게 된다. 앞과 뒤의 균형은 전방 및 후방 트림 탱크의 물을 이동시켜 유지하고 있다. 아래의 <그림 3-10-79>는 잠수함의 잠항과 부상 원리이고, <표 3-10-38>은 잠수함의 약어와 유형을 구분하였다.

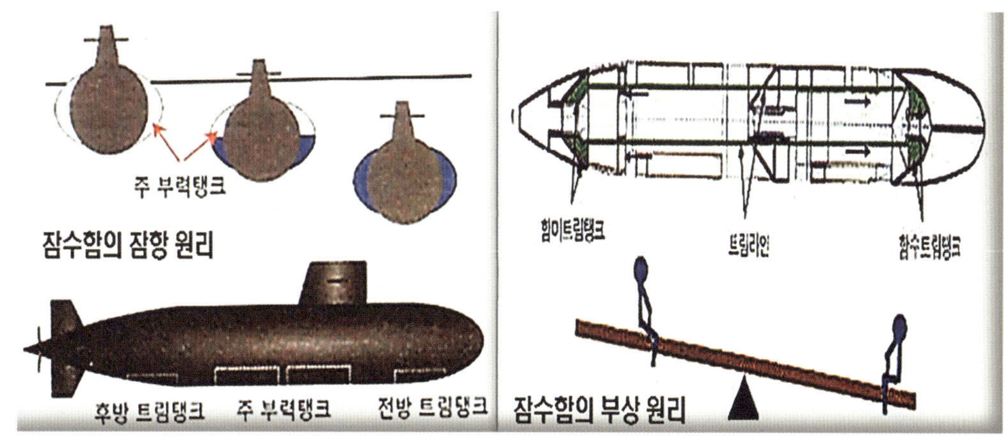

〈그림 3-10-79〉 잠수함의 잠항과 부상(浮上)의 원리

〈표 3-10-38〉 잠수함의 약어와 유형 구분

구 분	원 어	잠수함의 유형	비 고
SS	Submarine	잠수함	장보고급(韓)
SSM	Submarine Midget	소형 잠수함, 잠수정	-
SSB	Balistic Missile Submarine	탄도유도탄 잠수함	-
SSN	Nuclear Powered Submarine	원자력추진 잠수함 (전술잠수함)	-
SSG	Guided Missile Submarine	순항 유도탄 잠수함	오스카급(러)
SSBN	Balistic Missile Nuclear Submarine	원자력추진 탄도탄 잠수함(전략잠수함)	오하이오급(美), 타이푼급(러)
SSGN	Guided Missile Nuclear Submarine	원자력추진 순항 유도탄 잠수함	-

잠수함은 추진방식과 크기, 임무와 역할에 따라 분류하고 있다. 아래의 <표 3-10-39>는 잠수함을 유형에 따라 분류한 내용이다.

〈표 3-10-39〉 잠수함의 유형에 따른 분류

구 분	SSM	SS	SSN	SSBN
추진방식	디젤-전기추진			원자력추진
크 기	잠수정	연안형	대양형	
역 할	전술적 임무		전략적 임무	

잠수정은 50~200t 정도이며, 연안형 잠수함은 300~800t, 연안 및 대양형 잠수함은 1,000~1,700t, 대양형 잠수함은 2,000t 이상의 크기를 의미한다. 현재까지 건조된 잠수함 중에 가장 큰 잠수함은 구소련이 건조하였던 타이푼(Typhoon)급 잠수함으로 배수량이 26,925t에 길이가 171m, 수중 700m까지 잠항할 수 있다. 일반적으로 잠수함의 수명주기는 30년이다.

▲ 주변 국가의 잠수함

일본은 1904년부터 잠수함을 연구한 이래 제1차 세계대전 당시 독일 U보트의 활약을 벤치마킹하면서 개발에 박차를 가하여 1930년대부터는 독자 생산에 성공하였다. 일본 해상자위대는 림팩

훈련에 참여할 때마다 잠수함을 같이 파견하여 잠대함 모의 전투를 진행하고 있다. 잠수함은 소류급(Soryu, 4,200t, 2005~)은 12척, 하루시오급(Harushio, 3,200t, ~1990년대 중반), 오야시오급(Oyashio, 4,000t, 1990년대 중반~)을 보유하고 있다. 아래의 <그림 3-10-80>은 일본이 보유하고 있는 잠수함의 형태와 종류다.

〈그림 3-10-80〉 일본 잠수함의 종류

중국은 덩샤오핑이 집권한 1970년대 중반부터 해안 도시를 중심으로 하는 개혁・개방정책을 시작하면서 해양강국으로 부상하기 위하여 잠수함 전력 개발을 우선하여 추진하였다. 재래식 디젤 잠수함으로는 Type 033 로미오(Romeo)급, Type 035 밍(明, Ming)급 9척, TYPE 039 송(song)급 4척, 킬로(Kilo)급 4척, Type 040 유안(Yuan)급 2척 등 60여 척을 보유하고 있다. 전략 핵잠수함으로는 Type-091 한(漢, Han, 5,500t, 1964~)급 5척, Type 092 하(夏, Xia, 8,000t)급 1척, Type 093형(商, Sang)급 3척으로 094형 진(晋, Jin)급은 탄도미사일인 사정거리 7,200km JL-2 SLBM이 12발을 장착한다고 알려져 있다. Type 095형(隋, Su)급 5척, Type 096형(唐, Dang)급은 잠수함 발사 대륙간

탄도 미사일(SLBM) 쥐랑(巨浪)-2, 3을 16~24발 탑재하며 타격 반경이 최소 11,000km에 달한다.[148] 아래의 <그림 3-10-81>은 중국이 보유하고 있는 잠수함의 형태와 종류다.

Type 033 로미오(Romeo)급 잠수함(中)

Type 039 밍(Ming)급 잠수함(中)

Type 039 송급 잠수함(中)

킬로(Kilo)급 잠수함(中)

Type-091 한(漢, 5,500톤)급 핵잠수함(中)

Type 092 하(夏, Xia, 8,000톤)급 핵잠수함(中)

148) 중국 핵잠수함은 홀수 번호는 공격형, 짝수 번호는 방어형으로 구분하고 있다. Type 091~092는 1세대, Type 093~094는 2세대, Type 095~096은 3세대로 보인다.

〈그림 3-10-81〉 중국 잠수함의 종류

▲ 한국의 잠수함

한국은 1970년대 잠수함 개발에 착수하여 1980년대에 이르러 배수량 150톤급의 돌고래 잠수정을 최초로 개발하였다. 이후 독일에서 잠수함 건조 기술을 전수(傳受)하고서야 1993년 장보고함을 실전에 배치할 수 있었다. 지난 2015년 드디어 해군이 보유한 잠수함을 통합하여 지휘하는 잠수함사령부가 창설되었다. 규모는 209급(배수량 1,200톤급) 9척과 214급(배수량 1,800톤급) 9척으로 총 18척을 지휘하게 되었다. 또한, 2018년에 국내 개발 1호인 3,000톤급 잠수함인 도산안창호(KSS-III) 함을 진수하였고, 최종적으로는 9척의 건조를 목표로 추진하고 있다.

한국 해군의 주력인 209급 잠수함은 1993년부터 지난 2000년까지 총 8척이 취역하였다.[149)] 214급인 손원일급 잠수함은 계속 건조하고 있으며, 현재까지 손원일함과 정지함, 안중근함, 김좌진함 등이 활동하고 있다.

한국은 1990년대 이후 내부적으로 잠수함 전력의 강화에 집중해 왔으며, 세계 최강의 디젤엔진 잠수함으로 평가받고 있는 독일제 209 클래스를 도입 및 건조하여 전력화하였다. 또한, 최강의 중(重)잠수함으로 평가되는 독일제 214 클래스 기술을 완전히 습득 및 추가적인 개량과 발전을 할 수 있는 역량을 갖추고 한국화하는 수준에 이르렀음은 상당히 자부할 만하다. 즉, 필요할 경우 3,000톤급 중잠수함을 독자적으로 건조할 수 있는 능력을 확보하고 있다. 항공모함도 장약 200kg의 어뢰에 타격 시 침몰당하기 때문에 주변국들이 긴장하지 않을 수 없게 되었다. 아래의 <그림 3-10-82>는 한국 해군이 보유하고 있는 잠수함의 종류이고, <표 3-10-40>은 한국

149) 장보고함, 이천함, 최무선함, 박위함, 이종무함, 정운함, 이순신함, 나대용함, 이억기함을 의미한다.

해군 잠수함의 일반적인 제원이다.

〈그림 3-10-82〉 한국 해군이 보유하고 있는 잠수함의 종류

〈표 3-10-40〉 한국 해군의 잠수함에 관한 일반 제원

구 분	배수량(톤)	길이(m)	속도(노트)	최대 잠항 심도(m)	전력화 시기
장보고급 (SS-1, 209급)	1,350	55.9	수상: 11 수중: 22	250~500	1993~2001
	* 잠수함으로 분류되는 최초의 디젤-전기추진 잠수함				
손원일급 (SS-072, 214급)	1,860	65.5	수상: 12 수중: 20	400	2001~2019
	* 독자 기술로 개발한 디젤-전기추진 잠수함				

▲ 북한의 잠수함

북한은 6·25 전쟁 당시 UN군의 병력과 물자수송의 차단, 인천상륙작전을 통한 반격작전을 저지할 수 있는 잠수함을 보유하지 못한 결과를 패인(敗因)으로 분석하고 있다. 북한은 1963년부터 일찌감치 구소련으로부터 잠수함을 개발하였다. 주력 잠수함은 '로미오(Romeo)급'으로 1950년대 구소련이 방대한 영해와 연안을 방어하기 위하여 소음이 적어 매복에 유리한 633형 디젤 잠수함을 개발하였으며, 이를 북대서양조약기구(NATO)에서 '로미오급'으로 불렀다. 당시 잠수함이 필요한 중국이 '무한급'이란 이름으로 모방 생산하였고, 1970년대에 들어서면서 북한이 들여와 점차 자체적으로 건조한 것이다. 북한은 잠수함과 잠수정을 합하여 세계에서 가장 많은 70여 척을 보유하고 있는 국가이다. 그러나 상당수가 30~40년 이상 지나 노후화된 상태로 대다수

300t 안팎의 소형(小型)이다. 아래의 <표 3-10-41>은 북한 해군 잠수함의 일반적인 제원이다.

〈표 3-10-41〉 북한 해군의 잠수함에 관한 일반 제원

구 분		골프 –Ⅱ급	폭스 트롯급	로미 오급	위스 키급	상어 급	P-4 급	유고 급	반잠수정 (I-SILC)
배수량(톤)		2,300	1,952	1,390	1,045	275	190	76	10.5
길 이(m)		99	90	76	76	34	29	20	12.8
최대속도 (km/H)		24	28	24	25	13	20	14	85
항속거리 (km)		7,408	611	14,400	15,756	2,778	740	140	47.4
잠수(m)		300	296	150			120		20
무장	어뢰	22	22	14	12	4	2	2	2
	미사일	3	기뢰44	기뢰28	기뢰20	–	폭뢰8	–	–
탑승(명)		83	66	51	61	20	12	9	8

아래의 <그림 3-10-83>은 북한 해군이 보유하고 있는 잠수함의 종류다.

골프-Ⅱ급 잠수함(1993, 북한)

폭스트롯급 잠수함(1993, 북한)

로미오급 잠수함(가장 강력한 무기, 북한)

위스키급 잠수함(1974, 북한)

〈그림 3-10-83〉 북한 해군이 보유하고 있는 잠수함의 종류

북한은 골프-II급은 10척을 러시아에서 들여와 2~3척을 보수하여 사용하고 있는 것으로 추정하고 있으며, 폭스트롯급은 1척, 로미오급은 22척, 위스키급은 공작원 침투용 및 훈련용으로 4척, 상어급(Sang-o class submarine)은 유고슬라비아의 잠수정을 역설계하여 건조하여 30여 척, P-4급은 10여 척, 유고급은 소형침투 및 특수작전용으로 20여 척 등을 운용하고 있다.

2.9. 정밀무기와 대량살상무기

베트남 전쟁 말기에 페이브 웨이(Pave-Way)라는 레이저 유도폭탄이 등장한 이래 군사시설만을 표적으로 하는 정밀유도무기가 등장하기 시작하였다.[150] 이후 1970년대 말에 개발한 대전차·대공용 무기인 토우(Tow, 최대 3.75km) 대전차미사일과 1985년 영국에서 개발한 재블린

150) '페이브 웨이(Pave Way)'는 1964년 미국의 레이시온사에서 개발한 레이저 유도폭탄으로 일명 GBU-10~57까지 다양하다. 'GBU'는 'Guided Bomb Unit'의 약어로 '항공유도 폭탄'을 의미하고 있다.

(Javelin, 최대 5.5km) 대공미사일을 실전에 배치하였다.[151] 재블린은 미국도 1996년부터 실전에 배치하고 있는 휴대용 대전차미사일이다. 공대공 미사일로 스패로우(AIM-7, 70km)와 사이드 와인더(AIM-9X, 최대 사거리 22km) 등의 다양한 초정밀 미사일과 스마트 폭탄의 개발이 동시에 진행되었다. 아래의 <그림 3-10-84>는 주요 국가가 운용하고 있는 미사일의 형태와 종류다.

〈그림 3-10-84〉 주요 국가가 운용하고 있는 대공·대전차미사일의 종류

151) '재블린(Javelin)'은 영국에서 개발되었으나, 이후 미국 육군의 요구로 레이시온사와 록히드마틴 사에서 생산하고 있는 미사일로 최근 중동지역에서도 많이 사용되고 있다.

개발은 C41에 의한 전장 통합지휘체계가 이루어짐으로써 가능하였다고 봄이 타당할 것으로 보인다. 컴퓨터의 발전으로 지휘통신체계를 비롯한 전장(戰場)이 혁신되었고, 전장 정보체계와 지휘 통제, 정밀무기체계의 연동이 가능해졌기 때문이다. 이러한 C4I 체계는 제1차 걸프전(1991)을 통하여 그 효과를 유감없이 발휘하게 되었다.

대량살상무기(Weapons of Mass Destruction)의 범주는 핵무기와 중·장거리 미사일, 생물학무기, 화학무기 등을 포함한다. 최근에는 이들을 운반할 수 있는 미사일까지 그 범주로 포함하고 있다. 미사일이 재래식 고폭탄은 물론 핵탄두와 화학탄까지 탑재하여 수천 km 떨어져 있는 국가를 바로 공격할 수 있는 운반수단으로 보기 때문이다. UN의 재래식 군비위원회(UNCCA)는 대량살상무기를 "원자폭탄, 방사능 폭탄, 치명적인 생화학무기와 앞으로 개발되어 지금까지 언급된 무기들에 맞먹는 위력을 갖는 모든 폭탄"으로 정의하고 있다. 여기에서 원자폭탄이란 핵분열 또는 핵이 융합할 때 방출되는 에너지를 인원과 물자의 살상 및 파괴에 이용하는 장치를 의미한다. 생물학무기는 인간이나 동식물에 해로운 미생물이나 독소를 이용하여 인명을 살상하는 무기를 의미한다. 군사적 측면에서 언급하자면, "전투 병력을 살상하거나, 무능화시킬 목적으로 운용되는 병원성 미생물과 생물학적 독소 등 일체의 군사용 생물학적 제재"를 뜻하고 있다. 국제사회에서 대량살상무기의 확산을 방지하기 위한 노력은 대대적으로 펼쳐지고 있다.

생물학금지조약(CWC)은 1972년 4월에 미국과 소련이 발의하여 1975년 3월 26일에 발효되었으며, 생물학무기의 개발 및 생산과 사용 등을 전면적으로 금지 및 폐기하려는 목적이 있다.

화학무기 금지조약(BWC)은 1993년 1월에 개최되었던 파리 군축회의에서 채택되어 1997년 4월 29일 발효되었으며, 사린가스, 신경가스 또는 신경독(VX) 등의 화학무기를 개발 및 생산, 사용 등을 전면적으로 금지 및 폐기하려는 목적이 있다.

대량살상무기 확산방지구상(PSI)은 핵무기와 화학 및 생물학무기 등의 대량살상무기와 관련된 물자를 선박이나 항공기로 이동하는 자체를 제한하자는 정책으로 2003년 5월 부시 미 대통령이 제안하였다. 이는 2001년에 발생한 9·11테러 이후 해상에서의 대량살상무기와 관련된 물질들이 이동하는 것을 차단하기 위함이었다. 한국은 2009년 5월 25일 북한이 제2차 핵실험으로 도발하자 전격적으로 가입을 결정하였다.

2.10. 미래전 무기체계

현대전의 성격을 요약하자면, 제2차 세계대전을 종결시키게 만든 핵무기의 등장, 항공기의 혁신적인 스텔스 기술 발달, 다목적용 유도무기의 혁신적인 발전, 인공위성의 무기화(武器化)

등을 비롯하여 계속 혁신하는 과정에 있다. 예측을 불허할 정도의 군사과학기술의 비약적인 발전은 전쟁 양상과 방식 자체를 근본적으로 변화시킴에 따라 이전까지와는 완전히 다른 새로운 군사 소요가 발생하고 있다. 이는 이미 걸프전(1991)에서 앞으로의 전쟁 양상과 방식이 고도로 과학화된 정보전과 유도탄전으로 발전될 것을 예고하였다.

현대전은 첨단 과학기술의 발전을 이용한 전장의 가시화(可視化)와 전장 상황의 실시간대 공유, 시・공간적으로 통제가 가능한 통합된 네트워크 시스템을 중심으로 수행되고 있다. 따라서 앞으로도 화력과 기동을 중심으로 하는 전쟁 수행에서 정보와 지식 중심의 전쟁 양상으로 변화되고, 전상의 영역도 영토 개념에서 우주 및 사이버 공간으로 확장된 것은 과학기술의 직접적인 영향에 의한 것임이 일반적인 사실이다. 앞으로도 항공 우주 전력(Aerospace Power), 유도무기, C4ISR(Command, Control, Communication, Computer and Intelligence, Surveillance And Reconnaissance, 지휘, 통제, 통신, 전산 및 정보와 감시・정찰), PGMs(Precision Guided Munitions, 정밀유도무기), 전자전 기술이 전장을 주도하고 있기 때문이다. 앞으로도 정보기술과 우주 항공기술 및 전자유도기술의 발전은 이전까지의 전쟁 양상과 방식과는 확연히 다르게 구식화(舊式化), 진부화(陳腐化)시킬 것으로 보인다.

미래전은 이전의 전쟁 양상이나 방식과는 전혀 다른 새로운 전쟁 패러다임이 될 것이다. 이러한 변화 요인 중에서 가장 큰 영향은 과학기술의 발전과 그에 따르는 새로운 무기체계의 등장이 될 것이다. 이는 상호 적대시하는 국가가 이를 극복하기 위한 또 다른 대응 무기체계의 등장을 불러오게 될 것이다. 결과적으로 미래전의 승패는 이러한 새로운 무기체계가 어느 정도의 정밀성과 파괴력, 정확도를 갖게 만드는가가 좌우할 것이다.

하인츠 구데리안 장군
(Heinz Wilhelm Guderian)

미래전의 무기체계 탄생은 크게 군사혁신과 전쟁 양상의 진화에 달려 있다. 먼저, 군사혁신 측면에서는 신기술을 혁신적으로 적용하되, 과학기술에 발맞추어 교리와 작전, 조직의 개념 등 군사작전에서 얼마나 근본적인 변화를 촉발하느냐에 달려 있다. 이는 16~17세기 유럽에서 화약의 사용이 발달 및 확산하면서 20세기 초에 기동전과 화력전으로 진화되었다. 제2차 세계대전 기간에 독일군의 하인츠 구데리안(1888~1954, Heinz Wilhelm Guderian) 장군에 의해 누구도 상상하지 못했고 할 수 없다고 여겼던 전격전(電擊戰, Blitzkrieg) 개념으로 진화되었던 점을 보더라도 그 경이적인 속도를 느낄 수 있다.[152)]

둘째, 전쟁의 양상 측면에서 코소보전에서는 전쟁의 영역이 이전의 3차원 양상에서 벗어나 우주와 사이버 영역으로까지 전장이 확대되었으며, 이라크전에서는 병행전(竝行戰, Parallel Warfare)으로까지 위력이 퍼졌다.[153] 아래의 <그림 3-10-85>는 이전의 전쟁 양상과 현대의 병행전 양상으로 진화된 형태이다.

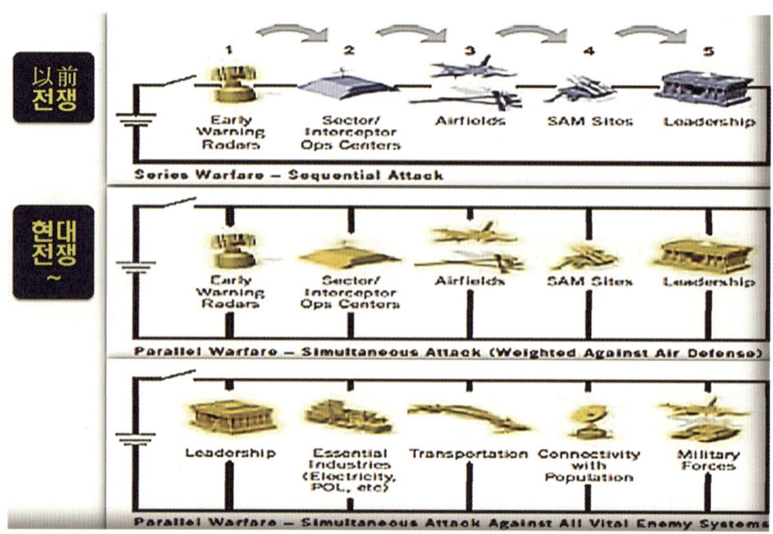

〈그림 3-10-85〉 이전의 전쟁과 현대 병행전 양상의 진화 형태

이는 정보통신과 나노, 신물질, 신소재가 결합한 결과였고, 생명공학과 로봇, 항공 우주 분야의 발전에 따른 결과였다. 이처럼 과학기술의 혁신적인 발전은 미래전의 양상까지 급격하게 과학화·첨단화·정밀화·하이테크 화로 가속화되고 있다. 세계의 석학들은 미래의 전장을 여러 가지 방법으로 예측한다. 앞에서 잠깐 언급되었지만, 앨빈 토플러는 『전쟁과 반전쟁』에서 하이테크 전쟁을, 피터 W. 싱어는 『하이테크 전쟁』에서 로봇 전쟁으로 진화될 것 등 다양한 학자와 연구자

152) '전격전'은 제2차 세계대전 당시 독일군의 하인츠 구데리안(1888~1954, Heinz Wilhelm Guderian) 장군이 '전차와 기계화 보병, 항공기, 공수부대를 이용하여 기동성을 중심으로 추구하였던 전술'이다. 요제프 괴벨스가 이끄는 독일의 선전부에서 폴란드 침공 이후 선동용으로 만든 용어로 알려졌지만, 잘못된 정보이다. 1935년 독일의 군사 시사지 칼럼에 전격전이라는 단어가 처음 등장하였고, 미국의 타임스지가 9월 25일에 폴란드 전역과 관련한 기사에서 전격전이라는 용어를 사용한 바 있다.

153) '병행전'이란 '상대방이 효과적으로 대응할 수 있는 능력을 제거하고, 일시에 전쟁 수행 의지를 마비시키기 위하여 동시에 전략-작전-전술 표적을 타격하는 전투 개념'을 의미한다. 초기 존 와든(Jhon Warden)의 동심원 이론(Five Strategic Rings)이 이전 전쟁의 양상이었다면, 현대와 미래전의 양상은 제프리 쿠퍼(Jeffery R. Cooper)가 주장한 병행전의 양상으로 진행되고 있다. 대표적인 사례가 제1차 걸프전(1991)으로 볼 수 있다. 이를 무력화시킬 방법은 『군사혁신론』에서의 학습을 통하여 습득하여야 한다.

들이 예견하고 있다. 결과적으로 다가오는 시대의 무기체계는 전장이 가시화되고, 정보의 공유 범위도 더욱 확대될 것이다. 의사결정 사이클(Cycle)은 가속화되고, 장거리에서도 정밀 교전으로의 가능성은 보편화가 계속 진행될 것이므로, 전자전 및 사이버전의 위력은 더욱 확산할 것이며, 우주 및 사이버로의 전장 공간도 더욱 확대 및 중첩될 것이다. 감시 · 타격체계는 순간적으로 결합이 가능한 상태로 점점 더 그 간극(間隙, 틈)은 좁혀질 것이며, 전쟁 수단이 상당 부분 중첩될 것이다. 이에 기반을 둔 신무기들이 다양한 부문에서 개발되는 추세에 있다. 대표적인 무기는 크게 다섯 가지 분야로 분류할 수 있다.

2.10.1. 미래 보병체계와 정밀무기

대표적인 신무기로 로봇 무기와 네트워크용 장비, 비살상무기를 들 수 있다. 걸프전을 계기로 하여 견마 로봇과 감시경계로봇, 폭발물처리 로봇, 무인 항공기(UAV)[154] 등 다양한 로봇 무기들이 등장하고 있으며, 헐크(HULC)[155]와 체력 소모를 방지하기 위한 목적으로 개발되고 있는 파워-슈트[156] 등이다. 아래의 <그림 3-10-86>은 다양한 로봇 무기와 헐크, 파워-슈트이다.

154) 국방부는 2020년 1월 31일 '공중 무인체계(Drone)' 전력화에 필요한 부대개편을 추진한다. 육군 지상작전사령부 예하에 '로봇전투단'을, 공군은 '고고도 무인정찰기(HUAV) 정찰비행 대대를 창설하였다("드론 전력화··軍, 드론봇 전투단 고고도 무인정찰기 대대 만든다," 『국방일보』 (2020. 1. 31.) (검색일자 2020년 2월 11일).

155) '헐크(HULC)'는 'Human Universal Load Carrier'의 약자로써 인간 외골격 운반기 즉, 로봇을 착용한 병사체계를 의미한다. 2001년 미 국방성에서 웨어러블 로봇 개발 프로젝트를 통하여 개발하고 있다. 이후 록히드마틴사가 2009년 헐크를 처음으로 선보였다. 웨어러블 로봇을 착용한 용사는 90kg의 군장을 메고 16km/H의 속도로 걸을 수 있으며, 달리기와 무릎 꿇기, 포복 자세 등도 자연스럽게 취할 수 있다. 레이시온사는 2010년 'XOS2'를 개발하여 일일 평균 7,000kg의 중량을 운반할 수 있게 되었다.

156) '파워-슈트(Power Suit)'는 '특수금속(peculiar metal)으로 제작된 슈트'로 방어력이나 공격력 등의 특수한 능력을 발휘하게 하는 장비를 의미하고 있다.

〈그림 3-10-86〉 미국의 로봇 무기와 헐크, 파워-슈트

또한, 네트워크 중심전을 위한 장비로 GIG(Global Information Grid)라는 정보 네트워크에 연동하여 운용할 수 있도록 노력하고 있으며[157], 대표적인 사례가 바로 랜드워리어(Land Warrior) 시스템이다. 랜드워리어는 미래의 보병이 휴대하게 되는 '디지털 군장'이다. 이를 착용함으로써 미래 용사는 네트워크 중심전을 수행하는 중요한 요소로 포함하게 된다. 아래의 <그림 3-10-87>은 개인 전투체계인 랜드워리어(Land Warrior) 시스템이다.

〈그림 3-10-87〉 개인 전투체계 랜드워리어(Land Warrior) 시스템[158]

157) 'GIG'는 '정보 네트워크에 전투기나 전차, 차량 등의 장비와 전투원을 연동하여 운용하는 것'으로 현실적으로 전투원까지 가능하다.

1989년부터 개념 연구가 시작된 이래 가장 많은 성과를 거두기도 한 대표적인 개인 전투체계인 랜드워리어는 네트워크를 통하여 모든 전투원을 통합하여 운용할 수 있게 하는 시스템이다. 각개 전투원에게 GPS 수신기와 데이터 통신 기능이 부착된 컴퓨터를 지급하였고, 개인의 복장이나 장구류 일부처럼 신체에 최대한 착용시켜 조작과 휴대를 할 수 있도록 설계되어 있다.

이를 통해 전투원의 위치를 지휘통제소에서 실시간으로 확인이 가능할 뿐만 아니라 주변에 있는 아군의 위치를 실시간대에 파악하는 게 가능하게 되어있다. 더불어 주변 지도를 확인하여 전투원의 위치와 앞으로 진행해야 할 방향, 현재 작전이 진행되고 있는 상황, 앞으로 진행될 작전 내용 등을 비롯한 모든 정보의 확인이 가능하다. 특히 시각 정보가 헬멧에 거치된 헬멧장작 시현기(Helmet Mounted Display)를 통하여 전달되기 때문에 별도의 모니터가 필요 없고, 언제라도 실시간대 정보를 확인할 수 있다. 다만, 비용문제로 인하여 중단되었고, 다시 2008년부터 미래 전투체계(Future Combat System)로 재추진하고 있으며, 이를 통하여 네트워크를 통합하기 위함으로 보인다.

미래 전투체계를 조금 더 상세하게 들어가 보자면, 이는 美 육군의 차세대 지상군 무기체계의 공식 이름으로 일명 미래 지상 전투체계(Future Ground Combat Systems)라고도 한다. 전(全) 세계를 대상으로 C-130 수송기를 이용하여 수일 이내에 신속한 전개가 가능하도록 경량화된 고기동 지상무기체계로서 유인 지상 차량(Manned Ground Vehicles)과 무인 체계(Unmanned Systems), 미래 전투체계 네트워크(FCS Network)와 병사 체계로 구성되어 있다. 이를 의해 미국 정부가 1999년 육군의 편제 개편을 통해 내놓은 산물이 신속기동군의 창설이다. 초기는 중간전투여단((Interim Brigade Combat Team)으로 부르다가 2002년 8월부터 지금의 편제 명칭인 스트라이크 전투여단(striker brigade Combat Team)으로 불리고 있다. FCS의 시범부대 성격을 지니며, 전체 FCS는 전력화 계획에 의해 2020년까지 완성될 예정

158) '랜드워리어'는 '전장의 SNS(Social Network Service)'로 보면 된다. 네트워크 내에서 같이 보고 같이 알자고 하는 목적으로 전장에 있는 용사와 부대 간 음성, 문자, 사진 등을 공유한다. 용사 상호 간 네트워크를 연결하는 것이다. 다시 말해 '랜드워리어'는 '웨어러블 컴퓨터(wearable computer)로 옷과 같이 입고 다니는 컴퓨터 군장'을 의미한다. 랜드워리어는 컴퓨터가 일반적으로 구성하고 있는 본체와 모니터, 키보드, 마우스 등에다가 GPS 장치와 무선통신 장치를 결합한 산물이다. '입는 컴퓨터'에 새로운 소총과 비디오 조준경 등을 결합하려는 노력이다. 초기는 중량이 7kg으로 무거워 문제가 되었으나, 현재 美 스트라이커 여단의 경우 경량화시킨 3.6kg의 군장을 착용하고 있다.

이다. 현재 주한 美 2사단 3여단은 최초의 스트라이크 전투여단이다.[159)]

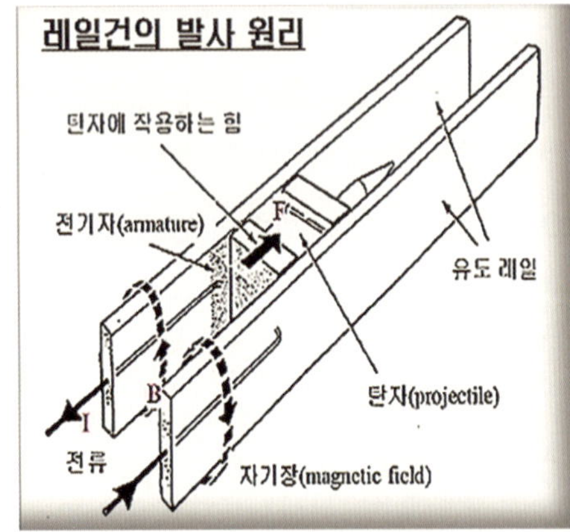

스마트폰을 이용한 네트워크를 구성하여 다양한 정보를 연동시키는 노력과 유인 전투 장갑차량과 무인 로봇 차량, 스마트 지상 센서, 무인 항공기(UAV), 소형 무인 지상 차량, 이동식 무인 미사일 발사기 등을 유기적으로 결합하는 시스템도 병행하여 개발하고 있다.

또한, 인류가 갑작스러운 충격과 공포를 느낀 계기가 되었던 제2차 세계대전 말기에 일본에 투하하였던 원자폭탄의 등장은 인류의 공멸(共滅)까지 앞당길 수 있다는 강력한 부정적인 신호를 느끼게 했다. 이에 따라 1960년대 미국에 의해 최초로 레이저(Laser) 장치가 개발되었다.[160)] 군사 무기로 사용을 위한 연구가 계속되었으나, 에너지로 변화시키는 효율성이 생각보다 크지 않아 어려웠다. 1976년 美 공군이 '공중 레이저 실험(ALL: Airborne Laser Lab)'을 진행하여 수 km 거리에서 요격용 미사일을 격추하였다. 이로 인하여 구소련에서도 경쟁적으로 개발하였다. 美 공군이 'YAL-1'이라는 새로운 레이저 무기를 개발하였으나, 2011년 결국 개발이 취소되었다. 그러나 美 해군의 이지스 구축함이 자폭 테러 공격으로 심한 피해를 보면서 소형 보트나 무인 항공기(drone) 등의 공격을 방어하는 수단으로 개발하여 2014년 일부 구축함에 '레이저 무기 시스템(Laws: Laser Weapon System)'을 설치하여 운용하고 있다. 비록 레이저 출력이 수십 kw급에 불과하지만, 1km 이내로 접근하는 소형 보트나 무인 항공기(drone) 등을 격추하는 효과는 가능하였기 때문이다. 美 버지니아주의 해군연구소에서 개발 중인 레일건(rail-gun)은 이미 원자력 순양함과 구축함에 실전 배치되어 있다.[161)] 레일건은 1970년대 초기부터 개발 연구가 시작되었으며, 지난 2016년 3월에 처음으로 발사 영상

ANSEQ-3 LaWS(美 해군)

159) 전시에 북한의 핵과 미사일, 생화학무기 등의 대량살상무기를 제거하기 위한 한미 혼성으로 편성된 연합사단이 2015년 6월 3일 공식 출범하였다(하종훈, "전시 北 WMD 제거 '신속 기동군'," 『서울 PN(퍼블릭 뉴스)』 (2015. 6. 4.) (검색일자: 2020년 2월 10일).; 송영길 "주한미군 규모, 美 필요로 최대 9천명 차이," 『KBS NEWS』 (2019. 12. 6.) (검색일자: 2020년 2월 10일).

160) 레이저는 '방사 유도 방출에 의한 광증폭'이라는 의미로 'Light Amplification by Stimulated Emission of Radiation'의 약자이다.

161) 美 해군연구소(Office of Naval Research)는 미 해군의 소속 기관으로 해군과 해병을 위한 과학기술 프로그램을 담당하고 진행하는 기관이다.

이 공개되었다. 아래의 <그림 3-10-88>은 주요 국가에서 개발하고 있는 레일건이다.

〈그림 3-10-88〉 주요 국가가 개발하고 있는 레일건

레일건은 전쟁 무기의 게임-체인저(Game Changer)[162]로 불리고 있으며, 군함에서 생산된 전기를 이용해 발사하는 무기체계이다. 강력한 전류로 만들어낸 자기장이 두 개의 레일 사이에 있는 전기자(회전하는 코일 덩어리)를 가속하여 발사체를 날려 보내게 된다. 속도가 마하 6 즉, 4,500mile/H에 이르고, 실험을 통하여 확인된 위력이 160km 떨어진 곳의 콘크리트를 관통하였다. 미 해군은 레일건을 활용할 경우 지상과 해상, 공중을 포함하는 모든 목표물에 대하여 고도의 정확한 타격이 가능하다고 설명하고 있다.[163]

162) '게임-체인저(game changer)'는 '어떤 사태나 상황 속에서 결과나 판도를 완전히 뒤집거나, 바꿔 놓을만한 결정적인 역할을 하는 사건이나 인물, 제품, 서비스 등'을 의미한다. 1914년 6월 28일 오스트리아 황태자 부부가 사라예보에서 암살당하면서 촉발되었던 제1차 세계대전을 포함하여 지난 정부에서 대통령 탄핵의 빌미가 되었던 000 국정농단 사건 등을 사례로 들 수 있다.

163) 안두원, "중국 해양굴기 막을 미국의 게임-체인저 '레이저'," 『매일경제』 (2020. 1. 6.) (검색일자: 2020년 1월 17일).; 양정대, "중국, 세계 최강 '레일건 함포' 2025년 실전 투입 가능," 『한국일보』 (2019. 1. 31.) (검색일자: 2020

한국군은 2020년 초기에 '안티 드론(Anti-drone)' 무기인 레이저 대공 무기를 등장시켰다.[164] 이 무기는 국방과학연구소(ADD)에서 2016년부터 개발을 시작하였으며, 대표적인 소프트 킬 방식으로는 '재밍(Jamming, 전파교란)'이 있다. 재밍은 라디오 통신이나 위성위치확인시스템(GPS)을 교란하여 드론이 원하는 목표로 이동할 수 없도록 하는 방식이다. 주요 국가는 이미 드론 공격에 대응 시스템을 개발하고 있다. 영국은 이스라엘의 드론 방어시스템인 '드론 돔(Drone Dome)'을 공항에 설치했다. 프랑스도 영국 에이빌런트(Aveillant) 사가 제작한 '게임 키퍼(Game Keeper)'란 드론 탐지 시스템을 이미 설치하고 있다. 한국도 2021년까지 인천·김포공항에 드론의 침입을 방지하는 시스템을 도입할 예정이다. 이러한 안티 드론 방지 시스템이 설치되면, 해당 시설의 반경 3㎞ 이내로 날아드는 드론을 탐지할 수 있다.

안티 드론 시스템[韓]

2.10.2. 사이버전(Cyber Warfare)

사이버전의 개념에 관해서는 국제적으로도 명확하게 정립되어 있지 않은 게 현실이다. 美 국방부는 사이버 공간을 '컴퓨터 네트워크를 통하여 디지털화된 정보를 전송하는 개념적 공간'으로, 한국 국방부는 '인터넷이나 인트라넷(軍 내부에서 사용하는 인터넷망을 지칭) 등 컴퓨터 네트워크가 창출하는 공간을 의미하며, 구체적으로 다른 사람들과 공유하고 집단으로 구성되는 네트워크상의 가상 세계로서 물리적 공간이자 사회적 공간'으로 정의하고 있다.[165] 사이버 공격은 '해킹, 컴퓨터 바이러스, 논리 폭탄(Logic Bomb), 메일 폭탄(Mail Bomb), 서비스 방해 등 전자적 수단에 의해 국가의 정보통신망에 불법적으로 침입 및 교란·파괴 또는 정보를 절취 및 훼손하는 일체의 공격행위를 의미하고 있다.[166]

2013년 2월 미국의 마이크로소프트사 해킹 사실이 세간에 알려지면서 파문이 발생하였으며, 2016년에 한국 국방부가 해킹되었던 사건은 상당한 사회적 파문을 불러왔다.[167] 기간이 지날수

년 1월 17일). 외 다수.

164) 양낙규, "스마트 국방 '안티 드론 레이저 무기' 첫선," 『아시아경제』 (2020. 1. 21.) (검색일자: 2020년 2월 17일).

165) 국방부 정보기획관실, "2-3-4-훈 02 국방 사이버 기강 통합관리 훈령," 『국방부 훈령』 제1197호 (2009. 9. 30.), p. 1.

166) 국가정보원 기획조정실, "국가 사이버안전관리 규정," 『대통령 훈령』 제267호 (2010. 4. 16.), p. 3.

167) "軍 "업무용 PC 3,200대 해킹...장관 PC도 해킹"," 『YTN뉴스』 (2016. 12. 7.) (검색일자: 2020년 1월 18일).; "국

록 점차 트위터와 페이스북, SNS 등을 비롯한 IT 기업으로까지 사이버 공격이 증가하는 추세에 있다. 한국 국방부도 이에 대응하는 차원에서 2010년 1월 1일 국군 사이버사령부를 창설하여 활동하고 있다.

사이버 공격은 사이버 공간에서 일어나는 새로운 형태의 전쟁으로 적의 사이버 체계를 파괴하고, 아군의 사이버 체계는 방호하는 형태로 진행을 한다. 최종 상태(End state)는 컴퓨터 시스템과 데이터, 통신망 등에 대하여 교란과 마비, 무력화를 달성하는 것이다. 이를 위해 두 가지로 구분하여 진행하게 된다. 첫째, 공격형태 및 무기체계이다. 해킹 공격으로 컴퓨터 바이러스 및 전자우편 폭탄, 논리 폭탄, 인터넷 웜(Internet Worm) 등을 사용하는 것이고, 펄스 탄(Pulse Bomb)과 에너지 무기, 미생물 등을 활용하여 물리적으로 파괴하는 방법이다. 둘째, 공격만이 승리를 담보할 수 있는 게 아니므로 방호(防護)에 중점을 두어야 한다. 여기에는 물리적 방호와 정보 유통, 대(對) 레이더 방호, 기만 및 암호체계 등에 대한 방호가 병행되어야 승기(勝機)를 잡을 수 있다.

북한은 일찌감치 사이버 전력을 양성하고 한국을 대상으로 하여 사회 혼란을 조성하고 있으며, 유사시에 군사작전을 방해한다거나, 국가의 기능을 마비시키려는 시도 등을 지속하여 시행하고 있다. 즉, 한국 정부와 군의 정보망을 공격하여 각종 방어 및 반격과 미군과의 연합작전을 무력화 및 지연시키려고 노력하면서 성공할 경우 한국군의 C4I 체계를 타격하여 무기체계와 군수지원체계 등을 파괴 및 무력화시켜 마비 상태를 만든 다음 화력을 집중하여 무조건 항복을 강요할 것이다. 실제 북한은 2000년대 초기부터 트로이 목마(2008), 7.7 디도스 공격(2009), 사이버 공격(2013 이후 수시) 등을 비롯하여 광범위하게 공격을 시도하고 있다. 사이버전은 예방-탐지-대응 중심의 사이버 방어와 목표 분석-공격-사후 분석으로 이어지는 공세적 대응이 있으며, 사이버전 훈련, 사이버전 기반으로 구분하고 있다.

2.10.3. 전자전(電子戰, Electronic Warfare)

"어제의 적이 오늘은 우방이 되고, 오늘의 우방이 내일은 적이 된다"라는 말과 같이 세계는 이제 영원한 우방 국가도 영원한 적대국도 없다. 이는 최근의 한-미 동맹과 한-일 간의 파열음이 계속되는 가운데 현실로 다가와 있다. 한국과 북한 및 중국, 러시아와의 관계도 냉전기(Cold War)의 군사적 안보와 경제적 측면을 동일시하던 인식에서 벗어나 국익과 국가의 존립 및 발전을 위해 경제와 군사적 안보를 분리해 대응하는 시대(Cool War)로 접어든 지 오래다. 따라서 반드시 우호적인 국가끼리만 무기를 판매 및 수입하는 게 아니라 국가의 이익에 따라 무기체계를 도입하

방부 해킹당해 '작전계획 5027' 유출," 『KBS뉴스』 (2017. 4. 3.) (검색일자: 2020년 1월 18일). 등 다수.

거나 거래되고 있음이 일반적인 사실이다. 그러나 일부 특정한 무기체계에 관해서는 예민하게 반응하거나 제한을 받게 되는데, 바로 전자전 무기체계이다. 이를 통해 전자전 기술을 확보한 국가일 경우 더 많은 무장을 하는 국가의 군대라도 쉽게 파괴 및 무력화시킬 수 있기 때문이다.

전자전은 스펙트럼을 통제하거나 적의 공격을 위한 전자기 에너지 및 지향성 에너지를 사용하는 제반 군사 활동을 의미하고 있으며, 크게 두 가지로 구분할 수 있다. 첫째, 감청장비, 방탐(防探)장비, 레이더 경보 수신기, 감시 및 수집 장비를 포함하는 지원 장비, 둘째, 전파방해장치(波妨害裝置)인 재머(Jammer), 채프(Chaff), 플레어(Flare), 디코이(Decoy), 대(對)방사 미사일(Anti Radiation Missile)로 정리되는 전자 공격체계이다. 아래의 <그림 3-10-89>는 전자전에 사용되고 있는 주요 무기체계와 장비다.

〈그림 3-10-89〉 전자전에 사용되고 있는 주요 무기체계 및 장비

재머(Jammer)는 전파방해장치로서 통신 또는 레이더 체계의 사용을 방해하거나, 제한 또는 격하시키는 데 쓰이는 장치이다. 미 해군에서는 2021년을 목표로 하여 새로운 차세대 신형 재밍

체계(Next Generation Jammer)를 레이시온사에 의뢰하여 개발하고 있다.[168]

美 해군의 차세대 신형 재머(NGJ, 레이시온사)

채프(Chaff)는 알루미늄박의 얇은 조각과 금속제로 덮인 섬유로 만드는 것으로 공중의 일부에 살포하여 적의 미사일 공격이나 피격을 방지하게 만드는 클러터(clutter, 레이더 화면에 비치는 불필요한 반사상) 반사를 생기게 하는 방식이다. 플레어(Flare)는 마그네슘 등으로 구성된 화염 덩어리로 열추적 미사일을 교란하기 위한 회피 장비이다. 전투기 배기구의 파장과 비슷한 파장을 냄으로써 열추적 미사일을 속이는 역할을 한다. 디코이(Decoy, 가짜)는 상대를 속이는 용도로 사용하는 모든 도구를 지칭한다. 아래의 <그림 3-10-90>은 주요 국가에서 사용하고 있는 디코이다.

디코이(Decoy, 美) 디코이(Decoy, 러)

디코이(Decoy, 中) 디코이(Decoy, 북한)

168) '신형 재머(NGJ)'는 '25피트의 길이의 포드에서 레이더를 교란하는 전자신호를 발사하되, 탐지되지 않고도 적 목표물을 파괴할 수 있도록 설계된 강력한 하이테크 장비'이다(양정대, "중국, 항공모함 킬러 미사일 업그레이드" 『한국일보』 (2018. 2. 2.) (검색일자: 2020년 1월 18일).

〈그림 3-10-90〉 주요 국가에서 사용되고 있는 디코이(Decoy)

대(對) 방사 미사일(Anti Radiation Missile, 일명 대레이다 미사일)은 대공제압 임무를 수행하는 과정에서 하드 킬(Hard Kill) 수단으로 가장 많이 사용하고 있다. 최초의 대(對)방사 미사일은 베트남전에서 사용된 미국에서 생산된 AGM-45 쉬라이크(Shrike) 미사일로 북베트남의 SA-2 미사일 추적 유도용 레이더 파괴에 주로 사용하였다. 사정거리가 10여km에 불과해 운용에 제약이 많았음에도 제4차 중동전(1973)에서 이스라엘이 사용하였다. 이후 AGM-78 스탠다드 미사일도 개발되었고, 후속 미사일이 현재까지 사용되고 있는 AGM-88 함(HARM) 미사일이다. 최대 사정거리가 80km에 달해 원거리에서도 운용하여 적의 대응 시간을 제한 및 감소시켜 제압 효과를 증대시켰다. 지상 방공레이더 측은 대(對)방사 미사일의 공격에 대응하기 위해 레이더 작동을 중지시키는 방사 통제(EMCON) 전술을 사용하고 있다. 레이더 작동이 중단되면 대(對)방사 미사일은 표적을 잃어버리게 되어 유도가 자동으로 중지될 수밖에 없기 때문이다. 방공레이더와 대방사 미사일의 쫓고 쫓기는 경쟁은 베트남 전쟁에서부터 최근까지도 계속되고 있다. 하지만 레이더의 작동을 중지하는 방식으로 대방사 미사일을 회피할 수만은 없게 되었다. 레이더가 작동을 멈춰도 전파 발신지의 위치를 기억하고, 표적을 능동적으로 탐지할 수 있는 이중 유도방식의 대방사 미사일이 개발되었기 때문이다.

전자전 교란 기종으로는 미국의 EF-111A와 EC-130H 콤파스콜(Compass call) 원격전자교란기와 러시아의 Su-32 원격전자교란기, 이스라엘의 Sky Shield 원격전자교란기를 대표적으로 들 수 있다. 아래의 <그림 3-10-91>은 주요 국가에서 사용하고 있는 대표적인 원격전자교란기이다.

〈그림 3-10-91〉 주요 국가의 대표적인 원격전자교란기

EF-111A 원격전자교란기는 원래 1972년에 생산되어 운용하다가 1998년 퇴역한 F-111 전폭기를 개조한 기종으로 스파크-바크(Spark-Vark, 섬광돼지)라는 별칭을 갖고 있다. EA-6B 프라울러(Prowler)기로 대체되어 공격도 가능하게 되었다. 이후 EA-18G 그라울러(Growler)기로 교체하여 운용하고 있으며, 기존의 전자전기와 다르게 전자전과 정찰, 그리고 공격 임무까지 수행할 수 있는 최신예 전자공격기이다.[169] 아래의 <그림 3-10-92>는 EA-6B Prowler와 EA-18G Growler 전자공격기이다.

169) EA-18G 그라울러(Growler) 전자전기는 2008년부터 美 해군에서 운용하는 전자전 공격기로 함재(艦載) 전투기인 F/A-18F 슈퍼호넷(Super Hornet)을 기반으로 하여 개발된 함재 전자전 공격기이다. 그라울러는 세계 최강으로 불리는 F-22 랩터 전투기와의 모의 공중전에서도 강력한 전자전을 통해 F-22를 무력화시켜 격추하는 데 성공한 것으로 알려졌다.

〈그림 3-10-92〉 EA-6B Prowler와 EA-18G Growler 전자공격기

특히 EA-18G 그라울러(Growler) 전자공격기는 원거리 전자방해 및 공대공・대방사 미사일을 장착하고 있으며, 공격 편대 군과 함께 적진 깊숙이 침투하여 적의 방공망을 공격하고 전자전을 통하여 아군의 공격 편대 군을 보호하고 있다.

EC-130H 콤파스 콜(Compass call) 원격전자교란기는 원거리 표적에 재밍을 가할 수 있으며, 적의 지휘 통제 시스템을 무력화시키는 대표적인 기종이다. 1960년대 중반에 C-130 허큘리스(Hercules) 항공기를 개조한 전자전 항공기로서 적과 아군의 전술 지휘・통제, 전자전 대응 즉, C3CM(command, control and communications countermeasures) 임무를 수행하고 있는 전술기이다.[170] 이스라엘의 Sky Shield(일명 C-MUSIC) 원격전자교란 시스템은 민간 미사일을 추적하는 플리어(Flir, 적외선 감시카메라)와 미사일접근 경고시스템(MAWS)으로 구성되어 있다. 항공기로 접근하는 미사일을 감지하여 레이저를 발사함으로써 공격하는 미사일의 내비게이션 시스템을 교란하는 방식을 사용하고 있다. 동시에 항공기를 급선회시키는 등의 방식을 통하여 미사일을 회피한다.

2.10.4. 정밀 교전

정밀 교전이란 C4I 체계와 정보・감시정찰(情報監視偵察, Intelligence, Surveillance & Reconnaissance)을 상호 연동한 정보기술과 정밀센서-타격체계를 밀접하게 연동시켜 정밀하게

170) 원격 전자전기는 적 지역에 침투하여 전자전 교란 임무를 수행하는 항공기에 장착하여 운용하는 항공기로 추적 레이더와 추적 미사일을 대상으로 하는 자체 보호 재머(Self-Protection Jammer)를 사용하고, 아군의 침투 및 공격 편대 군을 탐지하는 조기경보레이더와 요격 관제 레이더, 표적획득 레이더 등을 전자교란을 통해 아군의 생존 가능성을 보장해주는 임무를 수행한다. 'C3CM'은 'command, control and communications countermeasures'의 약자로서 '지휘・통제・통신과 전자전 대응 능력'이다.

소량 파괴 및 정말 필요한 최소 규모의 살상력을 실효적으로 보장하기 위함이다. 이는 군사적・정치적인 목적을 달성하기 위하여 진행하는 전쟁의 양상으로 볼 수 있다. 첫째, 종말 유도무기나 항법장치를 이용하는 각종 유도무기를 비롯한 정밀 유도무기(PGMs)를 의미한다. 둘째, 고(高)에너지 레이저 무기는 다시 Hard-Kill과 Soft-Kill로 공격대상을 구분하고 있다. Hard-Kill은 무기와 같이 사용되고 있는 전자와 광학장비를 공격대상으로 하고 있으며, Soft-Kill은 적의 체계 전반을 포함하고 있다.[171)]

2.10.5. 비대칭전(Asymmetric Warfare)

비대칭전(非對稱戰)은 상대방이 효과적으로 대응할 수 없게 하려고 상대방과 다른 수단 및 방법, 차원에서 진행하는 전쟁의 양상이라고 할 수 있다. 수단을 선정할 경우 고려할 사항으로는 다섯 가지로 정리할 수 있다. 첫째, 일반적으로 대응할 방안을 최소화하는 혁신적 대안의 필요성이 있을 때 가능하다. 둘째, 적이 보유한 대량살상무기의 효과를 무력화하거나, 또는 보복수단으로 사용 및 전장 공황(Panic)을 발생시킬 필요성이 대두되었을 때이다. 셋째, 국제 협약 및 기구의 제재를 받지 않는 수단임을 명심하여야 한다. 넷째, 주변의 강대국과 차별화된 새로운 최첨단 기술의 개발이 완료되었을 때 가능하다. 마지막으로 미래의 위협세력이 전혀 예상하지 못하는 창의적이고 독창적인 군사 사상과 전쟁 수행의 방식 등을 개발하여 부득이할 경우 비살상무기 등을 사용할 수 있을 것으로 보인다.

▲ 고(高)섬광 발생 탄

고섬광 발생 탄은 각종 탄에 고섬광 발생 장치를 장착하여 강력한 고섬광을 발생시키게 된다. 적의 각종 광학 센서(Sensor)와 군사력을 파괴 및 비살상 탄두를 이용하여 마비시키려는 수단으로 유도탄과 투하 폭탄, 직사・곡사화기, 다련장 로켓체계 등이 대표적이다. 운용개념은 세 가지로 정리할 수 있다. 첫째 비살상 지능 탄두의 일종으로 박격포와 화포, 다련장 로켓, 정밀유도 타격무기체계 등의 기존 무기체계에서 탄두만 교체하여 운용하는 것이며, 둘째, 센서 또는 인간의 망막에 작용케 하여 광학 센서 및 시력을 파괴하거나 마비시키는 데 있다. 마지막으로 대공(對空) 요격 유도탄에 장착하여 접근하는 유도탄이나 항공기의 광학탐색기를 파괴 및 마비시키는 데 있다.

171) 국방부 정책기획관실, 정책『2018 국방백서』(서울: 국방부, 2018) pp. 51~58.; “LIG넥스원 ‘장거리 정밀 교전’에 필요한 첨단무기 개발 선도,”『한국일보』(2019. 10. 11.) (검색일자: 2020년 1월 18일).; “LIG넥스원 천궁II· 국지방공레이더 등 첨단무기 양산화,”『서울신문』(2019. 10. 29.) (검색일자: 2020년 1월 18일). 등 다수

▲ 탄소섬유탄(Graphite Bomb)

탄소섬유탄(일명 정전 폭탄)은 탄약으로서 전장의 전력 공급체계 및 각종 전기와 전자장비를 마비시키거나, 파괴할 수 있는 탄으로 발사 후 탄소섬유가 자탄(子彈)을 분산시키면서 탄소섬유를 살포한다. 이때 살포된 탄소섬유가 전자장비를 방전 및 단락 현상을 일으키게 하여 관련 시설과 장비를 마비 또는 파괴할 수 있다. 탄소섬유탄은 1985년 1월 10일 미 해군의 훈련 과정에서 채프(chaff)를 투하하면서 레이더의 추적을 회피하는 훈련 과정에서 채프를 잘못 살포하였다. 이후 해당 지역에 있는 발전 설비가 마비되는 사고가 발생하였고, 이러한 정전 사고는 오히려 미군이 탄소섬유탄의 연구와 개발을 시작하게 만드는 계기가 되었다.

탄소섬유탄은 니켈이 함유된 탄소섬유를 살포하거나, 전력시설과 장비에서 전기적 누전, 방전 등을 발생시켜 전력시설의 마비 및 파괴해 적의 전투력을 저하하기 위함이다.

여기에는 전기시설과 전자장비 파괴로 구분할 수 있다. 전기시설은 다량으로 살포되는 가늘고 긴 탄소섬유 줄로 전력을 공급하는 체계를 마비 및 파괴하게 된다. 전자장비는 다량으로 분무(噴霧, 안개처럼 뿜어내는 현상)된 미세한 탄소섬유의 분말이 전기 및 전자장비를 마비 및 파괴하게 된다.

걸프전(1991) 당시 토마호크 유도미사일에 탄소섬유를 내장시켜 사용하였고, 유고전(1991~1999)을 수행할 때는 유고지역의 전기시설 70%를 마비시킬 정도의 강력한 성과를 달성한 이후에 다른 국가에서도 전략무기로 활성화하기 시작하였다. 목표지역 상공에서 항공기로 투하하는 특성으로 갖고 있으며, 운용개념은 다섯 가지로 정리할 수 있다. 첫째, 모탄(母彈)에서 약 100~20여 개의 탄산음료 캔 크기의 자탄(子彈)으로 분산시킨다. 둘째, 자탄이 낙하산처럼 흩어지면서 자연스럽게 낙하하는 속도와 균형을 조절하게 된다. 셋째, 지상으로부터 일정 높이에 도달하게 되면, 자탄의 내부에 가득 차 있는 탄소섬유[172]가 방출한다. 넷째, 탄소섬유의 실타래가 풀리면서 거미줄 형태로 광범위한 지역에 걸쳐 낙하하게 된다. 마지막으로 탄소섬유가 전기 관련 시설에 부착되어 단전(斷電) 또는 연쇄적인 피해를 유발하게 된다. 아래의 <그림 3-10-93>은 탄소섬유탄의 작동 원리를 나타내고 있다. 아래의 <그림 3-10-94>는 탄소섬유탄의 형태다.[173]

---

172) '탄소섬유(炭素纖維)'는 '유기 섬유를 섭씨 800도부터 1,800도 사이에서 적당한 온도로 열처리하여 탄화시킨 섬유'를 의미하고 있다. 현대전에서는 '소프트 폭탄(Soft Bomb)'으로 활용하여 전장에서의 전력 공급체계나 각종 전기, 전자장비를 마비시키거나, 파괴할 수 있도록 제작된 탄으로 발사 후에는 탄소섬유의 자탄을 분산시켜 탄소섬유를 살포하게 한다. 이를 통해 탄소섬유가 전자장비를 방전하게 만들거나, 단락하는 현상을 일으켜 마비 또는 파괴하고 있다.

173) 김관용, "北 장사정포 잡는 스텔스 무인 항공기 나온다. 탄소섬유탄도," 『이데일리』 (2017. 1. 6.) (검색일자: 2020년 1월 18일).; 박용한, "['강제정전' 탄소섬유탄(상)] 핵심시설 마비시켜 전쟁 승리," 『중앙일보』 (2016. 11. 22.) (검색일자: 2020년 8월 9일). 등 다수.

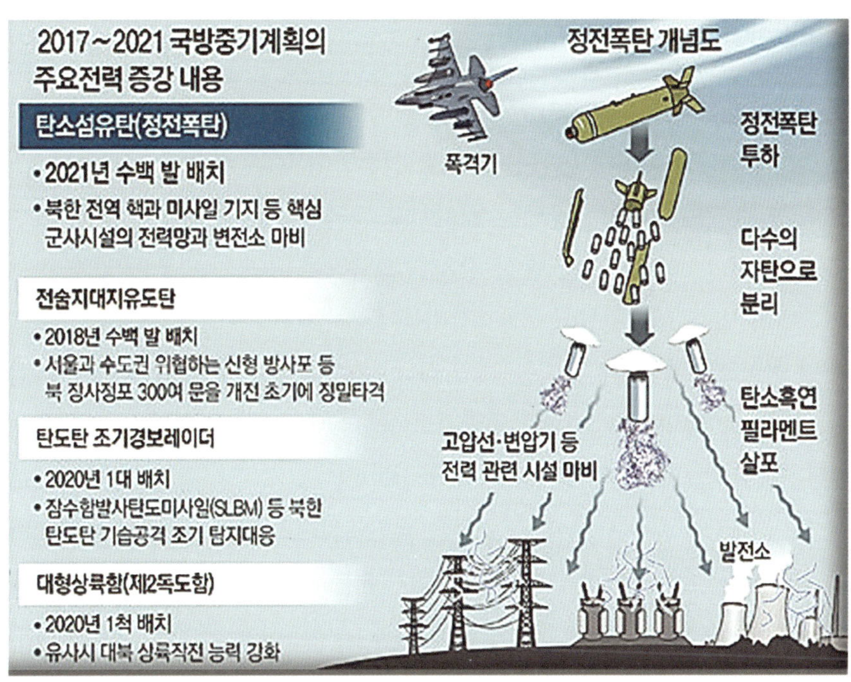

〈그림 3-10-93〉 탄소섬유탄의 작동 원리

〈그림 3-10-94〉 탄소섬유탄의 형태

▲ 고(高)출력 마이크로파(High-Power Microwaves)

고출력 마이크로파(HPM, 전자기파) 무기는 높은 출력의 마이크로파를 펄스(Pulse, 파동) 형태로 방사하면, 전자장비의 틈새나 연결선을 타고 침투하여 내부 부품에 과부하를 걸어 부품을 녹이거나 작동할 수 없는 상태로 만드는 원리이다. 직접(直接) 에너지 무기, 항공기나 로켓과 유도탄 등의 비행 조종, 엔진, 항법, 통신 장치에 오동작을 일으키거나 치명적인 손상을 입힐 수 있으며, 특별히 방호 되지 못하는 전자장비들에 사용하고자 설계되었다.

특히 고출력 마이크로파(HPM) 무기는 적의 첨단무기에 탑재된 각종 전자기기나 회로를 무력화시킨다는 측면에서 전자기펄스(EMP) 폭탄과도 유사하다. 다만, 전자기펄스(EMP) 탄이 한 발을 발사할 때마다 한 번으로 제한되는 반면에 고출력 마이크로파 무기는 레이저와 같이 동력의 여유가 있을 때 수차례에 걸쳐 반복할 수 있다는 측면에서 전자기펄스(EMP) 탄보다 더 실효성이 높은 것으로 평가받고 있다. 함정과 항공기에 탑재하여 사용할 경우 아군의 함정과 항공기에 접근하는 적의 함정 및 항공기와 미사일 등을 동시에 무력화시킬 수 있는 방어무기로 사용하는 등 활용성 측면에서도 다양하다. 이처럼 고출력 마이크로파(HPM, 전자기파)와 전자기펄스(EMP) 탄은 컴퓨터와 전자 및 통신기술의 발전으로 인해 다가오는 시대 국가들의 정치・경제・군사 안보 측면에서 치명적인 영향을 가할 수 있는 미래 무기로써 핵무기에 비등할 수 있는 새로운 전략무기의 역할이 가능할 것으로 보인다.

▲ 전자기펄스(Electronic Magnetic Pulse) 탄

1925년 미국의 물리학자인 아더 H. 콤프턴(Arthur H. Compton, 1892~1962)이 고(高)에너지 상태의 빛(光子)을 원자번호가 낮은 원자에 쏘게 되면 전자를 방출시킨다는 점을 발견하게 되었고, 이를 '콤프턴 효과'라고 부르고 있다. 이 원리를 이용하여 '전자기펄스 탄(EMP, 일명 E-Bomb)' 내부에서 초기 전자기펄스가 만들어지게 되고, 이를 수천만 암페어(ampere)의 강한 전자기펄스로 압축한 것이 '플럭스 압축장치(Flux Compression Generator, 일명 자장 압축 발생기)'이다. 고도 30km 이상의 대기권 외부에서 폭발이 발생하기에 지구 표면에 핵폭발과 방사능에 의한 피해는 발생하지 않지만 강력한 전자기파가 생겨나면서 목표지역의 모든 전기・전자장비를 태워 버리게 된다. 아래의 <그림 3-10-95>는 전자기펄스(EMP) 탄의 발사 원리이다.

아더 H. 콤프턴(1892~1962)

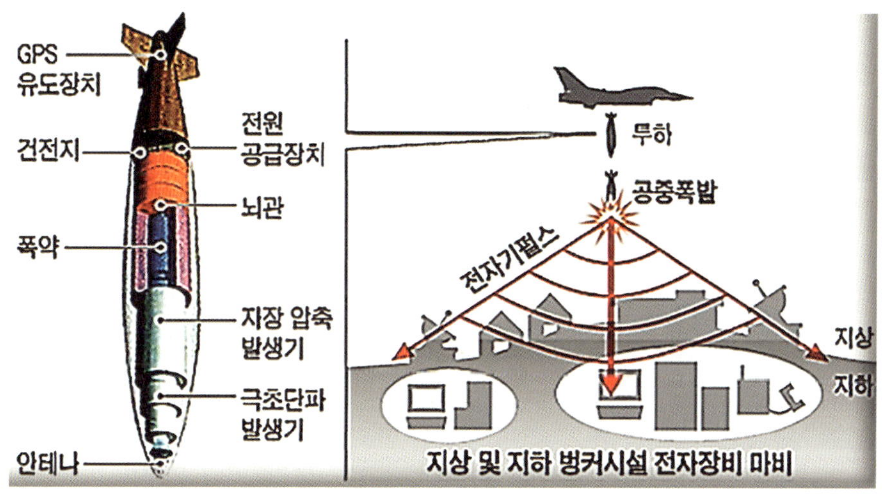

〈그림 3-10-95〉 전자기펄스(EMP) 탄의 발사 원리

전자기펄스(EMP) 탄은 기능적 측면에서 전원 공급기, 자장 압축 발생기, 극초단파 발생기의 세 부분으로 구분할 수 있다. 전원 공급기는 배터리와 축전지로 구성되어 있고, 전자기펄스 발생장치에 초기 전원을 공급한다. 플럭스 압축 발생기(FCG)는 내부에 장치한 폭약이 폭발하는 순간 내부의 시동 코일에서 순간적으로 생성된 자장을 압축시켜 고출력 전기에너지 펄스로 방출하는 기능을 담당한다. 이때 방출되는 펄스는 고출력이긴 하지만, 주파수가 제한되고 에너지도 집중되는 단계가 아니다. 이러한 현상을 극복하기 위하여 전자기펄스 탄의 탄두 부분에 극초단파를 설치하여 고출력 전기에너지를 극초단파 전자기펄스 에너지로 변환시키게 된다. 즉, 안테나를 통하여 에너지를 집중시킴으로써 지향성 펄스로 방출시키는 역할을 담당케 한다.

전자기펄스(EMP) 탄의 특성과 운용하는 개념은 첫째, 고폭(高爆) 화약의 폭발력에서 강력한 전자기파를 표적에 대하여 방사함으로써 적의 방공망과 통신체계 등을 무력화시킨다. 둘째, 적의 인명과 시설에 피해를 주지 않되, 전자부품과 장비의 손상을 통하여 임무 수행 능력을 저하하게 만들고, 셋째, 적 항공기와 미사일 표적에 대한 식별 기능과 유도 조정 기능 등의 첨단 기능을 파괴 및 오작동시킴으로써 적의 전투 수행 능력 자체를 저하되게끔 한다.

미국은 이라크전 당시 개발하여 사용한 것으로 추정하고 있으며, 2014년 미 CIA 국장 제임스 울시는 하원 군사위원회 청문회에서 "지난 2004년 러시아가 북한의 전자기펄스(EMP) 탄 개발을 도왔다"라고 한 점에 근거하여 북한도 전자기펄스(EMP) 탄을 보유하고 있음을 추정할 수 있는 현실이다. 러시아는 중·대구경 탄약에 사용할 수 있도록 소형화된 전자기펄스(EMP) 탄을 개발하고 있다. 한국 국방부도 2019년 '2020~2024 국방중기계획'을 발표하면서 5년간 103조 원을

투자하여 탄소섬유탄(정전 폭탄)을 비롯한 신무기를 개발한다는 내용을 발표한 바 있다.[174]

▲ 기타 무기체계

지금까지 탐구한 이외에도 우주전과 로봇전으로 구분할 수 있다. 우주전은 우주 공간에서 정보를 획득하고 수집하는 행위를 방해하면서 우주 자산에 대하여 공격과 방어가 이루어지는 전쟁을 의미한다. 로봇전은 소형에서부터 대형에 이르는 일련의 로봇들을 활용하는 전쟁을 의미하는 것으로 미래의 대표적인 전쟁 양상이다. 이제 기간이 지나면 지날수록 지속적이고 혁신적인 패러다임이 연속적으로 변화를 가져올 것이며, 이는 전쟁의 패러다임까지 변화시킬 것으로 보인다. 최근에는 하이브리드전(Hybrid War, 다양하고 다원적으로 진행된다는 의미)의 개념이 등장하게 되면서, 1980년대의 4세대 전쟁 양상과 혼용 및 혼재되는 경향이 뚜렷하게 보인다.

1세대 전쟁은 근대국가의 등장과 함께 화약이 발명되고 머스킷 소총과 밀집대형 전술을 중심으로 전쟁이 진행되었다면, 2세대 전쟁은 국민군대의 등장과 함께 소모전 양상을 보였다. 3세대 전쟁은 양차 세계대전을 치르면서 혁신적으로 등장한 화력과 정밀무기를 바탕으로 참호전의 양상에서 기동전의 양상으로 급격하게 진화하였고, 제4세대 전쟁은 중국의 마오쩌둥이 주도하였던 인민 전쟁을 기반으로 하는 소규모 및 분권적 조직에 의해 주도되는 분란전(紛亂戰)의 성격과 저강도 분쟁이 국가와 비국가 행위자들 간에 나타난 것으로 정리할 수 있다.

최근 한반도가 주목해야 할 사실은 시진핑의 '분발유위(奮發有爲, '떨쳐 일어나서 해야 할 일을 하다)'와 '군사 굴기(軍事崛起, 군사적으로 우뚝 일어서다)와 군사몽(軍事夢, 군사적으로 미국과 어깨를 나란히 함)'이라는 공세 전략이다. 이는 시진핑이 집권하면서 독자적으로 만들어낸 국가 정책과 대외 안보전략이 아니다. 마오쩌둥이 국민당 장개석 정부와의 권력 투쟁을 하는 가운데서 완성된 지구전략과 유격전략, 연안 방어라도 하려는 수세적이고 소극적인 해양전략 개념에서 출발하고 있다. 실제 한때는 유럽국가보다 강한 해군력을 보유하였던 중국이었으나, 그간의 정책 실패로 인하여 암흑기에 접어들었음은 일반적인 사실이다. 따라서 마오쩌둥부터 인민 전쟁 사상을 중심으로 발전시키고자 노력하였음에도 1970년대 중반까지는 연안 방어가 겨우 가능한 수준이었다. 그러나 1975년 덩샤오핑이 집권하면서 추진한 개혁개방 정책이 해안 도시 중심으로 활성화되면서 경제성장의 효과가 증대되자 해양의 중요성을 인식하게 된 덩샤오핑이 점차 적극적으로 근해 방어전략을 추진하였다. 이를 통해 연안 중심의 전략에서 대양으로 나아갈 수 있는 발판

---

174) 정희완, "국방부, EMP탄·합동 화력함 등 개발 추진…국방중기계획 발표," 『뉴데일리』 (2019. 8. 14.) (검색일자: 2020년 1월 19일).; 전경웅, "국방부 '北 전자장비 무력화' EMP 폭탄 개발한다," 『뉴데일리』 (2019. 8. 14.) (검색일자: 2020년 1월 19일). 등 다수.

을 마련할 수 있었다. 이후 후진타오 주석이 2006년 '대양해군 건설'을 선언하면서 중국은 해양을 중심으로 하는 전략사상으로 완전히 전환하게 되었음을 재인식하여야 한다.

하이브리드전과 유사한 개념의 복합전(Compound War)도 있다. 다만, 복합전이 하이브리드전과 차이나는 점은 분쟁의 형태가 동시에 같은 공간에서 발생하는 형태가 아니라 다른 공간에서 연속적으로 발생하는 반면에 하이브리드전은 정규전과 비정규전이 같거나, 유사한 비중에 의해 동시다발적으로 수행한다는 점을 이해할 필요가 있다. 아래의 <표 3-10-42>는 1세대에서 4세대까지의 전쟁에 관한 패러다임을 정리한 결과이다.

〈표 3-10-42〉 1세대~4세대까지의 전쟁 패러다임

<table>
<tr><th>구 분</th><th>4세대 전쟁</th><th>복합전</th><th>하이브리드전</th></tr>
<tr><td>목 표</td><td colspan="3">국민 의지 + 정치적</td></tr>
<tr><td rowspan="2">기 간</td><td colspan="3">장기(長期)</td></tr>
<tr><td colspan="2">순차적</td><td>동시적</td></tr>
<tr><td>수행 주체</td><td>비국가적 집단</td><td colspan="2">국가・비국가적 집단</td></tr>
<tr><td>수행방법</td><td colspan="3">정규・비정규전, 사이버 공격 및 테러(Terror)</td></tr>
<tr><td>수 단</td><td colspan="3">재래식, 하이테크, 치명적인 대량 살상무기 등</td></tr>
</table>

대표적인 사례가 아프가니스탄 전쟁(2001)과 이라크 전쟁(2003)을 들 수 있다. 양대 전쟁은 미국이 압도적인 전력을 앞세워 진행하였던 네트워크 중심의 작전환경에서 첨단기술을 사용한 재래식 전쟁이었다. 그러나 최신 첨단 정밀유도무기 등이 동원되어 전투에서는 승리를 가져왔지만, 전쟁에서 패배하였다는 평가가 중론(衆論)이었다. 가장 대표적인 내용을 요약하자면, 첨단무기로 압도적인 주도를 하였지만, 전면전 위주의 전쟁 진행으로 인하여 전쟁 양상의 변화에 신속하게 대처하지 못했다는 평가에 주목할 필요가 있다. 즉 전쟁을 전면전 위주로 진행하면서 비정규전 위협에 대응하는데 등한시함으로써 결과적으로 전쟁에서 승리하지 못했다는 점을 인식하여야 한다.

에필로그

군사학도와 초급 연구자, 그리고 강의를 진행하는 분들에게 세 가지의 당부 말씀을 드리면서 글을 맺고자 한다.

첫째, 여러분들이 전문직업군인으로서 10년 이상 복무를 하게 되면, 군사학 박사라고 하여도 과언이 아니라고 본다. 학위 보유자보다 미흡한 점이 있다면, 논지(論旨)가 일부 정연(井然)하지 않거나, 주장할 때 다소 합리적이지 않다는 점 이외에는 없지 않을까 싶다. 이 책은 그간의 학습지도와 강의 경험, 탐구 등을 통해 전쟁과 무기체계의 상관관계가 어떠하였는지, 무기체계가 어떻게 개발 및 진화하였는지에 대한 배경과 목적, 그리고 이유를 최대한 분명하게 제시하고자 노력하였다. 특히 story-telling 형식을 빌려 학습자가 어렵지 않게 다가설 수 있도록 전쟁사를 활용하여 구성함으로써 호기심을 자극하였다. 저자는 정치학이 "Why?"라면, 군사학은 개념적 원리인 "What?"과 실천적 원리인 "How?"를 찾아가는 지식 기반체계로 평가한다. 장차 국가와 軍의 올바른 지도자가 되려면, 다양한 상황이나 사태의 맥락, 그리고 내면을 직관(直觀)할 수 있어야 하므로 평소 이해-분석-판단을 할 수 있는 능력을 배양함이 필요하다고 생각하고 있다.

둘째, 배가 고프다고 빵을 달라고 해서도, 주어서도, 받아서도 안 된다. 이 책을 접하는 계층은 軍의 초급간부가 되려는 군사학도이거나, 한편으로는 이러한 신분의 군사학도나 초급 연구자들을 지도하는 분들일 것이다. 학습자들이 당장 배고프다고 하여 빵을 덥석 주는 행위가 일시적으로는 배고픔을 해소한다는 긍정적인 측면도 있겠지만, 다른 한편으로 생각한다면, 바로 이러한 학습 진행방법이 軍과 군사학을 단순하고 쉽게만 생각하게 만들어 버린다는 현실을 느끼곤 한다. 軍 복무 간 초기의 생각과 다른 현실에 부딪히면서 회의하게 만드는 문제의 출발점이 될 수 있다는 우려를 하고 있음을 진중(鎭重)하게 새겨보았으면 싶다.

끝으로 군사학도와 초급 연구자, 그리고 강의를 진행하시는 분들에게 당부드린다면, 흥미 위주의 학습 진행보다 story-telling을 접목하여 절차탁마(切磋琢磨)시키는 의지와 노력, 학습자들의 절실함이 필요하리라고 생각한다. 군사학도와 초급 연구자, 학생들을 가르치는 모든 분에게 좋은 기운과 행복이 가득하기를 기원드린다.

"걱정만으로 근심을 해결할 수 없다. 노력과 실천만이 유일한 해법이다!"

약어 정리

ADD (Agency for Defense Development) 국방과학연구소
AECA (Armed Export Control Act) 무기수출통제법
AGO (Air Ground Joint Operations) 공지합동작전
AK (Automatic Kalashinikov) 구소련제 돌격용 소총
ALO (Air Liasion Officer) 공군연락장교
AM 진폭 변조 방식
APC (Armored Personnel Carrier) 병력수송장갑차
ARM (Anti Radiation Missile) 대(對) 방사(레이더)미사일
AS (Air Supremacy) 제공권
ATGM (Anti Tank Guided Missile) 유선 유도식 대전차 유도미사일
AUG (Steyr Armee Universal Gewehr) 슈타이어 육군 범용 소총
AW (Asymmetric Warfare) 비대칭전
BT (Ballast Tank) 부력탱크
BWC (Biological Weapons Convention) 화학무기 금지조약
C3CM (Command, Control and Communications Countermeasures) 전술지휘·통제, 전자전 대응
CDMA (Code Division Multiple Access) 코드 분할 다중접속 방식
CITV (Commander's Independent Thermal Viewer) 열 영상장비
C4ISR (Command, Control, Communications, Computers, Intelligence & Surveillance and Reconnaissance) 지휘·통제·통신·컴퓨터·정보 및 감시정찰
CMV (Combat Mobility Vehicle) 전투공병전차
COIN Weapon counterinsurgency 대(對) 게릴라전 무기
CR (Close Range) 근거리
CS (Commercial Sales) 상용판매
CT (Computed Tomography) 컴퓨터를 이용한 단층 촬영장치
CW (Carrier Wave) 반송파
CW (Cyber Warfare) 사이버전
CW (Compound War) 복합전
CWC (Chemical Weapons Convention) 생물학 금지조약
CWP (Cold War Period) 냉전기
Daul use tachnology 또는 Spin-up 민군겸용기술
DMT (Digital Multirole Terminal) 디지털 단말기

EBO (Effects-Based Operations) 효과기반작전
ECCM (Electronic Counter-Countermeasures) 전자방해 대항 기술
EMCON (Emission Control) 전파 방사 통제
EMP (Electromegnetic Pulse Bomb) 전자기펄스탄(일명 E-Bomb)
EO/IR (Electro Optical Infra-Red) 적외선 감시장비
EOC (Electro-Optical Camera) 전자광학 카메라
ER (Extended Range) 사거리 연장
ERA (Explosive Reactive Armorr) 폭발식 반응장갑
EW (Electronic Warfare) 전자전
FB (Fire Base) 전포대
FCG (False Cross and Ground test) 혼선 · 접지 시험
FCS (Future Combat System) 미래전투체계
FDC (Fire Direction Center) 사격지휘소
Five Strategic Rings 존 와든(J. Warden)이 주창한 5개 동심원 이론
FM 주파수 변조방식
FMS (Foreign Military Sales) 대외 군사판매(제도)
FN FNC (Fabrique Nationale Carabine) 프랑스식 제식소총
GB (Graphite Bomb) 탄소섬유탄
GCS (Ground Control Station/System) 지상통제장비
GIG (Global Information Grid) 범(凡)세계 정보 격자
GL (Grenade Launcher) 유탄발사기
GPS (Global Positioning System) 위성항법장치
HAE (High Altitude Endurance) 고고도 체공형 무인항공기
HCTR (High Capacity Trunk Radio) 초고속 대용량 무선전송장치
HEAT (High Explosive Anti Tank) 대전차고폭탄
High-Low mix 획득 비율의 배합
HMD (Helmet Mounted Display) 헬멧장착 시현기
HPM (High-Power Microwaves) 고출력 마이크로파
HT (Hunting Tank) 구축전차
HUAV (High altitude Unmanned Aerial Vehicle) 정찰용 고고도 무인기
HULC (Human Universal Load Carrier) 인간 외골격 운반기
HW (Hybrid War) 하이브리드전
ICBM (Intercontinental Ballistic Missile) 대륙간 탄도미사일
IS (Islami State) 이슬람 국가를 뜻하며, 아부 바르크 알바그다디가 이끄는 조직으로 수니파의 이슬람 극단주의 무장단체
ISR (Intelligence, Surveillance & Reconnaissance) 정보 · 감시정찰
IT (Infantry Tank) 보병전차
KDX (Korea Destroyer Experimental) 한국형 구축함 사업

KIDA (Korea Institute for Defense Analyses)	한국국방연구원
LAN (Local Area Network)	근거리통신망
LAU (Low Altitude UAV)	저고도 무인항공기
LB (Logic Bomb)	논리폭탄
LL (Lend-Lease)	무기대여법
LR (Long Range)	장거리
LSW (Light Support Weapon)	영국제 경기관총
LW (Limited War)	제한전쟁
MAD (Mutual Assured Destruction)	상호확증파괴
MAE (Medium Altitude Endurance)	중고도 체공형 무인항공기
MAPATS (Man Portable Anti-Tank System)	보병, 차량, 헬리콥터가 사용할 수 있도록 튜브 발사식으로 고안된 휴대용 대전차유도탄(ATGM) 시스템
MAV (Micro-Air Vehicle)	마이크로형 무인기
MAWS (Missile Approach Warning System)	미사일 접근 경보기
MB (Mail Bomb)	메일폭탄
MBT (Main Battle Tank)	주력전차
MDW (Multi Dimensional Warfare)	입체전
M&S (Modeling and Simulation)	모델링 및 시뮬레이션
MG (Machine Gun)	기관총
MLRS (Multiple Launch Rocket System)	다련장포
Moore's Law	무어의 법칙 * 컴퓨터의 성능은 18개월을 주기로 하여 2배로 향상되지만, 가격은 변화가 없다는 원칙
MR (Medium Range)	중거리
MRI (Magnetic Resonance Imaging)	자기공명영상 촬영장치
MST (Magnetic Secure Transmission)	이동무선 단말기
NATO (North Atlantic Treaty Organization)	북대서양조약기구
NCW (Network Centric Warfare)	네트워크 중심전
NW (Nonlinear Warfare)	비선형전
OP (Observation Post)	관측소
RDO (Rapid Decisive Operation)	신속결정적작전
RPG (Rocket Profelled Grenade Launcher)	대(對)전차 유탄발사기
PGMs (Precision-Guided Munitions)	정밀유도무기
PSI (Proliferation Security Initiative)	대량 살상무기 확산 방지 구상
PW (Proxy War)	대리전쟁
PW (Parallel Warfare)	병행전(竝行戰)
RC (Remote Control)	원격통제
RFP (Request For Proposal)	제안요청서

ROC (Required Operational Capability) 작전요구성능
RPA (Remotly Piloted Aircraft) 사람이 원격으로 조종
RSC (Remote Subscriber Concentrator) 다중 집선기(多重集線機)
SACLOS (Semi-Automatic Command to Line of Sight) 유선 유도방식
SALT (Strategic Arms Limitation Talks) 전략무기 제한협정
SAM (Surface to Air Missile) 단거리 지대공 유도무기
Spin-off 민간 이전(移轉)기술
Spin-on 민간기술을 군사 분야에 이전 및 활용할 수 있는 기술
SAR (Synthetic Aperture Radar) 합성개구 레이더
SEP (System Enhancement Package) 시스템 확장 패키지
SG (Submachine Gun) 기관단총
SH (Self-propelled Howitzer) 자주포
SLBM (Submarine-Launched Ballistic Missile) 잠수함발사 탄도미사일
SNS (Social Network Service) 온라인상에서 새롭게 인맥을 형성할 수 있도록 제공하는 서비스(누리소통망)
SR (Short Range) 단거리
Tactics on Defense in Depth 종심방어전술
TD (Time Duplex) 하나의 전송 용량을 다수의 사용자가 시간을 배정받아 접속하는 방식
TE (Test & Evaluation) 시험평가
TICN (Tactical information Communication Network) 전술정보통신체계
TMMR (Tactical Multiband Multirole Radio) 다대역 다기능 무전기
TOW (Tube launched, Optically tracked, Wire command link guided)
유선 유도와 광학 추적, 튜브 발사식 미사일
TT (Tele Tank) 무선전차
UAV (Unmanned aerial vehicle) 무인항공기
UNCCA (United Nations Commission for Conventional Armaments) UN 재래식 군비위원회
UHF (Ultra High Frequency) 극초단파로 진동수가 300~3000Mhz까지 전파
VHF (Very High Frequency) 초단파로 진동수가 30~300Mhz 사이에 있는 전파
VX (Venom toxic) 치사성(致死性성) 신경가스
WS (Weapon system) 무기체계
WMD (Weapon of Mass Destruction) 대량 살상무기
4GW (4th Generation Warfare) 4세대 전쟁

해군 함정을 분류 및 명명(命名)하는 방법

1. 해군 함정을 일반적으로 분류하는 기준

1-1. ~1945, 탑재한 무기체계를 기준으로 전통적인 방법을 사용하고 있다.

1-2. 현대~, NATO 분류기준을 적용, 전통적으로 분류하되, 기능의 측면을 고려하여 혼합적으로 사용하고 있다.

* 제2차 세계대전 이후 기능과 배수량 등의 변화로 인해 국가별 기준은 다르지만, 톤수나 무기체계, 주 추진방식, 기능 등을 혼용하여 韓·美 해군에서 적용

2. NATO의 분류기준: 기본임무와 기능 문자에 따라 분류

2-1. 기본임무

구 분	함정 약어(풀 네임)		주요 내용
잠수함(정)	SS	Submarine	·150톤을 기준으로 잠수함/정으로 분류 ·핵 추진 여부에 따라 능력 구분 (SS+N)
항공 모함	CV	Multi-purpose Aircraft Carrier	·3만톤 이하는 경항모로 분류 ·핵 추진 여부에 따라 능력 구분 (CV+N)
순양함	C	Cruiser	·지휘·통제능력 우수(8,000톤 이상) ·구축함과 비교하면 중무장 * 대양을 순회하며 장시간, 장거리 작전이 가능한 함정
구축함	DD	Destroyer	·대함·대잠·대공 작전을 독자적으로 수행이 가능한 다목적 전투함(3,000~7,000톤) * 어떤 세력이나 해로운 것을 쫓는 함정 → 주로 잠수함을 지정
호위함	FF	Frigate	·구축함보다 경무장하고 속력이 빠름 ·특정 임무를 수행(1,500~3,000톤) * 韓: 대함전, 美: 대잠전, 英: 대공전

초계함	P	Patrol Corvette	• 연안 경비용(400~1,500톤) • 적의 상륙세력이나 고속정 등을 차단
유도탄 고속함	P	Patrol boat	• 유도탄 장착, 현 고속정 대체 * 500톤 이상부터 함(艦)으로 분류
고속정	P	Patrol boat	• 연안 경비용(통상 200톤 이하)
상륙함	L	Amphibious Ship	• 상륙군, 장비 및 물자 수송
기뢰전함	M	Mine ship	• 기뢰 부설, 탐색 및 소해(掃海)
지원함	A	Auxiliary ship	• 군수보급 • 구조 • 해양정보 수집

2-1-1. 잠수함의 기본코드: SS

* 기본 잠수함 코드에 핵 추진 엔진이 장착될 경우: SSN
* 핵 추진 엔진이 장착된 잠수함에 핵미사일을 탑재할 경우: SSBN

2-1-2. 구축함의 기본코드: D

* 호위함 임무를 수행할 경우: DE
* 구축함 고유 임무를 수행할 경우: DD
* 구축함 + 회전익 항공기인 헬기를 운용할 경우: DDH
* 유도탄 미사일을 탑재할 경우: DDG
* 개발 중인 함정의 명칭은 국가부호와 기본 임무, 기능 문자, 개발 일련번호를 고려하여 명명

2-2. 기능 문자

문자	내 용	문자	내 용
A	• 공기부양(Air cushion)	K	• 화물 수송(Cargo)
B	• 탄도유도탄 (Ballistic Missile)	L	• 톤수가 적은 함정(Light)
C	• 연안(Costal) • 지휘(Command)	M	• 중형(Medium) • 소형(Midget)
D	• Dock 보유	N	• 핵추진기관 보유

E	· 탄약 수송 · 호위(Escort) 임무	O	· 대양작전(Ocean) · 유류 수송(Oil)
F	· 고속(Fast)	S	· 구조(Salvage) · 소해(Sweeping) · 조사(Survey)
G	· 유도탄 (Guided Missile)	T	· 훈련(Training) · 수송(Transport)
H	· 헬기탑재(Helo) · 기뢰탐색(Mine Hunting)	X	· 차세대 실전 배치를 위해 실험 중인 장비(Experimental)

※ 함정분류 적용사례(예)

· **KDX-1**: 한국의 구축함으로 현재 개발 중인 첫 번째 유형의 함정
↘ 국가부호, 기본 임무(DESTROYER), 기능 문자(EXPERIMENTAL), 개발 일련번호
* 현재는 개발이 완료되어 실전 배치되었으므로 분류기준이 DDH(구축함으로 헬기를 탑재)로 변경

· SSM : 수중작전용 함정으로 규모가 중형 또는 소형
↘기본 임무(SUBMARINE), 기능 문자(MEDIUM 또는 MIDGET)

3. 기타 분류

3-1. 함(艦)형 톤수 및 기능이 유사하며 연속하여 건조된 함정의 경우, 전체를 망라하여 주로 1번 함 함명에 급(CLASS)이라는 명칭을 부여한다.

3-2. KDX-1 시리즈로 생산된 구축함 3척은 광개토대왕 · 을지문덕 · 양만춘함 등의 유함명을 갖고 있지만, 전체는 광개토대왕함급으로 분류한다.

3-3. 미국의 경우 1972년, 2001년에 건조된 니미츠와 로널드 레이건 항모는 건조한 시기와 톤수, 무장부문에서 약간의 차이는 있으나, 같은 개념으로 건조되어 12척의 항모 중 그 기간에 건조된 9척의 항모는 니미츠급으로 분류한다.

4. 해군 함정의 분류방법

대 분 류	중 분 류
전투함	· 잠수함, 구축함, 호위함, 초계함, 상륙함, 기뢰전함, 고속함, 잠수정, 고속정
전투지원함정	· 군수지원함, 구조함, 잠수정 모함, 정보함, 상륙지원정(LCU/L)
전투정	· 경비정, 정보정, 대잠정
근무지원정	· 수송정, 보급정, 항만작업정, 근무주정, 지원정, 훈련정

4-1. 한국 해군의 주요 함정분류 및 명명 방법

구분	함 종	함 정 약 어	비 고(명명법, 주요함정)
전투함	잠수함	SS(Submarine)	· 수군 장수, 독립투사 -SS-Ⅰ: 장보고, 이천, 최무선, 박위, 이종무, 정운, 이순신, 나대용, 이억기 -SS-Ⅱ : 손원일, 정지, 안중근, 김좌진, 윤봉길, 유관순, 홍범도, 이범석, 신돌석 * 가장 일관성없는 명명 방식으로 평가
	잠수정	SSM(Submarine Midget)	· 별명(돌고래): 번호
	구축함/헬기탑재/이지스 구축함	DD(Destroyer) 또는 DDH(Destroyer Helicopter)	· 역대 왕(王) 또는 장수의 이름 -1차: 광개토대왕, 을지문덕, 양만춘 -2차: 충무공 이순신, 문무대왕, 대조영, 왕건, 강감찬, 최영
		DDG(Guided MSL Destroyer)	· 세종대왕, 율곡 이이, 서애 류성룡
	호위함	FF(Frigate)	· 도 및 도청, 대도시: 울산, 서울, 충남, 마산, 경북, 전남, 제주, 부산, 청주
		FFG(Frigate Guided MSL)	· 도 및 도청, 대도시: 인천함
	초계함	PCC(Patrol Combat Corrvette)	· 주요 소도시 : 경주, 목표, 여수, 부천, 성남, 공주 등 21척

구분	함 종	함 정 약 어	비 고(명명법, 주요함정)
전투함	대형 수송함	LPH(Amphibious Ship Transport Helicopter)	· 주요 섬: 독도
	강습 상륙함	LST(Landing Ship Tank)	· 주요 섬 또는 산봉우리: 고준봉, 비로봉, 향로봉, 성인봉
	고속 상륙정	LSF(Landing Ship Fast)	· 조류(솔개): 번호
	기뢰탐색 소해함	MSH(Mine Sweeper & Hunter)	· 군 소재지: 양양, 옹진, 해남
	기뢰 탐색함	MHC(Mine Hunter coastal)	· 읍 소재지: 강경, 강진, 고령, 김포, 고창, 금화
	기뢰 부설함	MLS(Mine Laying Ship)	· 기뢰전 전적지: 원산
	유도탄 고속함	PKG(Guided MSL Patrol Boat Killer)	· 해전영웅: 윤영하, 황도현, 박동현 등 · 해군 창설인원: 정긍모, 현시학 등
	고속정	PKM(Patrol Boat Killer Medium)	· 조류 등의 동물 이름: 참수리
전투지원함	군수 지원함	AOE(Fast Combat Support Shi)p	· 큰 호수: 천지, 대청, 화천
	수상함 구조함	ATS(Salvage & Rescue Ship)	· 공업단지: 평택, 광양, 통영
	잠수함 구조함	ASR(Submarine Rescue Ship)	· 역사적 해군기지: 청해진
	정보 수집함	AGS(Surveying Ship)	· 창조 · 개척의 추상적인 의미: 신천지, 신세기, 신기원

4-2. 북한 해군의 주요함정 분류 및 명명 방법

구분	함 종		함정 약어	주 요 제 원
전투함정	잠수함	W급	SS (Attack Submarine) * W형(초기) → R형(개량)	· 어뢰 12기, 기뢰 24기 · 배수량: 1,045~1,133톤
		R급		· 어뢰 14기, 기뢰 28기 · 배수량: 1,475~1,830톤
		상어급	SSC (Cdastal Submarine)	· 어뢰 4기, 기뢰 16기 · 배수량: 275~330톤(최신형)
	경구축함		FFL (Frigate Light)	· 유도탄 4기, 100mm 함포 · 배수량: 1,600톤
	경비함		PG (Patrol Combatant)	· 100mm 함포, 기뢰 54기 · 배수량: 550~700톤
	구잠함		PCS (Submarine Chaser)	· 100mm 함포, 기뢰 24기 · 배수량: 420톤 *잠수함을 쫓는다는 의미
전투함정	유도탄정		PTG (Missile Attack Boat)	· 함대함 유도탄 24기 · 배수량: 80~232톤
	어뢰정		PT (Torpedo Boat)	· 어뢰 2~4기 · 배수량: 20~145톤
	대형 경비함		PCF (Fast Patrol Craft)	· 85mm 함포, 기뢰 20기 · 배수량: 215톤
	중형 경비함		PC (Patrol Craft)	· 100mm 함포, 기뢰(추정) · 배수량: 170~200톤
	소형 경비정		PB (Mine Laying Ship)	· 100mm 함포 · 배수량: 80톤
	화력 지원정		PCFS (Fire Support Patrol Craft)	· 122mm 방사포, 로켓 90기 · 배수량: 82톤
지원함정	유고급 잠수정		SSM (Midget Submarine)	· 어뢰발사관 2문 · 배수량: 70톤 * 공작원 12명 탑승
	소해정		MSB (Mine Swepping Boat)	· 기뢰탐색용 소나, 기관총 · 배수량: 40 ~60톤
	고속 상륙정		LCP (Personnel Landing Craft)	· 기관총 2문 · 배수량: 75톤 * 70~100명 탑승 가능
	공기 부양정		LCPA (Air Cushion Personnel Landing Craft)	· 기관총 2문 · 배수량: 40톤 * 30~70명 탑승 가능

공군 항공기를 분류 및 명명(命名)하는 방법

1. 공군 항공기를 일반적으로 분류하는 기준

1-1. 일반적으로 항공기의 명명은 미·러·영, 캐나다의 4개 국가를 기준으로 사용하고 있으나, 여기에서는 미국과 러시아식 명명법을 제시한다.

1-2. 항공기는 혼동을 피하고자 특정한 문자와 숫자로 구성한 고유 명칭(Proper Name)과 별칭인 통상명칭(Popular Name 또는 Nick Name)으로 분류하고 있다.

1-3. 대다수 국가에서 통상명칭이 부여되기 이전에 기종에 따라 고유명칭을 부여하고 있으므로 설계할 때 부여한 고유명칭만을 사용하거나, 고유명칭과 통상명칭을 혼용하고 있다.

* 예) F-15 Eagle

↘ F-15: 고유명칭(Proper Name), Eagle: 통상명칭(Nick Name)

2. 군용항공기의 고유명칭의 알파벳과 기본 임무

구분	임 무	항공기 명칭(예)
A	공격기(Attack)	A-10 썬더볼트
B	폭격기(Bomber)	B-52
C	수송기(Cargo)	C-130 허큘리스
D	무인항공기 통제(Director)	-
E	전자전기(Electronics)	E-3
F	전투기(Fighter)	F-15·16
FB	전술폭격기(Fighter-Bomber)	F-15E, FB-22
H	헬리콥터(Helicopter)	HH-60
K	급유기(Tanker)	KC-330
O	관측기(Observation)	OH-58
P	초계기(Patrol)	P-3C

R	정찰기(Reconnaissance)	R 또는 SR-71
S	대잠기(Anti-Submarine)	S-3B Viking
SR	전략정찰기(Strategic Reconnaissance)	SR-71 Blackbird
T	훈련기(Trainer)	T-50
U	다용도기(Utility)	U-2
V	수직 또는 단거리 이착륙기 (Vertical, VTOL 또는 STOL)	MV-22
Z	비행선(Zeppel)	Dynalifter

* 일련번호는 기본임무별 항공기의 채택순서로서 숫자로 표식한다.

* 軍에서는 명확한 명칭이 필요하므로 고유 명칭을 '제식 명칭'으로 부르며, 훨씬 더 중요한 의미가 있다.

3. 미국식 명명 방법

3-1. XRF-5A(예)

↘ X: 현상부호 → 시험기를 의미

↘ R: 개량 임무 부호 → 정찰용을 의미

↘ F: 기본임무 부호 → 기본임무가 전투기임을 의미

↘ 5: 일련번호 → 전투기 중 다섯 번째로 개발된 기종임을 의미

↘ A: 개량부호 → F-5 중 첫 번째 개량된 기종임을 의미

3-1-1. **현상부호:** 항공기의 기본임무가 아닌 현 상태를 나타내는 부호

구 분	임 무	항공기 명칭(예)
G	Permanently Grounded	비행은 하지 못하며 지상 시험용
J	Special Test, Temporary	특수시험을 위해 잠정적으로 임무에서 제외된 항공기
N	Special Test Permanent	특수시험을 위해 영구적으로 임무에서 제외된 항공기
X	Experimental	연구목적의 시험기
Y	Proto type	시험용으로 제작한 항공기
Z	Obsolete	퇴역 항공기

3-1-2. **개량 임무 부호(Modified Mission Symbol)**: 항공기의 외부 장치 일부를 개조하거나, 내부 및 외부 장치의 일부를 개조하여 기본 임무와 다른 임무 또는 추가로 임무가 부여된 경우에 붙여지는 부호를 의미하여, 기본 임무부호 앞에 사용하고 있다.

구 분	용도 및 목적	구 분	용도 및 목적
A(Attack)	공격용	L(Cold Weather)	한냉지(寒冷地)용
C(Cargo/Transport)	수송용	M(Miscellaneous)	범용(汎用)
D(Drone Director)	지휘용	O(Observation)	관측용
E(Special Electronics)	특수전자전용	Q(Radio Controlled rone)	무인기(드론)
F(Fighter)	전투용	R(Reconnaissance)	정찰용
G(Permanently Grounded)	영구 지상용	S(Anti-Submarine)	대잠(對 잠수함)용
		T(Trainer)	훈련용
H(Search & Rescue)	수색 및 구난용	U(Utility)	다목적용
K(Tanker)	공중급유용	V(Staff Duties), W(Weather)	요인 수송 및 기상(氣象)관측용

3-1-3. **기본 임무 부호(Basic Mission Symbol)**: 항공기에 일차적으로 부여된 임무를 의미하고 있다.

구 분	용도 및 목적	구 분	용도 및 목적
A(Attack)	공격기	O(Observation)	관측기
B(Bomber)	폭격기	P(Patrol)	초계기
C (Cargo/Transport)	특수전자전기	R(Reconnaissance)	정찰기
F(Fighter)	전투기	S(Anti-Submarine)	대잠(對 잠수함)기
FB (Fighter-Bomber)	전폭기	SR(Strategic Reconnaissance)	전략정찰기
H(Helicopter)	헬리콥터기	T(Trainer)	훈련기
K(Tanker)	급유기	U(Utility)	다목적기(범용기)

V/STOL(Vertical/Short Take-off and Landing)	단거리 또는 수직 이·착륙기
X(Reserch)	실험기
Z(Airship)	비행선

3-1-4. **일련번호:** 숫자로 표식하며, 기본임무별 항공기가 채택된 순서를 의미하고 있다.

3-1-5. **개량부호:** 기본 임무의 변화는 없는 상태로 내부 구조나 장치 일부민을 개량한 경우 사용하는 표식으로 숫자와의 혼란을 피하기 위하여 'I'와 'O'를 제외한 알파벳 문자로 사용하고 있다.

4. 러시아식 명명 방법

4-1. **MIG-21F-13Fisherd**(예)

↘ **MIG**: 설계한 사람의 머리글자(initials), ↘ **21**: 일련번호,

↘ **F**: 개량부호, ↘ **13**: 수출국의 번호 ↘ **Fisherd**: NATO의 별칭

4-1-1. **머리글자:** 설계한 국가의 수석연구자 개인이 이름을 사용한다.

구 분	설계자의 이름	구 분	설계자의 이름
AN	안토노프(Antonov)	MIG	미코얀 & 구레비치 (Milkoyan & Gurevich)
IL	일류신(Llynshin)	SU	수호이(Sukohi)
KA	카모프(Kamov)	TU	투폴레프(Tupolev)
MI	밀(Mil)	YAK	야코블레프(Yakovlev)

4-1-2. **일련번호:** 전투기는 홀수, 폭격기와 수송기는 짝수를 부여한다.

예1) 전투기: MIG-21·23·27·29, SU-35·37

예2) 폭격기와 수송기: TU-22·26 등

4-1-3. **개량부호:** 설계자의 머리글자 앞이나 일련번호의 뒤쪽에 쓰이는 개량된 임무를 의미하며, 하나의 부호가 여러 가지의 의미로 사용될 경우 해결이 곤란하므로 일반적으로 아래의 도표와 같이 구분하고 있다.

구 분	개량의 형태	구 분	개량의 형태
B	전투폭격기	P	전천후요격기
D	장거리형	R	정찰형
F	추진장치 강화형	T	수송형
M	개조형	U	훈련형

4-1-4. 수출국 번호: 동맹 또는 다른 국가에 수출할 때 사용한다.

4-1-5. NATO 명칭의 별칭: 러시아(구소련) 군용항공기의 정식 명칭은 외부로 자세하게 알려지지 않았기 때문에 NATO에서 붙인 이름으로 단어의 첫 문자는 기본 임무를 암시하고 있다.

*** 기본부호(예)**

구분	개량의 형태	구분	개량의 형태
B	폭격기(Bomber)	H	헬리콥터(Helicopter)
C	수송기(Cargo/Transport)	M	훈련기나 해상정찰기, 전자전기 또는 기타 항공기(Miscellaneous)
F	전투기/공격기 (Fighter/Ground Attack)		

참고문헌

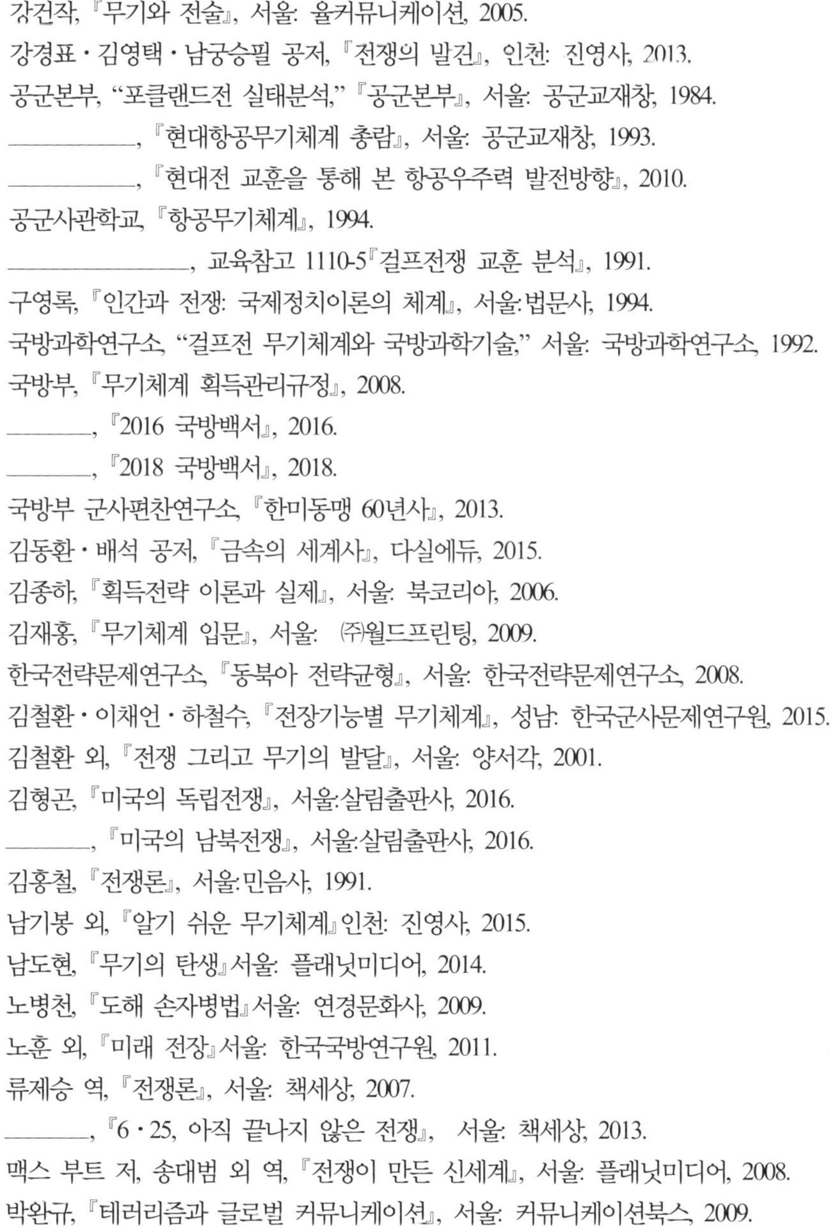

강건작, 『무기와 전술』, 서울: 율커뮤니케이션, 2005.

강경표・김영택・남궁승필 공저, 『전쟁의 발견』, 인천: 진영사, 2013.

공군본부, "포클랜드전 실태분석," 『공군본부』, 서울: 공군교재창, 1984.

__________, 『현대항공무기체계 총람』, 서울: 공군교재창, 1993.

__________, 『현대전 교훈을 통해 본 항공우주력 발전방향』, 2010.

공군사관학교, 『항공무기체계』, 1994.

______________, 교육참고 1110-5『걸프전쟁 교훈 분석』, 1991.

구영록, 『인간과 전쟁: 국제정치이론의 체계』, 서울:법문사, 1994.

국방과학연구소, "걸프전 무기체계와 국방과학기술," 서울: 국방과학연구소, 1992.

국방부, 『무기체계 획득관리규정』, 2008.

_______, 『2016 국방백서』, 2016.

_______, 『2018 국방백서』, 2018.

국방부 군사편찬연구소, 『한미동맹 60년사』, 2013.

김동환・배석 공저, 『금속의 세계사』, 다실에듀, 2015.

김종하, 『획득전략 이론과 실제』, 서울: 북코리아, 2006.

김재홍, 『무기체계 입문』, 서울: ㈜월드프린팅, 2009.

한국전략문제연구소, 『동북아 전략균형』, 서울: 한국전략문제연구소, 2008.

김철환・이채언・하철수, 『전장기능별 무기체계』, 성남: 한국군사문제연구원, 2015.

김철환 외, 『전쟁 그리고 무기의 발달』, 서울: 양서각, 2001.

김형곤, 『미국의 독립전쟁』, 서울:살림출판사, 2016.

_______, 『미국의 남북전쟁』, 서울:살림출판사, 2016.

김홍철, 『전쟁론』, 서울:민음사, 1991.

남기봉 외, 『알기 쉬운 무기체계』인천: 진영사, 2015.

남도현, 『무기의 탄생』서울: 플래닛미디어, 2014.

노병천, 『도해 손자병법』서울: 연경문화사, 2009.

노훈 외, 『미래 전장』서울: 한국국방연구원, 2011.

류제승 역, 『전쟁론』, 서울: 책세상, 2007.

_______, 『6・25, 아직 끝나지 않은 전쟁』, 서울: 책세상, 2013.

맥스 부트 저, 송대범 외 역, 『전쟁이 만든 신세계』, 서울: 플래닛미디어, 2008.

박완규, 『테러리즘과 글로벌 커뮤니케이션』, 서울: 커뮤니케이션북스, 2009.

박휘락,『전쟁, 전략, 군사입문』, 서울: 법문사, 2005.
버나드 로 몽고메리 저, 송영조 역,『A History of Warfare: 전쟁의 역사』, 서울: 책세상, 2004.
베빈 알렉산더 저, 조정 역,『혁신으로 승리한 전쟁의 교훈』, 서울: 양서각, 2005.
배리 파커 저, 김은영 역,『전쟁의 물리학』, 서울: ㈜더난콘텐츠그룹, 2005.
송인영 외,『세계전쟁사』, 서울: 공학사, 1997.
아이작 아시모프,『아시모프의 물리학』, 서울: 웅진문화, 1993.
안승범・오동룡,『2016~2017 ROK MILIYARY WEAPON SYSTEM』, 서울: 디펜스타임즈, 2018.
어니스트 볼크먼 지음, 석기용 옮김,『전쟁과 과학, 그 야합의 역사』, 서울: 이마고, 2003.
엄정호・최성수・정태명,『사이버전 개론』, 서울: 홍릉과학출판사, 2012.
유동환,『손자병법』, 서울: ㈜홍익출판사, 2012.
유용원 외,『무기 바이블3』, 서울: 플래닛미디어, 2014.
육군교육사령부,『무기체계 획득절차』, 2008.
육군군사연구소,『1129일간의 전쟁 6・25』, 2014.
육군대학,『무기체계(지상)』, 2008.
육군본부,『지상무기체계의 원리 Ⅰ・Ⅱ』, 2010.
__________,『미래지상작전 및 전투발전』, 2007.
__________,『칭기스칸 전쟁술』, 대전: 육군본부, 2009.
육군사관학교 전사학과,『세계전쟁사』, 서울: 황금알, 2012.
이경배,『무기획득 기획의 이론과 실제』, 서울: 대한출판사, 2008.
이남규,『첨단전쟁: 걸프전과 첨단무기』, 서울: 조광출판사, 1992.
이내주,『전쟁과 무기의 세계사』, 서울: 채륜서, 2017.
이민수 譯解,『손자병법』, 서울: 혜원출판사, 1995.
이상길 외,『무기체계학(신편)』, 서울: 청문각, 2011.
이종호,『한국 7대 불가사의: 과학 유산으로 보는 우리의 저력』, (서울: 역사의 아침, 2007.
이재국・이용일,『무기체계학』, 화성: 애듀컨텐츠・휴피아, 2014.
이진호,『알기 쉬운 무기공학』, 서울: 북코리아, 2012.
______,『무기의 이해』, 서울: 양서각, 2007.
______,『신편 군사과학 개론』, 서울: 양서각, 2013.
이진호 외,『합동성 강화를 위한 무기체계』, 고양: 북코리아, 2015.
이태윤,『현대 테러리즘과 국제정치』, 파주: 한국학술정보, 2010.
임용한,『세상의 모든 전략은 전쟁에서 탄생했다』, 서울: 교보문고, 2013.
정명복,『쉽고 재미있는 생생 무기와 전쟁이야기』, 서울: 집문당, 2012.
정진태,『방위사업학 개론』, 서울: 21세기북스, 2012.
존 린 著, 이내주・박일송 譯,『Battle: 전쟁의 문화사』, 서울: 청어람미디어, 2006.
조셉 커민스 저, 김지원외 역,『전쟁연대기 Ⅰ.Ⅱ』, 서울: 니케북스, 2013.
조영갑,『세계전쟁과 테러』, 성남: 선학사, 2012.
조영갑 외,『현대무기체계론』, 성남: 선학사, 2009.

조용만, 『군사혁신과 현대전쟁』, 서울: 글로벌, 2016.
주시후,『전쟁사』, 파주: 한국학술정보(주), 2007.
최석철, 『무기체계 발달사』, 수색: 국방대학교, 2003.
최윤대 외, 『디지털 시대의 무기체계』, 서울: 공학사, 2008.
토머스 G. 맨켄 지음, 김수빈 옮김, 『궁국의 군대』, 서울: 미지북스, 2018.
티모시 메이 지음, 신우철 옮김, 『칭기즈칸의 세계화전략:몽골병법』, 서울: KOREA.COM, 2011.
하영선 · 남궁곤 편저, 『변환의 세계정치』, 서울: 을유문화사, 2005.
한국전략문제연구소, 『동북아 전략균형』, 서울: 한국전략문제연구소, 2008.
합동대학교, 『합동군사전략』, 2012.
합동참모본부, 『합동 · 연합작전 군사용어사전』, 서울: 합동참모본부, 2014.
해군대학, 『무기체계(해상)』, 2008.
해군전투발전단, 『현대 해군무기체계』, 2003.
해군 제9잠수함전단, 『잠수함에 대한 이해 100문 100답』, 2014.
허남성, 『전쟁과 문명』, 서울: 플래닛미디어, 2015.
허만호,『6 · 25전쟁 휴전회담과 역사적 유제들』, 서울: ㈜인터파크, 2017.
허선도, 『조선시대 화약병기사연구』, 서울: 일조각, 1994.
헤어프리트 뮌클러 지음, 공진성 옮김, 『새로운 전쟁』, 서울: 책세상, 2012.
홍우영 외, 『해군 무기체계공학』, 부산: 세종출판사, 2011.
황재연 · 김정환, 『현대 해군의 수상전투함』, 세계 최신무기 시리즈2, 서울: 군사연구, 2007.
황재연 · 정경찬, 『한국해군 수상전투함: 한국해군 수상함 & 최신 수상함 기술』, 세계 최신무기 시리즈5, 서울: 군사연구, 2014.
황준식, "155미리 사거리 연장탄약의 개발 현황 및 발전추세 『국방과 기술』, 서울: 한국방위산업진흥회, 2012.
John G. Stoessinger 著, 송인영, 권만순 共譯, 『왜 전쟁은 일어나는가』, 서울: 韓元, 1989.
A. M. Snodgrass, *Arms and Armor of the Greeks*, Baltimore: Johns Hopkins University Press, 1998.
Amir Aczel, *Uranium Wars*, NY: MacMillan, 2009.
Andrew Hodges, *Alan Turing: The Enigma*, Princeton NJ: Princeton University Press, 2012.
Barry Parker, *Science 101: Physics*, NY: Collin-Smithsonian, 2007.
Ernest Volkman, *Science Goes To War*, NY: John Wiley and Sons, 2002.
Jack Kelly, *Gunpoeder*, NY: Basic Books, 2004.
Jim Baggott, *The First War of Physics*, NY: Pegasus, 2010.
John Guilmartin, *Gunpoeder and Galleys*, Cambridge: Cambridge University Press, 1964.
John Keegan, *A History of Warfare*, New York: Alfred A. Knopf, 1993.
__________, *A History of Warfare*, NY: Vintage, 1994.
Louis Brown, *A Radar History of World War II*, Philadelphia: Institute of Physics Publishing, 1999.
Robert Hardy, *Longbow: A Social and Military History*, NY: Lyons and Burford, 1993.
Robert O'Connell, *Of Arms and Men*, NY: Oxford University Press, 1989.
T. N. 듀퓌이 원저, 박재하 편저, 『무기체계와 전쟁』, 서울: 병학사, 1990.

기 타

국방일보 홈페이지(http://kookbang.dema.mil.kr/)
대한민국 공군 홈페이지(http://rokaf.airforce.mil.kr/airforce/index.do)
대한민국 방위사업청 홈페이지(http://www.dapa.go.kr/)
대한민국 육군 홈페이지(http://www.army.mil.kr/)
대한민국 합동참모본부 홈페이지(http://www.jcs.mil.kr/)
대한민국 해군 홈페이지(http://www.navy.mil.kr/)
마 국방성 홈페이지(http://www.defense.gov/)
미 육군 홈페이지(https://www.army.mil/)
미 해군 홈페이지(https://www.navy.mil/)
미 공군 홈페이지(https://www.airforce.mil/)
영 해군 홈페이지(https://www.royalnavy.mod.uk)
위키백과(http://ko.wikipedia.org/)
한국항공우주산업 홈페이지(http://www.koreaaero.com/)
강의를 진행하면서 축적한 연구 자료
전문가들의 학위 논문 및 연구자료
언론 뉴스 및 각종 매체와 인터넷 자료
유용원의 군사세계 등을 비롯한 군사매니아들의 자료 등 다수
BBC, "More Information About: Alan Turing," http://www.bbc.co.uk/history/people/alan_turing
firstworldwar.com, 'Weapon of war-Poison Gas'. http://www.firstworldwar.com/features/chemical_warfare.htm
Fizzix, 'The Physics of Archery'. http://www.mrfizzix.com/archery
Jack Kelly, "Gunpowder," NY: Basic Book, 2004.
History Learning Site, "Poison Gas and World War One," http://www.historylearningsite.co.uk/poison_gas_and_world_war_one.htm
History Learning Site, "Tanks and World War One," http://www.historylearningsite.co.uk/tanks_and_world_war_one.htm
How Stuff Works, "How Submarines Work," http://science.howstuffworks.com/transport/rngines-equipment/submarine
How Stuff Works, "Start of World War Ⅱ: September 1939-March 1940," http://hiatory.howstuffworks/world-war-ⅱ/start-world-war-2.htm
Middle Ages, 'Ballista,' http:/www.middle-ages.org.uk/ballista.htm
Illustrated History of the Roman Empire, 'The Battle of Adrianople,' http://www.roman-empire.net/army/adrinople.htm
Wikipedia, "Air Warfare of World WarⅡ," http://en.wikipedia.org/wiki/Air_warfare_of_World_War_Ⅱ
Wikipedia, "Chemical Weapons in World War," http://.wikipedia.org/wiki/chemical_weapons_in_world_War_Ⅰ.htm
Wikipedia, 'Napoleonic Weaponry and Warfare'. http://en.wikipedia.org/wiki/napoleonic_weaponry_and_warfare.htm
Wikipedia, "Torpedo," http://en.wikipedia.org/wiki/torpedo
uboat.net, "The German U-boats," http://www.uboat.net/boats.htm
Wikipedia, 'Wheellock'. http://en.wikipedia.org/wiki/wheellock

찾아보기

저자소개

김성진(金成珍)

"길이 아니면 가지 않고, 알지 못하면 말하지 않는다."라는 통관(洞觀)적 인식을 추구해온 저자는 경북 김천에서 태어나 초·중·고등학교를 마쳤다. 이후 동국대학교 무역학과를 졸업하고 ROTC 21기로 임관하여 육군 대령으로 예편하였다. 국립 경상대학교 경영행정대학원에서 '정치학석사' 학위를, 국민대학교 일반대학원 정치외교학과에서 '정치학박사' 학위를 취득하였다.

〈주요 경력〉

–현) 극동대학교 군사학과 교수
–현) 한국융합안보연구원 위기관리연구센터장
–현) 글로벌전략협력연구원 전문연구위원
–현) 대전지방보훈청 교수·교육분야 멘토위원
–현) 칼럼니스트
–현) 한국군사학회 정회원 등
–충남대학교 국가안보융합학부 국토안보학전공 초빙교수
　* 3년 연속 군장학생 전국 최우수/최다 합격률 달성
–국민대학교 정치대학원 강사
–행정안전부 비상대비조사심의 외부평가위원
–육군교육사 경력채용 군무원 외부면접위원
–대한민국ROTC중앙회 후보생제도발전위원회 위원장 등
※ 2014 국방부 최우수대학교/학군단 수상
※ 2008 합참지 최우수 원고상 수상

〈주요 저서〉

- 『한국 육군의 장교단 충원제도와 직업 안정성』, 서울: 백산서당, 2016.
- 『군사협상론』, 서울: 백산서당, 2020.

〈주요 논문〉

- "한국군 군사위기관리체계의 효율성 제고 방안 고찰: 통합방위체계를 주축(主軸)으로 하는 군사위기대응기구를 중심으로"
- "한국 국가위기관리체계의 효율성 제고 방안 고찰: 국가위기관리체계와 통합방위체계와의 연계를 중심으로"
- "급변사태 시 자유화 지역 민군작전의 실효성 증대방안 고찰: 보병사단급 이하 부대를 중심으로"
- "자유화 지역 급변사태 시 안정화 작전의 효율성 제고 방안 고찰: 안정화사단의 민군작전 수행을 중심으로"
- "테러 발생 시 軍 테러 대응 체계의 실효성 증대방안 고찰: 합동조사반(팀) 활동을 중심으로"
- "한국 육군의 장교단 충원제도와 직업 안정성에 관한 연구"
- "급조폭발물(IED) 테러와 한국군 대응 체계의 효율성 증대방안 고찰"
- "신세대 병사를 위한 교육 훈련 개선방안 고찰" 등 20여 편.

〈보유 자격증〉

- 중등 정교사(2급), 한자 1급, 문서실무사 1급, 재난관리사, 인성지도사, 심리상담사, 리더십 강사, CS Leaders 등 16종(種).

군사학 총서 제2권

전쟁사와 무기체계론

초판 제1쇄 펴낸날 : 2020. 9. 30.

지은이 : 김 성 진
펴낸이 : 김 철 미
후원처 : 사)한국융합안보연구원
표지디자인 : 권 은 경
펴낸곳 : 백산서당

등록 : 제10-42(1979.12.29.)
주소 : 서울 은평구 통일로 885(갈현동, 준빌딩 3층)
전화 : 02)2268-0012(代)
팩스 : 02)2268-0048
이메일 : bshj@chol.com

값 32,000원

ISBN 978-89-7327-569-4 93390